地名规划实证研究

DIMING GUIHUA
SHIZHENG YANJIU

庞森权 刘静 田硕 乌日扎拉嘎 著

中国社会出版社
国家一级出版社 · 全国百佳图书出版单位

图书在版编目（CIP）数据

地名规划实证研究 / 庞森权等著．—北京：
中国社会出版社，2017.8

ISBN 978-7-5087-5731-5

Ⅰ.①地…　Ⅱ.①庞…　Ⅲ.①地名学—研究
Ⅳ.①P281

中国版本图书馆 CIP 数据核字（2017）第 174959 号

书　　名：地名规划实证研究

著　　者：庞森权　刘　静　田　硕　乌日扎拉嘎

出 版 人：浦善新

终 审 人：牛汝辰　　　**助理编辑：**刘孝畅

责任编辑：魏光洁　　　**责任校对：**田丽艳

出版发行：中国社会出版社　**邮政编码：**100032

通联方式：北京市西城区二龙路甲 33 号

电　　话：编辑室：（010）58124850
　　　　　邮购部：（010）58124848
　　　　　销售部：（010）58124850
　　　　　传　真：（010）58124856

网　　址：www. shcbs. com. cn
　　　　　shcbs. mca. gov. cn

经　　销：各地新华书店

中国社会出版社天猫旗舰店

印刷装订：保定彩虹印刷有限公司

开　　本：170mm×240mm　1/16

印　　张：30. 25

字　　数：560 千字

版　　次：2017 年 9 月第 1 版

印　　次：2017 年 9 月第 1 次印刷

定　　价：68. 00 元

中国社会出版社微信公众号

目　录

绪言

自2005年起，民政部全面启动了“地名公共服务工程”，并就此向国务院呈送了专题报告。国务院领导对此非常重视并作了批示：“随着经济社会发展和城镇化推进，加强地名管理和服务的重要性和必要性日益凸现。赞同以人为本，统筹安排，健全制度，规范管理，因地制宜，合力推进。”

为贯彻、落实国务院领导的批示精神，2005年5月12日，民政部召开了“全国地名公共服务工程视频会议”，具体部署在全国实施“地名公共服务工程”。地名公共服务工程共有4项专项事务：地名规范、地名标志、地名规划和数字地名。其中，地名规划专项事务主要任务和要求是，结合城镇建设现状和发展规划，着眼城镇的长远发展和现实需要，依据国家地名管理法规和地名规范，对城镇未来需要的新地名、具有历史文化的老地名等进行规划论证，编制地名命名规划、地名更名规划、地名保护规划等，从源头上把好地名行政管理关。

同时，为加强城镇地名的规范化、系统化管理，民政部、建设部联合下发了《关于开展城市地名规划工作的通知》，要求各地积极开展城镇地名规划工作。基于此，为更好地指导各地开展地名规划的编制工作，保证地名规划工作的顺利进行，在民政部区划地名司及时提出的前提下，民政部地名研究所乘势而上，组织人力、财力、物力等，着手研究、起草相关的国家标准。

鉴于地名规划工作具有的重要性、科学性、综合性和紧迫性，以及地方地名工作的实际管理需要，在研制相关地名规划的国家标准过程中，各地就纷纷开展了地名规划方案的编制工作。从实践上看，无论是地名行政主管部门自行编制的地名规划方案，还是当地人民政府委托地名科研单位或城乡规划机构研制的地名规划项目，大部分是好的、比较好的，可以说取得了喜人的成绩。但不可否认的是，也有部分地名规划方案不尽如人意，甚至偏离了地名规划的轨道。对此，民政部地名研究所高度重视，为切实以科学、规范的形式指导各地的地名规划实践，不仅加强了地名规划标准起草工作组的人员配备，而且加快了该标准的研究、制订步伐。

为使相关地名规划的国家标准更切合实际、具有权威性，民政部地名研究所重新做了3件实质性的工作：一是对近100个地名规划方案进行梳理，做到弃伪存真、去粗取精。二是再一次征求各地的意见和建议，力求将地方上的先进经验、科学做法、优秀范例吸纳到该标准中来。三是组织并配备精干、得力的科研人员，组成新的标准编制小组。并且，还联系实际、大胆创新、勇于探索、注重实效，在实践中验证该国家标准（草案）的科学性、规范性、可行性。

而且，为克服某些地方地名规划工作的窳惰和不足，把各地好的做法、好的范本介绍、推荐给大家，弥补该国家标准尚未颁布的不足，我们在吸收该国家标准（草案）成果的基础上，将二者合二为一地成为一个有机的整体，通过资料收集、分析规划、起草大纲、遴选样本、逐章撰稿、相互对照、审慎推荐等，既为相关国家标准的编制夯实基础，也编著了这本分量很重的科研著述：《地名规划实证研究》。

对于这部凝结着作者心血的劳动成果，我们采取了这样的做法：起草国家标准与开展地名规划理论研究合拍；起草国家标准与编制地名规划方案共进；起草国家标准与指导各地编制地名规划互动；起草国家标准与检验地方地名规划成果同步；起草国家标准与编撰国家标准宣传、贯彻指南并行；起草国家标准与培训地方地名规划编制骨干相宜。

按照地名规划各项实务之间的逻辑关系和工作进程，《地名规划实证研究》共分为各自独立、相互关联的13章，它们分别为：第一章“地名规划的前期工作”、第二章“地名规划的研究准备”、第三章“地名规划的基础研究”、第四章“地名规划的技术路线”、第五章“地名规划的综合研制”、第六章“地名规划的专名设计”、第七章“地名规划的专题研究”、第八章“地名规划方案的完善”、第九章“地名规划方案的成果”、第十章“地名规划方案的评审”、第十一章“地名规划方案的保障”、第十二章“地名规划方案的实施”、第十三章“地名规划的候选专名”。

在本书的编撰过程中，庞森权、田硕、刘静、乌日扎拉嘎4位作者精诚合作、各展所擅：既有奇思妙想，也有有的放矢，还有紧锣密鼓，更有一箭双雕，体现出本创作团队固有的勇气和巨大的能量，故而比较好地履行了科研人员的天赋之责，交出了一份还算令人满意的答卷。

本书具有4个显著的特点：一是结合并针对相关地名规划国家标准（草案）的研制，将有关研究成果体现出来，使之类似宣传、贯彻指南。二是按照地名规划的工作流程分为不同的章节进行编写，且列举、介绍、分析了大量的示例，构成了一本非常实用的专业性手册。三是在实践的基础上予以归纳、总结、筛选、提炼，形成了这部理论源于实际、理论联系实际、理论指导实际的科研著作。四是将整个地名规划的相关过程全部囊括其中，使其成为一本可资利用的地名规划工作“全科”参考书。

这部实用型书籍的出版、发行具有极其凸显的现实意义：不仅采用详尽、细致的笔触进行了恰如其分的叙述，进而宣传各地的地名规划工作；而且还通过理论结合实际的有效方式，将地名规划的理论基础、工作环节、规划方法、技术路线、管理步骤、成果形式、后续业务等系统地予以介绍；甚至由于地名规划多种内容示例的胪陈与存在，可以为读者相互参考、借鉴、学习、交流提供一个很好的工作平台。

我们确信，《地名规划实证研究》作为第一部指南性的工具书，以地名专项工作、专门领域的科普类、实用型“手册”的面目出现，必将受到包括地名规划在内的地名从业者（如地名管理者、地名研究者等）的普遍欢迎。

鉴于本书引用、列举了许多已有地名规划中的各类内容，这些地名规划编制者和研制单位对此贡献良多，也使本书从中获益匪浅，虽然限于篇幅在此不能一一具名致谢，但仍然时时处处怀揣感激之情。而且，民政部区划地名司也给予了鼎力支持。还有，中国社会出版社的魏光洁、刘云燕女士也为本书提供了很大帮助，在此一并表示谢忱！

虽然《地名规划实证研究》得以顺利出版，但限于我们学识的疏陋、知识的欠缺、资料的限制、实践的少为、时间的逼促，书中难免出现一些舛误、罅漏之处，故敬请读者朋友海涵并赐教。

作 者

二〇一六年十月八日

第一章　地名规划的前期工作

在进行地名规划之前，无论是地名规划的获益者，抑或地名规划的组织者，还是地名规划的编制者，从多方与之关联的程度上讲，都是地名规划的实际参与者。而且，这种身在其中的参与行为，是一种不能置身其外、不可事不关己的直接面对。因为，地名规划本身的实际工作，并非是从着手地名规划方案的研制才开始的。换言之，地名规划的受益者、地名规划的委托者、地名规划的组织者、地名规划的承担者、地名规划的编制者，均需提前进入地名规划的相关领域，扮演好自身的重要角色，做好自己的分内之事。基于此，作者特意将“地名规划的前期工作”辟为本书的第一章，使地名规划相关的各方基本上能够了解自己的角色定位，从而在后续的地名规划中完成自己的应尽义务和职责任务。所谓“兵马未动，粮草先行”，就是这个道理。需要特别声明一点：地名规划的前期工作，既是所有参与各方的合力行为，也是保证地名规划顺利完成、达到质量要求的前提保障。如果这一基础性工作未能夯实，则有可能给后续工作带来被动，甚至没能取得地方人民政府所期望的结果——购买到遵守时限、质量上乘、便于操作的地名规划服务。

那么，地名规划的前期工作应该有哪些必备的事项呢？尽管作为笔者的我们从来没有成为招标的一方，只是始终处于投标者的地位，但通过多年地名规划的学习、交流和实践，笔者大体上知道有以下 4 个方面的工作内容：地名规划的招标、地名规划的投标、地名规划的委托与受托、地名规划的任务确定。这些特定的工作事项，无论是地名规划的招标一方，还是地名规划的投标一方，都有必要对其有个大概的了解。为此，在进入地名规划编制的实质内容之前，我们先行粗略地阐述一下其前期的工作。

第一节　地名规划的招标

假如将地名规划的参与者硬性地分为甲方和乙方的话，那么地名规划的招标工作完全是由甲方操作和完成的。事实上，这里的甲方不是单一的自然人或者独立的法人单位，而是一个有机的整体。在现行的行政管理体制下，特别是通行的财政制度制约下，地名规划的招标工作与其他类似的工作一样，都属于某一级人民政府购买服务的组织行为。这样，当地人民政府、地名行政管理部门以及地名规划的招标机构，将在自己的职权范围内，各司其职、各负其责、各行其是，组织、协调、承办当地的地名规划招标工作。在此，需要补充一句：所谓地名规划的招标机构，不是仅仅为地名规划单项工作进行招标的一个普通“公司”，而是可以包揽或承担本级人民政府全部购买服务的公司性法人单位。即，为了规范人民政府的财政资金使用，方便、稳妥、快捷地购买服务，公平、公开、公正地行使招标权，专门成立的一家国有性质的服务性公司。在其公司行为的运行中，一般是由人民政府委托其具体地开展招标工作。其中，也包括从事招标本地的地名规划事宜。当然，这一负责招标的机构也可能是一家专门的公司，其业务范围包括相关的服务事项，并获得了当地人民政府的正式委托。如此一来，就会引出下面的关键话题，如何有条不紊地操作地名规划的招标工作。

一、地名规划的招标准备

地名规划的招标事项，与平常的购买商品有着本质的不同，因为地名规划具有多重属性：既是地名事业中的业务工作，也是地名领域中的科学研究，更是地名行政服务中的特定产品。面对地名规划特殊的多重性质，其地名规划服务的招标事项，除了政府采购正常商品的要件外，必然也包含部分特别的内容。

1. 地名规划的任务来源

任何事物的产生和发展，都有其特定的基础和可循的规律。同样的道理，之所以需要编制地名规划，并成为当地的一项重要任务，也是现实的需要所带来的必然结果。在通常的情况下，开展大规模的地名规划工作，是社会进步、城乡建设、经济发展使然。我们知道，随着城市化进程的不断加快，城乡规划建设也步入了快车道。于是，在规划、开发、建设的过程中，一些新的地理实体涌现出来，这些在一定时间、一定范围内出现的群体性地物，迫切需要为其赋予合适的名称。如果这些地理实体的赋名行为，依旧采取以往的常规做法，由当地地名行政管理部门进行快速命名，势必会超出其所有的职能和具备的能力，进而造成地名命名上的偏差，诸如低俗文化品位、没有形成序列、不分地名层级、远离地名规范、未扣核心价值等，甚至会产生不必要的混乱。而且，即使是老旧城区进行综合性的命名或更名，或者对缺失地名的乡村进行补充式命名，也需要开展正常的、正确的地名规划。其原因在于，传统的命名方式与地名规划存在迥异之处，它不是科研性的、综合性的、长期性的、群体性的集体规划地名，而是少量的、短期的、个人的、经验的拟就名称。在这一大的背景下，地名规划工作应运而生。

对于某个独立的城乡个体而言，新形势、新趋势给本地的影响是不尽相同的，这就需要当地的主政机关适时谋划，拿出切实可行的工作方案。至此，地名规划工作走上社会事务与城市经营的前台。若单纯地从地名规划来源的角度看，其渠道主要有二：

（1）当地人民政府的政务计划。地名规划关系到国计民生的方方面面，包括交通运输、金融商贸、文化教育、邮电通信、旅游度假、风俗习惯等，由此决定其在民众生活中的重要地位。为此，当地的人民代表大会或人民政府，自然会将其列入议事日程，在不同的组织框架和职权责任内，集体讨论形成会议决议或决定，确定这一工作的有序开展。不过，由于每一个地方城镇化建设和发展的步伐或快或慢，导致在实施的时间上略有不同：若提前编制地名规划方案，有可能上位的规划或基础的条件尚不具备，即使编制完成了地名规划方案，也有“空中楼阁”的落空之感，即所谓的“计划赶不上变化”，甚至不久的将来还会迫不得已地进行修编；若拖后编制地名规划方案，则跟不上社会各界的实际需求，影响招商引资、居民生活、行政管理等，抑或造成各方面的极大浪费。所以说，编制地名规划方案的切入时间点，成为地名规划好开始、优起步的肯綮因素之一。

（2）上级地名行政主管部门的工作安排。地名与规划结合在一起，形成了新型的地名规划工作。地名属于民政事务，规划源于建设工作，二者的有机结合为地名工作注入了新的活力。为此，民政部、建设部非常重视这一工作，于2005年5月17日专门联合发出了《关于开展城市地名规划工作的通知》（民发（2005）65号），要求各地“要从建设现代化城市和构建社会主义和谐社会的高度认识城市地名规划工作，把它列入重要议事日程，认真抓好落实”。“各级地名管理和城乡规划部门要明确职责，通力合作。地名管理部门要以区域社会经济发展规划和城市规划为依据，会同城乡规划部门制订好与城市建设规划同步的城市地名规划，并认真组织实施。城乡规划部门要积极配合，协同做好城市地名规划工作”。开展城市地名规划工作时，应“制定科学合理的地名规划方案……以地名管理和城市规划的科学理论为指导，遵循名副其实、规范有序、彰显文化、雅俗共赏、好找易记的基本方针”，“对各类地名进行合理的层次设计，拟订各层次地名序列和地名群，编制城市地名规划图等项工作目标”。“为保证城市地名规划的科学性和权威性，要建立地名规划方案评定、审批制度。地级城市的地名规划应由省（自治区、直辖市）地名专业部门组织评定，县级市和县城的地名规划应由地级市（地区、州、盟）地名专业部门组织评定。通过后报送本级人民政府审批。地名规划方案经审批后作为地名命名、更名的指导性文件，各级地名管理部门要认真组织落实，各有关单位要严格遵照执行”。这说明，完成上级主管部门部署的工作任务亦是下级部门的职责所在。

其实，上文所提到的任务来源，都不是“空穴来风”或“无中生有”的刻意要求，而是社会发展进步达到一定程度的迫切需求。只不过，这两种乘势而上的计划或安排，均为人民政府或地名行政管理部门顺应形势、满足民众的产物罢了。

2. 地名规划的基础条件

从招标一方的层面上来说，若想在招标过程中获得好的回报，应将这种商业活动视为商战，向古代或现代的战争学习，其中最为重要的一点就是，做到“知此知彼”，这样才能“百战不殆”。确实，这项地名规划工作与其他日常、常规的地名行政管理工作不可同日而语，它虽然是自身职责的分内之事，但不是可以自己独立完成的科研工作，需要借助外力的参与，才能尽善尽美地取得良好的效果。所以，作为地名规划招标的一方，就必须做好两件最基本的事情。

（1）掌握与地名规划相关联的其他规划的核心内容。鉴于地名规划具有较大的“依赖性”，它是依附于城乡规划等的子项规划，因而对于其处于上位的城乡规划等，也就是地名规划的基础性规划，需要真正予以掌握，进而可以把握它的核心要素。与地名规划直接相关的规划包括城乡总体规划、城乡建设规划、城乡专项规划等。面对这些侧重点不同、内容各异的城乡规划，主要了解的事项是规划的主题思想、规划的区域范围、规划的地理实体、规划的功能划分、规划的板块布局、规划的实施期限等。从而，为后续的地名规划招标工作奠定一定的基础。

（2）了解城乡建设规划的执行或完成进度情况。城乡建设规划完成以后，需要抓紧实施，以便及早地“落地”。在没有落到实处的情况下，规划只是纸上的蓝图，没有实质上的意义。更令人困顿的是，城乡建设等规划的实施、建设、开发等项工作，都与地名行政管理部门无关。直接的后果是，主管地名行政管理业务的专业职能部门，不了解地名规划赖以生存的城乡建设规划的施工进度。有鉴于此，假如地名规划的招标工作须地名行政管理部门参与其中，那么该机构就有责任、有义务与兄弟部门进行必要的交流，甚至派人员到施工现场实地踏勘，了解上述规划落实的实际情况，掌握第一手的可靠资料，为今后的地名规划招标工作做好切实的准备。

上述两条是地名规划招标基础条件的两个方面：一个是“纸上谈兵”，属于必不可少的案头工作；一个是“亲临其境”，归于不可或缺的实地调研。二者缺一不可、互相作用，共同构成地名规划招标的先决条件。

3. 地名规划的客体现状

地名规划的招标单位，除了尽可能地了解自身有关地名规划的基本情况外，还需要知晓地名规划潜在的客体。什么是地名规划的客体？答案一目了然，即未来可能投标地名规划的机构。我们知道，地名规划可以承担的单位主要有以下3种：从事地名研究的机构、从事城乡规划的单位、从事地名咨询的公司。虽然在现阶段，尚未进入实质性的地名规划招标程序，但如果对未来的地名规划“供应商”不甚了了，也许会使之后的地名规划招标工作处于困境。具体表现是：

（1）没有地名规划的投标者。地方人民政府购买服务是涉及甲乙双方的行为，在有购买者的基础上，还必须有与之相对应的出售服务者。这句“潜台词”的意思是说，如果没有愿意“接盘”的客体，则使地方人民政府的购买服务陷于落空的状态，进而其对民众的承诺变成一句彻头彻尾的空话。

（2）地名规划的投标者没有相应的资质。对于地名规划的投标者来说，总是希望获得一定的收益。然而，某些趁此机会的投标者，可能并不具备地名规划投标者应有的资质。最明显的不足是，不具有独立的法人资格。虽然，从普通的道义上讲，地方人民政府购买的是地名规划服务，要获得的最终产品是地名规划服务，只要提供者提交了合格的地名规划方案，就可以从任何一个乙方处购买这一服务。但是，在现行的财政管理机制下，这一做法有悖公共财富资金的管理制度，所以这样的投标者理应将其剔除在应标者的行列之外。

（3）地名规划的投标者不符合本次招标的应标资格。由于地名规划的服务比较特殊，不属于市场上流通的大众化商品，而是当地人民政府根据自身的实际需要，以普通民众代表的身份，订制购买的个性化产品，因而可以对对方提出有针对性的要求，并依据自己制订的规则衡量对方的自身条件，力求在今后的地名规划服务交易进程中，购买到质量上乘、称心如意、价钱公道的产品。

所以说，知己然后知彼，才是成功的“王道”。不过，鉴于此时的投标者还未正式地“抛头露面”，要想深入、细致、全面地了解对方最真实的“底细”，却是摆在招标者面前的一个较大的难题。唯其如此，才需要招标方在这一点上花大力气，以避免届时的招标工作陷入类似“流产”的流标窘境。

4. 地名规划的编制成本

为了少花钱、多办事，获得称心如意的地名规划服务产品，即将成为委托方的当地人民政府，需要将自己化身为一位名副其实的商人，以便以经济学家的头脑来研判市场，了解、掌握此类地名规划服务产品的实际成本。换言之，招标一方必须在完全知晓自身需求的基础上，对潜在的投标人及其同行予以调研，在“货比三家”之后提出委托招标的具体条件。

二、地名规划的招标程序

基于公开、公正、公平、公用的原则，地方人民政府在购买服务时，大都通过招标的形式。一般而言，虽然地名规划的服务方式具有特殊性，但地方人民政府以招标为首选。其根本原因有 4 个方面：遵守财政制度、交易价格合理、买到优质产品、利于群众监督。若能做到这 4 点，规范的招标程序是其最重要的保障。另外，特意注明一句，这里所述的招标程序包括招标、投标、评标、开标 4 个环节，不过并非完全准确、无误，读者在今后相似的工作中，应以国家的相关法规和当地人民政府发布的规范程序和要求为准。

1. 当地人民政府给有关的政务咨询服务公司下达委托书

各地通行的运作方式是，为了合理、有效地使用财政资金，提高招标工作的效率和效果，当地人民政府作为主导，成立一家国有性质的咨询服务公司。这家具有政府背景的咨询服务公司，其所从事的各项经营业务，均与当地人民政府的行政事务息息相关。最为独特的是，几乎其所有的事权，都离不开其上级行政机关的授权。当地方人民政府需要购买地名规划服务时，自然会按照相关规定，在事前为其下达运作这一工作的委托书。其现实的情景是，该委托书具有行政许可的效力。为何会如此而然呢？

（1）便于资金运作。在遵守财政制度的前提下，以公司的形式进行运作，一方面可以使有限的资金用到实处，强化资金的有效管理，另一方面也能够保证资金的安全，减少政府的无序干预和决策失误，加大了使用资金的安全系数。同时，资金的透明流转，无疑为其有效监督提供极大的方便条件。

（2）提高工作效率。当地人民政府主导的咨询服务公司，直接参与地名规划服务的招标工作，形成招标与投标共享的服务平台，进而与投标的机构处于同等地位，都是不同领域的独立法人单位，二者在开展经济活动时，无须行政上的“繁文缛节”，双方可以大胆地按照市场规律行事，可以极大地提高招标与投标的工作效率，从而取得圆满的结果。

（3）获取优质服务。虽然咨询服务公司只是一家普通的经营单位，但自身所具有的政府背景，决定了该公司不一样的属性。它的现实存在和工作运营，可以承担部分人民政府所赋予的一些功能。这些内在的性质、外在的品质，自然也包含了为本级人民政府分忧、把关的职责。其中，最直接的作用是，因其一直站在经营活动的最前沿，无形中增加了一道审核、验收的特定程序。

在某些地方，负责招标工作的咨询服务公司并非完全意义上的国有企业，但在其具备相关资质的前提下，即符合 1999 年 8 月 30 日由中华人民共和国第九届全国人民代表大会常务委员会第十一次会议通过的《中华人民共和国招标投标法》(2000 年 1 月 1 日起施行)，以及负责相关法律解释的《中华人民共和国招标投标法实施条例》中的规定的基础上，仍然可以成为当地人民政府委托招标的承担者。

2. 起草关于地名规划服务的招标书

公开向社会招标地名规划服务项目，是一个事务的两个方面，包括招标的事项和招标的形式。而招标书的起草，在整个招标的过程中，可以说是重要的肯綮环节。因为，它所涉及的内容和事项，都与未来购买服务的最终结果密切相关，稍有不慎就会造成事倍功半的后果。从社会生活公认准则的角度说，招标书里面涵盖的各个事项，是一种成文的特别约定，约略可分为 3 个方面的要件，每一个方面是有所侧重的，均要求投标者对其无条件地遵守。否则，不予受理。

(1) 地名规划招标书的基本内容。这部分的内容是说明，购买地名规划服务的基本情况，告诉潜在的投标者，我要具体地购入什么样的产品，以便未来编制地名规划的“卖家”，能够了解根据自身的能力，包括人员、财力、时间、技术等资源，以确定自己是否是应当充任该商品的“制作商”，进而做出投标的选择。它的具体内容包括规划的面积、规划的种类、规划的数量、规划的时间，以及现在已经具备的操作条件、工作基础等。

(2) 地名规划招标书的要求事项。这部分的事项是要求，提出购买地名规划服务的特殊情况，即我所需要的产品的质量要求，主要界定该产品的质量、形态、功能等，从而使未来出售产品的制作者，对该项产品的独特性有一个真正、清醒的认识，以此达到购买符合服务要求、符合产品标准、符合质量保障的目的。

(3) 地名规划招标书的业务安排。这部分的安排是告知，叙述的重点有 3 个方面：招标与投标的时间安排，以及整个业务的流程，通常会给投标者留出一定的准备时间；提醒投标者如果打算投标，则需要准备投标书及其相关的匹配性文件，同时注明填写投标书等的注意事项；其他需要对方办理的事情，如有关地名规划资金的使用、相关资料索取的途径、权威机构的官方网址、本项工作的服务平台等。

补充一句，鉴于地方政府购买服务属于常态化工作，因而对于如何招标业已驾轻就熟，因此其招标书及其附属性文件自然会成为格式化的文本，只不过会依据购买服务专项产品的个体情况，修改其中有针对性的部分条框，以适应这一次购买服务招标的需要。

3. 向社会公开招标地名规划项目

地方政府购买公共服务产品，采取现代社会公共事务管理通行的模式，对外进行公开、透明的招标活动，本身就昭示了其必须借助的开放式方式。其简要的方法有3种：

(1) 通过各种媒体进行公告。最常用的做法是，在自己拥有的官网上予以发布招标信息，同时推介出该项招标活动的服务平台。

(2) 通过信函予以告知。对于资质条件好、业界信誉高、服务水准优、同类成果多的地名规划机构，如果购买方希望其中标，或者抬高众多投标机构的总体水平，可以采取书面信函的方式，邀请有关单位来投标（应标）。注意，这种做法只是一种基于高期望值的邀请行为，被邀请方并不是违反规定的内定中标者，该法人单位将与其他应标者一样，通过后续的招标活动决定其是否为实际的中标者。

(3) 电话通知。为避免当地媒体受众人群较少的限制，防止有关法人单位对其的忽略，或者未能获得相关的信息，不予按时按质地投标，亦可由所属工作人员代表招标单位，用电话通知对方。

4. 筛选地名规划服务项目的投标单位

随着招标限定期限的临近，投标方提供的竞标资料陆续到来。此时，招标机构需要对这些投标单位及其投标文件等进行甄别、研判，然后根据它们迥异的情况，给出两种截然不同的答案：

(1) 保留适当数量的竞标者。对于初选入围的投标单位，招标方应及时通告对方，建议其抓紧准备下一个环节的工作。值得特别注意的是，这些有幸进入下一个轮次的投标单位，必须确保在3家以上。这样，下一步的竞标才有实际意义。

(2) 淘汰先天不足的投标者。对于不符合要求的投标者，可以在这一步骤中将其拦在竞标者之外，并如实说明它们的缺陷，同时将这些情况告知那些“失败者”。给予其遭到淘汰的理由无非是：不是独立的法人单位，资质条件未能达标，在招标文件上弄虚作假，业界内的信誉较差，曾经有过不良记录，本次投标违规运作等。

5. 组织评定出最后的中标机构

组织评定最后的中标机构，是所有招标、投标程序中最为重要的一环。各地通用的做法是，由一个获得授权的专家组进行评定。这个特定的专家组成员，对于每一个招标与投标项目而言，不是一群固定的人员，而是在当地人民政府的相关专家队伍中，根据本项工作的实际情况，在该人才平台中随机遴选出来的组成人员。这样，可以有效地避免针对特定之人进行的所谓“公关”，防止不正当的竞争发生。

该专家组的工作事项是，在熟悉各招标单位投标书的基础上，召开竞标评定会议，进行纯粹内部、完全封闭的讨论。或者，如果不是彻底的暗标的话，也可以召开竞标评估会，依次听取投标机构（法人单位）的代表人或者其全权代表的陈述，对自身感兴趣的事项予以质询，以便深入、细致地了解这些单位的现状，以及如若允许其开展地名规划工作，该机构的优势与劣势，当然还要包括其最终的报价。

接下来，这些负责任的专家们，根据业已掌握投标单位的实际状况，还需逐一进行综合性的评价，如逐项打分、定点评估等，然后是优中选优，选定报价合理、信誉良好、能力超群的建议中标者。

之后，由作为一个集体的该评定专家组，向本项目原有的委托机构，上报专门的审定报告，就专家组建议的中标单位（甚至没有一家中标单位）及相关情况进行特别说明，最后由当然的官方权威机构（也就是当地人民政府）定夺。

6. 签订委托合同

确定最终的中标单位以后，应当立即签订委托合同，以使该项地名规划工作能够顺利进行。不过，有一个值得注意的小问题，虽然乙方得以确定，但甲方还悬而未决。这里，签订合同的甲方大多数是当地地名行政主管部门。

至此，地名规划项目的招标工作告一段落。

三、地名规划的招标文件

刚才所述烦琐的地名规划项目招标程序，是由一系列的招标文件支撑的。为便于相关地名规划从业者学习、了解、掌握这些文件，我们将部分重要文件一一胪陈于此，作为很好的范例，供大家在今后的工作中参考。需要说明一点，这里提供的文件范本，只是其中比较有代表性的文书，而且为简洁、好用起见，本书略有删节。

1. 单一来源政府采购文件

尽管地名规划成果是公共产品，但该产品的专业属性非常强，能够提供这一特定产品的机构“凤毛麟角”。因此，在社会实践中，有两种政府采购方式：政府公开采购、单一来源政府采购。二者最主要的区别在于：前者需要评标和开标，后者需要议标和定标。事实上，单一来源采购文件约定事项与政府公开采购文件的格式和要求相差无几。故此，本处罗列单一来源政府采购文件（参见示例 1-1）。

示例 1-1：《单一来源政府采购文件》

单一来源政府采购文件

第一章　单一来源采购公告

<u>（工商登记地行政区域名称）（公司名称）</u>咨询有限公司受采购人委托，

以单一来源采购方式进行本文件第二章所述项目及服务的政府采购，欢迎合格的供应商参与市场调查和响应。

一、采购项目编号：(公司名称) [2015] 政招字第____号

二、采购项目名称：(行政区域名称) 地名专项规划编制服务招标项目

三、供应商资格要求

1. 响应人应具有采购项目的经营范围，请提供响应人合格有效且加盖公章的法人营业执照副本、税务登记证和组织代码证的复印件。响应人代表必须经响应人的法定代表人关于参与本项目采购的授权，请提供法定代表人授权响应人代表的授权委托书原件（响应人代表是法定代表人除外），以及法定代表人和响应人代表的身份证复印件。

2. 投标人需提供检察机关行贿犯罪档案查询结果告知函（由投标供应商向驻所地或业务发生地检察院申请查询）；投标人在递交投标文件同时，向招标代理提供行贿犯罪档案查询结果告知函原件（扫描件上传到网上系统），未提供行贿犯罪档案查询结果或者查询结果有行贿犯罪记录的投标人，拒绝其参与投标。

3. 响应人应遵守中国的有关法律、法规和规章的规定。

四、时间安排

1. 采购文件发布时间：______年____月____日—______年____月____日；

2. 响应文件递交截止时间：______年____月____日____时，逾期者不予接受；

3. 响应文件递交地点：(地名规划项目采购地行政区域名称)；

4. 谈判时间和地点：______年____月____日____时，(地名规划项目采购地行政区域名称)。

五、保证金

响应人须交纳谈判保证金为：响应人须缴纳人民币肆仟伍佰元整（¥4500.00元），保证应以转账、电汇或现金入账形式于开标之日9点前存至（工商登记地行政区域名称）（公司名称）咨询有限公司（以到账为准，不接受现金，不退现金）。请在汇款凭单上注明采购文件的编号。

开户名：(工商登记地行政区域名称) (公司名称) 咨询有限公司；

开户行：某某银行某某支行某某分理处；

账　号：______________________（用于交纳保证金）。

六、中标服务费缴纳账户

开户名：(工商登记地行政区域名称) (公司名称) 咨询有限公司；

开户行：某某银行某某支行某某分理处；

账　号：______________________（用于中标服务费缴纳）。

七、特别提请注意

请认真阅读文件中带＊号、加粗、加画线条款，这些条款对响应行为至关重要。没加＊号条款为响应示例性条款。

公告内容与正文不相符的，以正文为准。

响应人必须在（地名规划项目采购地行政区域名称）政府采购网（http：政府官方网址）注册，进行网上投标并结合书面投标。如未在网上进行投标，只提供书面投标文件，将被作为无效投标。

招标人：（地名规划项目采购地行政区域名称）地名办公室

电　话：________________

联系人：____

招标代理人：（工商登记地行政区域名称）（公司名称）咨询有限公司

电话/传真：________________

地址：某某市某某区某某路某某小区某某大厦　层　室

联系人：____

邮箱地址：____________________________

第二章　采购项目技术规格、参数及要求

一、项目概况

1. 指导思想

立足于（地名规划地行政区域名称）城市建设规划精神，从（地名规划行政区域名称）自然和人文地理特点、地名的历史和现状出发，科学构筑（地名规划行政区域名称）某某区、某某区、某某区、某某区的地名网络，增强地名整体性、系统性和稳定性，提高地名的公共服务能力和地名管理的科学性。

2. 规划目标

以科学发展观为指导，以城市规划为依据，构建布局合理、层次分明、富有本地文化内涵的地名网络体系。进一步完善（地名规划行政区域名称）地名命名、更名和管理机制，满足经济社会发展、城区建设和居民群众生活对地名服务的需求。

二、技术要求

1. 规划范围

本规划范围为（地名规划行政区域名称）行政辖区范围，包括：某某区的3个街道、4个镇，某某区的2个街道、4个镇，某某区的2个街道、9个镇、1个乡，某某区的6个镇、1个乡，以及某某开发区管委会的3个镇与某某管委会的某某镇，陆域面积2345平方公里。

某某县地名规划由某某县人民政府负责编制实施。

2. 规划期限

地名规划期限与《(地名规划行政区域名称) 城市总体规划(2008—2030年)》相一致。

3. 规划任务

——对各城区和地名文化发展的历史与现状进行梳理;

——对(地名规划行政区域名称)各城区地名的空间布局进行科学有序引导;

——对城市规划中已规划的街路、桥梁、广场、公园等设施拟定名称;

——对现有的路网等地名提出调整优化的建议;

——对地名标志设置及街路门牌编制提出统一、有序的实施要求;

——对规划的贯彻执行提出切实可行的保障措施等。

4. 规划原则

要求尊重历史、照顾习惯、注重未来,反映人文地理特色,达到好找好记、规范有序、雅俗共赏、方便使用的效果。具体要坚持以下4点原则:

(1)以城市规划为依据,配套完成城市规划对地名命名的需求。

(2)体现地名的整体性和系统性。

(3)指位性与地方文化的和谐统一。指位、指类是地名的基本功能。地名采词应反映地域文化和历史,以突出本地的自然地理与人文历史特征为首选,使地名规划在充分尊重和延续历史传统的基础上,结合时代精神,达到传统与创新的和谐统一。

(4)加强地名规划的规范化、层次化和序列化。地名规划应遵循国家和省、市政府有关地名管理的法规、规章和文件,符合语言文字规范和表达习惯。加强地名通名的分类规划,做到层次划分鲜明,派生序列清晰,便于人们使用和记忆。

5. 规划要求

地名规划的具体要求是:

(1)在现有地名管理行政法规、政策基础上,对地名发展及其管理中涉及的主要技术标准进行梳理和规定。

(2)对构建科学的地名体系,作出符合实际与未来发展的谋划。

(3)对地名层次化、系列化、规范化,进行切实可行的设计。

(4)与城市规划配套,解决具体的地名命名采词和拟名等事项。

(5)对地名文化的保护提出相应的措施和方案。

(6)对地名的调整提出相应的方案和建议。

(7)对确保地名规划的实施提出具体的措施和建议。

三、商务要求

1. 规划成果

地名规划成果包括3部分（也可合三为一）：

（1）（地名规划行政区域名称）城市地名专项规划文本；

（2）（地名规划行政区域名称）城市地名专项规划图集；

（3）（地名规划行政区域名称）城市地名专项规划说明。

2. 项目实施

（地名规划行政区域名称）城市地名专项规划各项工作须在合同签订后××个月内全部完成。

为确保本规划项目顺利实施，对在规划过程中采购单位与中标单位需要相互配合，分式协作完成的工作列表如下：

中标单位与采购单位协作分项工作责任表

中标单位负责项目	采购单位负责项目
1. 进行实地考察、调研。 2. 补充收集有关资料。 3. 开展地名规划的设计和编写。	1. 提供某某市相关基础资料，包括某某市城市规划文本和规划图，1：5万或1：1万地形图，相关的地名资料、地方史志资料。 2. 根据中标单位需要，协调有关部门，协助进行实地考察调研。
4. 提交地名专项规划初稿。 5. 根据采购单位提交的修改意见对初稿进行修改。	3. 向有关部门和社会广泛征求对地名规划初稿的修改意见，并将其汇总整理后提供给中标单位进行修改。
6. 向采购单位提交地名规划修改稿。	4. 组织专家小组对规划修改稿进行论证评审，如获评审通过则视为对规划成果验收合格。 5. 将专家提出的修改和评审意见转达给成交人进行修改、完善。
7. 根据专家评审修改意见对规划进行补充完善； 8. 向采购单位提交供正式报批的规划成果。	6. 呈报某某市人民政府对规划予以审批。

3. 保密责任

本采购项目采购单位向中标单位提供的信息资料属保密资料的，投标人必须严格按照《中华人民共和国保守国家秘密法》的要求及国家、某某省的有关实施办法，对领用的全部技术资料承担保密责任。

备注：各投标人须有承担和圆满完成1个或以上地名总体规划编制工作的经历，须提供相关证明材料，未提供者视为未实质性响应本次招标。

4. 付款方式

自签订合同之日起，规划成果验收合格后30天内付至合同总额的90%，规划成果通过审批并按要求提交成果材料后30天内一次性付清合同余额。

5. 售后服务

自规划初稿提交之日起，投标人应明确初稿后期修改及跟踪服务方案。

第三章　响应人须知

一、项目适用范围

本采购文件仅适用于单一来源邀请中所叙述项目的货物及服务采购。

二、采购当事人定义

1. “采购方”系指本批采购项目的委托方或采购人。

2. “（工商登记地行政区域名称）（公司名称）咨询有限公司”系指第一部分所指的受委托组织本次采购的单位。

3. “响应人”系指向（工商登记地行政区域名称）（公司名称）咨询有限公司提交响应文件的产品制造商或经销商。

4. “服务”系指采购文件规定响应人须承担的服务内容。

三、合格的响应人

1. 响应人应具有采购项目的经营范围，请提供响应人合格有效并加盖公章的法人营业执照副本、税务登记证和组织代码证的复印件。响应人代表必须经响应人的法定代表人关于参与本项目响应的授权，请提供法定代表人授权响应人代表的授权委托书原件（响应人代表是法定代表人无须），法定代表人和响应人代表的身份证复印件。

2. 投标人需提供检察机关行贿犯罪档案查询结果告知函（由投标供应商向驻所地或业务发生地检察院申请查询）；投标人在递交投标文件的同时，还需向招标代理人提供行贿犯罪档案查询结果的告知函原件（扫描件上传到网上系统），未提供行贿犯罪档案查询结果或者查询结果有行贿犯罪记录的投标人，采购人拒绝其参与投标。

3. 响应人应遵守中国的有关法律、法规和规章的规定。

四、响应费用

响应人自行承担其准备与参加采购所涉及的一切费用。在任何情况下，招标代理公司及用户不承担任何费用。

五、技术交流与现场考察

1. 响应人为了更多地了解采购项目的基础资料，可要求与用户进行技术交流。技术交流的费用由响应人自行承担。

2. 为编制响应文件和签订合同，响应人可参观并考察采购项目相关的详细要求和地理环境，并自行负责获得一切必要资料。现场考察的费用由响应人自行承担。

六、专利说明

1. 响应人提供的货物必须具有自主知识产权，获得合同的响应人应保证招标代理公司和用户不受到第三方关于侵犯专利权的指控，任何第三方如果提出指控，获得合同的响应人应与第三方交涉，承担可能发生的一切法律责任、费用和后果，并赔偿招标代理公司和用户的损失。

2. 响应人不得以任何形式向与本项目无关的其他单位或人员提供采购文件及所附的有关资料，如违反上述要求，必须赔偿招标代理公司和用户的所有损失，且招标代理公司和用户保留追究法律责任的权力。

七、报价支付所使用的货币

1. 响应人将其所涉及的有关全部项目费用进行报价，包括：安装、发送、更新、调试、运输、技术培训、售后服务、免费促销等，以及所有根据合同或其他原因应由响应人支付的税金和其他应缴的费用，以及可合理推断的责任和义务。

2. 本次采购的报价采用固定价格方式。除非另有规定，响应人所报的单价和以细目总价填报的价格在合同实施期间应保持不变，均不受市场价格及政策性价格的调整而增减。响应人响应时，每个响应人只能有一个响应报价。响应人提交价格、型号、配置可调整或其他存在可选择性的响应文件将按响应无效予以拒绝。

3. 响应人应在采购文件所附的报价一览表和响应人价格表上写明响应货物的分项价格和响应总价。响应文件只能且只有一个总价，不能有总价和优惠总价，两者不符者将按单价计算作为响应总价。如果报价一览表中的响应价格与响应报价表上的响应价格有出入，以报价一览表为准。

4. 响应人应以人民币填写所有单价和总价，合同实施时亦以人民币支付。单价合计和总价不符的，以单价合计为准。

八、成交服务费

成交人应在领取成交通知书的同时，按成交金额的1.8%的标准一次性向采购代理人交纳成交服务费。成交人如未能按规定办理成交服务费，其投标保证金将被全额没收。

九、响应文件的签署

1. 响应文件组成：响应文件正本一份、响应文件副本两份，提供电子版（U盘或光盘）1份（WORD格式），在每一份响应文件上要明确注明“正本”或“副本”字样，一旦正本和副本有差异，以正本为准。

2. 为保护响应人的利益，标书要编制封面、目录、页码，用线装、胶装或其他方式装订成册，并按要求加盖公章、骑缝章和签字。

3. 响应文件正本须打印并由经正式授权的响应人代表签字并加盖响应人公章。副本可以使用复印件。

4. 除响应人对错处作必要修改外，响应文件中不许有加行、涂抹或改写。若有修改项，须由签署响应文件的人进行签字。

5. 电报、电话、传真形式的响应概不接受。

十、响应有效期和供货期

1. 响应文件从收到文件之日起，有效期为90日。

2. 特殊情况下，可于报价有效期满之前要求响应人同意延长有效期，要求与答复均应为书面形式。

十一、货物和服务要求

成交人应将采购项目货物原封箱内的产品说明书、保修服务证明、安装手册等资料及安装测试报告等全部交付用户单位。

十二、采购信息途径和责任

供应商在某某市行政服务中心网站（http：官方网站网址）下载采购文件。通过无记名方式参与响应的，供应商应及时在（http：官方网站网址）上查询、下载本批的相关更改通知和答疑纪要，建议在递交响应文件前1日登录该网站，查看是否有更改通知。

由于通过无记名方式报名，招标代理公司不知道参加响应人的联系方式，相关更改通知和答疑纪要无法直接通知，故若供应商没有获得相关更改通知和答疑纪要，影响了供应商的响应，供应商自行承担相关责任，招标代理公司概不负责。

十三、付款方式与条件

1. 甲方向乙方支付服务费合计人民币为（大写：________）。

2. 甲方付款的方式和时间：货物安装调试运行且验收合格后一次性付清。

3. 甲方先收到乙方发票后，按约定时间内，以电汇方式向乙方付款。

第四章　采购程序及成交人确定方法

一、依法组成评委会

招标代理公司在监督部门监督下与采购单位一起，根据《中华人民共和国政府采购法》，依照本次采购文件的规定及相关法律法规，并结合本次采购项目的特点，组建单一来源采购小组。

单一来源谈判小组由随机抽取的专家5人组成。

二、审查程序

1. 招标代理公司在收到响应文件后，组织单一来源采购小组进行审查。

2. 在谈判前，响应人的资格性、符合性由单一来源采购小组复查，并出具审查报告。

——单一来源采购小组对依据响应人提供的营业执照等资格证明文件、响应人的法人资格、营业范围、技术和本文件要求的资质进行审查。如果确定响应人无资格履行合同，其响应调查将被拒绝。

——对符合条件的调查响应人予以进一步评估，并可以要求符合资格要求和技术要求的响应人一次或多次报价。

对未能到场的响应人，可以通过传真的方式进行报价，但采购中心和单一来源采购小组成员不对传真报价等内容负有保密的责任。

三、采购人代表须知

1. 采购代表须单位开具介绍信方可进场；

2. 采购人代表发表不同意见须用书面提交评委会。

四、成交人确定办法

1. 专家评审只能依据政府采购法、招投标法、财政部 18 号令。

2. 对所有响应人的评估，都采用相同的程序和标准。

3. 单一来源采购的确定成交人方法为最低评标价法。

以价格为主要因素确定成交候选供应商，即在全部满足采购文件实质性要求前提下，依据统一的价格要素评定最低报价，以提出最低报价的响应人作为成交候选供应商。价格相等的情况下，以技术指标、性能、配置高者推荐，价格、技术指标（性能、配置）相等者，以服务优者推荐为第 1 成交候选人。

但是，不能保证报价最低的响应人为成交人。

招标项目行政监督部门：(行政区域名称) 人民政府采购委员会办公室。

地名规划项目采购地行政区域名称政府采购办公室

2015 年 12 月 12 日

2. 投标邀请函

投标邀请函是政府公开招标文件的组成部分，一般列为政府公开采购文件的第一部分。其实，它与单一来源政府采购文件的第一章类似（参见示例 1-2）。

示例 1-2：《投标邀请函》

第一部分　投标邀请函

(行政区域名称) 公共资源交易中心（以下简称“集中采购机构”）受 某某民政局 （以下简称“采购人”）的委托，对 (行政区域名称) 城区地名规划编制服务招标项目进行公开招标采购，欢迎符合资格条件的供应商参加。

一、项目概况

1. 采购项目编号：

2. 采购项目名称：（行政区域名称）城区地名规划编制服务招标项目

3. 采购预算：88万元

4. 项目内容及需求：约290平方公里城区地名规划编制（详见用户需求书）

5. 项目投标保证金金额：人民币捌仟捌佰元整（¥8，800.00元）

二、招标文件公示

依据《某某省实施〈政府采购法〉办法》第三十五条规定，现将本项目招标文件在网上进行公示，由投标人到（行政区域名称）公共资源交易中心网站的采购公告栏目里（网址：http：//政府官方网址）找到相应的采购项目自行进行下载，公示期为自招标文件公示之日起5个工作日，供应商认为招标文件的内容损害其权益的，可以在公示期间或者自期满之日起7个工作日内以书面形式向我中心提出质疑。

三、投标供应商资格

1. 投标人应具备《政府采购法》第二十二条规定的条件：且具有良好的商业信誉和健全的财务会计制度，履行合同所必需的设备和专业技术能力，有依法纳税和社会保障资金的良好记录，参加政府采购活动近三年内经营活动中没有重大违法记录，遵守国家法律、法规；

2. 投标人必须是中华人民共和国境内注册的独立法人、其他组织或自然人，具备从事地名文化咨询、服务的经营服务范围，并有承担和圆满完成1个或以上地级市地名总体规划的经历；

3. 投标人近3年来没有行贿犯罪案记录。（注：没有行贿犯罪记录证明由投标人所属地区人民检察院出具，自中标公告发布之日起7个工作日内向集中采购机构提交证明。否则，取消中标资格。）

4. 必须在采购代理机构报名且购买了招标文件。

5. 本次项目不接受联合投标。

注：购买招标文件时，请携带经营执照副本、税务登记证、组织机构代码证复印件、近季度单位购买社保的证明文件、投标报名及招标文件发售表、法人代表授权书等证明文件并加盖单位公章及购买人身份证复印件，且携带身份证原件备查。

四、招标文件的获取

1. 报名购买招标文件时间：××××年××月××日起至××××年××月××日上午每日9：30~11：30，下午14：30~17：00时（节假日除外）。

2. 购买招标文件的地点：（行政区域名称）某某路3号大院（某某某某

行政服务中心）六楼。

3. 购买招标文件的费用：人民币 150 元整/本。如需邮寄，邮费自理，售后不退。

4. 购买招标文件的方式：供应商可现场报名或者邮寄报名。现场报名——须递交合格投标人所需的资质证明文件并填写报名表，带银联卡到本中心 POS 终端机刷卡，或者持现金到某某银行缴纳报名费；外地邮寄报名——请致电 0000-12345678 联系李小姐/刘先生填写报名表，并将资质证明文件以电子邮件或者传真方式发送审查，审查合格后回复或回传，然后付款报名标书费，到账后给予邮寄标书。为节省报名时间，请自行下载填写投标报名及招标文件发售表.doc）。

五、递交投标文件

1. 开标地点：（行政区域名称）某某路　号院某某某某行政服务中心六楼开标厅

2. 投标文件递交时间：2013 年 11 月××日 8：45~9：00

3. 投标文件递交地点：（行政区域名称）某某路×号院某某某某行政服务中心六楼开标厅

4. 投标截止及开标时间：20××年 11 月××日 9：00

六、集中采购机构联系方式

联系人：×小姐、×小姐

电话：0000-12345678

传真：0000-87654321

电子邮箱：　　　　@　　　　.com

联系地址：（行政区域名称）某某路×号院某某某某行政服务中心 7 层。

邮编：525000。

七、集中采购机构期望得到的协助与配合

如对招标文件有任何澄清修改，集中采购机构将会在某某省政府采购网、（行政区域名称）人民政府网和某某市公共资源交易中心网等媒体上发布公告，在投标截止到日前可能会有更正公告，投标截止前 3 日可能会有延期公告，请采购文件收受人予以高度重视。

（行政区域名称）公共资源交易中心

××××年××月××日

第二节　地名规划的投标

招标与投标是一件事物的两个方面，犹如方言中的“孖仔”，二者“如影随形”“形影不离”。招标是主体，投标是客体，两者的“不离不弃”，共同构成一项完整的政府工作。招标的目的是为了投标，只有应标者参与投标，招标工作才有实际意义。如此而来，紧随招标之后，投标事务走上了前台。由于招标与投标的“孪生”性，且在上文中已经叙述了招标的程序，故在本节中省略了投标的同类事项，只重点阐述与地名规划投标直接相关者，以便言简意赅地飨于读者。

一、地名规划投标的运作

作为地名规划投标者，为了获得“推销”自己地名规划产品的资格，对于人民政府面向社会的采购信息尤其重视，时刻关注着各类公共产品的招标，基于“不打无准备之仗”的理念，可提供地名规划产品的法人单位，自然已经或者正在进行着各项准备。

1. 学习招标文件

政府采购文件中的内容，是每一个拟投标者都应重视的事项。因为，只有高度关注并真正领会了招标书，才能按部就班地做好自己的投标工作。那么，未来的投标人应该学习招标书的哪些内容呢？我们认为，重点包括以下两件事情：

(1) 买什么。地名规划作为政府采购的产品，与市场上的大众化商品截然不同，不是型号、类型、尺寸、硬度、调试、安装、运输等就能够清楚、完整地表述的，而是一种非常特别的产品，其最佳性能是被人为赋予的管理功能。所以说，投标响应人必须“透过现象，看见本质”，以此了解这一产品的制作方向、制作形态、制作品质、制作工艺、制作成本、制作时间、制作人力等，然后确定自己是否能够按要求完成该项目。

(2) 怎样卖。这里所谓的怎样卖，不是指最终出手的产品，而是在充分认知政府采购对象的基础上，根据其详细、详尽的要求，通过填写投标书中的具体内容，以期获得“兜售”自己产品的许可。这样，响应人的种种投标行为，就必须具有切实可行的针对性。这其中，主要包含 3 项：本出售人的资质是最好的；本投标人提供的产品是最佳的；本应标人的售价是最合适的。

2. 准备投标资金

政府采购所用款项属于财政资金，为各项税收所得，是民众财富的一部分。对于如何用好纳税人的钱，人民政府自然是小心、谨慎、周密。事实上，采用招标的形式购买公共产品，即其重要措施之一。对此，为了不使财政资金落空，将该花的钱落到实处，在招标的过程中亦有保全方式。其设置的具体事项是：投标的保证金、投标的服务费。

（1）准备投标保证金。与以往的买卖产品不同，不是常见的“一手交钱、一手交货”，货物出手的过程不发生任何费用，更不会出现提前付给卖家一定款项的事情。从这一点上可以看出，投标者为被动的客体，若想获得更大的利益，必须接受该项“吝啬”的要求。不过，稍微令人得到些许安慰的是，如果投标者在开标时未能中标，这部分固定额度的资金有可能退还给“失败”的应标人。

（2）准备投标服务费。正如前面所言，在整个的招标与投标过程中，真正的采购者一直处于幕后，其委托运行采购事宜的单位是公司性机构。换个角度说，居于前台负责“操盘”的机构，无论是交易中心，还是咨询公司，其每一项活动都是经营性的，这就决定了“投标服务费”的收取是必然的结果。这里需要注意两点：投标服务费不是固定的，而是随着标的的大小而上下浮动，标的大的项目其服务费也多；投标的失利与成功，都在该项运行中发生了费用，中标与否都不会得到投标服务费的返还。

3. 填报投标文件

填报投标文件是投标活动中的题中之意。为做好投标的填报工作，在对外公示的招标文件中，都给出了各类文件的样本，甚至专门列出了“填报须知”。对此，投标者需要把握的只有两件事：第一是真实；第二是准确。否则，可能带来非期望的后果。下面，将这些文件尽可能地一一列出，以备用户核查和准备。

（1）检察机关出具的法人单位行贿犯罪档案查询结果告知函（复印件）；

（2）检察机关出具项目负责人行贿犯罪档案查询结果告知函（复印件）；

（3）承担并圆满完成1个以上地名总体规划编制工作经历的证明材料；

（4）合格有效加盖公章的法人营业执照副本；

（5）税务登记证的复印件；

（6）组织机构代码证的复印件；

（7）法定代表人授权响应人代表的授权委托书原件；

（8）法定代表人的身份证复印件；

（9）响应人代表的身份证复印件；

（10）响应文件正本一份（注明“正本”）；

（11）响应文件副本两份（注明“副本”）；

（12）最近3年响应人成果在国内主要用户的名称和地址、运行状况表；

（13）招标服务费承诺书；

（14）质量保证和售后服务承诺书；

（15）退回保证金说明函；

（16）投标承诺函；

（17）响应人资格声明（包括法人单位简介等）；

（18）投标人制作的电子投标文件。

二、地名规划投标的文件

地名规划投标文件的取得，一般有下列 4 种方式和渠道：政府采购文件在发布时，已经将其列于招标文件之中；从政府负责招标事务的办公室索取，也可以请其邮寄到指定的机构；通过招标书中给出的确切信息，在官方的网址上下载或在线填写；依据其特定的要求和规则，“不得已而为之”地花钱购买投标用文件。需要说明一点，上述所列的这些文件，有可能是在线填写并上报的。为使使用投标文件的读者能够一目了然，我们在此列举了部分比较实用和重要的文件作为范本，以备不时之需。

1. 投标函

致函招标机构的投标函，是所有投标文件中的第一份文件。其目的是告知对方，不仅本投标者学习了招标文件的全部内容，自己本身具备投标资格，而且会在投标过程中严格遵守相关规定，从而确保招标方的认可（参见示例1-3）。

示例 1-3：《投标函》

投 标 函

致：（行政区域名称）公共资源交易中心

为响应你方组织的 （项目名称） 项目的招标［招标文件编号为： （招标文件编号） ］，我方愿参与投标。

我方确认收到贵方提供的 （项目名称） 招标文件的全部内容。

我方在参与投标前已详细研究了招标文件的所有内容，包括澄清、修改文件（如果有）和所有已提供的参考资料以及有关附件，我方完全明白并认为此招标文件没有倾向性，也不存在排斥潜在投标供应商的内容，我方同意招标文件的相关条款，放弃对招标文件提出误解和质疑的一切权力。

（投标供应商名称） 作为投标供应商正式授权 （授权代表全名，职务） 代表我方全权处理有关本投标的一切事宜。

在此提交的投标文件，正本一份，副本柒份。

我方已完全明白招标文件的所有条款要求，并申明如下：

（一）按招标文件提供的全部货物与相关服务的投标总价详见《报价一览表》。

（二）本投标文件的有效期为投标截止时间起90天。如中标，有效期将延至合同终止日为止。在此提交的资格证明文件均至投标截止日有效，如有在投标有效期内失效的，我方承诺在中标后补齐一切手续，保证所有资格证明文件能在签订采购合同时直至采购合同终止日有效。

（三）我方明白并同意，在规定的开标日之后，投标有效期之内撤回投标或中标后不按规定与采购人签订合同或不提交履约保证金，则贵方将不予退还投标保证金。

（四）我方同意按照贵方可能提出的要求而提供与投标有关的任何其他数据、信息或资料。

（五）我方理解贵方不一定接受最低投标价或任何贵方可能收到的投标。

（六）我方如果中标，将保证履行招标文件及其澄清、修改文件（如果有）中的全部责任和义务，按质、按量、按期完成《用户需求书》及《合同书》中的全部任务。

（七）如我方被授予合同，我方承诺支付就本次招标应支付或将支付的中标服务费（详见按招标文件要求格式填写的《中标服务费支付承诺书》）。

（八）我方作为在法律、财务和运作上独立于采购人、集中采购机构的投标供应商，在此保证所提交的所有文件和全部说明是真实的和正确的。

（九）我方投标报价已包含应向知识产权所有权人支付的所有相关税费，并保证采购人在中国使用我方提供的货物时，如有第三方提出侵犯其知识产权主张的，责任由我方承担。

（十）我方具备《政府采购法》第二十二条规定的条件。

（十一）我方对在本函及投标文件中所作的所有承诺承担法律责任。

（十二）所有与本招标有关的函件请发往下列地址：

地址：____________________ 邮政编码：________________

电话：____________________ 代表姓名：________________

传真：____________________ 职　　务：________________

投标供应商法定代表人（或法定代表人授权代表）签字或盖章：

____

投标供应商名称（盖章）：______________________

日期：　　年　　月　　日

2. 法定代表人证明书

提请注意的是，投标供应商除了可以使用下述格式外，也可使用某某省工商行政管理局统一印制的法定代表人证明书格式（参见示例1-4）。

示例 1-4：《法定代表人证明书》

法定代表人证明书

（法定代表人姓名）现任我单位________职务，为法定代表人，特此证明。

附：代表人性别：________ 年龄：______

身份证号码：________

注册号码：________ 企业类型：________

经营范围：________。

投标供应商（盖章）：

地址：

法定代表人（签字或盖章）：

3. 法定代表人授权书

在法定代表人不能亲自参与某项工作时，需要派出本法人单位的代表，在授权许可的情况下从事该项业务。为使招标方知晓该被授权人的职责所在，需要向其提交法定代表人的授权书（参见示例 1-5）。

示例 1-5：《法定代表人授权书》

法定代表人授权书

致：某某公共资源交易中心

本授权书声明：________是注册于________（国家或地区）________的________（投标供应商名称）________的法定代表人，现任________职务，有效证件号码：________。现授权________（姓名、职务）________作为我公司的全权代理人，就________（项目名称）________项目采购［招标文件编号为________（招标文件编号）________］的投标和合同执行，以我方的名义处理一切与之有关的事宜。

本授权书于________月________日签字生效，特此声明。

投标供应商（盖章）：

地址：

法定代表人（签字或盖章）：

职务：

被授权人（签字或盖章）：

职务：

4. 投标报价总表

投标报价总表的填报，是投标书中最困难的文书。因为，每一个商品出卖者都以获取最大利益为目标。但是，在其他条件完全相同的情况下，中标者往往是总报价最低者。为此，投标报价必须实事求是，以期获得评标方的认可（参见示例 1-6）。

示例 1-6：《投标报价总表》

投标报价总表

投标人名称：　　　　　　　　招标编号：　　　　单位：　元

项目名称	投标总价	备注
（行政区域名称）城区地名规划编制服务招标项目	大写： 小写：	

注：1. 此表的总计是所有需买方支付的本次招标标的金额总数，即投标总价。

2. 本表中所有项目的价格必须填写（不能空白），没有或免费或已包含在其他分项中的以“0”表示并在相应备注栏中说明。

投标人（公章）：

授权代表（签名或盖章）：

日期：　　　年　　　月　　　日

5. 投标明细报价表

投标明细报价表不是简单的一个价目单，而是与上面列出的“投标报价总表”形成一个有机的整体，二者在逻辑关系上必须准确无误、相互印证，细目价格的综合应等于总价，否则将违反招投标的有关要求，甚至使投标者适得其反，早早地退出竞标的行列。同时，投标明细报价表中的每一个服务项目，一定是整体项目内的一部分，且每项开支合理、科学，不存在虚高、虚低现象，这样才能获得令人信服的效果（参见示例 1-7）。

示例 1-7：《投标明细报价表》

投标明细报价表

投标人名称：　　　　　　　　　　　　货币单位：人民币元

序号	服务项目	数量	价格	备注
1				
2				
3				
…				
	其他			
	费税			
合计	大写		小写	

注：1. 此表乃报价总表之费用报价明细表。
2. 如果单价和总价不符时，以单价为准，修正总价。
3. 此表可扩展和延长。

投标人（公章）：
授权代表（签名或盖章）：
日期：

另外，在提交投标书的同时，如果可以送达本机构的自我评价资料的话，则可以在这上面做一些文章，写就一篇本单位的宣传手册，详细介绍自身的工作业绩、企业文化、行业优势、科研成果、业内赞誉等，以此来增加自己的中标砝码。

第三节　地名规划的委托书

开展地名规划方案的编制，无论是投标后的中标，还是政府的单一采购，抑或是甲乙双方的议标，最后都会落到地名规划的委托上来。因为，地名规划的招标是采购方为主体的行为，地名规划的投标是供货方为主动的行动，只有面对地名规划的委托时，才是彼此为了一个共同的事项，并经过平等、友好、诚信的协商，甲乙双方就商业法律的层面，对这一项目相互之间进行约定的活动，最终使之成为下一步的工作指南。

一、地名规划的合同要件

地名规划委托合同一经甲乙双方签署，则完全具有法律效力。因此，每一条款都是特别的约定，均关系着地名规划项目的成败。在这一背景下，甲方和乙方（特别是乙方）必须仔细斟酌合同的细节，使之成为沟通甲乙双方的桥梁，在彼此遵守规则的基础上，借助该合同（协议）的有效约定，达到两家期望得到的双赢结果。这里，应当极度关注以下要点：

1. 委托内容

地名规划的委托内容，是委托合同中的第一条款，自然也就成为该合同中的第一要素。由于地名规划产品的特殊属性，导致在规定其具体的事项时，必须清楚、准确、明了。只有知晓需要制作的产品到底是什么，才能做到有的放矢，最终拿出质量合格、型号规范、利于使用、令人满意的产品。否则，两眼一抹黑，无异于盲人摸象，其结果势必趋向“功败垂成”，甚至两败俱伤。

2. 规划依据

地名规划的依据是地名规划的基础，没有相应的地名规划基础，地名规划就处于“空中楼阁”的窘地。其重要性在于，这些依据是地名规划的前提条件。地名规划是建立在其他城市规划之上的子规划，是其更加深入的专项规划。因此，甲方提供的地名规划依据，必须全面到位。还有一点，在实际运作时，经常会遇到上位的规划修编情况，或者其本身尚未获得正式的批准，没有形成固定的规划文本。这样一来，必然严重影响到居于下位的地名规划。所以，在确定开始进行地名规划之前，确实需要使之固化，以免造成不必要的工作麻烦和经济损失。

3. 甲方责任

虽然乙方美其名曰供应商，但这种特殊的地名规划商品，与普通的买卖大相径庭，在乙方向甲方供货的过程中，甲方不是简单地睛等现成，而是必须自始至终地参与其中，甚至是在制作该产品之初，就深度跻身于制作商的行列里。或者说，斥资采购公共产品的一方，既不是“若无其事”的旁观者，也不是“洞若观火”的监督者。这种甲方身份的多重属性，决定了位于合同中的甲方的责任，必须一五一十、明白无误。那么，其责任的重点是什么呢？

（1）提供必需的基础资料。这些在规划中必不可少的基础性资料，包括：地名规划所依据的各类规划，如城乡建设规划、道路交通规划、旅游规划等；当地的现有地名情况资料，如已经出版、印制的《地名录》《地名图》《地名志》《地名词典》等，以及与该地名规划关系密切的其他资料。其作用是，通过学习、了解、掌握这些方方面面的内容，地名规划者可以知晓既有地名的现状，发现其内在的命名规律，以便在其后续的规划地名中，主要是地名采词、地名级别、地名重名、地名表现、地名派生、地名移植、地名更名、地名保护等，获得现实的、有益的帮助。

(2) 协调相关者的关系。地名规划的受托方作为外来者，可谓“人生地不熟”。这种自身天然的劣势，不可能在短时间内通过努力予以弥补。而且，地名规划本身的许多事项，又离不开当地各有关部门的大力支持，例如：了解有关领导的基本工作思路，与当地居民开展座谈，向本地专家进行咨询，召开多部门参加的座谈会，与甲方兄弟部门协商等。故此，招标过程“联合体”中的一员（委托合同中的甲方），其职责和作用是显而易见的，甚至毫不夸张地说，无他则地名规划寸步难行。

4. 工作期限

审视地名规划的工作期限，是该产品制造者必须小心谨慎之事，如果合同中的期限约定有误，届时没有按时完成任务，必然带来违约责任的风险与赔偿。所以，这其中的文字表述必须注意两点：工程的大小、任务的难易、质量的高低、人员的配置、资金的使用、交通的便利、甲方的习惯、外界的影响等，都与工作实践中的时间成本密不可分；在某个地名规划进程中的环节，是由甲方直接参与和具体运作的，这部分工作所花费的与乙方无关的时间，理应排除在乙方的时限安排之外。

5. 成果形式

地名规划在不同的阶段中，会形成各不相同的阶段性成果，例如：《某某地名专项规划方案》（初稿）、《某某地名专项规划方案》（讨论稿）、《某某地名专项规划方案》（征求意见稿）、《某某地名专项规划方案》（评议稿）、《某某地名专项规划方案》（送审稿）、《某某地名专项规划方案》（报批稿）、《某某地名专项规划方案》（发布稿）。这其中的后三种成果，均可以作为最终成果的完成形式。无论哪一种成果，都需要慎重地选择其一，明确在“白纸黑字”的合同中。

与此同时，地名规划方案还可划分为综合性的单一文本和分项文本。分项文本一般包括地名规划文本、地名规划图集、地名规划方案说明以及地名规划专项研究。这一差异性的内容，依旧需要落实在法律文书之内。

6. 结题方式

对于地名规划方案是否完成，地名规划委托合同签署的甲方和乙方，各自站在不同的角度和层面，二者有着稍显不同的认定。抛开地名规划有关各方不说，只就地名规划方案本身来讲，《某某地名专项规划方案》（送审稿）、《某某地名专项规划方案》（报批稿）、《某某地名专项规划方案》（发布稿），都可以将其中之一作为科研活动的结题方式。无论如何，只能选中其一，否则会陷入

“拉锯战”的局面，于甲方、对乙方都会造成“无以名状”的伤害。

二、地名规划的委托合同

在招标的过程中，招标方业已给出了相应的地名规划委托书的范本格式，从事务性工作的角度看，这似乎是方便了双方的“当事人”，有利于加快委托合同的签署。然而，如果经过深思熟虑之后，乙方可能会不经意地发现，由于是甲方起草的委托合同，其中的条款存在不妥之处：“语焉不详”——有个别约定故意缺失；“模棱两可”——有个别条款概念混淆；“有失偏颇”——有个别内容对己有利。所以，为了维护自身的合法权益，投标者应在投标的过程中，与招标方坦诚进行交涉、沟通、协商，进而达到双赢的目的和效果。实际情况是，招标书中给出的委托合同样本比较简单，不太适用于直接委托的情况，需要针对地名规划本身在多项内容上予以补充，故此下面所列委托合同是相对完备的文件（参见示例1-8）。

示例1-8：《某某新区地名专项规划委托合同》

某某新区地名专项规划委托合同

甲乙双方依据《中华人民共和国合同法》、国务院《地名管理条例》、民政部《地名管理条例实施细则》等法律、法规的规定，经过友好、平等、诚信的协商，就某某新区地名规划的相关事宜，签订本合同。

第一条 委托内容

甲方委托乙方对某某新区的地名进行专项规划，并编制完成《某某新区地名专项规划》（以下简称“地名规划”）文本。

第二条 规划基础

本“地名规划”的主要工作基础是：

1.《某某新区城市总体规划》；

2.《某某新区城市详细规划》；

3.《某某新区城市道路专项规划》；

第三条 规划范围

《某某新区地名专项规划2010—2030》确定的新城范围，包括某某片、某某片、某某片，规划面积380平方公里，其中城市建设用地49.1平方公里。以上规划范围的街、路、巷、桥梁、公园等名称，及远景规划区域为：某某物流园区、某某站片区的道路名称。

第四条 项目期限

从启动经费到位之日算起，乙方编制《某某新区地名专项规划》的期限为100个工作日。

因甲方原因造成编制《某某新区地名专项规划》延期，其延期时间不计算在乙方编制期限之内。

第五条　工作步骤

编制《某某新区地名专项规划》的步骤大体上分为下述环节：

1. 实地调研；
2. 资料收集；
3. 研读相关规划资料；
4. 确定《某某新区地名专项规划》思路；
5. 起草《某某新区地名专项规划》大纲；
6. 编制《某某新区地名专项规划》初稿；
7. 专家咨询；
8. 补充调研；
9. 充实《某某新区地名专项规划》文本；
10. 完成《某某新区地名专项规划》征求意见稿；
11. 征求意见；
12. 综合吸纳各方意见；
13. 完成《某某新区地名专项规划》送审稿；
14. 印制《某某新区地名专项规划》送审稿；
15. 召开《某某新区地名专项规划》专家审查会；
16. 完善《某某新区地名专项规划》文本；
17. 制作并提交《某某新区地名专项规划》报批稿。

第六条　项目进度

编制《某某新区地名专项规划》其工作进度初步安排如下：

1. 实地调研（10个工作日）；
2. 收集资料（10个工作日）；
3. 研究、制订项目的整体思路和规划的编制原则（2个工作日）；
4. 确定本“地名规划”文本的编制大纲（6个工作日）；
5. 起草、编制本“地名规划”（35个工作日）；
6. 制图（30个工作日）；
7. 征求有关各方的建议、意见（20个工作日）；
8. 修改本“地名规划”文本（10个工作日）；
9. 完成本“地名规划”文本的送审稿（15个工作日）；
10. 送稿初审后修改（20个工作日）。

第七条　甲方责任

1. 按本合同约定支付乙方“地名规划”项目经费；

2. 确定本“地名规划”的总体要求、区域范围及该区域范围的地理实体等；

3. 提供与本“地名规划”工作有关的地名工作资料；

4. 负责协调乙方与本地相关部门和单位之间的关系；

5. 负责征求当地有关部门意见；

6. 与甲方一起组织有关人员对丙方提交的工作成果进行评审；

7. 指定联络员；

8. 上报《命名新区地名专项规划》报批稿；

9. 宣传并实施本“地名规划”。

第八条 乙方责任

1. 按合同约定做好某某新区的地名专项规划工作；

2. 合理使用项目经费；

3. 在调查研究的基础上，确定“地名规划”的指导思想、整体思路、技术路线、编制原则；

4. 按合同约定时间内完成本“地名规划”，并依据有关修改意见进行调整、完善；

5. 按照合同约定的要求和期限向甲方提交本“地名规划”成果；

6. 指定联络员。

第九条 成果形式

乙方完成《武夷新区地名专项规划》文本的成果后：

1. 在签订合同生效后三个月内，乙方呈送甲方“地名规划”初稿10套，用于甲方征求意见；

2. 终审时乙方要印制20份“地名规划”成果文本送甲方组织评审；

3. 终审通过后，乙方要送3套“地名规划”成果文本“拟批稿”给甲方向某某市政府申报审批；

4. 某某市政府审批后，乙方将“地名规划”正式成果文本印刷20套给甲乙方，同时将电子文档刻录光盘10张报给甲方。

第十条 规划小组

乙方就甲方委托“地名规划”事项组成规划小组，规划小组由9名成员组成，包括：研究员1名、副研究员2名、助理研究员3名、实习研究员4名。规划小组成员名单如下：

（略）

第十一条 规划经费

《某某新区地名总体规划》的项目经费为__万元（__________萬圓），其经费分项构成如下：

1. 资料费________元（包括购买、复印、扫描、下载等）；

2. 差旅费________元（　　元/天·人次×　　人次×　　天）；

3. 人工费________元（　　元/天人×　　人×　　天）；

4. 加班费________元（　　元/人次×　　次×　　人）；

5. 咨询费________元（　　元/人次×　　人次）；

6. 顾问费________元（　　元/人次×　　人次）；

7. 本地实地考察和调研费用______元；

8. 国外相关资料翻译费________元（　　元/千字×　　千字）；

9 文本编制费______万元；

10. 文本录入费________元（　　元/千字×　　　千字）；

11. 制图费________元（　　元/幅×　　幅）；

12. 彩色文本印制费________元（　　元/册×　　册×　　次）；

13. 设备购置费______元；

14. 市内交通费______元；

15. 会议费______元（包括组织召开的研讨会、座谈会、两次评审会议等所发生的甲乙双方人员的交通费、食宿费、专家评审劳务费、会议室租赁费等所有费用）；

16. 其他杂费______元；

17. 管理费______元（为项目经费的8%）；

18. 应纳税费______元（约占项目经费的6%）。

第十二条　支付方式

甲方支付乙方本“地名规划”的项目经费为______万元（______），并根据工作进度及成果完成情况采取以下方式分期付款：

1. 在本合同签订后的15个工作日内，甲方给付乙方总经费的______%，即____万元（________）整；

2. 乙方完成本“地名规划”送审稿，通过初审评议后的15个工作日内，甲方再给付乙方总经费的______%，即______万元（________）整；

3. 本“地名规划”通过最终评审后，报某某市人民政府审批，审批后本“地名规划”正式成果文本送达甲方后的15个工作日内，甲方最后给付乙方总经费的______%，即____万元（______________）整；

甲方每次将“规划经费”汇到丙方指定账户后，乙方及时开具国家正式税务发票给甲方报账。

第十三条　汇款账户

甲方将本“地名规划”的上述项目经费55万元（伍拾伍萬圓）通过银行汇入乙方下列账户：

账 户 名：____________________；

开户银行：____________________；

账　　号：____________________。

第十四条　资金使用

地名规划编制的资金为包干形式，凡用于本地名规划事宜发生的各项费用，如差旅费、住宿费、会议费、材料费、咨询费、劳务费、印制费、交通费等，均由乙方全额支付，甲方不负责任何其他费用。

第十五条　知识产权

甲方拥有《____新区地名专项规划》的使用权。

乙方拥有《____新区地名专项规划》的著作权。

第十六条　保密条款

1. 未经甲方同意，乙方不得将研究成果向甲乙丙之外的他方扩散或转让，包括所有的基础资料、中间成果和最终成果。

2. 甲乙双方应妥善保管对方提供的资料，保守对方的秘密；未经一方许可，不得利用知悉的对方资料和成果为本方或甲乙双方之外的他方谋取利益。

第十七条　侵权行为

乙方应保证编制的《____新区地名专项规划》为自主知识产权，没有侵犯第三方的利益。若乙方发生侵权行为，并由此引发法律诉讼，其利益损失由乙方自行负责。而且，甲方有权决定由乙方赔偿由此带来的经济损失。

第十八条　未尽事宜

对于本合同中存在的未尽事宜，甲乙双方可以签订补充协议予以约定，该补充协议作为本合同的一部分，同样具有法律效力。

第十九条　违约责任

甲方未按约定期限和金额向乙方支付本“地名规划”项目经费，乙方有权终止本合同或者延期交付规划成果。

乙方未按约定期限向甲方提交本“地名规划”成果，甲方有权对乙方延期或者拒付项目经费。

本“地名规划”成果未能通过终审评议，乙方应按甲方要求及时进行补充、完善，直至最终通过终审评议。

第二十条　争议解决

因本合同在执行过程中产生争议，甲乙双方协商解决；协商不成时，任何一方可向当地人民法院起诉。

第二十一条　附加条款

甲方实施《某某新区地名专项规划》后，乙方作为该地名规划的编制者，有权将其用于相关的科研活动中，如集成、摘录、报奖、登载、引用、教学等，甲方不得以任何理由予以干涉。

第二十二条　其他事项

1. 本合同一式六份，甲乙双方各执三份，均具有相同的法律约束力。

2. 本合同于________年__月__日签订于某某省某某市。

3. 本合同签订之后，乙方按合同中约定的项目经费到账后之日起生效。

甲方（章）：某某省某某市民政局　　乙方（章）：民政部地名研究所

法定代表人或委托人：__________　　法定代表人或委托人：__________

授权代表（签字）：__________　　授权代表（签字）：__________

第四节　地名规划的任务书

开展地名规划的编制工作，除了以委托的形式出现外，还有另外一种可行的方式：直接由上级行政管理部门下达地名规划任务书。这种类似于“内部”的处理方式，具有相对突出的优势：简便易行、节约成本、提高效率、便于操作。于是，有人会产生疑问：为什么大多数地名规划是厚此薄彼呢？根本原因在于，规划范围小、地理实体少、专项不够多、层级比较低、费用也较少的项目，尚可不必邀请高端、大型的专业地名规划机构。而且，在本系统内，或者是本级人民政府的管辖区域里，有可以从事这项工作的机关和人员。唯如此，才能自行进行类似于群体命名地理实体的活动。

一、地名规划任务书的主要形式

为了大家今后的工作方便，我们列出了该行政管理部门工作文件中的核心部分（参见示例1-9）。

示例1-9：《某某新区地名规划任务书》（节录）

某某新区地名规划任务书（节录）

1　地名规划的基本概念与规划背景

1.1　地名命名的一般方法

白描式；祈福式；借用式；派生式；寓意式；纪念式。

1.2　国内其他地名规划实例介绍

1.2.1　某某新区地名规划简介；

1.2.2　某某开发区地名规划简介。

1.3 《某某新区城市总体规划（2010—2030）》简介

1.4 新区概况

1.4.1 历史沿革；

1.4.2 人文地理；

1.4.3 本地物产。

2 总则

2.1 规划范围

《某某新区地名专项规划 2010—2030》确定的新城范围，包括：

现势地名规划区域为：________________________________；

远景地名规划区域为：________________________________。

2.2 规划时间

本项地名规划的工作时间为______个工作日。

2.3 规划对象

对道路、桥梁、广场等____个地理实体进行规划命名。

2.4 指导思想

名副其实；规范有序；彰显文化；雅俗共赏；好找宜记。

2.5 规划原则

专家认同；政府通过；群众满意。

2.6 规划依据

《中华人民共和国城乡规划法》；

《建设部关于贯彻实施〈城乡规划法〉的指导意见》；

建设部《城市规划编制办法》；

国务院《地名管理条例》；

民政部《〈地名管理条例〉实施细则》；

民政部、建设部《关于开展城市地名规划工作的通知》；

《某某新区城市总体规划》及其详细规划。

3 地名规划的时限

3.1 地名规划的规划期限

3.2 地名规划的完成期限

4 地名通名的使用规范

4.1 道路通名规范

4.2 桥梁通名规范

4.3 广场通名规范

5 地名专名的采词方法

5.1 专名采词的基本原则

切合当地实际；体现本地特色；符合语言规范。

5.2　主导专名采词的主要因素

新区定位；地域特色；当地景观；特定文化；本地特产。

5.3　关于地名派生

6　地名区块与专名词库

6.1　规划区块划分

6.1.1　规划区块的原则系

6.1.2　地名区块划分方案

6.2　专名词库

6.2.1　专名词库来源

6.2.2　专名词库

7　地名命名方案

7.1　道路命名方案

7.1.1　中心区命名方案

7.1.2　其他区块命名方案

7.2　桥梁命名方案

7.3　广场命名方案

8　地名规划的实施建议

8.1　地名管理的建议

8.2　地名标志设置的建议

8.3　地名文化宣传的建议

二、地名规划任务书的注意事项

从现象看，地名规划任务书与地名规划委托合同存在着些许差异，主要表现在：一是地名规划任务书是上级下达给下级的指令，发出任务书者和接受任务书者不是委托合同中平等的甲乙各方；二是接受任务书者可能不是单一的下属机构，而是在必要的情况下存在其指定的协作单位，并明确其应该协助的具体事项；三是作为一项上级下达给下级的临时性工作，为了督促、检查任务执行者的工作进度、项目质量等，该任务书中也许会列出考核的绩效指标。

尽管如此，地名规划任务书中所明确规定的核心内容，仍然与地名规划委托合同中的约定要件趋于一致，如地名规划的主要依据、地名规划的区域范围、地名规划的时限要求、地名规划的文化展示、地名规划的后续工作等，都是硬性的、具体的、必须的要求。从这里可以看出，地名规划任务书与地名规划委托合同具有趋同性，作为执行者都要如期、保质、按量地予以落实、完成。

至此，地名规划的前期工作告一段落。

第二章　地名规划的研究准备

在上一章中，我们重点叙述了地名规划的前期工作，虽然是点点滴滴的简要介绍，但仍旧可以“管中窥豹”，初步了解一些与地名规划有关的前期业务活动。在本章中，我们将进入下一个基础性的议题。由于地名规划工作具有多重属性，其中最“令人称道”的特点是，该项业务工作的前前后后，构成了一个完整的科研进程。即，地名规划研制需要科学研究，地名规划方案是科研成果。俗话说：“兵马未动，粮草先行。”基于此，在实际开展地名规划的研究、编制之前，需要我们做好必不可少的研究准备工作。这样，无论是从事地名规划的斫轮老手，还是刚刚入行地名规划的新兵，抑或地名规划的受益者，都能够在第二章的阅读中，掌握自己所需求的基本知识，以及部分前期的业务活动，从而为后面的实践开辟出一条本项业务工作的“康庄大道”。

第一节　地名规划的知识储备

既然地名规划属于地名科研的范畴，地名规划方案是科研团队辛勤劳动的结晶，于是乎，一个浅显的道理摆在众人的面前：任何实用的、理性的、先进的科研活动，均需要先期夯实其基础。这些类似于高楼大厦的地基，自然包括地名规划的基础知识。这是由于，地名规划虽然体量巨大、工程系统、工作繁重，但它不是虚无缥缈的空中楼阁，而是基础牢固、立地稳健的固化体，需要每一砖、每一瓦来共同构成。所以，这些细小的“原子”和“因子”组成的概念群体，以及其具有的作用和活力，应当被人们所周知。特别是地名规划的资料收集与实地调查，是为地名规划研制的“敲门砖”，更加不能令其听之任之，也毋庸置疑地需要涌入人们脑海的思想库中。

一、地名规划的术语

在认真研读本书之前，通过封面或扉页我们得知，本书的书名虽然名为《地名规划实证研究》，但它还有一个隐藏不见的副标题，应该主标题和副标题联合起来，一起组成本书的书名全称：《地名规划实证研究——国家标准〈地名规划通则〉宣传贯彻指南》。换言之，本书不仅仅是一本大部头的科研著作，而且还“兼职”了另外一个功能，在从一定意义上宣传、贯彻地名规划的国家标准，从而跻身为手册类教科工具书。这间接证明，该地名规划的国家标准在指导、提升、规范地名规划工作的巨大作用和重要地位。那么，该国家标准究竟有哪些内容呢？尽管该地名规划的国家标准尚未发布，但我们仍然对其略知一二，甚至可以在该地名规划的国家标准（草案）的字里行间中寻找到部分应有的答案。这样，其第三章“术语与定义”就赫然映入我们的眼帘。它无声地告诉阅读者，“本人”是地名规划的国家标准（草案）中实质内容的“先进单位”。故而，我们花费了少量时间、撰写了一些文字，专题介绍与地名规划融为一体的地名术语。粗略地看，其可能收录的13个关于地名规划的术语，可以人为硬性地分为两部分：一类是地名规划工作的术语；一类是地名规划名称的术语。斯如是，才可于细微之处知道做什么、何时做、怎么做、做啥样。

1. 关于地名规划工作的术语

之所以在标准中专门设置“术语与定义”一章，而且位居标准正文中的前列，是为了后面条文书写的方便与科学。只有注明相关术语的确切定义，其在行文的过程中才堪此大任，才能使标准谨严、明晰、规范。下面列举的术语及其定义，很好地说明了这一点。

（1）地名规划（geographical names planning）：地名规划是以城乡规划为依据，在一定时期内，对规划区域内各种自然、人文地理实体名称（包括音、形、义等方面）进行符合法规和标准化要求的设计，以及地名体系的总体设计与合理安排。

（2）地名规划方案（plan of geographical names）：地名规划形成的成果。

（3）地名规划区（area of geographical names plan）：在本级行政区或城乡特定功能区内需要进行地名规划的区域。

（4）地名规划板块（part of geographical names plan）：地名规划区内在功能、景观上具有一定区别且相对独立的地名规划单元。

（5）地名规划期（term of geographical names plan）：地名规划方案从生效到实施完成的期限。

（6）地名标志（signs of geographical names）：标示地理实体专有名称及相

关信息的设施。[GB 17733-2008，定义3.2]

2. 关于地名规划名称的术语

提醒各位“看官”注意的是，下述术语（包括英文对应词）给出的定义，虽然言简意赅，却字字珠玑，精准、准确、确实的解释，为地名规划本身提供了极大帮助和技术支持。

（1）地名（geographical names）：人们对各个地理实体赋予的专有名称[GB/T 17693.1，定义2.1]。

（2）地名专名（specific terms）：地名中用来区分各个地理实体的词。特别说明，在地名规划中，地名专名是出现频率最高的内容，可以毫不夸张地说，绝大部分的地名规划，重点是规划地名的专名。

（3）地名通名（generic terms）：地名中用来区分地理实体类别的词。另外，也可以借助地名通名展示地理实体的层级。

（4）规划地名（planned geographical names）：经过地名规划形成的地名。从地名规划的过程或者地名规划文本的角度分析，规划地名一经列入地名规划文本，就可称之为“规划地名”。但是，此时其尚不是正式的“规划地名”。只有其所在的地名规划方案获得专家评审会的通过，并经当地人民政府批准，它才真正厕身于“规划地名”的行列。

（5）固有地名（original geographical names）：地名规划区内业已存在的地名。固有地名也可叫作“老地名”，其附着的地理实体有可能刚刚消失，它是地名规划重视和发掘的对象，以便在筛选、整理的基础上，移植命名于该规划区域中的新地理实体。

（6）历史地名（former geographical names）：过去曾经使用过、目前已不使用的地名[GB/T 18521—2001，定义3.7]。

（7）派生地名（derived geographical names）：由主地名（或原生地名）引申、衍化出的新地名。

不知读者是否注意到，上述关于地名规划的专门术语，在某个术语的定义之后，有方括号“[ ]”括注的内容。这是告诉我们，该术语与定义不仅置身于地名规划的国家标准之中，而且早已在其他地名标准中扮演着重要角色。

二、地名规划的种类

在上文中，虽然给出了地名规划的定义，但其文字过于精练的描述，并未将我们渴望知晓的全部内容表述清楚，况且其重点叙述的是地名规划的过程，而非此处也需要介绍和厘清的地名规划成果。地名规划成果的展示方式为地名规划方案，最终可以形成什么样的成果，不是由地名规划编制方决定的，而是由最终需求的用户来限定的。以此引申出来的话题是，只有彻底知道人民政府采购的服务项目是什么地名规划，并根据“销售”合同的约定，地名规划的实际编制者，才能有针对性地提供合适的地名规划产品。所以，为了制造符合“消费者”意愿的地名规划产品，有必要在强调各个地名规划不同侧面之际，简单叙述一下地名规划的种类。

1. 不同期限的地名规划

之所以称为“规划”，而不是“安排”和“计划”，是因为规划有一个鲜明的特点，而且是所有规划共同的特征，规划是为了今后以至未来而设计的。据此，按照地名规划的期限进行划分，可以存在下列地名规划：

（1）现势地名规划。在社会实践中，某个区域业已开发、建设，各种公共设施基本建造完成，甚至商家、居民已经部分入驻（入住），此时如果在城乡建设规划及其详规之后，没有编制相应的地名规划，抑或命名这些地理实体，甚至街路编码尚未跟上，则会严重影响商家、居民的生产和生活。为弥补地名作为公共服务产品失位的不足，抓紧编制好实用的地名规划方案，是地名行政管理部门的有效选择。而这种现编现用的地名规划，即为现势地名规划。

（2）近期地名规划。当城乡建设总体规划已获批复，道路交通等专业规划业已就位，有部分基础设施正在加紧建设之中，这时在时间上找准切入点，开展地名规划的各项工作，可以将其定位为近期地名规划。顺便说一句，近期地名规划是最常见的地名规划，也是最符合实际需要的地名规划。另外，鉴于城乡规划、开发、建设是一个相对长期且并不同步的过程，因此现势地名规划有时也被列入其中，采取“特事特办”的方式，地名规划一经通过、批准，其规划的现势地名立即用于地理实体之上。

（3）中期地名规划。从时间上看，中期地名规划的年限并不清晰，通常的概念是2—5年的时间段内。但是，实际的做法是，很少单独编制中期地名规划，一般并入近期地名规划，或者附加在长期地名规划之中。

（4）长期地名规划。从纯粹的规划角度讲，长期地名规划也可称为远景地名规划。长期地名规划主要发生在两种情况：一种是在编制近期地名规划时，附带将中长期地名规划一并编制完成。一种是编制综合性地名规划时，也有长期地名规划的内容。不过，长期地名规划不是以拟定的地名为主，而是将重点放在地名规划的指导思想、规划原则、总体思路上，同时选取一定数量的语词，建立一个来源合理、排列有序、表现上佳的词库，作为未来备选规划地名的专名，以备将来当地地名行政管理部门命名群体性地理实体之需。

2. 不同内容的地名规划

地名规划作为城乡建设总体规划的下一级规划，或者是道路交通等专业规划的子项规划，其规划的内容是受到一定的限制的。上位的城乡规划规划何种地理实体，专项规划提供什么人文地理，决定了地名规划内容上的区别。这样说来，按照地名规划的内容，大体上可以分为：专题性地名规划、综合性地名规划。

(1）专题性地名规划。在城乡规划、开发、建设的进程中，产生最多的地理实体是什么，我想答案一目了然。道路等交通设施是城市的主动脉，不仅在未来城市的经营中发挥主要作用，而且也在其开发、建设中处于不可替代的地位。这种为人流、物流服务的交通、运输，导致道路始终具有先行性。为此，以道路及其附属设施为主要规划对象的专题性地名规划，自然是应运而生、顺势而来。

(2）综合性地名规划。事实上，纯正的专题性地名规划比较少之又少，而综合性地名规划却屡见不鲜。综合性地名规划之所以成为地名规划的主流，是由地名规划的自然属性来决定的。将其题为综合性地名规划，不是空穴来风地过度粉饰，而是实打实的规划事项使然。其综合性表现在3个方面：一是规划地理实体的种类较多，不仅包括常见的街路、河流、广场、花园等名称，甚至还可能涵盖街道办事处、居委会名称等。二是地名规划的期限跨度较长，既有急用的现势规划地名，也有远期的地名规划。三是地名规划的集体事项种类繁杂，除了拟定规划地名外，也许还有地名更名、地名管理、地名文化保护、地名标志设置、地名编码等。总之，这类综合性地名规划，已然成为地名规划的趋势之一。

3. 不同区域的地名规划

全部的地名规划都有一个相同点，必须“脚踏实地”地落在一个区域里。这种不同区域的地名规划，间接地说明两点：地名规划区域的不一，暗含着采购地名规划产品的主体存在差异；同时也提醒地名规划的编制单位，该产品的工作性质、工作内容、工作强度、工作经费等有不同之处。如此说来，是可以按照地名规划的区域划分为多种地名规划种类的。

(1）市县地名规划。这里的市县是一个比较笼统的概念，并非只是普普通通的市和县，而是包含了更加广义的义项。话又说回来，这种以县市为主体的地名规划，通常为县级行政区域的地名规划。因为，如果地名规划的规划区域过大，则在具体的规划设计时，不好有效地予以把握。而且，就地名行政管理的权限看，或者是从负责地名规划本身的业务上说，都不适宜上级行政管理的“越俎代庖”。

(2）城区地名规划。在上个世纪，我国实行了卓有成效的行政区划改制工作，其中最令人关注的是“县改市”工作，也被称为“撤县设市”。于是，中国的县级市不再是传统意义上的城市，而是城区中心之外带有很大乡村的

“建制市”。不仅如此，县、自治县等的人民政府驻地镇，也同样是该管辖区域的辐辏之地。面对现代社会城市化进程的进一步加快，当地行政管理部门及其主政官员，随之改变了以往的管理模式和做法，将主城区的经营、建设列入议事日程。其中，城区的地名规划亦是题中之意。城区地名规划的特点是，厘清各类地名之间的连带关系成为其重点和难点。

（3）乡镇地名规划。乡镇地名规划的范围比较小、规划地名的条数比较少。然而，如果将全乡镇的管辖区域列入地名规划的范围，则另当别论。也就是说，这时的乡镇地名规划，已经不再局限于乡或镇人民政府驻地的集镇，而是扩展到了其所辖的村村寨寨。大家知道，村、屯、寨、庄等的道路、住宅、土地的规划相对较弱，施工、建设也不规范，产生的街巷等地理实体的状况可想而知。还有，这些散落村庄里的地物过于分散，无疑为地名规划的实地调研带来难度。值得一提的是，随着新农村建设的加快，新型的村落必将大量涌现，以村落为地名规划的蓝本，确实是一件值得关注和推进的工作。

（4）新区地名规划。行政区人民政府的驻地，是其管辖区域范围内的中心，在经济、文化、社会、行政等事务中扮演着“领头羊”的角色。但是，如果该驻地自然环境奇差，如资源不足、区域狭窄、灾害频发，则会极大地制约其正常发展，带头作用也就无从施展。在这一背景下，当地人民政府会将驻地迁移作为工作的重点，假如有权限的上级主管部门批准了其驻地迁址的请示，则规划、开发、建设新的城区，就成为其各项行政工作的重中之重。这样，新区地名规划也就随之进入主政官员的视野。

4. 不同专项的地名规划

就前述而言，我们略微提到了部分专项的地名规划工作。梳理地名行政管理工作，每一名其中的从业人员都知道，地名行政管理的重要业务，是地名的标准化工作和地名的文化建设工作。如若这些地名业务工作是简单的、零星的、分散的，可以由主管地名行政的管理机关进行日常的、常规的管理。但是，在面对复杂的、群体的、集中的某项工作时，其地名行政主管部门可能有力所不逮之感。为获得优质的行政管理效果，迫使地方政府采取购买服务的策略。由此，各类专项的地名规划走向前台。由于各地的需求不同、要求各异，接手地名规划的编制者们，必然“想人之所想、急人之所急、做人之所做”，使之呈现出各类专项的、专题的地名规划。

（1）地名命名规划。一言以蔽之，地名命名规划是指，针对新产生的地理实体，依据其级别、属性、位置、功能等，在总体考虑、设计的前提下，为其赋予一个恰如其分的名称。记住，这类地理实体的命名规划，都是现势的地名规划。而且，其规划的区域相对独立，规划的地名也可以自成体系。实事求是地讲，地名规划的大部分项目，均为地名的命名规划。只有如此，才能很好地体现地名规划的价值。

（2）地名更名规划。就个体地名而言，它的产生有一个渐进的过程，一般是早期的约定俗成，之后发展为通过行政管理的命名，再后才是面对群体地理实体的理性地名规划。在这 3 个“成名”阶段中的第一时间段里，由于人们的认知水平的局限性，特别是随着时代的发展与进步，某些地名固有的文化与现代社会的思想、意识会产生某种观念上、理念上的割裂，这些有点“格格不入”的地名，需要予以认真地整理、改造，包括撤销、更名等。为此，需要有针对性地进行地名更名规划。

（3）地名保护规划。与上面所言不同，在地名历史的长河中，某些地名虽然也是约定俗成产生的，或者是当局以前命名的，但在今天人们的眼中，它们仍然闪烁着人类文化的光芒，是优秀传统文化的“纪念碑”和“守望者”。对此，如何对待这些记忆里的历史地名，就成为地名规划的关键所在。需要补充一句，从特定意义上讲，地名更名规划也带有地名保护规划的核心内容，其更名自然包括两项事情：改掉不好的地名，启用好的地名。其中，好的地名也可能是历史的、传统的、文化的地名，当其被重新启用后，无疑这就是一种更直接的保护。

事实上，地名总体规划是最常见的地名规划。原因很简单，在一定的区域内，地理实体及其名称千差万别，其有名与无名共存、优点与不足交织，导致上述 3 种地名规划并行不悖，既要进行地名命名规划，也要开展地名更名规划，更要实施地名保护规划。只有如此，才能真正诠释地名规划现实的内在意义。

5. 不同功能区的地名规划

改革开放以来，我国的经济发展显示出非常迅猛的态势，这种快速增长的经济形势，是由多方面因素构成的。其中，为适应新形势、新环境、新要求、新战略，各地建立了许多形态各异、功能不同、功能相似的经济区。这些为社会作出杰出贡献的经济区，基本上可以划分为两类：一类是经济技术开发区；一类是特定专门“作业”区。

（1）经济开发区的地名规划。经济开发区有不同的称谓，如“经济开发区”“经济技术开发区”“综合经济开发区”等，无论其名称如何，只要是以经济开发、建设为主旨的开发区，且在该区域内具有在经济活动中一定的优惠政策，均“万变不离其宗”，都是划定特定区域、范围的经济区。一般而言，区内大都散布着科研、制造、物流等产业门类。鉴于其具有的经济属性，因而以该经济开发区为主体的地名规划，必然打上经济的烙印。

（2）高新技术开发区的地名规划。高新技术区是以高科技、新技术为主体的开发区，与经济技术开发区一样，园区内都以制造业为主要成分，但主要容纳研制、开发、制作科技含量高的技术类厂家，有时也辅以研究、教育等项目。这种特殊的开发性质，决定了园区内的地理实体具有本身的特点：一是地物以道路为主。二是布局呈棋盘式格局。三是道路结点不甚明显。如若对其进行地名规划，这些新开辟出来的人文地理实体个性，应当在地名规划中予以展示。

（3）中央商务区的地名规划。中央商务区的英文为“Central Business District”，简称“CBD”，是指一个大城市里主要商业活动进行的地区。其概念最早产生于1923年的美国，当时定义为“商业会聚之处”。随后，中央商务区（CBD）的内容不断发展、丰富，成为一个城市、一个区域乃至一个国家的经济发展中枢。一般而言，中央商务区高度集中了城市的经济、科技和文化力量，作为城市的核心，具备金融、贸易、服务、展览、咨询等多种功能，并配以完善的市政交通与通信条件。可以想见，“CBD”的地名规划是综合性的现势地名规划，在体现其内涵和外延时，必定是一项多视角、多领域、多层次、多元素、多结构的科研课题。

（4）港务区的地名规划。这里所指的港务区，也包含了航空港区。该区域的最大特点为，是人流、物流的集散地。在该区域内，地名的导向作用显而易见。因此，这一区域的地名规划与其他地名规划相比，具有独一无二的特征，除了规划地理实体名称外，还必须给出指示、导向、提示的内容，如导向地图、规范图示等。如果是国际航空港区的地名规划，甚至还要考虑与国际接轨的现实问题，如采用与之有关的国际标准，运用多种语言文字进行标示等。

（5）保税区的地名规划。相对于其他划定的区域，保税区的功能更加单一，所在区域更加独立和封闭。更令人称道的是，其地理实体种类亦少之又少。如此，其地名规划的内容趋于简单化、单纯化。

（6）“大学城”的地名规划。近年来，我国的高等教育事业蓬勃发展，不仅新的大学如雨后春笋般地拔地而起，而且大量扩招政策的推广和实施，也迫使原有高校进行大规模的扩建。当多个大学院校集中在一个区域时，必然形成高校园区——“大学城”。高等院校集聚区的特点是，在普通的地理实体左右或周边，充满了知识、科学、文化，甚至还洋溢着青春、活力、阳光、未来。所以，在开展“大学城”的地名规划时，一定要选用与之有关的地名元素，将这一情形尽情地表达出来。

（7）旅游度假区的地名规划。从历史的角度看，旅游度假区是贵族享乐、休闲的场所。然而，伴随着我国经济总量成为世界排名第二的政治经济体，“中产阶级”的人数不断增加，休闲、娱乐、度假、旅游逐渐成为这一人群的生活时尚。于是，旅游度假区应运而生。旅游度假区内的景观与外界不同，它遍布着别墅、会所、森林、草场、小桥、流水、亭榭等，弥漫着诗情、画意等雅致的“小资”情调。于是乎，地名规划的编制是否迎合这些趣味，是摆在地名规划研制人员面前的一项有趣课题。

让人关注的是，上述这些不同种类的区域，并非完全是一个个“独立王国”，而是与其周边存在某种联系的，这种联系最直接的标识是，有外界的道路与之相连接。这说明，它们的地名规划不能彻底地与世隔绝，还要与“左邻右舍”建立友好的“睦邻关系”。

6. 不同级别的地名规划

所谓不同级别的地名规划，不是指地名规划本身的级别，而是说地名规划服务对象的级别。正常来讲，采购者与服务对象是同一个政府组织。这个政府组织管辖着不同层级、不同范围的行政区域。至此，在什么区域内编制地名规划，谁是最终的采购方，则构成了地名规划姑且称之为的“级别”。鉴于地名规划独具的性质，它的细节化要求和现势性行为，使之定位为微观的具体工作，因而不大可能动用多方人力、物力、智力，开展全方位、广区域的省级以上大型地名规划。

（1）地级的地名规划。从各地过往的地名规划编制情况看，地级的地名规划以下述 3 种样式为多：一是综合性的地名规划，不仅规划区域较大，而且也进行了中长期规划。二是其所属开发区的地名规划，如经济开发区、技术开发区的地名规划等。三是新区的地名规划，主要包括政府驻地迁址的新城区地名规划。它们共同的特点是，规划周期长、涉及部门多、工作程序繁、资金投入大、要求质量高、协调事务杂、项目研究难、编制任务重。

（2）县级的地名规划。在我国现行的行政管理体制中，县级行政区域包括县级市、市辖区、县、自治县等，它们处于承上启下的关键层级。在地名规划的具体工作上，这一级的行政管理机关需做 3 件事情：一是为上级地名规划提供基础性、参考性的详细资料。二是参与编制本级的地名规划。三是指导下级进行地名规划。就县级地名规划而言，其规划的方向主要是城区地名规划和全域地名规划。前者以现势地名规划为先，后者以长期地名规划为主。两种地名规划均需向上级地名行政主管部门备案。

（3）乡级的地名规划。乡级地名规划很少将全境的地理实体规划在内，而是集中于乡级人民政府驻地的集镇。这种地名规划相对而言比较简单，而且规划成果完成以后，其现实性、操作性很强，利于该规划的贯彻与实施。

（4）村级的地名规划。农村、农民、农业是为“三农”，党和国家历来重视“三农”问题，随着新农村的建设与发展，我国的广大农村呈现出喜人的景象，农村不再是带有偏见的“脏、乱、差”，而是以新的面貌涌现于沃野、阡陌之中，并跻身于现代城镇化的行列里。此时，在乡镇规划的基础上，村庄里的街路、住宅、店铺“各就各位”，迫切需要对其街路等进行地名规划。不仅如此，该地名规划还有一项后续的事项，做好每家每户的门牌编码工作。

另外，还可以根据地名规划不同的要素，继续划分出不同的地名规划。在此，我们不一一列举。总之，了解并掌握不同种类的地名规划，对地名规划工作大有裨益，能够根据“客户”的确切需要，通过比对而“对号入座”，然后提供切合的地名规划产品。

三、地名规划的组织

对于“物”的地名规划，我们虽然已经略知一二，但与实际要求尚有很大距离。因为，地名规划作为一个实实在在的客体，它是由作为主体的人及其组织操作的。这就是说，地名规划的组织是由人组成的，它在地名规划工作中占据着绝对主导的地位。没有地名规划的组织，地名规划本身就不复存在。基于此，在地名规划的术语和地名规划的种类之后，重点叙说地名规划的组织。置喙一下，此处的地名规划“组织”二字，不是动词、而是名词。为了表述清楚，依据各个组织的角色和作用，将他们划分为3方。

1. 地名规划组织的甲方

在确定地名规划的组织时，我们借用了经济合同中的术语，将在地名规划中主动的一方定名为地名规划组织的甲方。这里所说的甲方是一个相对的概念，它与经济合同中的甲方虽有相似之处，但并不是完全等同的，而是由四部分共同组成的，四部分既分工、又合作，使之成为一个松散而又团结的集体。

（1）地名规划的采购方。其实，以地名规划的采购方称呼为甲方之一，在这里是不准确的。因为，地名规划的实际采购者绝大多数是当地的人民政府，它是一个复杂的复合体，出演了多种重要的角色，而且是在这出大戏中“领衔主演”。其地名规划中的工作主要有以下几个方面：一是代表当地的民众，制订购买服务的工作计划，充任着人民的公仆。二是委托下设的咨询公司或交易服务中心，进行预定的招标活动，在幕后扮演着监督者。三是指示下属的地名行政管理机关，具体承办招标中的专项事务性工作，担当着不折不扣的上级领导。四是间接或直接地服务百姓，充当着购买地名规划服务的采购人。五是将地名规划落到实处，在批准执行地名规划之后，担任地名规划实施的推动者和督导员。六是为确保地名规划工作按时、保质完成，不得不担任出资人。

（2）地名规划的招标方。地名规划的招标方既可以是一家公司，也可能是一家服务性的事业单位。这些在第一章中已经有所阐述。但不管怎么说，它在接受采购方的委托后，负责从事地名规划服务产品的招标工作。具体事项是：发布政府采购的招标文件；审查各个“商家”的投标文件；了解投标人的业务资质；组织有关专家进行评标。概括为一句话：找对客户，看好钱匣。

（3）地名规划的甲方签约方。根据上级人民政府的指示精神，当地地名行政主管部门，在具体的地名专项业务中站在前台。其工作行为是：确定购买地名规划产品的质量和形态；代表政府与受托方签订委托合同；协助受托方编制地名规划；代替采购方支付购买服务产品的资金；组织审查地名规划方案；上报地名规划方案报批稿；按照上级人民政府的要求实施地名规划。需要强调一点：这里的协助受托方编制地名规划，不是深入、具体地参与地名规划研制，而是在提供基础资料、参与实地调研、沟通部门关系、征求相关意见等方面“身体力行”，否则就是不必要的越俎代庖行为。

（4）地名规划的评标方。在招标、投标、中标的环节中，其中最为重要的步骤是评标。为了保证政府采购的公正性，专门成立了评标小组，且其人员是随机产生的。该临时小组在不与投标人亲密接触的前提下，按照《中华人民共和国招标投标法》以及《中华人民共和国招标投标法实施条例》规定的要求，进行公正、公平的评标工作。

2. 地名规划组织的乙方

按理说，地名规划组织的乙方应该是独立的个体，其实并不尽然。因为，有些中标项目可能较大，需要多家来分别承担。故此，由于是分担并完成相对独立的工程，导致乙方也许是两家以上单位。当然，如果招标方明确投标方只能为一家单位，那么这里的第二家就只好退居幕后了。就地名规划服务项目而言，虽然可以确定的是一家来“主政”，但仍然能够硬性地分为3组相互关联的组织。

（1）地名规划的投标方。首先声明，在未获得签约权之前，有一方可以统称为投标方。值得注意的是，投标方是一个群体，一般是由3家以上法人单位组成。这3家投标人在其性质上，或者是经营地名业务的公司，或者是研究地名的科研事业单位，或者是从事城乡规划的机构。其工作是，受招标单位的邀请进行投标，如填报投标文件、提供资质证明等。注意：它们3家只有一家有可能最终成为中标者。

（2）地名规划的乙方签约方。地名规划的乙方签约方，约等于投标中的中标方；同理，乙方的签约者必定是中标者。当然，如果是直接委托，则省略了招标与投标的工作环节。作为独立的法人单位，此时作为乙方签订了委托合同，就成为名副其实的“供应商”。

（3）地名规划的编制方。乙方签订了委托合同之后，法人单位的法定代表人作为该单位的负责人，会立即着手组织开展地名规划工作，其第一项的工作是，成立地名规划编制课题组，于是地名规划的编制方成为这项工作的关键“人物”。该课题组的成员一般为该单位的从业者，也可能邀请中标机构以外的相关人员加入课题组。其成员的专业背景一般为地名、历史、地理、规划、中文等。换言之，地名规划编制课题组是在法定代表人的领导下，具体从事地名规划的研究与编制。之后，该课题组的项目负责人和主要编制人，代表其所在机构向地名规划的甲方签约人进行汇报，并接受地名规划专家评审组的评审。

在某种情况下，地名规划编制的参与机构可以不是一家，而是由多家共同组成，特别是当地人民政府下达地名规划任务书时，更有可能指派多家下属机构共同完成这一工作。但不管怎样，牵头的责任单位只有一个，以此体现该项工作责、权、利的统一。即使是委托形式的地名规划编制，乙方邀请另外一家参与其中，也不能认为是有两家乙方，而是受邀请者只是协助真正的乙方开展工作而已。

3. 地名规划组织的第三方

甲方和乙方各自代表需求一方和供应一方，而第三方不与甲乙双方发生利益关系，是临时组建的组织，这就是地名规划专家评审组。虽然专家评审组是在甲方的组织或召集下开展工作的，其成员也是双方协商、推荐、邀请的结果，但其具有独立的运作方式，并只对地名规划本身的质量负责，以便做到不受任何一方的影响，进而得出具有公信力的评审意见。当然，如果严格执行关于地名规划的工作部署，地名规划方案的评审会议可以由该规划政区的上级地名行政主管部门进行组织。

第二节　地名规划的资料收集

通过本章第一节的介绍，人们大体上了解了有关地名规划的基础知识。从本节开始，我们进入地名规划的研究准备行动中。地名规划资料收集是正式开展地名规划具体研究的第一步，没有地名规划的资料收集，或者是地名规划资料收集不全，地名规划本身就会陷入“巧妇难为无米之炊”的境地。它直接关系着地名规划的成败，是地名规划中的重要一环和先决条件，必须引起地名规划者的高度重视。

一、地名规划资料的收集方式

地名规划具有的社会属性，决定了地名规划资料的收集方式。其采取收集地名规划资料的方式一般为：借阅资料；下载信息；购买图书。之所以强烈建议使用上述3种做法予以资料收集，这是有针对性的行为，是紧紧围绕地名规划自身来开展的，以便让通过这种手段收集到的资料，做到有用、适用、实用、好用，进而将其用于地名规划之中，并力争使其转化为地名规划方案里的一部分。

1. 地名规划的借阅资料

鉴于地名规划涉及两个领域：一是规划业务、二是地名业务，致使其资料的收集必然也囊括这两个方面。即，为全面收集这些资料，规划部门和地名部门应当“首当其冲”，在规划目标一致的前提下，尽力提供必需的地名规划资料。其中，规划方面提供的资料是属于基础性、前提性、依据性的，地名方面提供的资料是属于专业性、资料性、技术性的，二者互为依托、相互补充，构成一个比较完备的资料群。

（1）地名行政主管部门直接提供的地名规划资料。上文提到，地名规划委托合同中的甲方，也就是当地地名行政主管部门，有责任、有义务、有能力为乙方提供其业已掌握的地名规划资料。原因在于，作为当地地名行政主管部门，在其正常的工作职责中，包括地名管理的诸多方面，其中必然涵盖了地名的命名、更名、销名，以及地名资料的收集、整理、发布等。这就是说，地名规划编制工作合作的一方，掌握其治下的地名资料，甚至是以《某某地名志》《某某地名录》《某某地名图》《某某地名词典》的面目示人（参见示例2-1）。

示例2-1：《衡阳市地名志》

衡阳市地名志

（2）地名行政主管部门协助提供的地名规划资料。对于非本部门拥有的资料，由于某些资料亦是地名规划的“必需品”，因此当地地名行政主管部门，也应通过各部门之间的业务联系，获取这部分宝贵的地名规划资料。这里除了规划部门的资料外，还包括相关部门或机构的资料，如方志部门、档案部门、交通部门、规划部门、土地部门等，然后转借给地名规划的编制单位（参见示例 2-2）。

示例 2-2：《碌曲县城市总体规划（2010—2030）》（修编）

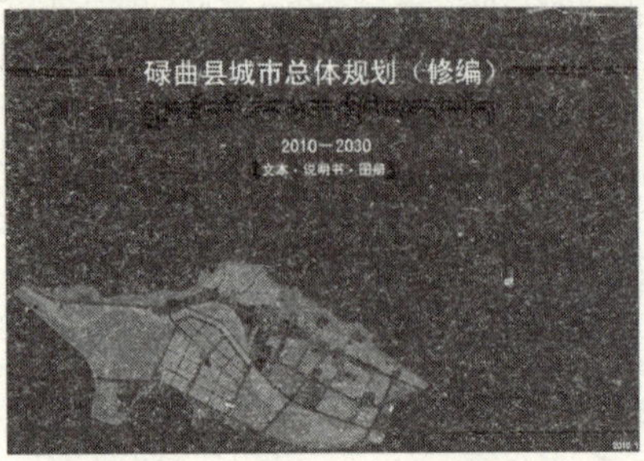

《碌曲县城市总体规划（2010—2030）》（修编）

2. 地名规划的下载信息

地名规划的下载信息也是地名规划资料收集的渠道之一。在现代信息化的世界里，各地利用互联网介绍、展示、宣传本地的经济、文化、风景等成为政府工作的常态。基于此，在有关的政府网站中，必然存在许多与地名规划相关的信息源，这些海量的有用信息，既有基础类的资料，也有补充类的资料，还有借鉴类的资料，通过地名规划人员的下载、归类、学习、消化，可以为地名规划添加很多必要的“养分”（参见示例 2-3）。

示例 2-3：安阳市人民政府官方网站首页

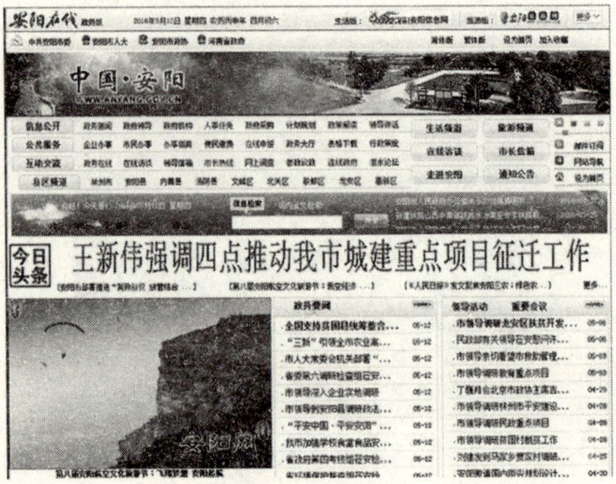

安阳政府网站首页

3. 地名规划的购买图书

对于一个地名规划而言，要想获取比较完备的资料，仅仅借助资料借阅和信息下载是远远不够的，还需要通过另外的途径予以充实，这个之外的途径就是在市场上购买图书。此时的图书分为两种：一种是通用的图书；一种是专用的图书。

（1）地名规划需要购买的通用图书。地名规划所需的通用图书是指，几乎在进行多个地名规划时都可以提供帮助的图书。这类图书的特点是综合性、权威性、长效性，一般为全方位的大部头、集成化著作，例如：《汉语大词典》《词源》《辞海》等工具书；《中国县情大全》《中国历史地名大辞典》《中华人民共和国地名大词典》《中华人民共和国政区标准地名图集》，以及地名规划所在省级行政区域相关的大型地名书等。由于这些图书能够为多个地名规划课题组服务，所以其购买者不一定是某个地名规划研制的课题组，而是地名规划的乙方编制单位（参见示例 2-4）。

示例 2-4：《中华人民共和国地名大词典》

中华人民共和国地名大词典

（2）地名规划需要购买的专用图书。地名规划所需的专用图书是指，针对当地的文化、物产、风景、地理、历史等的专门性图书。这些图书不仅可以使地名规划者更加全面地了解地名规划地的各种情况，也为地名规划在规划现势地名时，特别是在专名的选字组词时，提供源源不竭的营养成分。注意：这部分图书最好在规划地进行购买，如若在他处图书商店购买的话，有可能被遗憾地告知阙如或售罄。还需提醒一句：这部分图书的针对性很强，建议由地名规划课题组直接购买。即，如果开展武夷山的地名规划，考虑到该地与武夷岩茶的渊源关系，下面所列的《武夷茶说》可谓“有用之才”（参见示例 2-5）。

示例 2-5：《武夷茶说》封面

武夷茶说封面

二、地名规划资料的收集重点

地名规划不同于以往的地名命名，其根本的原因是，在进行群体性的地名规划时，重点考虑、把握地名的社会属性。这种地名特有的“气质”，致使地名具有多重的“脸谱”，除了与生俱来的指位功能外，还有表现文化、展示经济、记录历史、体现功能、预示希望等作用。于是，地名规划课题组需要面对“苛刻”的要求，去努力寻找解决问题的“钥匙”——购置、索取、借阅、查询与地名规划相关联的资料。而且，这些不同种类的地名规划资料，又可以粗略地分为两部分：一部分是技术性地名规划资料；一部分是表现性地名规划资料。其重点为：

1. 地名规划基础性资料

严格意义上讲，城乡建设规划作为地名规划的上位规划，属于先决性的基础资料。它主要包括 3 部分：城乡建设总体规划、城乡建设专项规划、城乡建设详细规划。在此有一件事情应当清楚，鉴于这些规划的地位和作用，其规划的时间节点必须明确，该规划期在地名规划时一定是固定的、截止的，而非渐进的、动态的，否则城乡建设规划的改变，必然导致地名规划依据的改变，使地名规划处于“空中楼阁”的飘浮状态，造成“计划赶不上变化”，地名规划的完成变为遥不可及的事情。

(1) 与地名规划有关的城乡规划文字。地名规划的主题与城乡建设规划的主题是一脉相承的，由此可以在城乡建设规划文本中的文字上管窥它的总体思路、规划思想、人文表现、功能分布等，这样在进行随后的地名规划时，就能够与其在规划理念、规划实际等方面保持一致性，使二者有机地结合起来，后者在做到“萧规曹随”的同时，还可以在细节上大做文章，进而将其入情入理地发扬光大（参见示例2-6）。

示例2-6：《某某城市规划文本》（节录）

某某城市规划文本（节录）

1 规划定位

1.1 规划背景

某某市政务文化新区的建设作为建设现代化大城市的重要组成部分和关键环节，也是某某市迈向现代化大城市进程的基础和依托。兴建某某市政务文化新区是贯彻落实某某省第七次党代会和某某市第八次党代会精神，实现“加快发展，富民强市，整体推进现代化大城市建设”目标的重大战略决策。对于发挥省会中心城市作用，促进城乡协调发展，拓展城市发展空间，合理布局城市功能，树立某某市对外开放新形象，培育新的经济增长点，推动国民经济持续、快速、健康发展具有重要的意义。

根据某某市城市总体规划，某某市政务文化新区将是以行政办公、商务金融、教育科研、居住休闲为主导功能的与国际接轨的现代化新城区。作为某某市主要城市功能的重要体现，某某市政务文化新区将以高品质的工作生活环境吸引八方来客；同时亦成为某某市现代化城市面貌的一大标志性景观。

政务文化新区总体规划方案以概念规划方案为基础，创造绿轴加水轴，设置环区绿带加湖滨公共活动网络的概念，吸取城市设计方案预留景观视廊等优点，对新区的功能布局、绿地与开放空间、湖滨景观、道路交通、市政工程措施、开发容量等方面内容作优化和落实。在此基础上进行的城市设计和景观设计方案的国际招标……确立了政务文化新区的远景目标和总体布局，并据此拟定各系统的规划原则和技术措施，提出具体可行的规划实施方案。形成代表当今规划新思维的概念规划，从而得出一个开放性的新区城市结构。

1.2 现状概述

某某市政务文化新区位于某某市西南部，东起金宝南路、合作化路，西至合九铁路、某某市高新技术开发区，北界铁路专用线，南到某某市经济技术开发区、某某县边界，规划范围约12.67平方千米。间有村庄、农田、鱼塘等，与某某市现有城市中心相隔约6公里。现状区内地势较为平坦，用地原多为村镇田地，现有部分民宅，但建筑质量较差、环境较恶劣，边缘有少量工厂企业，对环境有一定影响。区内现有道路等级较低且不成系统，缺乏市政基础设施。

（2）与地名规划有关的城乡规划地图。虽然地名规划中的地名最终是落在地理实体之上，但在确认这一工作之前，首先应与这些标注在地图上的地理实体相对应。没有相应的地图作为支撑，地名规划则成为无本之木，规划地名亦为无源之水。所以说，获取并拥有这些关于地理实体的规划地图，是开展地名规划的根本之计，也是编制地名规划的必由之路（参见示例2-7）。

示例地图2-7：泉州市综合交通规划图

泉州市综合交通规划图

另外，当地人民政府的地名管理规定，也是地名规划需要掌握的内容。这些资料理应进入地名规划者的视野。

2. 地名规划技术性资料

地名规划的技术性资料，也可以称之为基础性、通用性资料，其资料的特点是广义的、必备的、通行的。其基本的构成是各类已知的地名，如现势地名、历史地名、固有地名等。这部分地名规划资料掌握以后，对开展地名规划大有裨益。由于有了它们的存在，编制地名规划的雏形就可逐渐形成。

（1）与地名规划有关的现势地名。现势地名规划和地名总体规划，都涉及正在使用的现势地名。为与业已存在的现势地名接轨，如不得重名、派生命名、地名更名、序列地名、关联地名、沿用地名、拓展地名等，就必须知晓现势地名的基本情况，甚至是“了然于胸”，这样才能掌握地名规划的本质特征，得心应手地进行地名规划，进而达到新地名与老地名的有效衔接。其资料展示的方式为最新的地名图、地名录等。

（2）与地名规划有关的历史地名。对于一个好的地名规划来说，如何有效、妥当、完备地启用历史地名，不仅是地名规划的重要课题，更是衡量地名规划质量的条件之一。为此，搜集、整理当地的历史地名，成为摆在地名规划编制者面前的一项重要任务。故而，需要我们钻进“故纸堆”，在历史档案中寻求它们的真迹，以便将其融入到地名规划之中，达到弘扬地名文化的目的。

(3) 与地名规划有关的固有地名。这里的固有地名是指，在城乡规划、开发、建设的区域内，某些地理实体由于人为的原因而消失，但其依然发挥着些许作用的原有地理实体名称。是否将固有地名移植用于新的地理实体之上，让这些老地名在新地物上“焕发青春”，确实是一个不得不考量的话题。总的思路是，在甄别、筛选的基础上，将它们附着在合适的地理实体上，是一个不错的选择。用当地居民的话讲，这样贴近生活的规划地名“接地气”，保留了一抔乡土、一点乡思、一丝乡情、一缕乡愁。

3. 地名规划表现性资料

地名规划中的各类地名，除了具备应有的指位功能外，还肩负着表现人们意愿的重任。这是地名规划者赋予它们的附加功能。规划地名附加功能的得与失，既是考验地名规划编制人员的功力所在，也是评判地名规划成果好与坏的关键之处。我们不提倡使用数字、代码作为专名，这里的缘由是显而易见的，数字和代码与生动的文字相比较，其表现力的鲜活程度是不可同日而语的。故此，我们在归拢很多地名之后，还要了解地名以外的相关事项。其作用在于，可以由此“生成”许多规划地名中的专名。

(1) 与地名规划有关的地域文化。在梳理地名的发展轨迹后，可以得出这样的结论，那些展现文化内涵、弘扬传统文化的地名，具有更强的表现力和生命力。这说明，中国优秀的传统文化根植于民众，不仅需要通过文化的介质进行传承，也要求在地理实体名称上予以体现。为此，挖掘当地具有代表性的地域文化，了解规划所在地的地理文化，是地名规划者的当然要务。譬如，如果开展武夷新区的地名专项规划，则需要了解武夷地区的特色文化，包括朱熹理学文化、武夷山水文化、闽北岩茶文化等。

(2) 与地名规划有关的杰出人物。在我国的历史上，特别是近代以来，为纪念历史上的杰出人物，以其姓名（包括名、字、号、官职等）命名地理实体，抑或用其事迹（包括著述、名言、思想等）赋予地物名称，成为一种向西方学习的文化现象。在诸多地名规划中，有选择性地使用人名命名地理实体，获得了不错的规划效果。其作用是，既可以大张旗鼓地纪念先辈，也能够大力宣扬优秀的传统文化。为此，搜集、归纳、筛选当地先贤、先哲、先烈的事迹，就变为地名规划工作的重要事项之一。所以，应当将当地的历史文化名人的事迹等稍加整理，每人列一小传，以备地名规划编制之需（参见示例 2-8）。

示例2-8：武夷地区历史名人简介

武夷地区历史名人简介

朱熹（1130—1200年），字元晦，一字仲晦，号晦庵，晚号晦翁，云谷老人，别号紫阳。是中国封建社会后期影响最大的哲学家、思想家、教育家。在崇安五夫里著书讲学达47年，逝于建阳考亭，归葬于建阳黄坑。朱熹上承二程，集理学之大成，形成了一个完整的客观唯心主义的理学体系，世称为“程朱学派”。朱熹为后世留下70余部凡460多卷著作，他著的书被元、明、清三朝代定为开科取士的必读之书，他的哲学观点影响封建社会末期长达600多年时间，迄今仍对中国传统优良文化的发展起到承先启后和无可替代的作用，在中国历史上，远古有孔子，近古有朱熹，朱熹的理学思想对东亚乃至西方国家的思想文化都产生了不同程度的影响，是一位继孔子之后享誉世界的文化伟人。

杨时（1053—1135年），南平人，是北宋著名理学家，号龟山，曾受业于程灏、程颐兄弟，最早把二程理学传入福建，开创理学的“道南系”。杨时之后有罗从彦、李侗、朱熹相继承传。至朱熹时，发展为与“濂学”“洛学”“关学”并称的“闽学”。

游酢（1053—1123年），建阳市麻沙镇长坪村人，是宋代卓越的理学家、政治家、教育家、文学家。1083年进士，精于吏事，政绩显著。历官太学博士、教授、监察御史、知州等职。1072年，游酢赴河南洛阳，师从理学家程灏、程颐，为程门四大弟子之一。1093年，游酢、杨时冒着大风雪来到程家，正好程颐在打盹，游酢与杨时不敢打扰程夫子，只得毕恭毕敬站在旁边守候，等程夫子醒来时，门外积雪已一尺厚，这是千古流传的“程门立雪”故事，成为尊师重道之佳话。著作有《易说》《中庸义》《论语杂解》《孟子杂解》。

李侗（1093—1163年），字愿中，世称延平先生，剑浦人。从罗公彦学。既而退居山田，谢绝世故余四十年。高宗绍兴二十三年（1153），朱熹受业于门。三十二年，又迎谒于建安。孝宗隆兴元年卒，年七十一，谥文靖。有《延平问答》及《语录》行世。清张伯行辑《延平先生文集》四卷，收于《正谊堂全书》。

蔡元定（1135—1198年），字季通，学者称西山先生，南宋理学家、易学家，建州建阳人。孝宗乾道间从朱熹学，熹扣其学，以为不当在弟子列。淳熙十五年（1188）尤袤、杨万里荐于朝，以病辞。宁宗庆元元年（1195）韩侂胄专政，开伪学之禁。二年，以布衣谪道州。四年，卒于贬所，年六十四。有《律吕新书》等，明蔡有鹍《蔡氏九儒书》辑其诗文为《西山公集》一卷。

刘勉之（1092—1149年），字致中，号草堂，时称聘君，学界称之为白水先生。南宋理学家、教育家。五夫白水（今武夷山上梅乡）人。以乡贡入太学。当时蔡京严禁元祐书，伊洛之学不传。刘勉之和胡宪秘藏和传抄程氏之书，并潜心研读，后来辞离太学，拜理学家杨时为师，筑草堂于故乡，耕耘自给，淡泊功名，与胡宪、刘子翚讲学论道、研究理学。

胡安国（1074—1138年），字康侯，北宋理学家，建宁崇安（今福建武夷山）人，胡寅父。入太学，以朱长文、靳裁之为师，明经史大义，绍圣四年进士，为太学博士。

罗从彦（1072—1135年），字仲素，学者称豫章先生，罗源（今属福建）人。我国宋代著名的理学家、教育家。始从杨时学。朱熹谓杨时："倡道东南，士之游其门者甚众，然潜思力行，任重诣极如仲素，一人而已。"

柳永（987—约1053年），北宋第一词人。原名三变，字景庄，后改名永，字耆卿，因排行第七，又称柳七。崇安（今属福建武夷山）人。景佑进士，官屯田员外郎，世称柳屯田。他一生在仕途上抑郁不得志，独以词著称于世。为人放荡不羁，终身潦倒。其词多描绘城市生活的繁华、歌妓悲欢、愿望及男女恋情，尤长于抒写羁旅行役之情。此外，也有些反映劳动者悲苦生活、咏物、咏史、游山玩水等。创作慢词独多，铺叙刻画，情景交融，语言通俗，音律谐婉，在当时流传很广，对宋词的发展有一定影响。《雨霖铃》《八声甘州》《望海潮》等颇有名，有《乐章集》。

宋慈（1186—1249年），字惠父，建阳童游人，是世界法医学的鼻祖、我国伟大的法医学家。他的法医学名著《洗冤集录》是世界上第一部权威著作，比西方国家最早的法医专著、意大利人菲德里的著作早350余年。

李纲（1083—1140年），字伯纪，邵武人。徽宗政和二年（1112）进士，历官太常少卿，钦宗时授兵部侍郎、尚书右丞。靖康元年（1126）金兵侵汴京时，任京城四壁守御使，团结军民，击退金兵。但不久即被投降派所排斥。

袁枢（1131—1205年），字机仲，宋建宁府建安县（今建瓯）人，是我国首创纪事本末体史书的史学家。他的历史巨著《通鉴纪事本末》，全书42卷，约200万字，上自战国、下迄五代，总括了1362年的历史。这部史书自成一体，总记239事，按年代顺序辑录，各事自立标题，独立成篇，起讫了然，成为我国第一部纪事本末体史学著作，是普及历史知识、研究历史的重要文献。他和司马迁、司马光并驾齐名，列为历史著作三大体裁（纪传体、编年体、纪事体）的首创者之 一。孝宗读后赞叹："治道尽在是矣。"此书编成后800多年来，为历代史学家所重视、所称许。

杨亿（974—1020年），字大年，北宋文学家，"西昆体"诗歌主要作家。建州浦城（今属大武夷浦城县）人。年十一，太宗闻其名，诏送阙下试诗赋，授秘书省正字。淳化中赐进士，曾为翰林学士兼史馆修撰，官至工部侍郎。性耿介，尚气节，在政治上支持丞相寇准抵抗辽兵入侵。又反对宋真宗大兴土木，求仙祀神的迷信活动。卒谥文，人称杨文公。

真德秀（1178—1235 年），字景元，后更为景希，建之浦城（今福建浦城）人。庆元五年（1199）进士。绍定（1228—1233）中拜参知政事，进资政殿学士，提举万寿观。谥文忠。学者称真西山先生。卒年五十八。书似草草作，谛观之有非草草者，虽不全用晋人笔法，而亦不出于法之外，岂胸次高，故落笔便自不同耶？按五杂俎真德秀原姓慎，因避孝宗讳而改真姓。

(3) 与地名规划有关的知名景观。借用当地驰名景观之名，用于地名规划方案之中，是编制地名规划的有益尝试。因为，我国众多的名胜古迹名称，是千百年来人们智慧的结晶，其名称典雅、动听，富有很深的文化内涵。将其移植在新产生的地理实体之上，间接地介绍了当地的风光胜景。故此，搜罗这些诗化、诗韵的景物名称，确实是地名规划中令人惬意的工作。

(4) 与地名规划有关的驰名物产。中国历史悠久、幅员辽阔、物产丰富，某些具有代表性的物产已化身为非物质文化遗产，需要借用地理实体之名称昭告世人，令其声名远播、蜚声中外。事实上，某些独具特色的物产名称，可以非常方便地转化为地理实体名称，以地名的形式遍布在祖国的大地上。

(5) 与地名规划有关的历史事件。将历史事件记录在地名上，在我国并非罕见，如“八一大道”“首义路”等，体现出中华民族特有的人文理念。据记载，在甲骨文、金文中，其记录最多的就是历史事件和发生之地。而且，某些历史上的重大事件，已经成为中华历史文化不可或缺的组成部分，当然需要铭记在地理实体上。更何况，地名本身早已是历史事件的“纪念碑”、传统文化的“承载者”。今天，我们将历史事件赋予地理实体，仅仅是沿着先辈的足迹继续前行而已。

(6) 与地名规划有关的民族风情。我国地大物博，各地风土、风情殊异，有的地方甚至有“百里不同俗”之说。地名规划之地独有的民族风情，是当地最为显著的标志之一，它代表了此地特有的民俗文化，是不可替代、独一无二的非物化“产品”。如果将别具一格的民族风情经过提炼、转化、凝结，运用于地名规划中的专名，无疑为地名规划打上本地的烙印，也使该地名规划独具特色，提高了当地群众的认知度。

还有，地名规划与地名规划之间都有共同之处。对于其他类似的地名规划成果，地名规划编制课题组可以学习、参考、借鉴。即，在条件允许的范畴内，也应搜集一些其他地名规划的成果，从而找出其规律性的内容，并将其有用的内容（方法、形式等），巧妙地运用于本项地名规划之中。

第三节　地名规划的实地调查

地名规划的研制与其他科研活动相类似，既有繁杂、琐碎的案头工作，又有深入、细致的户外作业。在本章的第二节中，我们论述了地名规划前期“研究室”里的事项；在本节中，我们将视野转向“研究室”之外，叙说地名规划的实地调查。资料收集与实地调查是一件事情的两个方面，二者互为依托、互为表里、相互作用、相互支持、缺一不可，共同构筑了地名规划的前期研究准备。在这里，地名规划的实地调查又可分为两个互相关联的部分：一是地名规划的实地踏勘；二是地名规划的实地走访。

一、地名规划的实地踏勘

地名是“地”与“名”的结合体，先有“地”而后有“名”，“地”是实在的物，“名”是“地”的“附属品”，“地”以“名”而彰显，“名”以地而存在，无“地”则“名”名存实亡，无“名”则“地”虚无缥缈。二者的表里关系、内外联系，决定了地名规划必须走出“书苑”、深入实地、亲临其境，去探究地理实体的“庐山真面目”。

1. 规划地理实体的实地勘察

虽然我们业已做了大量的工作，各类有关地名规划的资料充满了书柜和桌案，但这些资料尚未落到实处，还只是处于“纸上谈兵”的阶段，还需要到实地去演练。这样，根据甲乙双方在地名规划委托合同中约定的责任，以及当地地名行政主管机关的义务，地名规划编制课题组的成员们，在甲方的大力支持和通力协助下，正式开赴待望已久的现场，对规划和在建的地理实体开展“聚焦式”的实地踏勘。那么，对地名规划的对象进行实质性的勘察，应该了解、探查和掌握哪些事项呢？我们以为，主要有以下七项：地理实体的属性；地理实体的种类；地理实体的形态；地理实体的层级；地理实体的走向；地理实体的节点；地理实体的位置。

（1）地理实体的属性。地名是地理信息中的组成部分，地理信息中不完全只有地名信息，有些具有地名意义的元素亦被列入其中，如城市中的街道办事处，而街道办事处可能从小区名称中衍化而来，在编制某些地名规划时，也许需要将它们予以考虑。因为，地名规划依据不同组团进行的板块划分，已经带有片区的影子，对今后的社会事务管理提供了帮助，其明显的惯性作用是，为设立区域性的管理组织奠定了一定的基础。

（2）地理实体的种类。从分类的角度看，地理实体可以在不同的层级中分为多个类别。最高一级分为两类：自然地理实体和人文地理实体。在地名规划的实践中，规划的地理实体对象大都是人文地理实体。而人文地理实体中又以道路类地理实体为多。地理实体种类的不一，在规划给定其专名时，必然影响到选字组词的取舍，甚至影响到地名规划的最终走向和质量。

（3）地理实体的形态。我们知道，从地理实体的形态上划分，可以分为点状地理实体、条状地理实体、面状地理实体 3 种。由于它们的形态各异，导致规划地名必须有相应的针对性。即使是同类地理实体，也存在着形态上的差异，如道路有长有短、有宽有窄、有直有弯，同样需要在赋予其名称时予以权衡利弊、得失。

（4）地理实体的层级。从表面上看，地理实体只存在大小的区别，没有层级之异。其实不然，有些地物是附着在更高一级地理实体之上的，处于可见的从属地位。这种类似于上下级的关系，具有一定的“依附性”和“黏合性”。至此，在对它们进行地名规划时，除了统筹考虑群体性的规划地名外，还要重点谋划这一组或那一组地理实体名称的关联性。否则，就会失去地名规划的实际意义。

（5）地理实体的走向。刚才已经说过，在各地地名规划的实践中，规划的地理实体以道路类地理实体为大多数。于是乎，引出一个有趣的话题：道路类地理实体属于线状地理实体，必定存在着走向的问题。是东—西（南—北）走向，还是东北—西南（东南—西北）走向，或者是环形道路，对地理实体的通名具有绝对的制约性。尽管在实际生活中，何种走向的道路使用什么样的通名没有一定之规，但各地有着自己的习惯用法，因此地名规划者应当“入乡随俗”，与当地通行的做法保持一致。

（6）地理实体的节点。对于较长的地理实体，如常见的道路，可能要考虑分段命名。这样，找到其真实的节点就成为关键。那么，如何确定现状地理实体的节点呢？我们经过初步研究认为，有以下几个需要把握的因素：一是道路宽窄的显著区别；二是道路走向的突然变化；三是道路通畅性的控点所在；四是道路服务功能的明显差异。譬如，某条很长的道路，一半是快速路，一半是步行街，两者虽然相通，但它们的通名则会截然不同。

（7）地理实体的位置。如果是两条类似的地理实体处于不同的区域，会产生什么结果呢？粗略地看来，二者没有值得注意的区别，其实并不尽然。因为，所处的地理位置不一，意味着地域环境的不同，而地域环境的殊异是由其所在板块的城市功能差异造成的。这样一来，根据各个板块的规划地名命名导引，其规划思想、拟名理念甚至命名方式，都会产生一定的区域个性，两条“驻地”不一的道路瞬间“形同陌路”，其名称自然也就各具自身的特色，甚至“南辕北辙”。

2. 规划地理实体的相关调研

无论是城乡建设规划的地理实体，还是地名规划的地理实体，都不是与其他地理实体相割裂的，而是有着某种必然的联系的。有人会说，某些地名规划的规划区域，是一个相对独立的个体，如保税区、开发区等，远离原有的建成区，具有完全独立的、封闭的运作空间，彼此不接壤的现实情况，可以忽略与其他城区之间的联系，不用考虑老城区与新城区的趋同性，进行“独立王国”式的自我地名规划。必须指出，此言差矣！即便规划地名的区域有明显的边界线，也不能说明它无须外界输送的营养，抹杀具有“传送带”功能的道路类地理实体的有效作用。一言以蔽之，相对自主、独立的规划区，不能染上“自闭症”的沉疴，在进行科学的地名规划时，必须与周边以及区域内的地理实体及其名称等一起通盘谋划。

（1）规划地理实体与现有地理实体的关联情况。规划地理实体与现有地理实体的关联情况包括两种：一种是规划区内的地理实体与周边地理实体的联系；一种是规划区内新地理实体与区内老地理实体的衔接。如果是外界地理实体延伸进规划区内，在地理实体等级、形态、走向基本一致的前提下，并且没有显著的节点，一般是扩大现势地名的使用范围。假如新形成的城乡建设规划保留了规划区域内的固有地理实体，其名称以继续沿用为宜。

（2）与规划地名相关联的历史地名情况。随着时间的推移，某些非常好的文化地名，在以前的一个时间点上被废止了，成为令人怀念的历史地名。这些熠熠生辉的文化地名，有必要在规划区内重新显示活力，继续发挥其应有的功效和作用。为此，应组织相关专业人员，对其进行挖掘和整理，然后命名于新开发的土地上。

（3）地名规划区周边现势地名的情况。这里需要关注的要点是：对于地名“标注”的地理实体与规划区有直接关系者，应注意是否为我所用。对于与规划区内不相连的地理实体及其名称，我们的着眼点有二：一是当地地名的语言习惯；二是如何避免重名或重音。需要说明一点，专名相同但通名略异且属于同一类别的地名，如“长安街”和“长安路”，也应当作同名来处理。因为，在某种特定的情形下，如外来者、陌生人等，必定混淆二者的各自定位和相互关系。

（4）地名规划区内的固有地名。新区建设规划有一个共同的特点，规划区内某些村庄会逐渐退出历史的舞台。但是，在其尚未被夷为平地之前，其村庄名称犹在。这类固有的地名，在其通名的带动下，虽然与新开发的区域地理实体不相吻合，但经过改造和加工，仍然可以有选择地用于新的地理实体上。

可以看出，本段文字叙述的重点是，地理实体与地理实体之间、地理实体与地名之间、地名与地名之间的关系。换言之，规划区内的地理实体及其规划名称不是空穴来风，除了与自己“打交道”外，还要顾及“左邻右舍”“亲朋好友”，抑或是采取“拿来主义”的方式，否则就会变成“孤立无援”的“孤家寡人”，最后是一事无成。

3. 规划地理实体的相互对照

值得欣慰的是，此时我们实施的地名规划研究准备工作已经小有成绩，既拥有了部分关于地名纸质文件和地名信息，也事必躬亲地“莅临”了地名规划区，有了一定的感性认识和亲身体验。然而，这还远远不够，尚需将地名资料和实地调研成果紧密地结合起来。即，将处于两端的内业和外业集聚在一块，进行初步的分析、研究，其采用的方式是：比较、对照、归纳、筛选。

（1）地理实体之间的对照。此处所说的地理实体包括城乡建设规划文本上的地理实体、规划并在建的地理实体、已经建设完成的地理实体、规划区内保留的地理实体、不同板块的地理实体、功能各异的地理实体、周边及规划区内相互关联的地理实体。这些形形色色的地理实体，在自觉与自发之中都有一个共同的目标，“全心全意”地为地名规划服务。基于此，作为地名规划的编制者，也包括地名规划的协作人员，必须在对其了然于胸的前提下，分析、研究它们的地位、作用、功能等，然后为其一一定位，使之成为后续进行地名规划时的“生力军”。

（2）地名之间的对照。地名是一个庞杂的群体，地名规划中的地名同样是这个大家族的成员。粗略地列举有：地名录、地名图、地名志等记录在案的现势地名、历史地名、固有地名；拟规划命名的备选地名；规划区内外的现有地名、老地名；城乡建设规划文本中的临时地名。这些“色彩斑斓”的地名，需要为其找准确切的位置，以便在今后的地名规划中“人尽其才”“物尽其用”。

（3）地理实体与地名之间的对照。更为重要的是，上述地理实体与地名还处于“背靠背”的阶段，尚未产生应有的“亲缘”关系。为此，我们不仅需要将它们摆在“面对面”的位置，还要让它们相互呼应、相互映衬，使其找到各自可以结合的对象，并最终形成一个有机的整体。这里，我们的表述短小精悍、轻描淡写，但在实际操作起来之时，却是一项大的繁复工程，需要参与者勉力为之。

话又说回来，本段的标题貌似文不对题。因为，我们地名规划的实地踏勘路线，已由规划区内，经过规划区外，最后回到了室内。其实，这正是实地调研的精髓所在，也是本项地名规划的“不二法门”。

二、地名规划的实地走访

在进行地名规划的实地走访之前，我们所做的全部工作针对的对象都是具体的“物”，如地名资料、地理实体，还没有接触到具有能动性的人。地名规划是由人来完成的，人之于地名规划工作，其作用远远大于或高于物化的物体，故此，地名规划的实地调研工作，重点是面对面地访问每一名与地名规划的有关者。这是地名规划前期准备工作的重中之重，也是不可或缺的唯一出路。对此，我们需要拜会“何方神仙”？又有哪些实地走访的方式呢？下面，笔者娓娓道来。

1. 拜会当地地名行政主管部门负责人

虽然地名规划研制是一个科研项目，但地名规划工作却是一项地名业务。地名规划编制方案的最终完成，是以地名规划方案被批准执行为标识的。换言之，地名规划方案的好坏，是否可以顺利执行，不是由地名规划编制者左右的，而是由当地人民政府办公会讨论决定的。这样一来，在现行的行政管理体制下，某一地方、某一领域的行政主官在其中的作用就显得尤为重要。为此，在确定地名规划的总体思路之前，与当地地名行政主管部门的领导进行面对面的交流，是当前情况下的首要之选。

值得一提的是，作为当地地名行政主管部门的主要负责人，他或她有三个天然的优势：一是与当地地方人民政府的各位领导（包括主要领导）接触较多，比较了解他们对本地地名规划的一些好的想法，如拟名思路、规划设想、地名表现、心理预期，以及最主要官员的喜好、偏好等；二是与相关兄弟部门的领导、同事工作交往较多，知晓他们对地名规划的一些真实的看法，也可以在私下进行更坦诚的交流，甚至洞悉分管领导的关注程度、方案意图等；三是全面掌握当地的地名情况，如地名的历史、地名的整理、地名的变更、地名的动态、地名的趋势、地名的乱象等，甚至能够总结出一些规律性的内容。面对这样且主政地名的官员，地名规划编制方的唯一任务是，与其进行深入沟通、交换意见，以便其毫无保留地讲出自己的意见和建议。

同时，为了获取更多的信息，地名规划编制人员还应与当地地名办公室的工作人员进行多种形式的交流、沟通，在工作目标一致的前提下，尽量坦诚相见、敞开心扉、直抒胸臆。因为，最基层的具体工作人员，不仅热爱自己的本职工作，而且最熟悉地名业务，其真诚的建言、献策必定更贴近生活、符合实际。

2. 召开有关部门人员参加的地名规划座谈会

虽然地名行政主管部门为当地民政局（有的地方为政府地名办公室），但就地名规划这一工作来说，还与其他部门的业务紧密相关，如规划局、住宅建设局、交通管理局、国土资源局、公安局、文化局，以及方志办公室、文史馆、档案馆，若是关于开发区的地名规划，还涉及开发区管理委员会等。为此，应当通过某种合适的方式，认真倾听、听取这些部门的意见。

基于此，在当地地名行政主管部门的组织下，应召开以地名规划为专题的座谈会，邀请相关部门的专业人士参加该会议。会议以务虚为主、务实为辅，务虚与务实相结合。会上，请大家畅所欲言、各抒己见、建言献策。对于大家的意见和建议，地名规划编制课题组的同志，应当用心倾听、认真记录，并做好笔记的整理工作。虽然大家的发言是站在各自的立场，表达的是所在部门的意见，但都是合理化的、建设性的，对未来地名规划方案的形成会有一定的帮助作用。而且，在进行地名规划的过程中，这些部门可能还会介入其中，需要将它们合理的建议吸纳进来，并融入到具体的规划地名上(参见示例2-9)。

示例2-9：《关于召开地名规划座谈会的通知》

关于召开地名规划座谈会的通知

______________________：

根据______年____月____日市长办公会第____次会议的决定，我市______新区地名专项规划工作于近日正式启动。为做好地名规划工作，我局经研究决定，与______新区地名专项规划编制单位某某地名研究所一起，召开地名规划座谈会，邀请贵单位派员莅会。现就有关事项通知如下：

一、会议时间：______年____月____日上午9：00~11：30，会期半天。

二、会议地点：______区______路____号市民政局会议室。

三、座谈提纲：

1. 地名规划的主导思想；
2. 地名规划的未来设想；
3. 地名规划的文化表现；
4. 地名规划的选字组词；
5. 地名规划的预期目标。

四、其他事项：

1. 联系单位：某某市民政局区划地名科；传真：
2. 联 系 人：　　　　电话：

某某市民政局

年　　月　　日

参会回执

参会人姓名		所在部门		
职务/职称		联系电话		
不能出席说明				
领导签字			填表日期	年　月　日

另外，某些当地有关专业的专家、学者，如当地报社的资深编辑、电视台（广播电台）的老（名）记者、大学里的好教师等，亦可成为地名规划座谈会的“座上宾”。

3. 走访当地群众代表

对于某个板块的特殊地名情况，当地地名行政主管机关的工作人员可能并不完全掌握，而某些散发乡土气息、具有地方特色、群众多已习惯的地名，经过地名规划者的识别、鉴定、改造，是可以用于新的地理实体上的。为此，在当地有关部门的协助下，我们应当深入实地、深入基层，亲自走访、询问部分群众代表。这部分群众代表有一些自身的优势，如热心公共事业、具备一定知识、熟悉本地情况、热爱家乡山水等。我们重点了解、挖掘的是，那些不容忽视、不应遗忘的老地名、旧地名、土地名、俗地名。

第三章　地名规划的基础研究

地名规划的科学研究，与其他科学研究项目一样，都具有一个共同的特性，在开展深入、细致的研究之前，必须做好基础性的研究工作。因为，基础性的研究工作是方向、是准则、是依据。如果对其把握不好或者稍有偏差，就会事倍功半，甚至“差之毫厘谬之千里”。就地名规划科研项目而言，其基础性的研究包括：地名规划的原则；地名规划的依据；地名规划的目标；地名规划的借鉴。所以从本章开始，进入地名规划的基础研究，力求做到基础牢靠、目标明确、方向正确，为后续的实质性研究确立良好的基石。

第一节　地名规划的原则

在过往的地名工作实践中，每开展一项专题性的地名业务，都会确立该项地名任务的原则。地名规划工作是各项地名工作的组成部分，先期确立工作原则当然概莫能外。只不过，地名规划具有其特殊性，其原则不能大而化之、不可泛泛而谈，必须针对其既是科研活动、又是业务工作的具体情况，找准点、摸好脉、点到穴，然后确定地名规划赖以生存的必备原则。事实上，地名规划的原则分为 3 个层次：一是地名规划的总体思路，这是从观念上进行把握；二是地名规划的指导思想，这是从科研上进行切入；三是地名规划的基本原则，这是从工作上进行梳理。下面，我们就条分缕析地一一道来。

一、地名规划的总体思路

地名是人们行进的指南针；地名是国际交往的铺路石；地名是经济发展的催化剂；地名是人类和平的亲历者；地名是传统文化的见证人；地名是民族融合的活化石；地名是历史遗产的纪念碑；地名是国家权益的保护神……这说明，地名具有美好的形态、丰富的内涵、多重的属性、巨大的作用、灿烂的色彩！为何对地名有如此之多的溢美之词？对此，不是三言两语就可以叙说清楚。其最重要的一点是，在我国悠久的历史长河中，地名从诞生、萌芽到生长、发展，都与华夏民族的文明一起发芽、开花、结果。这一漫长的成长、进步过程，“直截了当”地告诉我们，地名具有长之又长的生命力。

地名规划的主要任务是规划地名，规划的地名即将步入地名的“大家庭”，并成为其中重要的“一分子”。个体地名是整体地名的具体诠释，整体地名是个体地名的真正表现。为使地名规划中的地名与其他业已存在的地名保持同步，依然保留着地名固有的属性，在研制地名规划之初，就应该设定地名规划的总体思路。即，在全力以赴“归置”地名规划时，要让昨天的地名、今天的地名、明天的地名更美好。

1. 尊重地名的历史

正如上文所言，地名是有生命力的，而且生命的历程非常之长。具有长久生命力的地名，与其他生命体一样，都有着不可磨灭的历史。令人称道的是，地名不是实在、固定的“物”，它只是附着在地理实体上的名称。正因为如此，地名与其被命名的地物一道，书写了许许多多人类的历史。而其自己，也在历史的书册中留下浓彩重抹的一笔，值得每时每刻都依赖它的我们去尊重、去景仰。

（1）尊重地名历史的印记。每一个或大或小的地名，都不是孤零零地存在的，都有自己唯一的终身“宿主”。这个借用医学术语的“宿主”，就是人们常说的地物。所以说，地名是地理实体的名称。即，地名“忠于”它的地理实体，地理实体被地名所记录。于是，该地理实体借助地名的作用留下了历史的印记。这一深深的历史烙印，只要地理实体名称不被更名，就会伴随地理实体的整个生命期，并被人们牢牢地铭记在心。试想，如果没有看似表面化的地名，其地理实体则必定会“泯然众人矣”，失去其原有的风采。

在进行地名规划时，规划的地名首先遇到的是其“前辈”，那些在规划区域内业已存在，或者位于周边且被人们广泛使用的地名。这些地名可能历史不够久远，但就其每一个单独的地名而言，都有其自身独特的历史和镌刻的印痕，甚至某些被更改的地名，也并未完全被人们所遗忘。有历史就有记录，有记录就有印记，有印记就有生命，有生命才能发挥内在的作用。故此，我们需要深入了解这些地名，尊重它们的存在，保留其风采，甚至让新规划的地名与之靠拢、融为一体，成为其中新晋的一员。

（2）尊重地名铭刻的文化。更为可贵的是，地名不仅仅是地理实体的简单记号，它还是中文等用于地理实体的复杂标记，这种复杂的汉语言文字在地理实体上的表述，表达了多种丰富的人文记忆，具有华夏民族值得骄傲的文化内涵，是各类文化遗存中的瑰丽宝藏，值得去挖掘、记忆、开发、光大。

那么，我们需要尊重哪些在地名上铭刻的文化呢？一是地名所记载的地域文化；二是地名所记录的民族文化；三是地名所表现的民俗文化；四是地名所铭记的宗教文化；五是地名所传承的祭祀文化；六是地名所陈说的生产文化；七是地名所记忆的世俗文化……对此，在地名规划中，都要时刻保持对地名文化的敬畏之心，既不能厚古薄今，也不可厚今薄古，隔断几千年不断的历史血脉，使地名规划处于不上不下、“孑然一身”的状态。

2. 照顾地名的现实

正如前述，从区域的角度看，地名规划不是孤立存在的，它在规划或者执行的过程中，都会与相关地名发生交集，特别是本区域内的地名以及周边的地名，更是有着千丝万缕的联系，不可能弃置不顾、与之割裂开来。虽然与地名规划直接交互作用的地名业已属于老地名，但其在地名规划执行以后，必然与地名规划中的新地名一起肩并肩地共同为民众服务。这就是说，随着时间的推移，地名规划中的地名不再是规划的地名，而是会与之融为一体的地名。在这一背景下，为了使地名规划不成为本区域地名的“另类”，就必须从地名规划之初到规划方案的形成，一直照顾地名的现实。

(1) 照顾地名命名的规律。地名规划是一种特殊的命名方式，在与地名规划相关的区域内，这些地名虽然是历史上流传下来的，但它们命名的方式上仍然符合地名命名的规律和方法。这一点不能抛弃，一定要遵守。

(2) 照顾地名起名的习俗。在某个地名规划区域内，由于与其他地名存在地域差异等，其文化上的表现亦不相同，体现在地名的起名上也同样有异。这种有别于别处的起名习惯，是本处在地名上特有的文化现象，应当予以保留并遵守。否则，新规划的地名可能与当地的其他地名格格不入。如果地名规划不理睬这些“街坊四邻”，硬要坚持自行其是，那样就会形成千篇一律的“苍白”效果。

(3) 照顾地名文字的表现。正在使用的汉字地名，在文字表现上展现出特定的内容，如当地的文化、当地的历史、当地的经济等，是一道独特的地名“风景线”。即，地名规划中的地名，不应别出心裁地“另辟蹊径”，而应保持当地地名文字表现的一贯性，继续将其发扬光大，使两处的地名“无缝对接”地合二为一。只有这样，地名规划的地名才会被当地民众所接受、使用。

说来说去，由于地名规划区内不是一张“空洞无物”的白纸，面对既有的地名及其内涵和外延，我们在地名规划之际能做的是：照顾现实。

3. 放眼地名的未来

单纯从时间上看，地名规划的地名是未来的地名，即使是马上使用的地名规划名称也只是现势地名，似乎与地名的未来不相干。其实，这正是地名的奇妙之处。因为，地名具有长久的生命力，在多年的成长以后，其规划的地名就会成为有历史底蕴的地名。所以，在为历史地名考虑的同时，也要着眼未来的地名。

历史的经验值得总结，过去的教训需要吸取。在我国的历史上，虽然没有发生大规模的地名规划，但在一定的期限内进行“大面积”的更名，确实是屡见不鲜、时有发生。在古代王莽新政时期，曾经发生过大量政区名称的更名；在现代某个特殊政治年代，曾经更改了大量的传统地名，冠之以具有所谓革命色彩的地名。这些为了紧跟封建权势、政治意识的“时髦”地名，在政治空气变化、政治形势更替之后，其命运也发生了逆转，更改的地名又被更改回来。这说明，某些趋之若鹜、过江之鲫的东西，在今天看来是“香饽饽”，在明天可能就是“烫手山芋”。所以说，好的地名要用时间来检验。

在开展地名规划时，如果一味追求某种政治上的跟风，势必会陷入不确定的口号之中，遭受朝令夕改的困扰。故此，地名规划的放眼未来是指，应当远离空洞无物的口号，回归底蕴深厚的文化。原因非常简单，只有文化是永恒的，只有文化是厚重的，只有文化是与历史同呼吸、与将来共命运的。

二、地名规划的指导思想

在做任何一件事情之前，都应确定它的指导思想。要知道，地名规划既是科研活动，也是业务工作，这种双重、关联、并重的属性，决定了地名规划的指导思想具有自身的个性。那么，应当如何确定地名规划的指导思想呢？经过仔细研究各类地名规划，我们似乎找到了一条宽阔的路径，以此来探寻地名规划的指导思想。一是从地名规划的作用上入手，明确它的具体功能；二是从购买者的视角上切入，确定它的地域属性；三是从地名的表现价值上把握，找准它的弘扬内容；四是从地名规划本身的价值上思考，确立它的时效性能；五是从方便地名使用的层面上观察，把牢它的标准化。如此，地名规划的指导思想呼之欲出，进而真正指导后续的地名规划工作。

1. 地名规划的功能化

在此，笔者先提出一个不是问题的问题：到底什么是地名规划？似乎这一问题早已有了标准答案。其实，并非而然。在上面的文字中，我们曾经说过，地名规划是科研活动，地名规划是业务工作，地名规划是行政任务……这些回答都是片面的，都只是从一个侧面对它进行了解释，并未给出其确切的定义。

不过，如果我们从供需的角度对其予以诠释，就可以得出一个全新的义项。就供应者来说，地名规划成果是其“车间”里制造而成的产品；就购买者来说，地名规划成果是其在市场上出资购买来的商品。既然产品经过市场上的交换转化为商品，那么商品的价值就应体现出来。商品的价值是由两部分构成的，一部分是经济价值，一部分是使用价值。没有使用价值的产品只是"一成不变"的物品，经济价值是由使用价值释放出来的。为此，我们可以确定，地名规划所形成的方案是具有使用价值的商品。

那么，地名规划方案作为具有使用价值的特殊商品，其使用价值又在何方呢？笼统说来，地名规划方案的使用价值是其服务功能。由于地名规划方案是人民政府购买的具有公共属性的商品，因此其服务功能并不明显，与其他服务类商品不同，它在服务上没有具体的、现实的行动。地名规划的"服务"不是动词，而是"名词"，它是借助地名规划中的每一个地名，来实现其商品属性中内在的服务的。

更令人疑惑的是，地名的服务功能也是被动的。它仅仅能够做到的是，在"依附"于地理实体之后，在人们需要的时候，由民众自觉或自发地使用之。

正因为如此，为了激发其应有的服务功能，在制作地名规划方案之时，应极力强化地名规划的功能性，如让地名名副其实、使地名好找易记等，使人们在不经意间实现了地名规划的功能化服务。

2. 地名规划的本地化

地名规划方案是当地人民政府购买的公共商品，这种由相关研究机构研制并出售的产品，不是每一名消费者都可以使之通用化的商品，而是政府代表当地人民大众，特别定制、为我所用的单一商品。也就是说，当地人民政府是最终的"买家"，它所采购的商品是特殊定制的。为了地名规划符合本地的要求，定制方必然提出各种各样的要求，其中亦包含不能与其他地名规划雷同并切合本地实际的条款。这种针对本地需要的特定要求，决定了地名规划方案具有本地化的特点。

（1）在规划原则上本地化。地名规划方案文本中有许多内容，其基本的编排顺序也有一定的规律可循，其中可以肯定的是，地名规划的指导思想、基本原则等置于规划地名之前。只有前期确定好地名规划的指导思想、基本原则等，才能使规划地名"有章可循"。为此，为满足地名规划需求方的需要，地名规划的首要任务是，将其指导思想、基本原则、规划思路等基础性、方向上的内容，统统设定为紧紧围绕本地要求的层面上来，使之不会偏离地名规划既定的轨道。

（2）在地物名称上本地化。地名规划方案这一商品的主体内容是地名规划中的规划地名，为体现地名规划的"分量"所在，所有规划的地名当仁不让地承担着重要角色。同样道理，由于规划的地名是地名规划中的生力军，为使地名规划方案呈现出本地化的特点，规划的地名也必须成为"领衔出演者"。

更有甚者，在中长期地名规划中，为使后续地名规划工作有序开展，通常会在地名规划方案中给出部分备选的专名，并建立一个小的专名词库。这些列入词库的候选专名，并非空穴来风或生搬硬套，其来源、其表现理应具有本地化的特点。

（3）在地名表现上本地化。如何展示规划地名的本地化，除了地名语词来源于本土外，最重要的显现是它的表现内容。作为语言文字使用者的地名，只有充分借助汉语及其文字的表意功能，尽情地展示当地的各种特色，如本地的文化、本地的历史、本地的物产、本地的名胜、本地的英杰、本地的民俗等，才能使地名的本地化作用发挥到极致，才能让地名规划方案达到本地化的要求。

3. 地名规划的文化化

从地名规划研制的角度讲，地名规划属于社会科学的范畴。在社会科学的众多学科中，文化的研究是最丰富多彩的。因为，文化是人类进步的源泉，文化是人类永恒的话题。地名规划能够忝列社会科学之中，也得益于其中文化方面的内容。可以说，地名规划质量的好与坏，是由其是否很好地展露、弘扬中华文化所决定的。

有人说，地名规划方案是服务产品，其基本的作用是为民众提供出行等的服务，与所谓的文化毫不相干。此言差矣，如果仅仅是为了公共服务，无须多此一举地进行地名规划，只需为每一个地理实体“安装”一个符号即可，如数字代码、字母代码等，而且是越简单越好。显然，这与地名规划的初衷南辕北辙、背道而驰。

也有人说，地名规划是人民政府的政绩之一，应当“讲政治”。这一言论更是不值得一驳。很显然，某些并非人民公仆的工作人员，嘴上大喊的政治亦非政治本义，而是只懂得巴结、拍马上峰，如影随形地跟风，其煞费苦心“鼓捣”出来的所谓规划地名，也只是短时间内的时髦口号、热闹标语，不仅没有一丝的技术含量，而且经不住时间的考验，最终会被历史淘汰。事实上，这样的例子不在少数，如“反帝路”“反修街”等，其结果是虎头蛇尾、有始无终，最终将被民众唾弃。

4. 地名规划的长久化

就时间节点而言，地名规划分为现势规划和中长期规划等。这里有两个问题必须澄清，现势地名规划不是眼前的地名规划，中长期地名规划也不是规划期内的地名规划。为什么有如此一说？原因在于，地名规划本身有完成期限，而其中的规划地名是长期的，甚至是没有限期的。只有规划中的地名达到长久化的要求，符合长久化的条件，地名规划才能实现长久化的目的。

地名规划的长久化是一个“期望值”，说起易、做来难，需要我们在具体的实践中好好把握。那么，它应当注重哪些内容呢？概括来说是，在指导思想确定的基础上，对规划地名进行有针对性的锻造，使其摆脱“过眼烟云”的处境，成为人们长期生活中不可或缺的“助手”，并变身为未来的组成部分，进而与人类一道创造历史。

笔者以为，地名的属性之一是具有稳定性，这种稳定性的含义作用于地名是绝少更名。要想地理实体的名称不中途半端，做到地名不被更名，最关键的一点是，地名规划中的地名在其表现内容上，必须符合历史进程的发展规律。其中，表现先进的、传统的中华文化，是与华夏历史同呼吸、共命运之举。唯如此，规划地名才能长期存在，并服务于我们的子孙，其所承载的地名文化才可长期化、长久化。

5. 地名规划的规范化

在地名的行政管理工作中引入地名规划事项，是地名业务活动中的一件大事，也是令人称道的明智举措。因为，传统的地名行政工作均为日常化的事务性行为，不被纳入地名科研的范畴。即，地名规划不再是普通的地名工作安排、地名工作计划，而是实实在在的地名研究活动，其地名规划方案亦顺理成章地成为该科研课题组技术研究的成果。

地名规划既然是研究活动，且其重点又是地名规划的研究，导致这项研究的立足点和着眼点一清二楚：以规划为手段，以地名为核心。其中心事项是，排除以往非科学管理所带来的地名混乱。这些混乱的地名现象包括：地名管理的长官意识，地名不成体系，命名不规范，更名随意性较大，汉语拼音字母拼写不标准，一地多名，一名多地（重名），地名层级不分，地名书写错误，一名多译，地名标志设置混乱，罗马字母拼写使用外文，以符号代替汉字，门牌编码无序化严重，等等。这些不良的地名记录，通过具有多重触角之地名规划的努力，可以卓有成效地予以避免，进而使地名规划驶向规范化的彼岸。

还有，地名规划不光是权力者的行为，而是地名行政管理部门之外的另一方参与其中，地名规划的编制方是独立的法人单位，在地名规划上占有一定的主导权。而且地名规划是一个漫长的过程，它的研究成果不是地名行政主管部门一家就能定夺的，而是要先期通过第三方的评审，亦即地名规划方案专家评审组的评审意见起到很大作用，并成为地名规划成败的关键环节。这样，地名规划的规范化工作以此才会落到实处。

三、地名规划的基本原则

地名规划的基本原则与地名规划的指导思想不同，地名规划的指导思想主要是从宏观上去考量，而地名规划的基本原则却是从微观上来把握。有了主导性、方向性的思路，紧跟其后的就是针对性很强的工作原则。地名规划基本原则的切入点、着眼点、结合点、立足点、把握点是什么？不仅变成地名规划的实际问题，也成为越来越具体的事项。不过，万变不离其宗，既然是地名规划的基本原则，其瞄准的目标只有一个，那就是眼前实实在在的地名。然而，地名工作涉及多个方面，地名规划的基本原则如何有的放矢，怎样“一箭双雕”，确实是地名规划的热点和难点。

1. 构建地名体系

地名规划虽然名为“地名规划”，但它不像自身名称那样简单，而是一个由多种地名规划形式组成的群体。这个广为人道的地名规划“集团”，包括综合性的地名规划、单一性的地名规划、现势性的地名规划、长期性的地名规划等。在这些地名规划中，如果是单一性的地名规划，或者是现势的地名规划，则与本段的标题具有一定的关系，只能在一定范围内、一定时间内发挥有限的作用。除此之外，那些综合性的地名规划，或者长期性的地名规划，则与本段的标题息息相关，并成为构筑地名体系的绝对“主力”。

综合性的地名规划与一般的地名规划相比，其内容要复杂得多，不仅包括对地理实体的命名，也涵盖了地名管理的其他事项，如地名更名、地名调整、地名文化保护、地名遗产挖掘、地名标志设置、楼门编码、地名数据库的建立等，而且其地名规划的现势名称，也将与周边的相关地名融为一体、合二为一。这些方方面面的地名工作，通过地名规划中的分项地名规划，使地名的多项业务工作集中起来，构成一个紧密的“联盟”，自觉地形成一个良性循环的体系，并形成“众人拾柴火焰高”的局面。

同理，长期性的地名规划除了规划完成现势地名外，还有许多工作要做，对于未来需要进行的地理实体命名，也要考虑与周边地名的关系，以及与现势规划地名的衔接等，这些不同时期的地名和不同区域的地名，本身就形成了一个互相联系、互相依托、互相作用、互相支撑、互相对应的集体，从而构成一个具有生命力的内在体系。

2. 规范地名全称

在地名领域，有一句老生常谈：地名是由专名和通名共同组成的。在进行地名规划时，既要“琢磨”地名的专名，也要研究地名的通名，然后将二者合二为一，组成一个完整的地名全称。这既是地名规划的职责所在，也是地名规划的任务之一。注意，如果将全称的地名硬性地一分为二，则这种人为割裂的做法是与地名规划背道而驰的。

不仅如此，给出规划地名的全称，只是“万里长征”的第一步。全称的地名仅仅是地名形态的初始阶段，从规范化的理念上看，地名全称并未处于最佳状态，与地名规范化、标准化的要求尚有一点的差距。这些差距的真正消弭，就是在地名规划时自觉、顺便、得体地规范地名的全称。

地名规划中规范地名的全称，有许多事情要及时去做，如规范地名用字、规范地名读音、规范地名拼音等。其中，规范地名用字是地名规划中规范地名全称最重要的事项。提请读者注意的是，在我国现行的通用语言文字体系中，除了错别字、已经废弃的“二简字”外，其他种类的汉字在不同的场合下，根据该字的特殊性能和需要，都属于规范汉字的范畴。但是，就地名领域的使用来说，彼处的规范汉字有可能并不适用于此处。所以说，规范汉字的全称是一项繁复的工程。例如，通假字、繁体字、多音字等，如果对它们不分地点、不分时间、不分情况、不分用语地“照单全收”于地名之上，无疑会给地名规范带来灾难。

3. 方便地名使用

地名规划具有许多作用，但其最初级的目标只有一个：方便地名的使用。方便地名的使用有两个途径：一是地名应名副其实；二是地名要好找易记。为了做到这两点，在确立地名规划的基本原则时，重点需要解决3个方面的问题：

（1）建立层级化的地名群。严格意义上讲，地名是没有层级的。但是，由于地理实体存在大小之别，连带的结果是，附着在地理实体上的地名也就有了级别之分。为使地名能够名实相符，在进行地名规划之前、之际、之后，都要围绕着建立层级化的地名群做文章，使之秩序井然、“错落有致”、各司其职。

（2）建立序列化的地名群。地名规划本身的优势在于，其所面对的地理实体是一个集体。在给这些地理实体赋予名称时，不是单一的、零散的行为，而是整体的、同时的行动。这样一来，对于本身处于系列化的地理实体，就可以综合性地考虑其名称，进而形成系列化的地名。还有，规划的地名也与原有的地名建立了某种联系，如地名的延伸、地名的并列、地名的分段等，都为地名系列化作出了贡献。

（3）建立关联化的地名群。实事求是地说，关联化的地名是系列化地名的变种。抑或说，关联化的地名包含了层级化的地名和系列化的地名。然而，非系列化、层级化的关联地名又确实是存在的，且能独树一帜于地名群中。为此，我们将其单独列出予以说明。这种地名的关联性主要表现为，由主地名的派生或相互间的移植、借用。关联性地名的关联程度越是紧密，其越是方便民众对地名的使用。

4. 保护地名文化

地名规划的对象是地理实体，地名规划的成果是众多的地名。虽然地名是地名规划中的一分子，但地名与地名规划具有一定的差别，地名规划方案是一个实体性的产品，而地名则是一个非物质的概念。而且，这种没有被物化的概念，又被赋予了许多文化的"标签"。即，地名具有文化的属性，属于非物质文化遗产保护的范畴，这一点得到了国人的认同，也获得了联合国地名标准化大会的认可。

面对地名的文化表现，地名规划者该做何感想呢？显然，地名规划的基本原则中，必须增加一条或多条保护地名文化遗产的条款。

（1）挖掘地名文化。对于某些地名来说，看似没有地名文化价值，其实并不尽然。因为，我们可能进入熟视无睹的状态，或者处于懵懂无知的情景。为此，就要花大力气、下大功夫，深入调查、深入挖掘，发掘出固有的地名文化价值，从而达到保护地名文化遗产的目的。

（2）保护地名文化。对于已经显现的地名文化，应采取切实可行的保护措施，如建立地名文化遗产保护名录，建立地名文化价值评定体系，利用媒体宣传、弘扬地名文化等，使地名的文化发扬光大、焕发生机。

（3）恢复地名文化。对于业已断裂的地名文化，可以采用恢复历史地名的办法，延续地名文化的血脉，进而恢复文化的地名和地名的文化，让传统的地名文化"失而复得"，并赋予其新的生命。

5. 促进地名管理

近年来，各地根据各自的地名现实情况，积极组织开展了各种类型的地名规划，取得了不错的社会效果。这种自觉的地名工作行为，是社会进步、民众需求使然。因为，当地人民政府或地名行政主管部门，在社会实践中逐渐认识到，地名规划不仅仅是地名规划方案本身，更不是简单的科研活动，而是地名行政管理的有效手段，编制地名规划方案可以极大地促进、规范、强化地名管理。

（1）地名规划本身是地名管理的一部分。自不待言，地名规划本身具有地名管理的题中之意。至少，地名规划的委托是现代的，地名规划的编制是严谨的，地名规划的内容是合理的，地名规划的成果是科学的，地名规划的实施是谨慎的，由此它在某个时间、某个范围、某个事项上具有显著的管理效果。

（2）地名规划成果的实施促进了地名管理。地名规划方案中的综合性内容，或者综合性的地名规划方案，必然涉及地名行政管理的内容，如建立健全地方地名法规，理顺地名行政管理体制，设立规范的地名标志，编制楼门排编码，更改不妥当的地名，建立地名信息系统（数据库），开展地名公共服务等，这些建设性的地名管理意见和推进措施，在地名规划方案获得人民政府批准之后，就成为地方规范性的行政文件，要求有关部门必须严格遵照执行，从而直接或间接地促进了地名管理。

第二节　地名规划的依据

从本节开始，地名规划进入“脚踏实地”的阶段。因为，地名规划的依据不再是理念上、原则上的内容，而是真切的、实在的具体事项。没有地名规划的依据，地名规划就没有落脚点，也就失去了规划的方向，地名规划本身也就成为无源之水、无本之木。必须指出，地名规划的依据分为三个层次：一是法律法规方面的地名规划依据；二是城乡规划方面的地名规划依据；三是人文资料方面的地名规划依据。

一、地名规划依据的法律法规

地名规划作为地名实务中的新生事物，虽然开展的时间不长，但却涉及多个领域、多个方面。这种比较全面的业务形态，决定其在编制地名规划方案时，必须遵守相关的法律法规。其中，最主要的是地名和规划方面的法规。

1. 地名规划依据的法规

地名规划依据的法规，在国家层面的主要有：《中华人民共和国国家通用语言文字法》（2000 年 10 月 31 日第九届全国人民代表大会常务委员会第十八次会议通过）、《中华人民共和国城乡规划法》（2007 年 10 月 28 日第十届全国人民代表大会常务委员会第三十次会议通过）、《地名管理条例》（国务院 1986 年 1 月 23 日发布）、《地名管理条例实施细则》（民政部 1996 年 6 月 18 日颁发）等（参见示例 3-1）。

示例 3-1：《国务院地名管理条例》（节录）

国务院地名管理条例（节录）

第三条　地名管理应当从我国地名的历史和现状出发，保持地名的相对稳定。必须命名和更名时，应当按照本条例规定的原则和审批权限报经批准。未经批准，任何单位和个人不得擅自决定。

第四条　地名的命名应遵循下列规定：

（一）有利于人民团结和社会主义现代化建设，尊重当地群众的愿望，与有关各方协商一致。

（二）一般不以人名作地名。禁止用国家领导人的名字作地名。

（三）全国范围内的县、市以上名称，一个县、市内的乡、镇名称，一个城镇内的街道名称，一个乡内的村庄名称，不应重名，并避免同音。

（四）各专业部门使用的具有地名意义的台、站、港、场等名称，一般应与当地地名统一。

（五）避免使用生僻字。

第五条 地名的更名应遵循下列规定：

（一）凡有损我国领土主权和民族尊严的，带有民族歧视性质和妨碍民族团结的，带有侮辱劳动人民性质和极端庸俗的，以及其他违背国家方针、政策的地名，必须更名。

（二）不符合本条例第四条第三、四、五款规定的地名，在征得有关方面和当地群众同意后，予以更名。

（三）一地多名、一名多写的，应当确定一个统一的名称和用字。

第六条 地名命名、更名的审批权限和程序如下：

（二）国内外著名的或涉及两个省（自治区、直辖市）以上的山脉、河流、湖泊等自然地理实体名称，由省、自治区、直辖市人民政府提出意见，报国务院审批。

（三）边境地区涉及国界线走向和海上涉及岛屿归属界线以及载入边界条约和议定书中的自然地理实体名称和居民地名称，由省、自治区、直辖市人民政府提出意见，报国务院审批。

（六）城镇街道名称，由直辖市、市、县人民政府审批。

（七）其他地名，由省、自治区、直辖市人民政府规定审批程序。

（八）地名的命名、更名工作，可以交地名机构或管理地名工作的单位承办，也可以交其他部门承办；其他部门承办的，应征求地名机构或管理地名工作单位的意见。

第七条 少数民族语地名的汉字译写，外国地名的汉字译写，应当做到规范化。译写规则，由中国地名委员会制定。

第八条 中国地名的罗马字母拼写，以国家公布的“汉语拼音方案”作为统一规范。拼写细则，由中国地名委员会制定。

此外，地名规划还需要依据当地的地方性法规，包括省、自治区、直辖市制定、发布的《地名管理办法》，以及较大的市颁布的《地名管理办法》等。例如，如果研究、编制合肥市人民政府管辖区域内的地名规划，还需遵守《安徽省地名管理办法》（安徽省人民政府2001年8月21日发布）和《合肥市地名管理办法》（合肥市人民政府2004年3月30日发布）等。

2. 地名规划依据的规范性文件

除了需要严格遵守有关法规以外，地名规划还要认真执行有关政策性、法规性的文件。例如：《关于开展城市地名规划工作的通知》（民政部、建设部2005年5月17日颁发)、《关于我同外国结为友好的城市不以对方地名、人名命名街道或建筑物的通知》(国务院办公厅1987年5月13日印发)、《中国地名汉语拼音字母拼写规则（汉语地名部分）》（中国地名委员会、中国文字改革委员会、国家测绘局1984年12月25日颁发)、《国务院批转关于改用汉语拼音方案作为我国人名地名罗马字母拼写法的统一规范的报告》(国务院1978年9月26日印发）等（参见示例3-2)。

示例3-2:《中国地名汉语拼音字母拼写规则（汉语地名部分）》(节录)

中国地名汉语拼音字母拼写规则

(汉语地名部分)

分写和连写

1. 由专名和通名构成的地名，原则上专名与通名分写。

太行/山（注） 松花/江 汾/河 太/湖 舟山/群岛
台湾/海峡 青藏/高原 密云/水库 大/运河 永丰/渠
西藏/自治区 江苏/省 襄樊/市 通/县 西峰/镇
虹口/区 友谊/乡 京津/公路 南京/路 滨江/道
长安/街 大马/路 梧桐/巷 门框/胡同

2. 专名或通名中的修饰、限定成分，单音节的与其相关部分连写，双音节和多音节的与其相关部分分写。

西辽/河 潮白/新河 新通扬/运河 北雁荡/山
老秃顶子/山 小金门/岛 景山/后街 造币/左路
清波门/直街 后赵家楼/胡同 朝阳门内/大街 南/小街
小/南街 南横/东街 修文/西小巷
东直门外/南后街 广安门/北滨河/路 广渠/南水关/胡同

3. 自然村镇名称不区分专名和通名，各音节连写。

王村 江镇 郭县 周口店 文家市 油坊桥
铁匠营 大虎山 太平沟 三岔河 龙王集 龚家棚
众埠街 南王家荡 东桑家堡子

4. 通名已专名化的，按专名处理。

渤海/湾 黑龙江/省 景德镇/市 解放路/南小街
包头/胡同/东巷

5. 以人名命名的地名，人名中的姓和名连写。

左权/县 张之洞/路 欧阳海/水库

数词的书写

6. 地名中的数词一般用拼音书写。

五指山	Wǔzhǐ Shān
九龙江	Jiǔlóng Jiāng
三门峡	Sānmén Xiá
第二松花江	Dì'èr Sōnghuā Jiāng
第六屯	Dìliù Tún
三眼井胡同	Sānyǎnjǐng Hútong
八角场东街	Bājiǎochǎng Dōngjiē
三八路	Sānbā Lù
五一广场	Wǔyī guǎngchǎng

3. 地名规划依据的标准

地名规划依据的主要标准有：国际标准《中文罗马字母拼写法国际标准》ISO-7098（国际标准化组织文献工作技术委员会制订，1991 年）；国家标准《地名　标志》（GB 17733-2008，2008 年 4 月 23 日发布，2008 年 8 月 1 日实施）；民政行业标准《地名　标志设置规范　居民地和行政区域》（MZ/T 054-2014，2014 年 7 月 7 日发布，2014 年 7 月 7 日实施）；民政行业标准《LED 街巷导向标志》（MZ/T 055-2014，2014 年 7 月 7 日发布，2014 年 7 月 7 日实施）。另外，如果各省、自治区、直辖市也发布了相关的地方标准，则同样构成了地名规划依据的一部分。

在上述所列的标准中，我们没有见到相关地名规划的国家标准。事实上，如果该标准获得发布、执行，则其是地名规划工作中最重要、最实用、最有效的标准，它的每一章节、每一条款都是针对地名规划而制定的。为此，我们应该在以后的地名规划工作中，随书阅读、学习、领会，进而更清晰地了解、参透、掌握它的相关规定。

另外，甲乙双方就地名规划事项签订的委托合同，或者当地人民政府下达的地名规划任务书，也应列为地名规划的依据文件。

二、地名规划依据的基础规划

地名规划依据当地的基础规划应包括：城乡建设总体规划；城乡建设专项规划；城乡建设详细规划。其中，城乡建设总体规划主要从思想、观念上来把握；城乡建设专项规划主要从细节上掌握。鉴于地名规划的对象多数为道路名称，因此交通道路建设规划成为地名规划依据的重点（参见示例 3-3）。

示例 3-3：《合肥市政务文化新区总体规划》（封面）

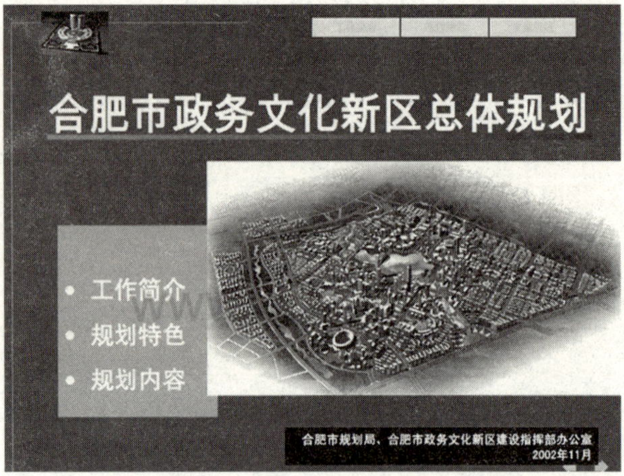

合肥市政务文化新区总体规划（封面）

三、地名规划依据的人文资料

与上述地名规划的依据不同，地名规划依据的人文资料，既不是必须遵守的法规、文件等，也不是地名规划的先决条件，而是一些必不可少的工作“约束”。它分为两种：一种是掌握这些信息之后，可以摸清当地的“家底”，然后在进行具体的地名规划时，采用“排他”“排斥”的做法；一种是搜集到的不固定资料，在学习、了解之后，便于通过各种有效的方式，在地名规划中为我所用。

当地已经公布或者出版的《地名志》《地名录》《地名图》《地名词典》等，几乎包含了所有的地名现势资料。这些现成的原始资料具有两个作用：一是在地名规划的操作时，通过必要的检索和查询，可以有效地避免在一个区域内重名；二是面对某些与地名规划有关的地名，在适当的区域和场合内，能够采用“拿来主义”的做法，经过移植、嫁接、派生、延展、借用等变通手段，然后将它们用于地名规划方案之中。

更为重要的是，对于当地主要地名，特别是那些指代地理实体规模较大、范围较广的名称，还要挖掘其古称、别称、旧称、简称等，以便在规划该相关地理实体名称的过程中，令其散发出新的活力、新的魅力。

还有一些有用的人文资料，介绍了当地的物产、历史、地理、人物、文化、风景等，虽然不会直接作用于地名规划，但给地名规划贡献了丰富的素材，特别是在地名的选字组词来源上，提供了取之不尽的“营养”元素，为地名规划的文化化、本地化、长久化供给了颇多的助益。

第三节　地名规划的目标

在思想正确、原则明确的前提下，我们下一步的任务是，确定地名规划的合理目标。虽然地名规划仅仅是普通的规划，是众多社会事务中的一个子项，但是千万不要忘记，地名规划不是“绝缘”、孤立的个体，而是与社会生活中的各项工作紧密相连。因为，所有的社会、经济活动都离不开地名，都必须建立在地名所代表的地理实体之上。否则，它们就变成“悬而未决”的事项。基于此，地名规划一定要明确目标，提出在狭义地名规划之外的更高要求，并展示出更好的愿景。

一、地名规划的主要作用

地名规划的作用似乎不言而喻，其实并非那么简单，自以为心知肚明者，只是看到了地名规划的微观作用，而忽视、忽略了其在宏观上的地位。从其所起到作用的效果看，它有直接的用途和间接的作用：对地名本身的作用无疑是巨大的，这个自不待言；对地名之外的影响也是毋庸置疑的，这个自有公论。

1. 促进经济发展

在现实的世界里，地方人民政府“出演”的角色是奇特的，不仅出镜频繁，而且大都是在描写经济活动的剧本里扮演“高、大、全”的正面形象。例如，“某某搭台、经济唱戏”，就是最常见的明证。经济稳步增长既是民众所期，也是政府所愿。于是，地名规划进入政府首脑机关的“法眼”。

有一个奇怪的现象引起我等的注意，开展地名规划的地方，往往是经济相对发达的地区，或者是经济即将步入快车道的地域。这说明了什么？它从一个侧面告诉我们，地名规划确实可以促进经济发展。我们知道，城乡建设、交通运输、邮政通信、商业贸易、教育科研等，都需要地名厕身其中，甚至地名在某个领域、某个行业发挥着至关重要的作用。为此，地名规划不单要聚焦地名本身，还应从全局出发，力争在经济活动中体现其应有的价值。

2. 推动社会进步

地名规划的价值取向是向上的、健康的，它的完成、它的存在、它的运作，使其在推动社会进步的进程中占有一席之地。具体来说，地名规划所规划的地名，可以延伸到社会事务的方方面面，如医疗卫生、文化教育、体育运动、科学研究、旅游探险、休闲娱乐等，都需要在某个方面由地名作为保障。如果这些社会事务离开了地名，则会陷入“盲人瞎马”的窘境。更何况，地名规划自身就是社会事务中的一部分，规划的目的是使地名更规范、更完善，以便于其参与的每一项事务，都可以为其付出更好的服务。

3. 弘扬传统文化

应当时刻牢记，地名具有超乎寻常的文化属性：一是地名本身的语词文化；二是地名所承载的地域文化。这两种由地名体现出来的文化，在没有地名规划的情况下，有些内容被削弱了，有些事项被割裂了，有些作用被误解了，有些价值被忽视了。为了弥补这些不足与丢失，地名规划应运而生。因为，地名是历史的见证人，地名是文化的纪念碑，地名是传统的记录者。这些地名之所以具有如此功效，几乎全部依赖于地名规划所赐。只有通过科学的、谨严的、全面的、系统的地名规划，才能将地名文化挖掘出来，才能将传统文化保护得当，才能将先进文化发扬光大。

4. 强化地名管理

地名规划之于地名管理，可以毋庸多言，我们可以从两个不同的层次、两个相近的方面阐述其强化地名管理的功能。

（1）从地名规划的程序上看。地名规划工作是一个繁杂却又严谨的过程，整个进程被分成多个环节，如招标、投标、评标、委托、编制、修订、评审、报批、执行等，而且每一个步骤又可分解为多个事项，这在以往的地名行政管理中是绝无仅有的。程序上的复杂、环节上的分解、步骤上的相扣，使地名工作彻底脱离了经验式的管理模式，从而使其逐步步入科学管理机制的快车道。

（2）从地名规划的内容上看。地名规划不应是单纯地就地名论地名，更不能仅仅给地理实体安上一个好听的名称，而是要拓展地名规划的外延领域，逐渐成为全面、综合、系统的地名规划。除了为地理实体命名这一固有的传统事项外，还应包括地名更名、地名信息化、地名文化保护、地名标志设置、地名法制化建设、地名信息服务等，以便让地名规划在地名管理实务中“更上一层楼”。

5. 服务民众生活

地名规划方案中的地名，不仅落在地理实体上，还要落在纸上、图上，其所呈现的姿态是服务性产品。不过，随便一个地名都可以具有些许的服务属性。那么，为什么还要开展地名规划呢？答案是简单的。因为，地名规划可以“奉献”出更好的地名。它所带来的地名规范化、地名层级化、地名系列化，使地名更加贴近生活、符合实际、深入民心，其实用化的表现保障了民众的生产和生活。

二、地名规划的基本目标

科学的、规范的现势地名规划和长远地名规划，与传统意义上的对地理实体进行零散的命名存在着本质上的差异，这种巨大的不同点在于，它是对一定区域范围内地理实体群体的、系统的、科学的研究，在综合分析各种因素之后所进行的一次性拟名工作。有鉴于此，它所要达到的预期目标更加完美。这里的集合地名，既能显露地名简单的公共服务属性的原本姿态，也可满足地名第一属性之外的其他需求。具体说来就是："名副其实、规范有序、彰显文化、雅俗共赏、好找易记。"

1. 规划地名名副其实

地名是由地理实体和名称两部分组成的，地名就是地理实体的标签，地名标签上所列出的各项内容，都必须与地理实体相符合。这种有机的结合，是对地理实体本身最明晰、最完美的注解。

（1）指明类别。通常意义上讲，给地理实体指明类别，是地名中通名的任务。由于有了通名的存在，以及使用了规范的通名，使得民众知其名而熟其类。地理实体类别的知晓，无形中在人们的心里形成准确的概念，进而影响他们的出行计划。例如，"某某大街"与"某某公园"，存在着本质上的区别，二者分别属于不同的地理实体类型。

（2）确定位置。每个地理实体都被固定在一定的地理坐标上，如果没有经纬度的支持，该地理实体的具体位置将无从谈起。为此，必须借助于数以万计的地名，不仅将它们罗列出来，也要比较精确地告诉与之有关的人们，它所处的大体位置。说明一下，此处的位置包含两层意思：相对位置和确切方位。

一是两个并非独立的地理实体，相互间呈一一对应的关系，这种位置上的特殊性，为二者的起名奠定了很好的基础。在通常的情况下，地理实体的名称会出现"左"和"右"、"上"和"下"、"前"和"后"、"东"和"西"、"南"和"北"等两两一体的字样，如同英语中的"co"或"twin"之意，用以告知两者之间的关联性。例如："左安门大街"和"右安门大街"，"长安南桥"和"长安北桥"，"上环岛"和"下环岛"。

二是有些地理实体的特殊位置，是相对于另外一个地理实体而言的，因而其名称自然打上这方面的烙印。例如："六里桥"这个北京的地名，尽管我们不确切地知道，该桥距离哪一个地理实体达六里之遥，但它的名称肯定与另外一个地理实体存在着一定位置上的关系；同理，国家中枢机关近旁的"府右街"亦然。

三是当一群地理实体形成明显的组团关系，且每个地理实体之间又相互依存，并组成一个依次排列的系列，这时它们的名称就会呈现显性或者隐性的排序，即对应的地名用数字或者将相互关系紧密的词组进行拆分来表示，以表现它们之间的毗邻状态。例如："一德路""二典路""三材路""四方路”“五彩路”“六艺路”；“春花路”“夏雨路”“秋实路”“冬阳路”；“经一路”“经二路”“经三路”等。

（3）说明形状。借用地名的汉字表意功能，叙述地理实体的形状，是地名规划工作中重点需要考虑的课题之一。近年来，有些地名的取向出了问题，其中就有名不符实的现象，表现最突出的就是夸大其词，甚至是故意贪大以蒙骗视听。除了使用“大街”“小区”等通名说明形状外，也可以借助专名描述地理实体的形状。例如：“蝴蝶立交桥”“三道弯胡同”“三环路”等。

2. 规划地名规范有序

无论是地名的行政管理工作，还是地名的科学技术研究，都有一个共同点、共通点，那就是促进、完成地名的标准化任务。地名标准化的主旨及其分项事务，当然也包含着规范、有序的内容。事实上，在城镇、乡村进行地名规划工作，恰恰是推动地名标准化进程的一个有力手段。对地名标准化予以细分，也可以用另外一种方式来表示：地名标准化包括规范化、序列化、科学化三层意思。

（1）通名准确。尽管地名中的通名位居其后，但它是地名中的纲，没有通名的所谓“地名”，除了表示区片的地名外，可能让地名失去存在的意义，它就只能成为一个平凡的词汇。由此得出正确的结论，在通名未缺失的前提下，还应当令其准确无误，使人们“知其名而识其类，读其音而晓其形，念其字而明其位”。例如，有的地方将东西走向的道路定为“街”，南北走向的道路定为“路”，这不失为一种很好的命名方式，堪称明智之举。

（2）层级清楚。在一个地名大的类别里面，当专名不变而微观地改变其通名时，可以很好地标明其层级关系。请注意，这种人为认定的层级关系，不是武断行事的结果，而是地理实体的大小、级别真实反映的表象：文字与地理实体的层级必须密切配合、表里如一。否则，定将失去地名标注地理实体的意义。

（3）排列合理。既然是群体、组团式的地理实体，其排列形式、所在位置等，必定有着内在的关联关系。这些不易觉察又确实存在的关联性，因其显性的或隐性的组合，使地名规划工作者在探寻中，找到了它自身暗含的规律，进而使地名的排列趋于合理。

一是地理实体及其名称的对称关系，两者共同构成“孪生兄弟”（南方地区称作“孖仔”）。例如：“长安东街”“长安西街”；“左定路”“右定路”；“上康园小区”“下康园小区”。

二是一个较大（长）的地理实体，为便于人们的记忆和使用，将其分为三段命名，形成并列关系的地名。其实，严格意义上讲，这种“三位一体”式的地名族群，是由对称形式的地名演化而来。例如：“通泰南路”“通泰中路”“通泰北路”；“东福巷”“中福巷”“西福巷”。

三是对同一类别、位置接近、组合有序的地理实体，给出相互之间序列关系的地名。例如：“一德路”“二进路”“三泰路”“四安路”；“国泰街”“国安街”“国荣街”“国盛街”。

四是形成上下级关系的地名，也可称之为递进关系的地名。例如：“广渠门大街”→“广渠南街”→“南街一巷”。

五是通过专名相同的词首或词尾，加之采用同样的构词方法，构成一望而知的序列关系。例如：“彩虹桥”“绚虹桥”“丽虹桥”“长虹桥”；“海韵大街”“海诗大街”“海文大街”。

（4）用字标准。地名是公共产品，它的价值体现在服务上。可以毫不夸张地说，地名本身服务大众质量的好坏，直接取决于地名自己的品质。地名又是由语言文字组成的，因而地名用字是否合格、标准，就成为地名服务社会的唯一天平。试想，如果地名用字不规范、非标准，则肯定会误导四面八方的出行者。

3. 规划地名彰显文化

说实话，通过地名专名的表意作用，仅仅依靠仅有的两三个汉字，来尽情彰显当地的文化特征，显然是一项非常艰巨的任务。但不得不承认的是，尽管面临许多困难，却可以下大力气地表现这方面的内容。需要重申一点，昭示当地的文化底蕴，不能脱离本地的实际，搞不必要的牵强附会，那样的话就会有“生拉硬拽”的感觉，过分强调地名的第二属性、第三属性，定将丢掉地名的第一属性。所以说，规划地名所要彰显的文化，必须是本地、本土的文化。否则，有造假的嫌疑。

（1）展示民俗文化特点。从全国的层面上看，我国的民俗文化可谓多姿多彩、千差万别，每个特定的地域都会有自己独一无二的民俗文化。这种本乡、本土的地域文化，是当地人向心力的纽带。人们之所以有这么大的凝聚力，就是因为有一个相通的民俗文化的牵引绳，维系着当地的每一个人、每一颗心。

（2）挖掘历史文化积淀。我国是一个历史悠久的国度，遍布960万平方公里的土地上，沉淀了数不胜数的文化丹青。而且，每一处的文化积淀又各不相同，都有自己独到的文化遗存。面对此，将那些美好的、灿烂的历史文化，黏附于小小的地名上，可以说是一项非常不错的选择，不仅能够传播一些历史文化方面的知识，也可以激发大家爱家乡、爱国家的热情。

（3）表达先进文化内涵。文化带来文明，文明带来发展，而先进的文化更是创造了历史。当一块地域正在规划、建设、开发、经营的时候，也正好说明，这块令人神往的热土，正在以全新的形式，诠释着先进文化的积极意义。地名规划作为该项工作的一个子课题，同样应当“身临其境”，用数量不多的地名，释放出先进文化的内涵和动力。

4. 规划地名雅俗共赏

地名中的雅与地名中的俗，是一对长相不一的孪生子，雅和俗都是相对的，甚至是可以互换的。我们的建议是，用最俗的语言和文字，表现最雅的内容。为此，提出一个响亮的口号：“雅非阳春白雪，俗不下里巴人。”也就是说：雅不能脱离群众，搞成高高在上；俗不能低级趣味，变得俗不可耐。

5. 规划地名好找易记

如果将地名仅仅看作是地理实体符号的话，那地名的作用将被界定得只剩下好找易记了。而这种群众的急切需求，是由地名及其文字的不同关系决定的。实事求是地讲，虽然这是地名的单一作用，但它与上述内容都有关系，只不过有所侧重罢了。事实上，如果地名做到规范有序、名实相符，即可起到便民、利民的现实作用。其最有效的做法是，在规划地名的过程中，为各类地名巧妙地设置一些关联关系，使人们增加或提高对这些关联度紧密地名的印象，从而达到好找易记的绝佳效果。

（1）利用对称结构。在中国的传统文化中，对称的结构和构图，表现出一种典雅、大方、庄重的态势。这一思想或做法，亦可以应用于地名的设定中。例如：“左安路”“右安路”；“湖东路”“湖中路”“湖西路”。

（2）排好序列。居民地名称中，最小的地名是楼、院、户的编码。这一编码形式，可以很好地借鉴到其他地名领域，并形成序列严谨的地名群组。

一是列出序号。直接用数字标示地名之间的排列关系，是使这一族群中的地名在体现个性的同时，也表现出它们的共性，以期彼此呼应、相互提示。例如：“一直路”“二圆路”“三角路”“四方路”。

二是显性排列。单从排列的情形看，排好序号为其中之一种。另外一种形式是，虽然未能见到顺序井然的数字，但它确实是在排列着，只是这种排列是用其他汉字来表示的。例如：“繁荣路”“荣华路”“华彩路”“彩虹路”“虹象路”；“建国路”“建华路”“建民路”。

三是隐性排序。隐性排序与显性排列既有相似之点，又有不同之处：相似之处在于，地名均为按部就班地排列着；不同处在于，隐性排列不够明显，是通过语言文字内在的关系而连缀起来。例如：“阳光路”“月明路”“星灿路”。

（3）梯度进展。地理实体本身是有级别的，不同类别之间的地理实体也存在着这种类似的关系。因此，在规划地名的具体运作中，要把这些内容展示出来。例如：“明珠湖”畔的“沿湖路”、“明珠湖”内的“湖心岛”、跨越“明珠湖”的“明珠桥”、穿越“明珠湖”的“湖中路”。

(4) 与老地名形成某种联系。老地名的优势在于，它的存在和使用业已根植于广大民众脑海之中，可以当仁不让地起到固化的指位作用。因此，规划新地名应充分利用这种早已形成的态势。况且，规划的新地名和已有的老地名，并非是非此即彼、“老死不相往来”的关系，这就需要在给地理实体用字、组词时，无须将它们人为地割裂开来，而是要把二者的共同点适当放大，使之建立起某种紧密的联系，以期达到“借光”“贴近”的效果。

(5) 构成组团。在一个小的区域内，由于地理实体趋于一致，因而在给地理实体命名时，将该区域内的所有地理实体视为一个整体，其名称按组团方式来设计。这样，找到其中的任何一个地理实体，通过联想、旁证和类推，其他近在咫尺的地物也就相去不远、“八九不离十”了。

三、地名规划的预期结果

我们曾经反复强调，地名规划虽然是一项行政管理工作，也是一项科学研究活动，但其最终是一件需要人们认同的产品，而且是一件服务型的公共产品。对地名规划的合理定位，必然引出一个实际的话题：地名规划方案的预期结果到底是什么？其产品公共属性的特殊性，决定了产品的需求者，以及随之而来的验收者。地名规划方案的预期结果应当是：专家认同；政府通过；群众满意。

1. 专家认同地名规划

地名规划的顺利结题，是由政府机关和科研机构合力完成的，但起主导作用的不是委托方，而是作为乙方的受托方。在这种情形下，为了质量保证和公平起见，在验收地名规划产品时，需要由甲方和乙方以外的第三方来评定。于是，组成地名规划方案评审组就成为必然结果。因为，地名规划方案评审组的专家们，不隶属于甲方和乙方中的任何一方，与二者没有利害关系，而且是本领域里的“高端”专业人士，其给出的地名规划方案评审结论是公平、公正的，具有一定的权威性。

2. 政府通过地名规划

当地人民政府是人民代表大会选举产生的政府，人民政府中的“人民”二字是其核心内容。因此，包括地名规划在内的所有公共事务，都是由人民政府代表民众行事的。即，作为地名规划方案的验收代表人，只有人民政府通过了地名规划方案，批准并执行地名规划方案中的各项规划内容，该地名规划方案才是可行的地名规划成果。

3. 群众满意地名规划

地名规划作用于民众，群众满意其服务与否，是衡量地名规划的唯一尺度。相信地名规划若符合本节中“地名规划的基本目标”所论述的内容，则定会得到当地群众的嘉许。

有高标准的地名规划要求，自然会产生好的地名规划预期结果。因此。地名规划的要求又可约等于地名规划的预期结果。而且，该预期结果又分为三个方面或层次：一是专家评审组认同的地名规划方案，说明该项科研成果“过得硬”；二是人民政府通过的地名规划方案，表明该项公共产品“质量高”；三是当地群众满意的地名规划方案，表明该项地名行政管理工作“做得好”（参见示例3-4）。

示例3-4：规划要求与预期结果结构图

规划要求与预期结果结构图

第四节　地名规划的借鉴

近年来，各地开展了众多的地名规划，这些地名规划方案编者不同、内容各异、作用有别，既有非常优秀的作品，也有值得商榷的案例。如此，在我们亲自编制地名规划时，就可学习、参考这些不同种类的地名规划方案，吸取它们的经验和教训，借鉴其优点和长处，以利于今后的地名规划研制工作。基于此，我们精选了两篇（节录)，在此予以铺陈，供参阅。

一、地名规划的借鉴之一

湖北省《某某市城市地名总体规划（2007—2020）》，是编制比较早的地名规划之一。其特点是综合性、整体性、全域性。为飨读者，将该地名规划的部分内容胪陈于此（参见示例3-5）。

示例 3-5:《某某市城市地名总体规划（2007—2020）》（节录）

某某市城市地名总体规划（节录）

（2007—2020）

一、总则

本次地名规划以我市城区街道、居民区、桥梁、标志性建筑物、自然景观等地名名称为主体，提出2020年前有关地名命名、更名和地名标准化工作的设想，按照国家关于地名管理的方针，依据城市建设蓝图，落实地名规划，使全市城区基本达到地名标准化要求，逐步形成我市地名的层次化、序列化和科学化。

具体目标任务为：一是统一地名通名；二是划定地名区块，规范地名命名系列的选取；三是保留能够反映当地特色和群众已经熟知的地名87条，其中街道巷53条、居民区30个、公园广场3个、桥梁1座；四是更改原有地名名称2条；五是规划设计命名新地名名称54条，其中道路23条、居民区22个、公园广场3个、桥梁6座。

二、地名概述

（一）本市地名背景

（二）现有地名特点

1993年，我市对某某城区现有街路名称进行了清理，市政府发布了《关于城区部分街道命名、更名的通知》（某政发［1993］19号）。2003年，市政府批复市地名委《关于某某城区部分街路巷及居民区命名更名方案》，对城区街路巷名称进行了规范，对27条道路、15条巷道和31个居民区进行了命名更名。《某某市城市总体规划》（2000—2020）将我市城市规划区范围扩大，包括4个街道办事处、2个镇。整个城市规划区现有大道4条、街路35条、巷道15条，桥梁7座，居民区51个。纵观本市地名的历史和现状，主要有以下特点：

1. 从音韵角度看，我市地名专名以双音节词为主。如“永宁”大道、“北川”路、“宁江”路、“梅园”居民区等，这类地名易记、上口，是当代普遍采用的命名形式；多音节词相对较少，如“螺丝旋”巷、“李顶武”路、“陆家畈”居民区等；单音节词地名只在个别地方出现，如“正”街。

2. 我市地名较好地反映了当地历史文化，体现了江城特色。一是体现了本地历史变迁和文化特色，如“永宁大道”“刊江大道”“广济大道”均取自我市历史用名，“景阳路”“北川路”等取自古建筑设施；二是以原地名演变而来，如“玉湖路”以挂玉湖名演变；三是体现了时代特色，如“民主路”“向阳巷”“龙港路”等；四是体现了江城水乡特色，如“沿江大道”“宁江路”“莲花巷”“东港路”“西港路”等；五是体现了本地社会经济特色，如“祥龙路”“祥云路”等；六是以当地姓氏宗族聚居地名称命名，如“居仁街”“饶之美路”“张博也路”等；七是以原来的自然地理实体和环境及建筑设施命名，如“团山路”“钟楼巷”“月塘路”等；八是表达了美好向往和祝愿，如“明珠路”“兴教路”“保康路”“天宝街”“凤凰路”等。这些地名较好地反映了当地历史文化、人文文化、时代文化和地理地貌的特点。

3. 我市城市道路名称层次化、序列化程度有所提高。道路通名按等级分为“大道”“街路”“巷”三个层次。“街路”按性质划分，交通性道路称“路”，生活性、商业性道路称“街”，居民区内道路称“巷”。我市道路命名有的已成序列化，如“公园北路、公园南路、公园西路”、“叶垴东巷、叶垴西巷”等。街道名称层次较清晰，具有简单的序列化程度。

(三) 地名存在问题

由于历史的原因，我市的地名管理仍然存在一些亟待解决的问题：

1. 地名管理法规无法满足城市地名管理的要求。2003 年 6 月 15 日某某市民政局要求公布实施《某某市地名管理暂行办法》(草案) 的请示还未经市政府批复。而随着社会、经济的发展，该《暂行办法》(草案) 又已落后于我市地名管理的需要，因此需要重新修改、制订，并报请市政府审批、发布。

2. 反映本地历史文化特色还不够。

3. 道路名称层次化、系列化程度还有待进一步加强。部分地名通名使用不当。有些道路狭窄，如“塘下街”，没有达到道路等级，只能以“巷”作通名。而有的路规划等级较高，但已命名为“街”，如“天宝街”。

4. 个别地名专名使用了生僻字，地名含义未能反映积极意义，如“窝陂塘路”，群众不容易接受。

产生上述问题的原因是多方面的：一是历史遗留下来的地名，大部分是约定俗成的，缺章少序，繁杂凌乱，该处理的未及时处理；二是对地名的命名、更名科学性和严肃性认识不足，表现了很大的盲目性和随意性；三是地名命名、更名方法简单化，缺乏整体观念；四是在地名命名管理上，没有强有力的制约措施。总之，关键是没有从地名整体管理上着眼，没有把地名标准化处理视为一个系统工程，没有适时地开展地名规划。

三、城市地名总体规划方案

(一) 规范地名用字

各类地名名称，均应按照国家确定的规范汉字书写，不用自造字、简化字、繁体字、异体字。地名的汉字字形，以 1965 年文化部和中国文字改革委员会联合发布的《印刷通用汉字字形表》为准。

（二）规范地名通名

1. 道路通名层次。我市道路通名层次分为大道、街（路）、巷三级：

大道——路面宽度在45米以上，长度在5000米以上的城市主干道称“大道”，超过一定长度（10公里）可以分段，分段长度一般为5公里，道路分段点通常选择在道路交叉口、桥梁、广场等位置。

街路——路面宽度10—45米的城市主、次干道称“街”“路”。

我市道路通名层次确定，大体按照道路的性质和功能划分，交通性道路称“路”，生活性道路称“街”。

巷——路面宽度在10米以下的城市街道称“巷”，主要指居民区内道路。

2. 城市居民生活区通名层次：

居民区——占地面积6万平方米以上，相对独立集中的老居民住宅区或纳入城区的自然村落，居民住房以自建私房为主。

小区（新村）——新建占地面积6万平方米以上，有较完善的生活配套设施，相对独立集中的住宅区。

公寓——高层住宅楼或多栋占地面积较小的住宅群。

（花）园、（花）苑——花草林木面积较大的住宅区。

别墅——占地面积1万平方米以上，花园、草坪面积大于建筑占地面积的高级住宅区。

3. 城市绿地通名层次：

公（游）园——占地面积2万平方米以上，绿化面积1万平方米以上，有娱乐设施，供市民休闲的大型公共场所。

度假村——位于城区外围或风景区，作度假旅游使用，占地面积在2万平方米以上，有较完善设施的大型旅游场所。

4. 城市大型建筑物通名层次：

大厦（楼）——10层（含10层）以上建筑或占地面积500平方米以上的综合性高层建筑物或大型楼宇。

广场——除地面建筑物占地面积外，尚有1000平方米以上的硬化地，供市民聚会的具有一定规模的公共场所。

城——占地面积2万平方米以上，封闭或半封闭式的具有商用、办公、娱乐等综合性多功能大型建筑群。

（三）划分地名区块

1. 区块划分

通过对某某市城区发展的综合分析，《某某市城市总体规划》（2000—2020）确定某某城区的空间布局采用中心城区+组团的形式，即中心城区+龙坪组团+田镇组团+石佛寺组团+大金组团。中心城区和各组团性质职能确定为：

中心城区：长江中游重要的港口城市之一，是以医药、机械工业为主的新型滨江园林城市。中心城区系指某某、刊江两街道办事处、高新技术园区及杨林组团。中心城区以向北发展为主，行政中心跳出老城区，在杨林地区新建城市行政中心，合理控制向东发展。

龙坪组团：以轻工和纺织工业为主，生态环境优越的生产生活区。

田镇组团：集资源、工业、港口为一体，并以建材工业和港口运输为主。

石佛寺及大金组团：是某某市的陆路交通门户和物资集散地，相应发展观光农业和第三产业。

城区交通联系以公路运输为主，新改扩建石（佛寺）大（法寺）、石（佛寺）龙（坪）三级公路和蕲孔省道复线，组成城区“中心”“组团”间双联络线。预留石佛寺组团京九铁路某某站至田镇组团田镇港区、盘塘港区铁路专用线及联运货场。

2. 地名系列的选取

我市城区现有地名名称已被群众所熟悉，为了方便社会交往，促进我市经济发展，对已有地名以继承为主，保持地名的相对稳定性；对新建及规划的地名按照划分的地名区块，根据一定的原则采词用字，使每个地名区块体现不同的地名特征，以促进地名系列化、规范化。

某某市城市发展定位为“新型滨江园林城市”，某某城区地名命名采词体现某某历史文化和滨江园林特色。老城区临靠长江，地名采词应体现长江文化意境；杨林新区为规划新城区，采用某某12镇（街道办事处）别称或从镇（街道办事处）名称（或镇人民政府驻地居民点和街道办事处所在街巷名称、境内风景点名称等）取字组词，寄寓社会和谐，同时体现城市历史和城市发展，以形成层次化、系列化。

龙坪组团地名命名采词体现工农业文化发展氛围。龙坪、万丈湖农业、轻工和纺织工业发达，因此地名命名采词应体现工农业发展文化氛围。

田镇组团地名命名采词体现工业经济发展特色。地名命名采词应体现田镇资源、工业、港口特色。

石佛寺及大金组团地名命名采词体现山水园林旅游意境。武山湖风光秀美，为旅游休闲胜地，京九铁路横贯，并设有车站，采词体现山水园林意境。

（四）骨干地名采词

某某市骨干地名命名采词体现本市历史文化、人文文化、时代文化及新型滨江园林城市特色。

1. 城区主要道路名称：

城区规划拟命名23条道路名称：［见某某市城市地名总体规划（草案）

附表三：某某市城市规划道路命名设计方案]。

城区规划拟更名1条道路名称：[见某某市城市地名总体规划（草案）附表四：某某市城市规划道路更名设计方案]。

2. 城市主要居民生活区名称：

我市31个居民区已经市政府正式命名，在建及已建成的22个居民区的命名、1个居民区的更名由所在镇、街道办事处提出申请，市地名办根据居民区的实际情况予以审核，报市政府审批。目前，已经命名的主要居民区有：

下港居民区：地处下港社区，以原地名命名。

大桥新村居民区：地处大桥社区，以原地名命名。

西菜园居民区：地处西菜园社区，为老住宅区，以原地名命名。

北新村居民区：地处龙潭社区，为老住宅区，以原地名命名。

刘家巷居民区：地处刘家巷社区，为老住宅区，以原地名命名。

大桥边居民区：地处广济大道南侧，以原地名命名。

小桥边居民区：地处永宁大道北侧，以原地名命名。

东新村居民区：地处永宁大道北侧，粮食路以东，以原地名命名。

东港居民区：地处明珠路以西，以原地名命名。

螺旋新村：地处螺丝旋社区，广济大道以南，北川路以北，以社区名称命名。

天宝居民区：地处广济大道以北，民主路以西，以居民区天宝街命名。

已建成拟正式命名的有22个，拟更名的有1个：[见某某市城市地名总体规划（草案）附表五：某某市城市规划居民区命名更名设计方案]

3. 主要桥梁名称：城区桥梁拟正式命名，主要有7座：[见某某市城市地名总体规划（草案）附表六：某某市城市规划其他骨干地名名称设计方案]。

4. 公园（5个）：[见某某市城市地名总体规划（草案）附表六：某某市城市规划其他骨干地名名称设计方案]。

小龙潭公园：位于某某城区中心，周围有龙潭路、公园北路、公园南路、公园西路，占地4.7万平方米，供群众休闲游乐的场所。

滨江体育公园：位于外滩，规划控制建设，绿化面积1万平方米，是城区一个多功能的市民休闲长廊。

药圣公园：位于明珠路至景江路（规划名18号路），沿江大道以北，全长1.5公里，宽20米，总面积6万平方米，因位于医药工业园而命名。

杨林公园：位于杨林新区，正在规划之中。

月湖公园：位于月塘路，以月塘命名。

5. 广场：[见某某市城市地名总体规划（草案）附表六：某某市城市规划其他骨干地名名称设计方案]。

四季园休闲广场：位于广济大道、明珠路三角带，以种植四季园林树木命名。

城区其他规划地名根据各区块地名取向命名，在分区规划中体现。

（五）城市标准地名标志设置

我市于2003年在某某城区开始设置标准地名标志。随着城市的发展、道路的修建，将进一步在新建区和城区其他地方推广设置标准地名标志。

各条街巷的门楼户牌编码要科学统一，做到排列有序、不重不漏。门牌编码必须遵循以下几个原则：

1. 首号起点原则。可以以集镇中心为起点，向四周编出。东向路的门牌号码起点在西端，终点在东端；西向路的起点在东端，终点在西端；南北向路类推。也可以以道路方向为标准，东西向的道路，门牌号码起点在东端、终点在西端；南北向的道路起点在南端，终点在北端；

2. 单双号排列原则。道路或街、巷两边的号码采用奇偶制，凡道路的起点左边用奇数，右边用偶数；

3. 主号、支号原则。临街房屋以栋编号，如××路18号，门面编支号，如××路18—1号、××路18—2号；

4. 预留空号原则。在建或待建区域，按一定距离，预留号码；

5. 院落编码原则。大门为主号，院内楼房编顺序楼栋号；宿舍楼内编单元号，单元内编户（室）号；

6. 小区编码原则。封闭式小区，编码同院落编码。开放式小区，以楼编号，一楼一号，如××小区1号、××小区2号。

（六）地名文化保护

传统地名以及具有丰富文化内涵和反映优秀传统文化的现势地名，是宝贵的民族文化遗产，必须予以妥善保护。在地名标准化工作中，加强对传统地名和有丰富文化内涵地名的保护，是保持地名相对稳定，延续地名历史文脉的重要举措，是搞好文化遗产保护工作的重要组成部分。结合我市实际，对那些体现了悠久的历史文化、内涵丰富的人文文化和时代文化、以及滨江园林特色的地名作为地名文化遗产予以保护。例如：为纪念前称广济县，将“环城路”更名为“广济大道”；以传统文化命名的“栖贤路”；体现我市滨江园林特色的“宁江路”“沿江大道”等；体现时代文化特色的“兴教路”等。在城市建设发展中，对受保护的地名进行更名调整时，应组织有关专家充分考察、论证，提出科学的建议方案。

（七）原地名的调整原则

对原地名的调整原则包括两个方面：

1. 优化调整的内涵

(1) 保留在当地有较长历史，或者反映地方特点、事件等的地名。延续老地名的方法主要有两种：一是原地名原样保留，或者就地移植、转换到另一个地理实体上使用。如原乡镇、村庄名称转化为桥梁、市场、广场、居住区、街路名等。二是在原地名上派生，发展成为含有地名的地名群或地名系列。

(2) 对不适宜、不需要保留的地名，利用适当时机予以处理。其方法有两种：一是对完全不适合的地名，让其在城市改扩建中废止、消亡；二是通过地名音、形、意的变化改造。

2. 选准调整的时机

对于确定可以消亡和改造的地名，必须根据具体情况，抓住有利时机，分批、分期进行处理、注销，切忌简单从事。选择时机的标准，就是尽可能对社会生产生活影响最小。因此，最有效的时机是旧城改造之际，或是城市分区功能体系调整、街区全面重建之时，或是道路改扩建的时候。这时，可顺势在建设工程开始后，及时按总体和分区规划的设计，考虑更名和门牌号码的调整。

四、城市地名规划的实施

某某市城市地名规划是在《某某市城市总体规划》的基础上进行的，将随着城市的建设逐步实施。

首先，按照城市地名总体规划原则，设计骨干地名名称。

其次，各城市地名规划区按照总体规划的要求，结合本地实际，制定地名分区规划。设计一般性地名名称，保证总体规划的贯彻落实。

最后，结合城市建设规划的实施，逐步落实各类地名，实现地名标准化。

为顺利实施《某某市城市地名规划》，提高我市地名管理水平，必须做到：

1. 城市地名规划确定以后，便具有法定性，任何单位或个人无权更改，特殊情况需更改时，需按地名的审批权限，逐级报批。

2. 实施地名规划，是地名管理的重要内容，各地要结合本辖区的实际情况，及时掌握城市规划的实施进度，做好每个环节的工作。

3. 加强宣传工作，使人们了解地名规划，支持地名工作，更好地实施地名规划，按地名规划办事。

五、附则

《某某市城市地名总体规划》(草案) 由市地名公共服务工程领导小组办公室起草。经过了确定任务、政策法规研究、收集资料、调查研究、拟订地名规划框架、编制地名总体规划方案、本市地名专家论证等过程。下一步将广泛征求各方意见，对草案进行修改，送省地名专业部门组织评审，并进一步修改、充实、完善，最后由本市人民政府审批。地名规划确需进行较大范围变更修改时，应报市政府批准，方可修编。

本规划由民政部门负责解释，自发布之日起实施。

二、地名规划的借鉴之二

福建省《武夷新区地名专项规划》是一个综合化、长期化、大型化的规划项目，历时两年、廿易其稿方才完成的课题。其主要特点是：每个板块都给出了地名命名的主题导引，大力弘扬朱熹理学文化；启用民众喜闻乐见的老地名；将闽北周边市县及其风景名称移植新区之内；继承发扬闽北地区的地域文化；每个地名提供出汉语拼音字母拼写；建立了中长期地名规划的备选专名词库。为使读者对其深入了解，笔者选择其中重要的一章于此，供大家细致揣摩（参见示例3-6）。

示例3-6：《武夷新区地名专项规划》（节录）

《武夷新区地名专项规划》（节录）

第一节　武夷新区主要道路地名规划

武夷新区城市规划主要道路命名，着重突出武夷新区总体功能定位，体现闽北的发展历史和文化，结合当地原地名命名主要道路名称。武夷新区城市规划主要道路共16条，其中东西向7条，南北向9条。

崇阳北路（Chóngyáng Běilù）：由建阳城区“崇阳北路”延伸的道路，位于崇阳溪东岸、道路起点于建阳城区水东大桥至武夷漫道起点。

武夷漫道（Wǔyí Màndào）：是“崇阳北路”终点沿崇阳溪东岸向北延伸至武夷山度假区的景观步行道路，故命名为“武夷漫道”。

朱熹大道（Zhūxī Dàdào）：位于崇阳溪西岸，由建阳区城区朱熹大道向北延伸经将口、兴田片区至武夷山度假区的道路。

古闽大道（Gǔmǐn Dàdào）：是武夷新区主城区快速通道，向北至武夷山东站。以“古闽”命名，记述闽北为古闽族人的发祥之地。

大红袍路（Dàhóngpáo Lù）：位于“朱熹大道”与“古闽大道”之间的道路，是武夷新区主城区的主干道，大红袍系武夷岩茶的著名品牌，以“大红袍”命名，展现和传承闽北茶文化。

嘉禾北路（Jiāhé Běilù）：由建阳区城区“嘉禾北路”向北延伸的道路，终点至“崇阳北路”与“武夷漫道”交会处。

南林大街（Nánlín Dàjiē）：位于武夷新区主城区的市民广场与未来市政中

心之间主干道，贯穿南林村境内，故命名“南林大街”，保留原地名。

林后大街（Línhòu Dàjiē）：位于武夷新区主城区北部，主要路段经过林后村，命名“林后大街”，保留原地名名称。

建安大街（Jiàn′ān Dàjiē）：东汉年间在闽北设置“建安县”，是福建历史上最早设置的县之一，以“建安”命名武夷新区主城区的主干道，保留了闽北 1800 多年行政区的历史名称。

童游大街（Tóngyóu Dàjiē）：位于武夷新区主城区的南部，纵贯童游镇辖区，命名“童游大街”，保留原地名名称。

云谷大道（Yúngǔ Dàdào）：位于武夷新区主城区西部，横贯南林片区，朱熹号“云谷老人”，在此地建有“云谷书院”。以“云谷”命名道路，传承朱子理学文化。

站西大街（Zhànxī Dàjiē）：武夷东站站前广场向西的主干道，命名为“站西大街”，明确区位方向。

将新大道（Jiàngxīn Dàdào）：位于武夷新区规划区的西侧，是新调整改线的省道 303 线（将口至童游段），途经将口和新岭两个片区，且向南延伸，命名为“将新大道”，明确区位方向。

芹溪大街（Qínxī Dàjiē）：将口至芹口片区内东西走向道路，途经芹口村，与后崇溪交汇，故命名为“芹溪大街”。

东泽路（Dōngzé Lù）：道路主要路段经过东泽村，命名为“东泽路”，保留原地名的专名。

古建路（Gǔjiàn Lù）：道路主要路段横贯古建村，命名为“古建路”，保留原地名的专名。

第二节　南林—赤岸片区支路地名规划

武夷新区主城区由崇阳溪两岸的南林片区和赤岸片区两部分组成，是武夷新区的核心片区，闽北政治、文化、金融中心所在地。根据该片区的功能定位，结合历史名人、老地名等命名道路名称。主城区规划支路命名 42 条，其中东西向 23 条，南北向 19 条。

广场东路（Guǎngchǎng Dōnglù）：位于市民广场东侧，以方位命名，指位明确。

广场西路（Guǎngchǎng Xīlù）：位于市民广场西侧，以方位命名，指位明确。

政和街（Zhènghé Jiē）：位于市民广场东侧，政府门前左侧道路，专名来源于政和县行政区名称，以“政和”命名，寓意政通人和。

顺昌街（Shùnchāng Jiē）：位于市民广场西侧，政府门前右侧道路，专名来源于顺昌县行政区名称，以顺昌命名，寓意顺达昌盛。

延平街（Yánpíng Jiē）：专名来源于南平市延平区行政区名称。

邵武街（Shàowǔ jiē）：专名来源于邵武市行政区名称。

武夷山街（Wǔyíshān Jiē）：专名来源于武夷山市行政区名称。

建瓯街（Jiàn'ōu Jiē）：专名来源于建瓯市行政区名称。

建阳街（Jiànyáng Jiē）：专名来源于建阳区行政区名称。

浦城街（Pǔchéng Jiē）：专名来源于浦城县行政区名称。

光泽街（Guāngzé Jiē）：专名来源于光泽县行政区名称。

松溪街（Sōngxī Jiē）：专名来源于松溪县行政区名称。

万达街（Wàndá Jiē）：道路位于万达广场小区内，故命名万达街。

文昌路（Wénchāng Lù）：以"文昌"命名道路名称，寓意武夷新区崇尚文风，学子学业有成。

金泰路（Jīntài Lù）：以"金泰"命名道路名称，寓意武夷新区泰运亨通。

祥云路（Xiángyún Lù）：以"祥云"命名道路名称，寓意武夷新区祥和安康。

祥瑞路（Xiángruì Lù）：以"祥瑞"命名道路名称，寓意武夷新区祥瑞兴旺。

智达路（Zhìdá Lù）：以"智达"命名道路名称，寓意武夷新区人民聪慧敏达，敦厚朴实。

文星路（Wénxīng Lù）：道路位于学校附近，以"文星"命名道路名称，寓意学子学业有成。

昌盛路（Chāngshèng Lù）：以"昌盛"命名道路名称，寓意武夷新区繁荣昌盛。

兴盛路（Xīngshèng Lù）：以"兴盛"命名道路名称，寓意武夷新区兴旺发达。

翠屏路（Cuìpíng Lù）：以"翠屏"命名道路名称，寓意武夷新区绿色生态。

赤岸路（Chì'àn Lù）：道路纵贯"赤岸村"，保留原地名。

渡头路（Dùtóu Lù）：道路纵贯"渡头村"，保留原地名。

广德街（Guǎngdé jiē）：以"广德"命名道路名称，寓意武夷新区以德安邦、以德兴业。

广仁街（Guǎngrén Jiē）：以"广仁"命名道路名称，寓意武夷新区传承和发扬朱子理学文化。

广义街（Guǎngyì Jiē）：以"广义"命名道路名称，寓意武夷新区传承和发扬朱子理学文化。

广礼街（Guǎnglǐ Jiē）：以“广礼”命名道路名称，寓意武夷新区传承和发扬朱子理学文化。

广智街（Guǎngzhì Jiē）：以“广智”命名道路名称，寓意武夷新区传承和发扬朱子理学文化。

广信街（Guǎngxìn Jiē）：以“广信”命名道路名称，寓意武夷新区传承和发扬朱子理学文化。

劝业路（Quànyè Lù）：以“劝业”命名道路名称，寓意武夷新区人民勤劳耕耘，安居乐业。

兴业路（Xīngyè Lù）：以“兴业”命名道路名称，寓意武夷新区人民事业有成，安居乐业。

万辉路（Wànhuī Lù）：以“万辉”命名道路名称，寓意武夷新区兴旺发达，创造辉煌。

万象路（Wànxiàng Lù）：以“万象”命名道路名称，寓意武夷新区万象更新，云程万里。

广达路（Guǎngdá Lù）：以“广达”命名道路名称，寓意武夷新区发展前景广阔而长远。

昌达路（Chāngdá Lù）：以“昌达”命名道路名称，寓意武夷新区兴旺发达，繁荣昌盛。

宏达路（Hóngdá Lù）：以“宏达”命名道路名称，寓意武夷新区兴旺发达，繁荣昌盛。

兴达路（Xīngdá Lù）：以“兴达”命名道路名称，寓意武夷新区兴旺发达，繁荣昌盛。

盛达路（Shèngdá Lù）：以“盛达”命名道路名称，寓意武夷新区兴旺发达，繁荣昌盛。

福山路（Fúshān Lù）：以“福山”命名道路名称，寓意武夷新区人民幸福美满，寿比南山。

福海路（Fúhǎi Lù）：以“福海”命名道路名称，寓意武夷新区人杰地灵，福如东海。

碧水路（Bìshuǐ Lù）：道路位于林后水库东侧，水库碧水清澈，故命名“碧水路”。

第三节 将口—芹口片区地名规划

将口—芹口片区规划为物流区，道路名称主要从片区功能定位结合当地原地名命名。该片区规划道路名称 23 条，其中东西向 13 条，南北向 10 条。

芹溪大街（Qínxī Dàjiē）：将口至芹口片区内东西走向道路，途经芹口村，并与后崇溪交汇，故命名为“芹溪大街”。

将崇路（Jiàngchóng Lù）：是将口镇至崇雒镇的乡镇道路，命名为“将崇路”，明确区位方向。

上街（Shàng Jiē）：将口镇原有道路名称，保留原地名。

下街（Xià Jiē）：将口镇原有道路名称，保留原地名。

新街（Xīn Jiē）：将口镇原有道路名称，保留原地名。

仙源街（Xiānyuán Jiē）：道路位于将口镇的仙奶山南侧，故命名为“仙源街”。

将口路（Jiāngkǒu Lù）：将口镇原有道路名称，保留原地名。

榆溪路（Yúxī Lù）：道路紧邻崇阳溪，崇阳溪将口段古称“榆溪”，故命名“榆溪路”。

秀水路（Xiùshuǐ Lù）：位于崇阳溪将口段东岸，道路两边丹山碧水，故命名“秀水路”。

芹口街（Qínkǒu Jiē）：位于芹口新村所在地的道路，保留原地名。

中和街（Zhōnghé Jiē）：以“中和”命名道路名称，寓意武夷新区和谐发展。

通达街（Tōngdá Jiē）：以“通达”命名道路名称，寓意武夷新区通达四方。

中兴街（Zhōngxīng Jiē）：道路位于将口片区中心地段，以“中兴”命名道路名称，寓意武夷新区日益昌盛。

顺达街（Shùndá Jiē）：以“顺达”命名道路名称，寓意武夷新区风调雨顺，生机勃勃。

胜达路（Shèngdá Lù）：以“胜达”命名道路名称，寓意武夷新区兴旺发达，繁荣昌盛。

芹高路（Qíngāo Lù）：以“芹高”命名道路名称，寓意武夷新区高速跨越发展，迈向美好未来。

芹兴路（Qínxīng Lù）：以“芹兴”命名道路名称，寓意武夷新区发展欣欣向荣。

芹美路（Qínměi Lù）：道路紧邻后崇溪，命名“芹美路”，呈现后崇溪清澈美丽。

芹秀路（Qínxiù Lù）：道路紧邻后崇溪，命名“芹秀路”，呈现后崇溪清澈秀丽。

芹俊路（Qínjùn Lù）：以“芹俊”命名道路名称，寓意武夷新区人才辈出。

赤山路（Chìshān Lù）：位于将口片区赤山村，命名“赤山路”，保留原地名。

东田路（Dōngtián Lù）：位于将口片区东田村的道路，命名“东田路”，保留原地名。

雒田路（Luòtián Lù）：崇雒镇至东田村的道路，故命名“雒田路”。

第四节　东站片区地名规划

武夷山东站是武夷新区中心城市的铁路枢纽，是物流人流的集散地，是展示闽北新貌的窗口和平台。东站片区的地名规划主要从功能定位，融合闽北各地风景名胜地名命名。该片区规划道路名称11条，其中东西向5条，南北向6条。

站西大街（Zhànxī Dàjiē）：为武夷东站站前广场向西的主干道，命名“站西大街”，明确区位方向。

茫荡山路（Mángdàngshān Lù）：专名来源于南平市延平区茫荡山风景区名。

天成岩路（Tiānchéngyán Lù）：专名来源于邵武市天成岩风景区名。

归宗岩路（Guīzōngyán Lù）：专名来源于建瓯市归宗岩风景区名。

湛卢山路（Zhànlúshān Lù）：专名来源于松溪县湛卢山风景区名。

乌君山路（Wūjūnshān Lù）：专名来源于光泽县乌君山风景区名。

匡山街（Kuāngshān Jiē）：专名来源于浦城县匡山风景区名。

宝山街（Bǎoshān Jiē）：专名来源于顺昌县宝山风景区名。

佛子山街（Fózǐshān Jiē）：专名来源于政和县佛子山风景区名。

洋墩路（Yángdūn Lù）：位于将口片区洋墩村的道路，命名“洋墩路”，明确方位，保留原地名。

河西路（Héxī Lù）：位于崇阳溪西岸的道路，命名“河西路”，明确方位。

第五节　新岭片区道路地名规划

新岭片区是新兴的工业园区，本片区的规划道路命名基本保留当地原地名。新岭片区规划道路命名6条，其中东西向3条，南北向3条。

将新大道（Jiàngxīn Dàdào）：位于武夷新区规划区的西侧，是新调整改线的省道303线（将口至童游段），途经“将口”和“新岭”所在片区，且向南延伸，命名为“将新大道”，明确区位和方向。

新岭大街（Xīnlǐng Dàjiē）：位于新岭村的道路，是新岭片区主干道，命名“新岭大街”，保留原地名。

古建路（Gǔjiàn Lù）：新岭片区东西走向的道路，主要路段横穿古建村境内，命名“古建路”，保留原地名。

东泽路（Dōngzé Lù）：主要路段经过东泽村的道路，命名“东泽路”，保留原地名。

方欣路（Fāngxīn Lù）：以“方欣”命名道路名称，寓意武夷新区建设和发展欣欣向荣。

贵东路（Guìdōng Lù）：道路主要路段经过贵东村，命名“贵东路”，保留原地名。

第六节　兴田片区主要道路地名规划

兴田片区位于武夷山市南部兴田镇辖区内，地处武夷山城区和建阳城区的中间地带。兴田片区规划道路，突出旅游度假、文化科技、会展、科技创新这一功能和定位，结合当地地名命名。该片区规划道路命名7条，其中东西向4条，南北向3条。

莲花路（Liánhuā Lù）：位于兴田镇莲花山和莲花山水库附近的道路，命名“莲花路”，保留原地名。

崇仁路（Chóngrén Lù）：以“崇仁”命名道路名称，寓意武夷新区崇尚仁义道德，传承中国传统文化。

崇德路（Chóngdé Lù）：以“崇德”命名道路名称，寓意武夷新区崇尚仁义道德，传承中国传统文化。

西程路（Xīchéng Lù）：道路经西郊村至程家村，故命名“西程路”。

丰阳路（Fēngyáng Lù）：丰阳是兴田镇的古名称，命名“丰阳路”，保留历史地名文化。

崇义路（Chóngyì Lù）：寓意武夷新区崇尚仁义道德，传承中国传统文化。

王城路（Wángchéng Lù）：武夷山五夫镇往武夷山市区的道路，经过闽越王城，故命名“王城路”。

至此，我们对地名规划的概貌有了初步的了解，也为下一步的业务活动奠定了一定的工作基础。

第四章　地名规划的技术路线

无论何种类型的地名规划，为地理实体赋予名称都是固有的内容。在未命名地理实体之前，需要事先确定它的技术路线。这些工作主要包括：地名规划的范围是什么，地名规划的对象是什么，地名规划的板块如何划分，怎样给出地名规划板块的主题导引，地名规划的命名理念如何把握，地名命名的基本路径是什么，地名有何种命名方式等。上列地名规划程序上的事项，是地名规划的基本方法、重要途径、有效手段，只有将其确定无疑，才能更好地继续下一步具体的地名规划工作。

第一节　确定地名规划的范围

地名规划范围的确定，是地名规划从定性分析到定量研究的开始。如此一来，我们步入了技术研究的第一个环节。地名规划的范围分为两个方面：一是地名规划的区域范围；二是地名规划的具体对象。在没有确定地名规划的范围之前，也就是还没有界定地名规划的区域范围和地名规划对象时，现势的地名规划本身无从谈起。换言之，地名规划技术上的真正入手点是从本节肇始的。在此之后，地名规划科研人员的先天技术优势逐渐体现出来。

一、地名规划的区域范围

地名规划的区域范围大体上是由城乡建设规划来确定的。之所以使用了“大体上”的语词，没有给出完全肯定的答复，是因为地名规划的区域范围与其相关，但城乡建设的规划区域并非绝对地限定了地名规划的区域范围。地名规划对象既依赖于城乡建设规划的区域范围，又可脱离城乡建设规划的范围，二者不能简单地画等号。

在实际运作过程中，有时地名规划并不完全依赖于城乡建设规划。因为，地名规划与城乡建设规划不同，地名规划不仅有总体规划，也有命名规划、更名规划、地名文化保护规划、地名工作规划等，这些地名规划是独立的规划，不是新地理实体的现势规划，更不是城乡建设规划中绝对的子项规划。所以，在特定的条件下，无须将城乡建设规划中的土地、交通规划等作为地名规划纯粹意义上的先决条件。

即使某些地名规划是以城乡建设规划为基础，但两者的规划区域也不是并行不悖的。从上述表述中可以得知，地名规划的区域范围甚至大于城乡建设规划的范围。原因有二：一是综合性的地名规划本身，就应当超出城乡建设规划的范围。二是即便是现势的地名规划，也与其外面、周边的地理实体发生关系。

通过上面的简单陈述，我们得出了出人意料的结论，而且这一结论似乎与前述略有矛盾。那么，我们如何确定地名规划的区域范围呢？这里有一个最为简单的方法：由权威机关最终的认定为准。如果叙述更加明了的话就是，以委托合同中确定条款的地名规划区域范围为最终的认定结果，或者以下达的任务书中的规定为基准。至此，如果地名规划的编制方对其认同的话，只有以乙方的身份遵照执行一途而已。

事实上，已经认定的地名规划区域范围分为两种情况：一种是全部区域的地名规划；一种是部分（核心）区域的地名规划。地名规划区域范围的选择，除了人为因素的确定外，还与地名规划的种类保持密切关系：单一的现势地名规划，往往是小范围的地名规划；综合性的长远地名规划，常常是全域性的地名规划。

还有一点必须明示，当确定地名规划的区域范围后，应当是固定不变的。因为，在地名规划实践中，地名规划作为一项科研活动，可能需要较长的时间进行研究，此时城乡建设规划在建设、开发的过程中，其规划的微调时有发生，这种虽说是比较微小的调整，但首当其冲影响的是地名规划的区域范围。如果不将地名规划的规划区域范围固定住，则地名规划区域范围的不断变更，导致地名规划处于不定的状态，其地名规划的最终成果也就得不到我们期望的“合龙”。

如果是综合性的地名总体规划，势必涉及两个规划的时间段：一个是现势的地名规划，一个是长期的地名规划。如此一来，就产生两个不同时间、不同大小的地名规划区域范围。二者在地名规划时不能混淆。一般而言，现势的地名规划区域范围小于总体的地名规划区域范围。更有甚者，地名规划的现势地理实体命名，不得无限期地后延，不能趋同于长期地名规划的区域范围。

二、地名规划的地理实体

地名规划的实体对象坐落于地名规划的区域范围之内，地名规划的区域范围由地名规划的对象给予具象化。其具象的结果是，形成不同类型的地理实体。按照国家标准《地名分类与类别代码编制规则》（GB/T18521-2001）中的规定，地名可以分为多个层级、多个种类。但是，就地名规划需要规划命名的地理实体而言，我们删繁就简、去粗取精，只对地名规划具体的、部分的、主要的地理实体对象进行说明。需要说明一点，这里的长度值、宽度值、面积值等是一个相对的概念，在不同地区的不同种类的地名规划中，其数值有一定的上下浮动。

1. 道路地理实体

道路类地理实体，是地名规划中出现频率最多的地物，在各类地名规划的对象中占有绝大多数。这部分地理实体不仅是地名规划的主体，也是未来社会生活中重要的“有生力量”。其主要作用是，承担着交通运输的功能。根据其具体的作用，道路类地理实体可以适当分成若干级（通常为2—3级）。另外，街、路亦可因其方向使然。

（1）大道：城市的主干道、快速路，道路规划红线宽度40米以上，长度在2000米以上。

（2）大街：商贸繁华路段，道路规划红线宽度30米以上，长度在1000米以上。

（3）街：商贸繁华路段，道路规划红线宽度10米以上，30米以下。

（4）路：城市的次干道、支路，道路规划红线宽度10米以上，40米以下，长度200米以上的道路。

（5）巷：居民片内小路，道路规划红线宽度10米以下，或者长度200米以下的道路。

（6）弄：居民片内小路，道路规划红线宽度10米以下，或者长度200米以下的道路。弄主要用于南方部分地区。

（7）胡同：居民片内小路，道路规划红线宽度10米以下，或者长度200米以下的道路。胡同主要用于北方部分地区。

（8）漫道：道路等级较低，规划宽度较窄，且为景观步行的林阴路。

（9）步行街：道路等级较低，规划宽度较窄，两侧为商业设施，且仅为步行的街道。

（10）林荫道：道路等级较低，规划宽度较窄，两侧绿树成荫，且为步行的道路。某些地方也将一侧滨水、一侧绿树的景观道路称为“林荫道”。

2. 道路附属设施地理实体

道路附属设施地理实体，虽然在交通运输中起辅助作用，但均为不可或缺的地物，相对于其“附着”的主体而言，属于小型的人文地理实体。

（1）大桥：总长大于100米，或跨径大于等于40米，且连接主干道路、跨越河流、道路、铁路等的桥梁。

（2）桥：总长小于100米，或跨径小于40米，且连接支路的桥梁。

（3）立交桥：在城市重要交通交会点建立的上下分层呈立体交叉、车辆多方向行驶且互不干扰的现代化陆地桥。也称“立体交叉桥”。

（4）过街桥：横跨道路上方、供行人穿行的小型桥梁。也称“天桥”。

（5）隧道：凿通山体等并供机动车行驶的通道。

（6）地下通道：横跨道路下方、供行人穿越道路的小型通道。

（7）环岛：在城市交通交会处建立的环形路岛，车辆在平面交会时刻减少相互间的影响。

3. 城市居民聚集区地理实体

除去交通设施及其附属设施地理实体外，在城市中的区片类地理实体占有很大比重，而且就其所占的规划区域来说，更是成为最重要的主体。由区片构成的地理实体名称有一个显著的特点，它可以逐渐“进化”为区域性组织名称的一部分，转化为准行政区型的地理实体名称，如居民委员会、社区、街道办事处、村民委员会等。

（1）居民区：占地面积6万平方米以上，相对独立集中的老居民住宅区，或纳入城区的自然村落，居民住房以自建私房为主。

（2）小区：新建占地面积6万平方米以上，有较完善的生活配套设施，相对独立集中的住宅区。

（3）新村：占地面积6万平方米以上，相对独立集中的新建居民住宅区，居民住房以集中建设为主的居住区。

4. 城市绿地公共场所地理实体

在现代城市生活中，居民的休闲活动日趋增加。对此，以政府为主导建设的公共绿地类地理实体逐渐增多，并成为市民业余生活聚集的重要场所。这些地理实体不仅呈现为扁平的面状，而且以绿地居多。

（1）公园：占地面积2万平方米以上，绿化面积1万平方米以上，有娱乐设施，供市民休闲的大型公共场所。

（2）度假村：位于城区外围或风景区，占地面积在2万平方米以上，有较完善设施的大型旅游场所，供人们度假、旅游使用的园林式建筑群落。

（3）花园：占地面积1万平方米以上，绿化面积5000平方米以上，有一定的娱乐设施，一般位于居民区内或附近，可供市民休闲的公共场所。

（4）广场：除地面建筑物占地面积外，尚有1000平方米以上的硬化地，具有一定规模、可供市民聚会的公共场所。注意，这里所说的“广场”，不是该通名被认为“异化”后的商业中心。

5. 住宅类地理实体

近年来，住宅的建设发生了较大变化，不啻是建筑形式趋于多姿多彩，还在于其建设主体逐步“私有化”。换言之，这些住宅大都是由非政府部门开发、建设的。这样一来，该住宅的物权不在政府手中，而是属于开发商所有。住宅的名称为物权的附属品，其命名权是否仍然归于当地的地名行政管理部门，是一件值得商榷的事情。不管怎样，某些地方仍旧将住宅的通名列入行政管理的范畴，从地名标准化的角度看，也是应当予以肯定的。

（1）别墅：占地面积1万平方米以上，花木面积大于建筑占地面积的高级住宅区。

（2）公寓：高层住宅楼或多栋占地面积较小的住宅群。

（3）苑：绿地面积较大的住宅区。

（4）院：围合式居民住宅区。

（5）山庄：用以命名依山而建、环境幽雅的低层高级住宅区，或以休闲娱乐为用途的建筑群。

6. 城市大型建筑物地理实体

与上述住宅类地理实体不同的是，城市中的大型建筑物不以居住为主，而是主要用于商务活动，其物权并非“国有”。

（1）大厦：10层以上建筑或占地面积500平方米以上的综合性高层建筑物或大型楼宇。

（2）大楼：用以规模较大、层数较多的单体综合性办公楼或住宅楼。

（3）商厦：以经商为主、办公为辅的高层建筑。

7. 水系地理实体

必须承认，水系地理实体应当列入自然地理实体的行列中。但是，在城市规划、建设时，有些水系地理实体是由人工挖掘、疏浚而成的。

（1）河：由流动的水体和岸共同构成的线状地理实体。

（2）溪：由流动的水体和岸共同构成的线状地理实体，其规模通常小于河。

（3）湖：水体被岸环绕的地理实体。

（4）池：水体被岸环绕的地理实体，其规模通常小于湖。

（5）岛：河流或湖泊中被水体环绕的小片陆地。

上述地理实体的介绍，并非给出了确切的定义，而是提供了相关的地理实体通名，以备后续地名规划之需。

第二节 划分地名规划的板块

对于小型的地名规划，或者是单一内容的地名规划，一般只有一个需要地名规划的区域，且该区域的范围比较小。此时，无须划分地名规划的板块。然而，如果实际情况正好相反，地名规划不仅为大型规划，规划内容是多种的综合性事项，而且地名规划区域较大，甚至是分散的规划区域，在这种复杂的情形下，地名规划的区域必须划分板块。划分地名规划的板块，不是人为硬性的粗暴之举，而是地名规划的实际需要所带来的直接结果，其目的还是为了更好地进行地名规划，在内容上更加合情合理，在质量上更加“精益求精”，在方法上更加得心应手。

一、地名规划的板块划分

地名规划的板块划分，在地名规划的事务中处于相对“尴尬”的境地。其之于大型的地名规划颇具意义，是大型地名规划的重要步骤之一，而且是不可或缺的工作内容。从以往的地名规划实践上看，主要有政务、文化、教育、商贸、居住、物流、旅游、休闲、金融、仓储、制造等板块。必须指出，虽然地名规划进行了板块划分，但不意味着割裂各板块之间的关联，各板块之间、各地理实体之间的内在关系依然存在，而且还要适当地予以整合，使之在各具特色的同时，还能够保持着整体的面貌。

1. 不同功能的板块划分

在现代先进理念的城乡规划中，虽然趋向于规划区域内的功能多样化，但不可否认的是，为了不同人群的需要，满足不同领域的需求，在城乡规划的不同区片（组团）上，必然呈现出一种相对独立的功能特点。这种有别于其他区片功能的组团，其地理实体的构成也自然别具特色。其直接的结果必然是，要求地名规划适当划分出不同的功能区，组成相对独立的板块。例如，在一个比较大的主城区内，虽然辐辏之地的主体功能是以政务为主，但在周边的毗连地域、相邻区域，为配合政务功能区的完善和配套，也需要布局一些其他的功能区，如文化教育、交通运输、金融商贸等板块。否则，该政务功能区会变成一个“不食人间烟火”的“孤岛”。地名规划划分板块需要考虑的因素有区域范围大小、发展规模、发展推进方向、城市功能分区、地理位置、道路网络和建设特点等，且综合这些因素、现象，合理划分板块的数量和范围，并明确规定每个板块范围的界线。地名规划板块的划分一般以街路、河流等线状地物为界线（参见示例 4-1）。

示例 4-1：城乡连片规划区地名规划功能板块划分图

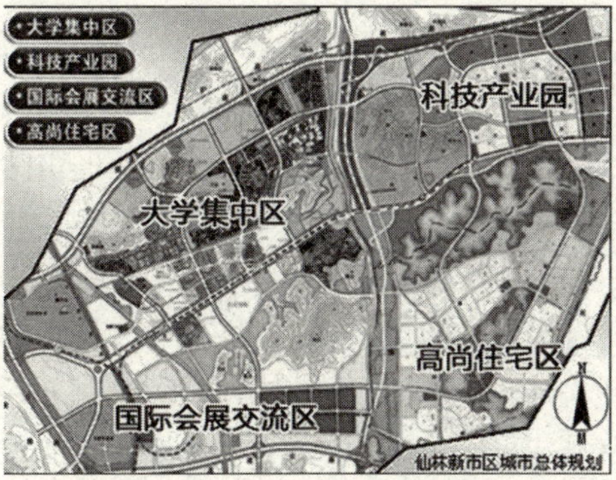

城乡连片规划区地名规划功能板块划分图

2. 不同地形的板块划分

在广袤的平原地区，或者盆地地区等，为了发挥城市的聚集效益，城乡建设的规划区域都是整块的、一体的，不会形成人为的“飞地”现象。这种规划的优势在于，集约用地、便于管理、方便生活、便捷交通、节约开支等，是比较普遍、乐见的规划形制。但是，在山地地区、丘陵地区、河网地区等，受地形地貌的限制和制约，城镇建设规划不能采取集中连片的做法，而是不得不在规划方案中分散布局，形成多个类似于自然形成的规划区块。不仅如此，城乡建设规划还会在现有的地形特点中，找到其中可资利用的资源优势，因势利导地在规划区块内布局不同的功能。这样，地名规划必定“萧规曹随”，如影随形地为其划分不同的板块（参见示例 4-2）。

示例 4-2：城乡分散规划区地名规划功能板块划分图

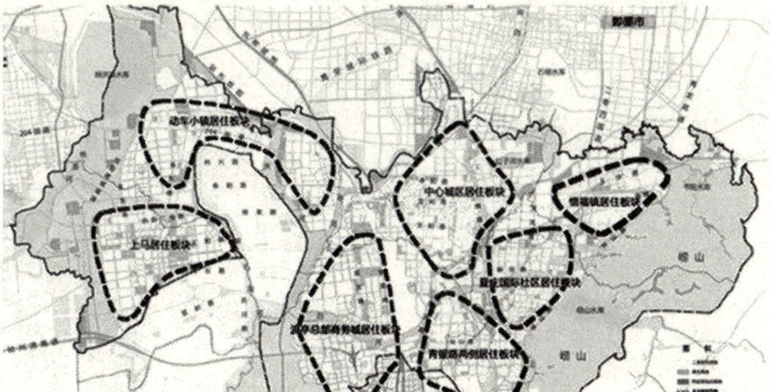

城乡分散规划区地名规划功能板块划分图

二、地名规划的板块导引

记住，地名规划板块的划分，不是为了板块的划分而划分，而是基于地名规划的现实需要。因此，在地名规划板块确定的情形之际，地名规划进入规划地名的阶段。这时，为了所规划的地名不脱离本板块的功能定位，牢牢把握本板块的规划主题，应当提出地名规划的板块导引。

1. 地名规划板块主题导引之一

通常，主题导引是在规划地名之前予以列出。事实上，地名规划板块的主题导引，既像本板块地理实体的命名原则，又似规划地名的指导思想，它通过地名规划板块导引的形式，对其即将“出场”的规划地名有一个具体安排上的说明和引领（参见示例 4-3）。

示例 4-3：地名规划政务板块的主题导引

政务板块规划地名（主题导引）

本地名规划区域为政务板块，区域内辅以部分文化、教育设施，间有部分居民住宅，为体现本规划板块的主题，与规划区的功能定位相吻合，在地名规划的设计中，规划地名以表现执政理念、亲民思想、经济建设、未来发展、长治久安为主体，辅之以安居、上进、乐业等语词，使规划地名成为本规划区的点睛之笔。

2. 地名规划板块主题导引之二

鉴于多个地名规划板块的共同存在，且每个板块的功能不尽相同，因此在确定地名规划的板块主题导引时，一定要“因势利导”、因地制宜、“因材施教”，依据其独有的、主要的、既定的规划功能，给出独具特色、切合实际的板块导引，以引导后续的地名规划及其规划地名（参见示例 4-4）。

示例 4-4：地名规划文化教育板块主题导引

文化教育板块规划地名（主题导引）

本地名规划区为文化教育板块，规划区内遍布文化设施、教育机构，为弘扬当地的传统文化，表现文化教育事业的发展成就，突出文化教育在未来社会生活中的引领作用，本板块设计的规划地名，均取自本地区历史上的文化名人、杰出人物，以及其优秀、先进的教育思想，以期通过地名将其铭记于心、发扬光大，并预祝本地文化、教育双丰收。

第三节 掌握地名规划的路径

地名规划的板块划分结束之后，紧随其后的应该是规划地名。然而，在进行地名规划中的规划地名之前，还有一件事情需要尽快完成，这就是确定地名规划的规划路径。因为，在一个大的规划区内，面对多个规划板块中数以百计的地理实体，给其赋予专名只是其中的一个方面。更为重要的是，如何给出相应的、良好的地名专名。于是，引出今天的话题：地名规划在具体的规划运作中，其技术路线到底为何？简明扼要言之，主要包括：其切入点在哪里，其路径怎样通过，其程序如何安排，其次序怎么取舍。下面，借用本节有限的篇幅，简要地对其进行论述。

一、地名规划的命名对象

首先必须明确，地名规划中的规划地名，不是“凭空”孤立存在的，它们之所以具有鲜活的色彩、旺盛的活力、长久的生命，是其周边的各项事物烘托的结果。这种因果关系、正反关联、内外联系等，连带出规划地名的亲缘性。故而，我们需要彻底了解拟规划地理实体的现状，包括它的位置、它的层级、它的规模、它的走向、它的属性、它的功能、它的作用等。只有对这些事项一目了然、胸有成竹，才能找到并设计出合理、科学的地名规划的命名路线。

1. 地理实体的位置

拟规划地名的地理实体，虽然在地名规划编制者的眼中是“香饽饽”，甚至集“千万宠爱于一身”，但因其所在的位置不同，其受重视的程度亦有所区别。既如此，拟规划地名的地理实体都居于哪些位置呢？

（1）跨境的地理实体。跨境地理实体不是指跨越边境线的地理实体，而是专指跨越规划区边界的地理实体，跨境的地理实体有两种：一是纵贯或者横穿的道路；二是恰巧在边境线上的新建桥梁或隧道。大多数的情况下，跨境的地理实体以长线路的道路居多。这两（三）种跨境的地理实体有一个共同点：体量较大。还有一点需要注意，由于是跨境的地理实体，其名称必然存在两种情况：该地理实体可能已经有了名称；或者该地理实体虽然没有名称，但在给其命名时，必须切实考虑与境外的关系。补充一点，这里所提到边界的界限，是一个相对模糊的地理概念，仅指两个地名规划区域之间的相邻地带。

（2）接壤的地理实体。接壤的地理实体与跨境的地理实体略有区别，该地理实体正好处于边界的内侧，只是与境外、周边的地理实体毗连。换言之，规划区内的地理实体与规划区外的地理实体，都是两个分别独立的个体，二者有一定的关系和关联，但并不像与跨境地理实体那样紧密。在对其进行规划命名时，既可以独立运作，也能够共同操作。

（3）区内的地理实体。在规划区内的地理实体，虽然地理实体本身与外界没有任何联系，但其规划的地名却不尽然，需要考虑是否重名或者重音的问题。还有一点显而易见，仅在规划区内生存的地理实体，相较于跨境地理实体和接壤地理实体，其体量、影响、作用等都要小一些。不过，这并非是说，这类地理实体就无足轻重。用哲学家萨特的话就是：存在就是合理的。基于其在规划地名的群体中能够起到点缀、融合、补充、细化的作用，所以其名称也颇费周折。

2. 地理实体的规模

地理实体的规模也可称之为体量。地理实体规模的大小，是决定该地理实体名称未来走向的重要考量因素之一。地理实体规模大者，在对其规划命名时，必定将其置于前列；地理实体规模小者，在对其研究拟名时，自然将其向后排序。但是，有一点必须明示，这里所说的地理实体规模或体量，是一个不好确定的相对概念：既可以指其在所有地理实体中的规模，也可以指其在同类地理实体中的规模，甚至还可以指其在规划区内的规模。对此，在规划地名时应当稍加留意。

3. 地理实体的层级

前述已经谈过，在进行地理实体的实地踏勘中，应当了解的内容就包括地理实体的层级。在所有的事物中，几乎有一个共同的规律：居于高层级者地位也高。这一点，地理实体及其规划名称亦概莫能外。

（1）独立存在的地理实体。先声明一点，有些种类的地理实体，在特定的范围内是没有层级的。但是必须明确，此处所言没有层级的地理实体，不会因为它的这一特性而被忽视，相反它应该受到一定的“礼遇”。因为，在这一个地名规划的范围内，它可能是独一无二的，根本就没有可比性，不需要所谓的高层级来确定其地位。注意：单一种类的独立个体地理实体，往往是非常重要的地理实体，如人民政府门前的“市民广场”。如此，在规划该地理实体名称时，其地位“首当其冲”，其作用“独当一面”，其行为“当仁不让”。

（2）隶属关系的地理实体。在具有隶属关系的地理实体中，有两种情况显示出来：一是同一类别地理实体的隶属；二是不同类别的地理实体的隶属。有人会说，不同类别的地理实体，不可能存在任何形式上的隶属关系。是的，表面看来确是如此。如果透过现象看本质，则会看见另一番景象：分属不同类别的地理实体，从地名规划的角度言之，确确实实存在一种或多种依附关系，如“某某湖”的“湖滨路”，这正是派生地名的由来和源泉。总之一句话：“居高必然临下，位卑不必多求”。

（3）相互并列的地理实体。如果相互之间是并列关系的地理实体，那么这些地物肯定是同一类型的地理实体。对于层级相同的地理实体，在规划它们的名称时，应当视为一个整体，予以同等对待。

4. 地理实体的功能

众人皆知，地理实体分为不同的种类，不同种类的地理实体具有不同的功能，不同功能的地理实体显示不同的作用，不同作用的地理实体占据不同的地位。故此，地理实体的功能与地名规划的程序、次序等“搭上关系”。

（1）地理实体本身的功能。每种地理实体都有其本身独立的功能，这种地理实体“与生俱来”的功能不会被其他类别的地理实体所取代。正因为如此，每种地理实体的功能是不相同的，不可简单地“等量齐观”，必须分门别类地区别对待。这样，在城市化进程和社会生活中，相对而言作用大的地理实体，受到人们的极力“推崇”。这一心态，为地名规划的运行线路提供了些许帮助。

（2）地理实体细化的功能。还要说明，即使是同一类型的地理实体，由于其规模的不同、位置的各异、层级的差别，也会导致其功能的弱化或强化。功能被强化的地理实体，得到人们的重视；功能被弱化的地理实体，未得到人们的“青睐”。如此，影响甚或左右了地理实体的规划命名。

二、地名规划的命名线路

“冷眼旁观”拟议中的地理实体，呈现出不同的形态、不同的种类、不同的属性、不同的规模等。虽然我们已经对其一清二楚，但仍然“手足无措”，不知如何下手规划这些地理实体的名称。幸好，笔者曾经研究、编制了多个地名规划方案，通过总结经验、“解剖麻雀”，找到了一条通往胜利彼岸的路径——确定地名规划的命名路线。实践证明，在规划地理实体名称之前，先期确定地名规划的命名路线，可以少走许多不必要的弯路，并如期走上了“行之有效”的捷径。为此，我们将地名规划中的工作心得与大家分享。

1. 地名规划的命名程序

现在，通过归类、分析、梳理和整合，我们“手中”的众多地理实体，已非先前杂乱无章的一盘散沙，而是井井有条、排列有序的规划对象。更为重要的是，我们已经找到解决它们的钥匙。一言以蔽之——先易后难。对此，我们欣慰异常。不过，虽然说起来简单，但实际操作时殊为不易。因为，每一个地名规划不尽相同，都要符合当地的实际情况。所以，为使读者更加清楚，我们在下述的段落里依次道来。请注意，下面文字中的题号，本身暗含着地名规划的命名顺序。

（1）先命名跨境地理实体，后命名境内地理实体。跨境地理实体具有两个特点：一是体量、规模较大；二是与外界联系紧密。在这种情况下，如果先行将其命名，其他问题容易迎刃而解。

（2）先命名大的地理实体，后命名小的地理实体。大的地理实体在规划区占有重要地位，其在社会生活中被使用的频率也远远多于小的地理实体，且服务功能更加凸显，作用和地位不可替代。而小的地理实体正好相反。为此，将其先期命名，对其他地理实体的命名具有示范效果。

（3）先命名急用的地理实体，后命名缓用的地理实体。在城乡建设规划中，某些项目可能需要提前上马，需要在详细规划或专项规划中为其开放绿灯。这样一来，不仅某些地理实体会早早地“拔地而起”，而且与其相关的机构也会紧随其后入驻其中，于是产生了注册、登记等事项。在地理实体没有名称之前，这些与其关联的入驻机构，由于没有相应的入驻地址，陷入了无法注册、登记的窘地。基于此，对于这些类似的地理实体，为满足社会事务的迫切需要，应当及早予以命名。

（4）先命名主城区的地理实体，后命名副城区的地理实体。主城区的地理实体具有3个特别的表现：一是因为地理位置居于要冲，导致其作用和地位被抬高。二是在城乡建设规划中，主城区的某些地理实体被赋予了特殊功能，其规模、体量等与副城区的地理实体相比亦占很大优势。三是聚集了当地社会资源的主要部分，致使坐落于此的地理实体服务作用更加突出。基于上述考虑，优先命名主城区的地理实体，是地名规划不错的选择。

（5）先命名重要的地理实体，后命名次要的地理实体。顾名思义，在社会生活中，重要的地理实体处于主导地位，它与民众的生产、生活更加紧密，其地名是否好使、好用，直接关系着当地的方方面面，如果将其提早予以命名，可以为非重要地理实体的后续命名起到一定的带头作用。例如，在城市的中心区位，自然存在或规划而来一个得天独厚、独一无二的湖泊，其名称一经研究确定，其周边相关地理实体的名称就会水到渠成。

（6）先命名框架类地理实体，后命名细节类地理实体。在一个大的城市规划建设区域内，某些地理实体在其中被规划、设计为框架式结构。这样一来，其骨干作用和效果就会不言而喻。如果居于框架的地理实体名称被确定，则其他细节类地理实体就可以与之进行比较，然后推演出相应的地名。

（7）先命名主要的地理实体，后命名次要的地理实体。从地理实体及其名称分类的角度说，地理实体及其名称没有主要和次要之分。但实际情况是，在某个特定的规划区域内，有个别地物被规划为主要的地理实体，它的赫然存在和今后发展，令当地居民所瞩目。故此，将其“特殊化”地单独处理，必定会达到事半功倍的效果。

(8) 先命名干路地理实体，后命名支路地理实体。在道路类地理实体中，确实存在着干路与支路的区别。干路与支路相比，干路的建设规模更大、通行能力更强、民众关注更多。为此，先命名干路地理实体就成为理所应当之事。

(9) 先命名高层级的地理实体，后命名附属设施地理实体。某些地理实体不能独立存在，它们是其他地理实体的附属设施，如桥梁是道路的附属设施，其名称的来源往往与更高级的地理实体联系在一起。在其得名处于被动的情况下，先解决好其上位的地理实体名称，可以避免事倍功半的不良效果。

(10) 先命名面状地理实体，再命名线状地理实体，后命名点状地理实体。直观地看，面状地理实体、线状地理实体、点状地理实体只是形态上的不同。其实并非如此。由于三者的形状各异，导致其在规划区内的规模不同，也直接显示出其功能效果的差异性。具体说来，片区类地理实体的作用更为显著，点状地理实体的作用有被弱化的趋势。而且，当片区地理实体名称确定以后，经过其区域的主要现状地理实体名称也会“跃然纸上”，而其他“附着”其上的各种地理实体名称，也可在“避重就轻”中慢慢得到好的结果。

(11) 先命名主体地理实体，后派生命名相关地理实体。鉴于某些地理实体的特殊位置，其名称不必当场给定，需要由上一级的地理实体名称派生而来。所以，我们必须反其道而行之，先命名与之关联的主体地理实体。这样，需要派生的地理实体名称就会自然而然地“信手拈来”。

(12) 先命名中心位置的地理实体，后命名周边位置的地理实体。遍布在地名规划区内的地理实体，既有位于中心位置的地理实体，又有散布在外围的地理实体。面对于此，在命名这些地理实体时，应当先行聚焦中心，然后是逐步向周围扩散，在“中心开花”的基础上，再命名周边位置的地理实体。

(13) 先命名与外界关联的地理实体，后命名与外界无关的地理实体。对于某些地理实体来说，虽然它处于地名规划区域之内，但与规划区域之外的地理实体存在某种联系，如规划区内的道路与规划区外的道路连接，致使二者实际“并轨”为一条更长的道路。对此，应当优先考虑该道路的名称问题。因为，该地理实体的名称必须与其连接者一并考虑。而与外界无关联的地理实体，由于是在规划区内的独立命名，不会波及规划区外的地理实体及其名称，因而可以暂缓对其命名。

(14) 先给出与规划区功能定位吻合的地理实体名称，后给出与规划区功能定位关联的地理实体名称。在一个地名规划的区域内，有许多这样或那样的地理实体，在为它们规划命名时，应当先给出与规划区功能定位吻合的地理实体名称，以突出该规划区域的功能定位，然后再给出与规划区功能定位关联的地理实体名称，使二者主次分明，并一同烘托本规划区的功能和主题。

2. 地名规划的程序举要

虽然在上一段文字中，我们给出了地理实体规划名称的路线，但仔细分析其中的奥妙，就可以讶然地得知，上述提供的命名路线、规划程序并非一成不变，也无须亦步亦趋地“从人之踵”，而是要综合考虑、系统分析、穿插进行、交错运作。否则，就会陷入形而上学的死胡同中，在泥沼中不能自拔。为此，笔者给出一个类似箭头的指示性图例，希望读者可以通过这张提示明显的图片的直观效果，大体上感受到规划地理实体命名程序的来龙去脉、从始至终（参见示例4-5）。

示例4-5：规划地理实体命名线路图

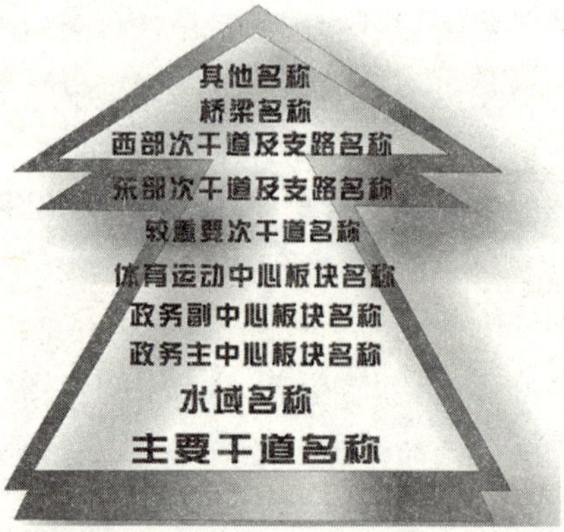

规划地理实体命名线路图

三、地名规划的命名次序

在掌握全部地理实体之际，特别是了解了地理实体的命名线路之后，我们即将面临另外的一个问题：在已有大量专名备选的语词情况下，如何有效、稳妥地利用这些“待字闺中”的专名“候选人”。也就是说，此时作为地名规划编制者的我们，已将目光移出拟命名的地理实体，而是把视野转移到了专名的用词上。对于备选的专名语词来说，可谓“五光十色”“色彩斑斓”，令人“目不暇接”。那么，按照怎样的顺序选择这些好的语词，就成为当下最重要的任务之一。笔者的建议是：规划地名的优选专名依次宜为：固有地名；历史地名；派生地名；新增地名。

1. 首先遴选固有地名

在本书的第二章中，笔者业已言简意赅地给出了固有地名的定义：地名规划区内业已存在的地名。固有地名也可叫作“老地名”，是当地尚可存续的固化地名。它与其他地名不同之处在于，或者说它具备自己显著的特点：它是地名规划区域内的地名；它是存续时间较长的地名；它是当地民众“昨天”现实生活中还在使用的地名。用通俗的话说，它是“活”的地名。

为改变当地经济、社会的发展现状，增强核心竞争力，促进社会事业的全面进步，当地人民政府下大力气划出一块土地，进行卓有成效的开发、建设，是“重整旗鼓”的原动力使然。于是，在进行城乡规划、建设时，某些老地名所依托的地理实体被人为改变，变化为另外一个新的地理实体。那么，在此我会设问：为给新的地理实体命名，为什么不采用原有的老地名呢？

其实，老地名之所以具有强大的生命力，根本的原因是，它是“土生土长”的地名，它是“口口相传”的地名，它是当地民众“习以为常”的地名，它是吾乡吾土中的地名。将其继续使用于新建的地理实体之上，不仅好找易记、便于使用，而且保留了老地名的文化记忆，传承了老地名的文化内涵，体现了当地的地名文化，是爱民、便民、利民之举。所以，地名规划应当将固有地名列为重视和发掘的对象，以便在筛选、整理的基础上，移植命名于该规划区域中的新地理实体，让其以另外的姿态继续活跃在地名群中。

2. 其次选择历史地名

我国是历史悠久的国度，悠久的历史创造了灿烂的文化。同时，作为历史的记忆者，地名也承载了丰富的传统文化内涵。但是，稍显遗憾的是，由于是历史上的地名，我们以今天的角度看，某些历史地名已经远离或者脱离了今日的生活。这种时间上的断裂，令人嘘唏，使人惆怅。

在历史地名尚未进入在用地名行列之前，有些历史地名仍旧被“搁置”。之所出现这一现象，原因是多方面的：一是其原来标注的地理实体已经有了正在使用的地名，其名称的文化内涵等尚可，无须被历史地名所取代。二是在历史原来存续的地域中，还未产生新的地理实体，历史地名没有具体的标注对象。巧合的是，随着规划、开发、建设的稳步推进，在历史地名原来生存的土地上，产生了可供其命名的地理实体。于是，重新启用历史地名就变成一个有趣的话题。对此，我们“何乐而不为呢”？

补充一句，历史地名是一个群体，它还包括地理实体历史上的别称、简称、代称、古称、俗称等。这些地名也应揽入地名规划的怀中。

历史地名又一次进入我们的视野，是地名规划者的一件幸事。它被启用于新的地理实体，不仅使其成为活生生的地名，而且为记录历史的文化印记、弘扬传统的优秀文化作出了新的贡献。

3. 再次选取派生地名

从上面两段论述可以得知，地名规划规划名称的优选原则是，在充分挖掘、利用原有地名的基础上，才将视点集中于其他地名。此时，选取派生地名命名新的地理实体，按部就班地进入我们的眼帘。

与前边所述不同，派生地名的合理使用，不是简单地“拿来主义”，而是在适当改动的基础上，经过增加、减少原有地名的文字，然后移植在新的地理实体上。这种派生命名新地理实体方式的好处为：一是增大主地名的影响力；二是扩展同一的地名群组；三是极大方便地名的使用；四是有效地传播主地名的文化内涵；五是形成序列化的地名。

必须指出，能否由主地名派生出新的地名，不是由新的地理实体决定的，其命运是掌握在主地理实体及其名称上。理由有三：一是主地理实体与需要派生命名的地理实体之间的位置关联性；二是该主地名能否具有派生新地名的实际价值；三是主地名是否具备派生新地名的文字条件。注意，三者缺一不可。否则，派生地名不予考虑。

4. 最后择优新增地名

规划地理实体名称需要大量的专名资源。为了延续当地的地名传统，保留并弘扬地名文化，尽量使用固有地名、历史地名以及派生地名是正确的选择。但是，鉴于地名规划区域内的地理实体较多，如果仅仅采取上述三种方式命名地理实体，显然不能完全满足实际的需要。为此，必须新增众多语词，以充实备选的专名之需。

应当承认，地名规划中的新增地名，在规划地名中占有大部分，但这并不排除其在规划地名选项时位居“末席”。因为，数量的多寡与次序的先后不是等量关系。尽管固有地名、历史地名等可供挑选的数量不多，但因其在地名规划中的特殊地位，使其规划地名时位居新增地名之前，导致新增地名只好“甘居人后”。

不要忘记，新增地名数量上的极大优势，为其在地名规划上增色颇多，其中的表现力就为人所称道。我们的意思是说，基于新增地名表现力的优点，可以做一些巧妙的良好文章，如尽量与固有地名、历史地名以及派生地名靠拢，在表现内容上与之趋于一致，甚至达到以假乱真的效果。这样做的好处是，新增地名能够与固有地名、历史地名以及派生地名融为一体，形成一个统一、和谐的整体，进而将自身的优秀品质展现出来，同时拓展整个群体地名的文化内涵和外延。

第四节　了解地名规划的命名

从通常的意义上说，对地名进行规划是有组织、有计划、有步骤、有方法、有对象的地名管理和科研活动，是对众多地理实体的群体性命名。因此，这种包含地名科学研究与行政管理双重行为的工作方式，二者互为表里、相互依存：不仅需要探讨地名语词本身的字形、字音、字义三个要素，而且还要了解对地理实体的命名方法。这是规划地名的前提条件，也是规划地名的基础工作。所以，规划地名必须从最基本的命名入手。另外，从命名学广义的角度上看，对地名本身的更名，尽管不是对地理实体的第一次命名，但也是一种不可或缺的命名行为，因而在此将其列入命名的范畴，不再进行专门的讨论。

那么，对地理实体实施命名，到底有多少有效的形式呢？通过整理和归纳，我们初步认为，大约有六种行之有效的命名方式。换言之，众多的命名方式可以一并归纳为下述六类之中：

一、直接命名式

对地理实体实行直接命名方式的命名，也称为“白描式命名法”，是最简单、最直接、最形象的方法，而且它产生的历史最悠久，也最具有大众化、平民化的色彩。因为，从历史和社会的角度看，初始阶段给地理实体标注必要的“标签”，并非是官方的自觉行为，而是普通百姓的自发意愿，即众人约定俗成的结果。其鲜明的特点是：朴实无华，通俗明了，好找易记。

1. 以地理实体的形态进行命名

就大多数的地理实体而言，在同一地名指代的地理实体类别之内，都存在着一定的共性。这一相互间的趋同性，体现在地名上就是，有一个共同或者类似的通名。然而，具体到每一个单独的地理实体，它们又在形态上存在着些许差异性，这种细微的差别为直接命名地理实体提供了可资借鉴的素材。以地理实体的形态命名该地理实体，有两种可以互相结合使用的形式：在通名之前加上适当的修饰词，构成一个新的地理实体通名；通过专名加以体现，使之更加贴近所要表现的地理实体。

（1）专名修饰词的通名化。在城市地名规划中，出现最多的地理实体主要是城市交通的动脉——道路。这种交通设施的形态，除了可以分别用不同的通名表现外，如大道、街、道、路、巷、胡同、弄等，还可以通过对地理实体通名的紧密修饰，制造出新的地名专门语词，进而达到把握其特征的目的。例如，在“街”的前面加上“大”字，形成更加通行、适用的“大街”，从而使该道路的长度、宽度趋于清晰。同样道理，对于交通附属设施之中的“桥”，为其加上“立交”二字作为前缀，就构成一个新的地名名词“立交桥”，这说明该桥的形状已经发生很大的变化。

（2）言简意赅的专名修饰词。对于地理实体外在的形状，通过专名进行准确的修饰，可谓多种多样、“不胜枚举”。在这种情况下，如果专名以地理实体的形状来命名，那么该地理实体的通名依然保留其原貌，一般不会出现为其加上前缀的现象。例如：“七孔桥”，是标明该桥有七个桥孔；“三尺巷”，是表述这个小巷之窄、短；“大直街”是指明该地理实体为笔直的道路。

2. 以地理实体的位置进行命名

众所周知，地名本身就是表明地理实体位置的符号。从另外的角度上看，每一个地理实体都占有一定的空间，其给予的名称已经确定了位置，似乎以地理实体的位置命名该地理实体，存在着悖论的嫌疑，其实并不尽然。因为，地理实体的位置是一个相对的概念，它并不妨碍使用该个体地理实体的确切位置进行命名。值得注意的是，各个地理实体之间的位置对应关系，是产生相关地名的有力保障。

3. 以地理实体的作用进行命名

之所以给地理实体起名，是因为很多地理实体需要予以区分，而区分的方法之一是，该地理实体具有明显的独特作用。这种方便民众的特定作用，经过百姓的适当加工后，形成了别具一格的地名，不仅丰富了地名家族的种类，也使该地名获得独树一帜的效果。

（1）功能性的专名。城市居民的生产生活，无一例外地与其所聚集的场所息息相关，并根据该活动产地的特点，逐渐形成指代准确的地名。例如：“花市大街”地名的出现，此处肯定与买卖鲜花或者绢花有直接关系；同理，“骡马市大街”的地名，必定也指交易骡马的场所。

（2）专名说明地理实体的作用。如果在一个限定的区域内，只有一个特殊的人文地理实体，那么这个单一地理实体的名称，就会走向非常实用的境地。因为，对于这种只此一项的人文地理实体，其名称直接表明它的作用，更符合人们的习惯和地名的要求。例如，某小城镇建设了一个小型广场，而且是此处唯一的公共活动场所，其名称就有可能被定为“市民广场”，以示该广场的公共属性。

还有，为了准确界定一个地理实体，有时会给出某个地理实体一个另外的名称。与原有的正式名称相比，该名称在使用上更形象、更贴切、更实用。这是因为，该地理实体的别名综合了上述命名方法，例如：国家水上运动中心别名“水立方”。

4. 以地理实体的材质进行命名

在众多的人文地理实体之中，有部分地理实体在建造、成型的过程中，使用了很多具有特殊性、代表性的材料，这些建造材料对该地理实体的最终完成起到了决定性的作用，或者直接地展现了该种建造材料，因而启用该地理实体的建造材料作为地名专名，也是一件值得考虑的事项。当然，自然的地理实体也存在着类似的情况。

（1）专名指明地理实体的材质。在实际生活中，我们曾经遇见过这样的地理实体，它的名称简便、易记，直截了当地被称作“大石桥”。事实上，河北省赵县的“大石桥”（现在称之为“赵州桥”），是我国桥梁建设史上的奇迹，不仅理所当然地被列为国家一级保护单位，也顺理成章地被载入中国和世界的建筑史册。然而即使这样，其原有的古代桥名却湮没在历史的记忆之中。

（2）专名间接描述地理实体的质地。对于一些新兴的建筑材料，特别是该地理实体的主体大量使用的该类材料，为了纪念、彰显的需要，或者适应从众的原则，也同样会选择该材料作为该地理实体名称的一部分。例如，“玻璃大厦”作为地名家族中的一员，从一个侧面清楚地说明，该高楼的外观不同于常见的混凝土式建筑，而是说它的主体外观由当时新兴的建筑材料玻璃钢来装饰的。

5. 以地理实体的颜色进行命名

地理实体的外观颜色与地理实体的形态一样，都会给人们留下深刻的印象。这种由众人共同感知集合起来的认同感，很容易被民众来约定，并被用于该地理实体之上，进而逐渐形成共同认可的专名。

（1）对地理实体直接用其颜色进行描述。使用自然界的色彩来命名该地理实体，是公认、可行的方式之一。例如，举世闻名的“白宫”、名噪一时的“红楼”、祖国的母亲河“黄河”，都是这种命名方式的典范。在地名规划中，用包含颜色的地名组成一个序列，同样是不错的选择。需要叨咕一句，这里所启用的“赤、橙、黄、绿、青、蓝、紫”等颜色，是人们通过视觉的感官来认定的，其表示色彩的用字可能与色谱仪上的显示值并不一致，难免存在一定的色差。

（2）间接给出地理实体的外部颜色。依据地理实体的外部颜色，简单地将其作为该地理实体的名称，只是此类命名方式之中的一种。除此之外，还有一种与之类似的变通命名方式，其基本的方法是，不以自然界的天然颜色来命名该地理实体，而是用其他能够表现其同一颜色的替代词汇来命名。例如，“巧克力大厦”“银光桥”等。

此外，必须说明两点：上述五种直接式（白描式）命名地理实体的方法，并未一一列举完全，尚有未详尽阐述之项；这些不同的命名方式，有时是交替出现、混合运用的。例如，“铁索桥”“绿林大街”“红梅花园”“白纸坊南路”等。

二、企望命名式

从经济、社会、文化发展的眼光看，采用企望式命名地理实体，其产生的时间可能比直接（白描）命名方式稍晚。原因在于，在社会生活的进程中，只有文明发展到一定的阶段，人们的思想、意识等才会发生变化，对于地理实体的认知也会上升到一个新的层次，由简单地描述地理实体，逐渐过渡到通过地理实体的名称来阐述自己的期盼。在通常的情况下，这种美好的愿望都与众人的生活紧密相关，其众多期望的具体内容，都是“看得见、摸得着、做得好”的实在景象。下面，仅就几个方面作一下介绍：

1. 以地名企望人民幸福

无论居于何种社会，人本思想都是第一重要的。这种“以人为本”的思想，在与人类生活休戚与共的地理实体上最能体现出来。为此，人们会在给地理实体起名的过程中，特别是基于自身的生活状况，来表达自己内心的希望。在城市的大街、小巷中，我们经常会看见这样的地名：“幸福大街”“定福路”“进士桥”等。这些地名都有一个共同的特点，那就是贴近生活、贴近实际，于浅显的词语中表达无限或者有限的前景。

2. 以地名企望社会安定

与上述情况一样，运用地理实体的名称企望社会的安定，同样是在地理实体的专名上做文章。有一点不同的是，专名汉语所表达的意愿，已经由个人的、小团体的生活，转化为人类群体生存之外的状况。换言之，人们业已超出第一需求的满足，进而上升到一个新的高度，扩展到一个更大的集体。例如，“安居里”“康宁苑”“永定路”等，都无一例外地表达了人们追求稳定、和谐的心声。需要指出的是，这类吉祥如意的地名，在选用合适的地理实体时，存在着一个不太明显的倾向，一般较多用于居民地的名称。

3. 以地名企望经济发展

事实上，从现代科学的前瞻性看，人们的期盼域和期望值都是无止境的，希望经济发展也概莫能外，这一点自然也要体现到地理实体的名称上，主要是为人文地理实体进行命名。例如，“好利路”“顺发街”“富强大道”等地名，充分表达了人们渴望生活富足、经济腾飞的殷殷之情、切切之意。

上面阐述仅仅列举了 3 个方面的例子，这只是多种希望中的部分内容，尚未包括环境优美、科技腾飞、文化进步等。而且，在实际生活中，对地理实体的命名取向上，还包含很多综合性的元素。也就是说，在选取地理实体的专名时，该词汇的表意并不拘泥于某一个领域，可以涵盖人们的多项自觉或者自发的意识。例如，“腾跃桥”“振兴路”“长安街”“兴旺大道”等，均是此类地名的很好选项。

三、纪念命名式

地理实体名称最显著的特点是，该地理实体的名称一经选用，无论是民间的约定俗成，还是政府行为的正式命名，地名都会在具有社会属性的同时，也同样地具有历史属性，即长久地存在于人们的生活中间。这种地名表现出来的相对稳定性，无疑像纪念碑一样，可以承载着一定的纪念事项。因而，在为地理实体命名的实际操作中，人们会自觉、自发地运用该项功能。这种方法也称“纪念命名法”。具体说来，主要有3种纪念方式：纪念人物、纪念事件、纪念成就。

1. 纪念人物的地名

从地名管理的角度看，通过地理实体的专名来纪念人物，最简便、最有效的选择是，以拟纪念的人物姓名来命名地理实体。然而，这一措施势必会与地名的相关管理规定相冲突。更为重要的是，拟纪念的各类人物成千上万，如何取舍、择优，怎样与地理实体相对应，就成为本项活动的关键。为此，我们试图给定一个必备的参考标准：

（1）纪念已故者。纪念历史人物，只有已故人物才能谈上“纪念”二字，否则是无端地歌功颂德、溜须拍马。

（2）纪念杰出者。纪念杰出名人，即对其历史功绩已经盖棺论定，需要昭示后人。例如，北京市城区内三条著名的道路，分别为“张自忠路”“赵登禹路”“佟麟阁路”，是为纪念在北京（北平）英勇抗击日本侵略者，并牺牲于抗日前线的三位国军烈士。

另外，对于需要纪念的人物，并非一定要将其完整的姓名用于地理实体上，也可以采用比较灵活的办法，使用他们的名、字、号等，以实现其纪念意义上的最大化。例如，纪念蜀汉丞相诸葛亮的“武侯路”，就是很好的范例。这里的简约化有一个既定的原则，无论使用何种人名的“代称”，都应用上其显名、知名者，以便不会减弱被纪念者的实际效果。

2. 纪念事件的地名

人类是历史长河中的一员，也是创造历史的主宰。尽管在推动历史快车前进的过程中，某些杰出人物作出了自己的突出贡献，但有些历史上发生的事件，比人本身更应该纪念。在这一背景下，就会出现纪念历史事件的地理实体名称。不过，此种纪念事件的地理实体名称包括两部分：通过浓缩历史事件的表述方式纪念；用历史事件发生的时间纪念。例如，纪念辛亥革命的

“首义路”、纪念南昌起义的“八一大街”等。

3. 纪念成就的地名

中华民族悠悠五千年的文明史，曾经涌现出数不胜数的伟大成就，其中各个朝代的科学、文化、思想、艺术、军事成就等，更是可以傲然于世界民族之林。仰望于此，以地理实体之名称为其树立丰碑，是华夏儿女义不容辞的责任。事实上，遍布城市各个角落的纪念成就的地名，业已取得了极好的效果，不仅让人铭记历史，也极大地激励了后人。例如，纪念发明指南针的“司南路”，纪念出版科技文献的“天工桥”，纪念音乐奇迹的“编钟街”，纪念文学艺术的“沁园春花园”等。

必须说明的是，无论是所纪念的杰出人物，还是所纪念的重要事件，或者是所纪念的伟大成就，都应当与该地理实体之间存在着某种联系，以使确需纪念的人物姓名、发生事件、历史成就等，与该地理实体能够紧密地结合起来，使之成为一个有机的整体，从而做到地理实体及其名称共同构成“历史的缩影”。例如：“司南角”所指代的地理实体，其尖角的突出部分应当指向南方；“思南路”所在的行政区域，应该在指南针的出土地或发明人（若有）的出生地。

四、派生命名式

由于地名本身层级、类别众多，相互之间关系紧密，因而会出现大量的派生地名。所谓派生地名是指，将一个现行的地理实体名称（特别是专名），移植到另外一个地理实体上。这种做法的好处是：一是方法简单，不费很多周折；二是可以形成某种关联性，便于人们记忆、查找；三是节约成本，方便人民大众的生活。

1. 由上一级地名派生出下一级地名

为使地名更加贴近生活，方便广大民众交往，在给地理实体进行命名时，常常采用固定一个地理实体名称，然后根据实际情况和实际需要，通过对上级地名的合理修饰，适当地向下延伸该地名，使之顺理成章地成为系列。例如，北京市的交通纽带“三环路”，可以派生出“南三环路”，也可以派生出“南三环西路”等。

2. 由甲类地名派生出乙类地名

在不同类型地名之间进行转换，也是一种行之有效的地名派生方式。这种由此及彼的变化，不是凭空的简单位移，而是相互间存在着某种必然的联系，并形成一个有机、有序、有形的集合体。例如，“芳庄里”是居民地名称，可以派生出道路名称“芳庄大街”，也可以派生出交通附属设施名称“芳庄桥”，还可以派生出公共场所名称“芳庄花园”，甚至可以派生出单位名称

“芳庄小学”，更有甚者可以继续派生出地域组织名称“芳庄街道办事处”。

3. 虚拟地名派生出实际地名

在地名家族中有一类特殊的地名，它们只存在于人们的印象之中，而并非标记于实在的地理实体之上，是一种人们脑海中纯粹的虚拟地名。然而，就是这类无须设置地名标志、不用在地图上进行标注、无须收录到地名录中的地名，却可以顺理成章地派生出相近的地名。例如，人们约定俗成的“繁荣路”，可能并不真实地存在，而是由“繁荣东路”“繁荣中路”“繁荣西路”共同构成；或者可以换个说法，人们将上述3条并列的道路名称习惯上统称为“繁荣路”。

4. 由地名的部分用字派生出新的地名

这种派生地名的方式也很常见，其具体的做法是，在所派生的地名专名中，并不全部移植原有的母本地名用字，而是只选中其中的一部分，用于所要的相关地名。它的运作形式有两种：

（1）一个地名派生出另一个地名。从现用地名中选取一个汉字，再加上其他相关词素，通过嵌入的形式，共同构成新的地名。在实际的地名规划中，特别是小区名称、小区内的道路名称等，采用这种方式形成的地名，几乎是随处可见的。例如，“清新街”可以派生出“雨清街”“尚新街”等。

（2）两个地名派生出一个地名。从现有的两个地名专名中，部分地选取适当的汉字，合二为一地形成新的地名。这种较新颖的命名方式，其所依据的母本地名已然含有可以派生的成分，或者说已经为派生地名做好了前期的准备。例如：“飞跃路”“翱翔街”可以派生出“翔飞大道”；或者说，“翔飞大道”也可以派生出“飞跃路”“翱翔街”。

从另外一个角度讲，派生地名也是“古为今用”，历史地名派生出现用地名，现用地名派生出将要选用的地名。不过，无论是时间空间的地名派生，还是地域空间之间的地名派生，都可以达到立竿见影的效果。

五、借用命名式

借用式命名地理实体，是在实际生活中使用最广泛、效果最明显的方法之一。从某种角度说，它是另外一种形式的派生。

1. 直接借用地名

直接借用地名而产生新的地名，这种方式与派生地名的区别在于，新形成的地名与原有的地名关联度不够紧密，且不在一定的区域范围之内，是一种典型的“拿来主义”。上海作为现代化城市，其市区的部分道路名称采取了简单的命名办法，直截了当地“引用”了祖国各地的部分行政区域专名。例如，“北京路”“南京路”“淮海路”等。需要说明的是，这类硬性照搬的做法虽然简便易行，但唯其过于生硬、简单，因而并不值得提倡。原因在于，有些非同一类别的地名，不一定适用于其他种类的地理实体。例如，“河北路”“河南路”，可能并不在一条河的南北两岸；“泰山路”，或许令人误解为是一条“山路”。

2. 精选古代或现代诗词中的语词用于地名

在中国浩如烟海的诗、词、歌、赋等篇章中，存在着许多警句、名语、箴言，这些不同类型的语词可以照搬到地理实体上，或者充分利用其中的意境，形成或幻化出全新的地名。例如：“跃波路”摘自曹植《公宴》：“潜鱼跃清波，好鸟鸣高枝”；“勤径路”摘自对联名句：“书山有路勤为径，学海无涯苦作舟。”

3. 取材于典故的地名

这种借用历史上的经典故事而形成的地名，与纪念性地名有些类似，是借用典故而延续历史、传说，也能达到喻今的效果，具有很浓厚的文化色彩。例如，河北省的“黄粱梦镇”，间接记述了唐·沈既济《枕中记》中记述卢生黄粱美梦的故事（成语“一枕黄粱”“黄粱美梦”源于此）。

4. 用物产名称作地名

中国的特点是地大物博，丰富的物产资源为地理实体的命名提供了富饶的矿藏，其眼见的事实是，这类地名不仅数量众多，而且也通过地名进一步见证了祖国的各类资源。例如，“白银市”“牡丹区”“石林彝族自治县”等。

另外，还可借用适当的词牌、著名的篇目、喜人的动物、好看的植物、科技的词汇等作地名。

六、寓意命名式

从地名学的角度看，寓意式命名地理实体的名称，与纪念命名式、企望命名式和借用命名式的地名，既存在着一定的联系，又有本质上的区别，主要表现在：在地名专名中运用简略、恰当的词语，基于不明指、非直说的原则，寄托或者隐含着某种意思，以期表达地理实体命名人和规划者的思想。

1. 寄托兴旺发达的地名

以非常有限的专名语词，冀望当地经济、社会兴旺发达，是地名的特殊属性之一。例如，“金宝街”并不是指街道两旁坐落着许多经营金银、珠宝、首饰的店铺，而是暗寓这里商贸发达、兴盛，正所谓：“生意兴隆通四海、财源茂盛达三江”。

2. 暗指和谐和睦的地名

更有甚者，区区两三个汉字的专名，有时却蕴含着丰富的内涵。之所以而然之，是汉字强大的表意功能所决定的。例如，“六尺巷”并非实指该小巷的宽度或长度为六尺，而是在言其宽窄适度的基础上，包含着一个饶有兴趣的故事，因为它是两家邻居互让三尺的结果，昭示着邻里之间的睦邻友好。

3. 隐喻学业有成的地名

令人津津乐道的是，某些汉字可以“环顾左右而言他”，在字面义项之外还包含着更深层次的意蕴。例如，“进士路”并未确切说明，该路两侧的居民家庭涌现出众多的进士，而是表达了一种民众共同的心愿，冀望这里的莘莘学子们，能够“好好学习，天天向上”，将来成为有益于国家、社会和人民的人。

第五节　勾勒地名规划的框架

现在，对于地名规划的技术路线，包括它的方法、程序等，我们已是成竹在胸。至此，这些艺不压身的地名规划“功夫”，应当尽快用于具体的地名规划实践之中。首先要做的是，勾勒出地名规划的整体框架。从某种意义上说，地名规划的框架不属于地名规划技术路线的范畴，它不是地名规划中的方法、手段，而是一个重要的过程。但不可否认的是，它本身就是地名规划技术路线上的一部分。为此，我们专门开辟一节，名为“勾勒地名规划的框架”，置于本章的末尾，以备读者同人之需。

一、地名规划框架的作用

从本节开始，地名规划的编制者真正进入动手的阶段，在前期研究的基础上，开始编制地名规划文本。不过，为了地名规划工作能够顺利进行，在正式编制地名规划文本之前，应当梳理出地名规划的基本框架，草拟出地名规划文本的大纲。为何如此断言，理由简单、易懂：地名规划的框架是地名规划文本编制的第一步，它具有承上启下的作用，是不可或缺的地名规划编制环节。如果将其省略，可能会事倍功半、得不偿失。

1. 对前期研究的梳理

编写地名规划的框架，是地名规划方案编制工作的第一步。这一步的艰难迈出，是地名规划课题组众多科研人员上下同心、勠力同心的结果。这一结果昭示出几个方面的内容：一是地名规划的前期工作告一段落，地名规划工作取得阶段性成果。二是对当地的地名规划资源进行了科学的梳理，基本掌握了地名规划资源的有效配置。三是为之后的地名规划编制工作打开一扇明亮的窗牖，使其可以继续下一步的进程。

（1）地名规划取得阶段性成果。这个阶段性的地名规划成果，是对地名规划编制者的肯定。因为，在程序规范、线路准确、方法得体、环节紧扣的前提下，科研人员脚踏实地，“一步一个脚印”，完成了地名规划所有的前期准备工作，取得了阶段测验的好成绩，也为地名规划的“期中考试”奠定了一定的基础。

（2）地名规划资源得到了梳理。更加可喜的是，在掌握地名规划各类资源的前提下，通过编写地名规划框架的形式，对前期的基础研究进行了必要的梳理，并给出了这些资源合理配置的初步方案，使其各类资料成为可资利用的有效信息，并为后续地名规划的研制工作打开方便之门。

2. 对后续编制的指导

如果将地名规划的框架再进行进一步的整理，就可以形成期待中的地名规划大纲。地名规划大纲的主要内容包括前述的各个方面，如地名规划的范围、地名规划的板块、地名规划的路径、地名规划的命名等，是多种资料、信息、事项、方法、程序整合的必然结果。可以毫不夸张地说，它已经基本上具备了地名规划方案的雏形，只不过是仅有缺一不可的骨架，尚未布满精细的具体内容而已。

最令人称道的是，地名规划大纲的成型与展示，可以让地名规划编制者透过其每一段简短的文字和条款，洞察出一个地名规划的大概全貌。也就是说，地名规划大纲不仅总结了过去，也展望了未来。其带给地名规划后续编制工作的作用是：积累了资料，归纳了信息，指明了方向，提供了方法，展现了文案。总之一句话，地名规划大纲应对后续地名规划方案的编制工作具有决定性的指导意义。

二、地名规划大纲的形式

在现实生活中，如果强调某个文件的重要性，人们常说它是“纲领性的文件”。其实，地名规划方案的编制大纲，虽然不能上升到那样的高度，但就地名规划本身而言，它的地位和作用不容小视。古人云：“纲举目张”“提纲挈领”，就是这个道理。但是，必须明晰两点：在编写地名规划大纲时，撰写人员的态度必须端正，不能马虎行事、草率而为。如其不然，则会导致大纲不成其为大纲。对于地名规划的大纲来说，其内容必须丝丝入扣，其条文必须入情入理、其文字必须环环相扣，这样才能形成真正意义上的大纲。为使读者全面了解、掌握地名规划大纲的具体内容，我们在此列举出一个比较详尽的大纲，供读者朋友学习、参考、观摩、借鉴（参见示例4-6）。

示例4-6：《合肥市政务文化新区地名规划》大纲

《合肥市政务文化新区地名规划》大纲

前言

1　地名规划相关背景

1.1 安徽省简介

1.1.1　历史悠久

1.1.2　物产丰富

1.1.3　人才辈出

1.1.4　文化底蕴深厚

1.1.5　风景秀美

1.2　合肥市概要

1.2.1　省会城市

1.2.2　地理位置特点明显

1.2.3　文明发展史源远流长

1.2.4　文化积淀丰厚

1.3　合肥市政务文化新区基本情况

1.3.1　地域条件

1.3.2　城市功能布局

1.3.3　新区景观设计

2　地名规划前期准备工作

2.1　掌握拟命名地理实体的层次与形态

2.1.1　种类多样

2.1.2　数量较多

2.1.3　形态各异

2.2　研究新区建设指挥部办公室对地名规划的要求

2.2.1　必备事项

2.2.2　避免事项

2.3　听取合肥市地名专家咨询委员对政务文化新区地名规划的意见

2.3.1　值得学习、借鉴的方面

2.3.2　存在的主要问题

2.4　分析合肥市民对政务文化新区主干道的建议名称

2.4.1　值得肯定之处

2.4.2　值得商榷之处

3 确定地名规划整体思路和技术路线

3.1 确立地名规划的总体思路

3.1.1 在时间上（尊重历史，注重现实，放眼未来）

3.1.2 在地域上（内外呼应）

3.1.3 在人与自然的关系上（以人为本，尊重自然）

3.1.4 在社会形态上（个体服从整体，全局连通局部）

3.1.5 在工作方式上（取长补短，求同存异）

3.2 规划地名的基本原则

3.2.1 市内与市外、老城与新区的地名相结合

3.2.2 新命名的地名与原有的地名相结合

3.2.3 城市规划功能、形态、布局与该地理实体名称相结合

3.2.4 弘扬文化、传播知识与实际应用、民众需要相结合

3.2.5 整体、系统、综合的地名与个体、局部的地名相结合

3.2.6 遵循地名命名规律与创新地名命名方式相结合

3.3 规划地名的主要依据

3.3.1 相关法规

3.3.2 规范性文件

3.3.3 有关合肥政务文化新区的城市规划（包括道路规划等）

3.3.4 其他

3.4 规划地名的选字、组词范围

3.4.1 地名辞书（排他项）

3.4.2 合肥市情、安徽省情（地名来源项）

3.4.3 规范汉字（限定项）

3.5 规划地名的路线及程序

3.5.1 主要干道名称（宏观把握）

3.5.2 水域名称（体现地域特征）

3.5.3 政务主中心板块地名（展示执政理念、凸显亲民思想）

3.5.4 政务文化副中心板块地名（诠释地域文化）

3.5.5 体育运动中心板块地名（宣扬更高、更快、更强精神）

3.5.6 较重要的次干道名称（展现当地驰名物产）

3.5.7 东部板块次干道及支路名称（表现安居乐业）

3.5.8 西部板块次干道及支路名称（介绍当地著名景观）

3.5.9 桥梁名称（派生为主）

3.5.10 其他道路交通附属设施名称

3.6 规划地名的技术要求

3.6.1　层次清楚

3.6.2　各类地名之间相互匹配

3.6.3　市区同类地名不得重名

3.6.4　指位准确

3.6.5　词义健康

3.6.6　呼应功能定位

4　规划地名的详细内容（附图并解释专名词义）

4.1　主要干道名称

4.2　水域名称

4.3　政务主中心板块名称

4.4　政务副中心板块名称

4.5　体育运动中心板块名称

4.6　较重要的次干道名称

4.7　东部次干道及支路名称

4.8　西部次干道及支路名称

4.9　桥梁名称

4.10　其他道路交通附属设施名称

5　规划地名的基本情况及其分析

5.1　按地理实体名称统计的规划地名数量、比重等

5.1.1　道路名称

5.1.2　水域名称

5.1.3　道路交通附属设施名称

5.2　按每个地名用字数量统计

5.2.1　依照全称地名的用字数量统计地名

5.2.2　依照地名专名的用字数量统计地名

5.2.3　依照地名通名的用字数量统计地名

5.3　专名采用常用汉字、次常用汉字及通用汉字情况

5.3.1　使用常用汉字情况

5.3.2　使用次常用汉字情况

5.3.3　使用通用汉字情况

5.3.4　使用通用汉字以外的汉字情况

5.4　专名部分合成词分析

5.4.1　复合词情况

5.4.2　派生词情况

5.4.3　单一词素情况

6.3.2　坐标量化法

6.4　开展地名公共服务工程

6.4.1　编辑、出版地名出版物

6.4.2　建设地名档案和地名数据系统

6.4.3　建立地名网站

6.4.4　实施声讯服务

6.4.5　研制、安装地名自动查询电子装置

7　地名规划文本及地名规划的主要特色

7.1　地名规划文本的主要特点

7.1.1　主题明确

7.1.2　内容翔实

7.1.3　层次清楚

7.1.4　文字简洁

7.1.5　图表丰富

7.1.6　文图并茂

7.2　地名规划的主要特征

7.2.1　整体性（总体把握，相互映衬，次序井然）

7.2.2　综合性（突出政务，注重文化，兼顾其他）

7.2.3　继承性（延续传统，就地取材）

7.2.4　现实性（与城乡规划、建设配套）

7.2.5　前瞻性（立足当下，注重长远）

7.2.6　知识性（传播历史、文化、物产、景观、成就等）

7.2.7　实用性（服务社会，服务民众）

7.2.8　独创性（规范，独特）

7.2.9　示范性（质量上乘，引领作用）

8　中长期地名规划的备选专名词库

8.1　备选专名语词的来源（本土化）

8.2　备选专名的表现内容（传统文化、杰出人物、知名物产、科研成就等）

8.3　备选专名一览表（500条）

附录

《合肥市政务文化新区地名规划》规划地名成果图

《合肥市政务文化新区地名规划》规划地名一览表

《合肥市地名专家咨询委员会委员就合肥市政务文化新区主要道路名称命名建议汇总表》

《合肥市政务文化新区路名征集汇总表》

安徽省《合肥市政务文化新区地名规划》工作大事记

第五章　地名规划的综合研制

尽管存在多种形式的地名规划，但无论哪一种特定的地名规划，都离不开最终的规划地名，这是地名规划这种科研形式所决定的，也是地名规划的行政管理工作使然。即，几乎所有的地名规划均包含着规划地名的事项，并且是最重要、最迫切的内容之一。而且，规划地名本身又不是孤立存在的，它不仅与其他因素关联紧密，且自身也包含了一些元素。基于此，凡是与规划地名密切相关者，如规划地名的全称、规划地名的通名、规划地名的专名、规划地名的汉语拼音字母拼写、规划地名的地图、规划地名的备选专名语词、规划地名的少数民族元素与文字等，都必须列入本书研究、论述的范畴。由于研究主题之内的事项较多，故而我们将本章命名为“地名规划的综合研制”。可以说，地名规划的综合研制是地名规划的重中之重，也是本书的核心内容之一。

第一节　规划地名的全称

在此，我们不得不老生常谈：规划的地名应为全称，由专名和通名两部分组成，且专名在前、通名在后。而且，通过专名与通名的密切配合，规划地名基本上呈现层级化、系列化、本地化、文化化、长期化的态势。除此之外，规划地名（包括专名、通名和全称），主要趋向及其终极目标是规范化、标准化。标准化的全称地名需要从两个方面予以考虑：一是规划地名全称的技术要求；二是规划地名全称的文字要求。规划地名全称的技术要求主要是规范该地名与周边地名的匹配关系；规划地名全称的文字要求主要是规范自身用字的标准化。二者一内一外、一表一里，构成了整体上的全称地名的规范化和标准化。按理说，在介绍规划全称地名之前，应当先论述规划地名的专名或通名。不过，本节却反其道而行之，力求先从规划地名的整体上进行把握，然后分别阐述规划的专名和规划的通名。

一、全称规划地名呈现的基本态势

按照地名规划的基本要求，规划地名的全称呈现的态势应当是：层级化、系列化、长期化、本地化、文化化。其中，层级化、系列化是地名规划的技术要求，长期化是稳定化的时间要求，本地化是有针对性的地域要求，文化化是非物质上的思想性要求。即，就规划地名全称的技术规范来说，层级化与系列化不仅首当其冲，而且是五项中的重中之重。为此，我们需要简要介绍一下规划地名全称所呈现的基本形态。

1. 规划地名全称的层级化

规划地名可以达到层级化的境界，虽然专名具有一定的作用，但主要的功劳应归功于通名，而更重要的是专名与通名的相互配合。

在地名通名的世界里，通名家族不光有类别之分，还有层级（大小）之别。这种由地理实体带来层级上的差异性，决定了地名全称的层级化。例如，“大街”与“街”，“大桥”与“桥”，虽然所列通名指代的地理实体是同一种类型，但是否有“大”字组成的通名，构成了两个层级的地理实体通名。为此，在规划地名的全称时，一定要根据地理实体的实际级别，选取与之对应且相同级别的通名。

在专名与通名组合在一起时，也会由此产生地名全称的层级问题。这是因为，某些地理实体是依附于另外一个更高级的地理实体之下，其名称为了表现这一特性，采用了派生等方式予以命名，在其专名与通名的双重作用下，无形中使其指代的地理实体“高下立判”，具有了期待中的层级属性。

2. 规划地名全称的系列化

从表面上看，规划地名的系列化应借助地名的专名，但仍然离不开地名的通名。因为，规划地名是在层级化的基础上，其全称才得以展示出系列化的表征。

所谓系列化的规划地名全称，有两种显而易见的表现形式：一是地名层级化的表现，同一类型的地理实体及其通名，由于规模、级别的不同，构成了纵向的系列化地名；二是同类地理实体及其通名，在同一等级的前提下，经过专名的巧妙配合，构成了犹如“兄弟姐妹们”般的横向系列关系。

在具体的规划地名实践中，同类地理实体及其通名的规划地名系列，最常见的为专名与通名的集合，组成了并列的地名系列。这种地名系列化的表现形式有二：一是完全的地名并行系列，多个地理实体及其名称列队组团，并采用同类地名予以命名；二是一个大的地理实体及其名称，被拆分成多个地理实体并加以命名。

在上述第二种系列地名中，之所以可以形成系列化的地名，主要靠地名中的修饰词来完成。一般而言，也会出现两种方式：一是同类的修饰词修饰专名；二是同类的修饰词修饰通名。当然，二者不可混用，否则就不成为系列地名。这里所用的修饰词通常为："东""西""南""北"等方位词和"一""二""三""四"等数词。

二、全称规划地名协调的周边地名

笔者曾经反复强调，规划地名不是单一的个体，不是孤立的现实存在。作为规划地名中的一分子，规划地名全称必然与其周边地名发生某种必要的联系，这种"若即若离"的联系是其具有的地名公共属性所决定的。也就是说，有些规划的全称地名一定与周边地名发生必要的联系，有些规划的全称地名则与周边地名不发生必要的联系。事实上，这种必要的联系也是全称规划地名的要求所在。

1. 规划全称地名不应与规划区内及周边地名重名

规划的全称地名是在一个区域中的地名，它不仅是规划区的地名，也是与规划区共同构成一个比较大的区域的地名。在这个大的区域内，为了方便公众使用地名，避免引起不必要的混乱，所有地名（包括新规划的全称地名）不得重名。在这里，新规划的全称地名不再是规划区域内的产物，它的作用也并不局限于规划区域之内，而是"越过"所谓的边界，在更大的范围内扮演着自身的角色。这时，其身份为整个区域内地名大家庭中的一员。试想，如果在一个不分彼此的规划区域内，有两个或两个以上的地名重名，则会在使用的过程中出现不分甲乙、不辨你我的情况，地名无法确切地指代地理实体，势必造成地名使用上的困难。所以，全称地名与其他地名不得重名，是开展地名规划的基本要义。

同样道理，如果规划地名的专名与同一类型的地理实体名称相同，由于通名属于同一类型的通名，如"前进路"与"前进街"、"腾飞大道"与"腾飞大街"等，也会引起人们的误解、错识，特别是外来客人不了解其中的内情，更是"丈二和尚摸不着头脑"，往往会在不经意间错认了地理实体，从而使该专名相同的地名失去应有的指位作用。这，正是规划地名所要极力避免的事项。

2. 规划全称地名应避免与其相关地名重音

地名是由语言文字构成的，除了上述所说的字义外，还包括地名文字上的读音。其有与规划地名的作用相违背的是，两个或两个以上地名在字音上的相同。这里所言的地名重音，即为存在着的字音重叠的问题。就地名的使用来讲，在日常的生活中，或者是从某种特定的情况讲，地名字音的使用与民众更加贴近，甚至占有更大的应用比例。因此，如果两个及两个以上地名同音，也同样会造成似是而非的错误，甚至出现“南辕北辙”的不良后果。

同理，近音的地名全称也属于应当避免的事项。因为，在我国广阔的土地上存在着地域性的普通话，所谓“川普”“闽普”等，其容易混淆标准读音的表现是，在语音声调上出现一定的偏差，导致本来不同读音的地名全称变为完全同音的地名，进而给人们的生产和生活带来不便。

还有一点必须指出，在地名重音的问题上，不仅仅是指地名的标准读音，还要考虑是否与当地的方言读音相近的问题。方言读音除了音调上的“走音”外，还包括某些声母的转换，例如：福建省的人士“湖”“福”不分，体现在汉语拼音字母上就是“Hh”“Ff”没有差异；东北黑龙江、吉林、辽宁三省的人士，对于“ZH-zh、CH-ch、SH-sh”和“Zz、Cc、Ss”，总是“张口结舌”“不分彼此”。这样一来，因为当地地名的使用者大部分是本地人，本地人的读音在地名的使用上占主导地位，如果出现很多的重音或近音，也自然有引起民众诸多不便的情形，从而削弱了规划地名正确、准确的使用功能。

另外，在某些比较著名的城市，其国际化水平越来越高，导致其地理实体名称不再单纯是本地使用的地名，并通过统一罗马化拼写后成为外国人也在应用的地名。这样一来，如果仅仅看其汉语拼音字母拼写，则完全有可能误认为二者是一个地名。

3. 规划全称地名不应与其他全称地名的字形近似

中国的通用语言文字统称为“汉语”，它是由语言和文字共同构成的，语言和文字除了相同的表意功能外，还有自己独特的表现形式：字音记录文字的语音；字形区分文字的形态。此时，汉语中的文字作用于地名，也存在着字形各异的问题。鉴于地名需要各个阶层人士的认读，因而规划地名的字形过于近似，或者规划地名全称与其他地名全称相似度过高，有可能给初始的认读带来混乱。例如，“舟行街”与“丹行街”就有“双胞胎”的感觉。所以，对于这类“长相”趋同的规划地名，也应避免、弃用为好。

4. 全称地名中的专名与通名之间应相互匹配

在本段落的开篇处，对于全称规划地名的组成已经阐述清楚。那么，如何使地名中的专名与通名相互匹配呢？在以往关于地名规划的论述文章中，对于这一点却鲜有明确的叙述。然而，如果将地名中的专名和通名看作两个不同的词，然后再分析其各自的作用，或许可以解决这一难题。

虽然说专名负责指位，其实并不尽然。首先，如果它没有与通名进行配合，专名语词并不能真正指位；其次，对于某些特定的语词来说，其在地名中不具有生命力，如一些语义不好、语焉不详的字或词；最后，确实存在一些专名具有自身的个性，不能与特定的通名黏合在一起，如“阻碍路”中的

“阻碍”“塌陷桥”中的“塌陷”等。这说明，专名与通名确实具有相互依存的关系，也需要彼此之间的相互配合。

同理，通名指类的说法也不完全正确。有些通名如果配上“意料之外”的专名，会产生意想不到的效果。例如，“珍珠港”是一条小溪，如果改成“湖山港”，则会被误认为是一个港口。这是因为，在我国的某些地名通名，其本身具有两个或两个以上的义项，如“堡”“港”等，可以分别指代不同的地理实体。另外，假如不同类型的通名重叠，其中前者是专名中的汉字，在某种机缘巧合之下，可能会产生出一个新的通名。例如，“烂漫道”本指道路两侧山花烂漫，若理解为是步行的“漫道”，配上不成体统的“烂”字，则会莫名其妙、贻笑大方。

5. 规划全称地名中修饰词的使用方式应统一

在全称的规划地名中，有一些修饰词需要用于地名之上。主要有：一是表示方向的词，如东、南、西、北以及阴、阳等；二是表示位置关系的词，如上、下、左、右、前、后、中等；三是表示颜色的词，如赤、橙、黄、绿、青、蓝、紫、白、黑以及金、银等；四是表示时间关系的词，如新、旧、老等；五是表示规模的词，如大、小等；六是表示材质的词，如石、铁、钢、金、银、木等。

这些修饰词作用于地名上，有两种通行的做法：一是修饰地名中的专名，如“南三环路”和“北三环路”、“上翡翠街”和“下翡翠街”，其中的“南”“北”和“上”“下”均为修饰地名专名的修饰词。二是修饰地名中的通名，如“三环东路”和“三环西路”、“珠宝前街”和“珠宝后街”，其中的“东”“西”和“前”“后”均为修饰地名通名的修饰词。

对于地名中的修饰词来说，是对地名的专名进行修饰，还是对地名的通名进行修饰，抑或对地名的专名和通名都进行修饰，在地名规划中颇费周章。不过，这里有一个现成的规律可循：首先是与当地的原有地名保持一致，当地修饰词修饰专名，则规划地名亦然；其次是二者最好不混合使用，在一个地方应只使用一种修饰专名或通名的方式；最后是当地已经使用了混合式的修饰专名或通名的方式，应当对其进行细致的甄别，了解其中的缘由和奥秘，然后予以科学地取舍。

对于混合式修饰词的使用，由于牵扯到规划地名的系列化，所以在此多说几句。混合式修饰词不是不可使用，但应尽量避免既修饰专名、又修饰通名。在不得不使用混合式修饰词时，一定要厘清拟规划的各地理实体的位置关系、大小关系、时间关系等：是并排的地理实体，还是延伸的地理实体；是相互衔接的地理实体，还是二者并不接壤的地理实体；是固化的老地名所用的地理实体，还是松散构词的新地名所用的地理实体……然后确定对地名的通名或者地名的专名本该使用的修饰方式。

还有，上面所列举的各类修饰词，无论其在专名之前、还是在通名之前，一定要认准其是否为二者真正的修饰词。实际上，某些这类汉字的组合形式，已经与专名或通名融为一体，不再是前者修饰后者的关系，并形成一个个新型的专名词或通名词，例如："新风路"专名中的"新"字，在此不能独立存在；"长江大桥"通名中的"大"字，已经与"桥"字合二为一。对此，应当特别留意。

6. 老的地名与新规划的地名彼此呼应

老的地名与新规划的地名彼此相呼应，既是一个必须严格要求的技术问题，也是一个当地的文化要求，但主要是地名的技术事项。其呼应的形态主要是：

（1）新规划的地名与原有的地名在来源上的呼应。为了体现地名规划的地方特色，使地名规划成为本地的地名规划，而非与外地雷同的地名规划，应当令其语词的来源保持一致性，特别是新规划的地名专名应与老地名相吻合，均应源于本地、本土、本乡，使新、老地名在长期使用之后，逐渐不分前后、不分彼此。

（2）新规划的地名与原有的地名在构词上的呼应。受地域文化和当地习俗的影响，一个地方的地名在构词上可能有"独到之处"，为了保持新、老地名的统一性，在规划新地名时应在构词法上向老地名靠拢，以保存其特有的文化印记。

（3）新规划的地名与原有的地名在表现上的呼应。在原有地名表现内容已定的前提下，新规划的地名不宜脱离固有的主题，借规划之机另搞一套所谓的文化，而是要使二者的表现趋向相同，进而形成集团化的文化表现力，并在彼此呼应之际烘托出当地的文化色彩。

三、全称规划地名使用的规范用字

开展地名规划工作的目标之一是，规范地名的命名和使用。地名能够被命名和被使用，是因其与语言文字密切相关。在地名的发展过程中，作为一种符号的地名接纳了语言文字，并逐渐成为语言文字的大量使用者。换言之，此时的地名（包括专名和通名）是否规范，都与语言文字在地名上的表现融为一体。即，地名在语言文字上获得规范，其才成为标准的地名。进而，只有规范的地名全称，才能有利于人们的广泛使用。为此，在地名规划的整个进程中，都需要牢牢把握规划地名全称语言文字的规范化问题。然而，少数的地名规划者与众多的地名使用者之间，存在着一个非常明显的落差：前者专业知识层次较高，所出成果可能被当权者所采用；后者参与地名规划受到限制，只能被动地接受别人对地理实体的命名。在这一差异面前，如果规划地名者固执己见，或者屈服于长官意志，那么将给规划地名带来不利影响，甚至脱离了地名服务民众的本质。

1. 确定使用规范汉字的优选范围

地名命名或者规划地名，其目的都是为了使用。为便于很好地使用地名，就地名采用的语言文字来说，有两种途径可以达到该目的：一是地名语言文字的规范化；二是地名语言文字的简约化。故此，规划地名应以大众能够辨识为目标。基于此，考虑到不同民众的认知水平，在进行地名规划时，我们人为地设定了一个范围，应使用《现代汉语常用字表》和《现代汉语通用字表》中收录的汉字。其优选汉字依次宜为：

（1）规划地名全称首选常用字。1988 年 1 月 26 日，国家语言文字工作委员会会同国家教育委员会，颁布了《现代汉语常用字表》，将最经常使用的 2500 个汉字列为常用汉字。对于这 2500 个汉字来讲，达到初等文化水平的人们，就可以毫不费力地认读它们。那么，假若地名仅仅使用表中限定的 2500 个汉字，则使规划课题中的所有地名，最大限度地服务于大多数民众。

（2）规划地名全称次选次常用字。在上述同一个字表中，语言行政主管部门和相关机关，还列举了 1000 个次常用汉字。这些附加的 1000 个汉字，既是《现代汉语常用字表》的组成部分，也是 2500 个常用汉字之外的补充和提升。将次常用字纳入地名，同样能够体现人本精神。对于规划地名者而言，上述 3500 个汉字是优先选择的地名用字。

（3）规划地名全称候选通用字。1988 年 3 月 25 日，国家语言文字工作委员会会同中华人民共和国新闻出版署，颁布了《现代汉语通用字表》。该通用字表共列举了 7000 个汉字，包括 2500 个常用汉字、1000 个次常用汉字。从中可以看出，第二个通用字表中，有一半的汉字是不属于常用字和次常用字的范畴的。当将另外的 3500 个汉字广泛地应用于地理实体时，势必导致部分人群的认知困难。

虽然我们列出了规划地名的选字组词使用文字的优选范围，但这并不是说，一定排斥《现代汉语常用字表》《现代汉语通用字表》两个文件之外的汉字，在特殊的情况下，如表现某种特定的地名文化，使用当地独有的老地名等，依然可以使用超出表中所列的汉字。

2013 年 6 月 5 日，国务院在整合《现代汉语常用字表》和《现代汉语通用字表》的基础上，重新发布了《通用规范汉字表》。在该《通用规范汉字表》中，摈弃了上面所谈的常用字、次常用字、通用字的概念，并按照中国人对汉字的认知水平和实际应用状况，将表中的全部汉字分为三级。为此，规划地名应使用《通用规范汉字表》中收录的规范汉字，优选汉字依次宜为：

一级字；二级字；三级字。

2. 规划地名全称不应使用的汉字

专名用字从语言文字的角度说，除了自造字、错别字（错白字）以外，其他的大部分汉字都属于规范汉字的范畴。但是，由于地名属于汉字使用的特殊领域，直接面对的是广大人民群众，因此规划的地名全称就必须有特殊的要求。

（1）规划地名禁止采用异体字。在漫长的文字演变过程中，有相当一部分汉字存在着异体字，即在标准、正规的写法之外，还有一个或多个其他字形。鉴于正体字能够完全替代异体字，所以异体字自然就没有“反客为主”的价值。但是，有很少量正体字的义项与异体字的义项有一定的偏差，不能真正代替异体字的本意。在这一情形下，如果完全机械地采用异体字或正体字，显然有悖原有汉字的本意。更令人惊诧的是，在地名的大千世界里，这种正体字不能完全取代异体字的情况竟然为数不少。所以，为不脱离地理实体固有的主旨，适当地遴选少量异体字用于规划地名，还是非常具有历史意义和现实作用的。例如，“濛”是“蒙”的异体字，若“濛”作为河名时，“蒙”偏离了“濛”的原有义项，无法体现“濛”的表意功能，因而在“濛”河沿岸规划地名道路名称时，可以谨慎地保留“濛”字，取名“滨濛南路”或“沿濛东路”等。

（2）规划地名科学对待繁体字。繁体字与异体字的主要区别在于：异体字是正体字的其他写法，异体字之间不能互相替代，而且从特定的意义上讲，正体字也是异体字的另外一种书写方式；繁体字则不尽然，它已经完全被简化字所取代。即，与繁体字一一对应的简化字，业已成为该繁体字的“全权代表”，其表现形式、基本作用等均系简化字自身的“专利”，别人无须、无法染指。在这一背景下，地名规划只能使用规范的简化字。

（3）规划地名绝不使用不雅字。在汉字的“部落”里，某些汉字从其字形上看，或者从其读音上看，仿佛堂堂正正，但其字义却属于不雅的类型。因而，在地名的大庭广众之下，这些汉字不应出现在地名群体中。注意，某些单个的汉字可能不是不雅字，然而经过地名上组词后，其词义会产生变化，进而成为不雅的字词。这同样应在地名规划中设置一面起隔绝作用的“防火墙”。

（4）规划地名一定隔绝贬义字。与不雅字相类似，有些汉字具有贬义。这些汉字如果用于地名，出现在人来人往的公共场合，显然是不合适的，会给人们的心理带来不必要的伤害。所以，贬义字不应出现在规划地名的世界中。

（5）规划地名不应启用禁忌字。由于地名属于公共产品，其使用的场合均在公共区域，因此它的出现必须遵守公共秩序。其中，由禁忌字组成的汉字地名应属于被限定之列。所谓禁忌字，主要涉及政治、宗教、民族等领域。即，规划的地名应有所避讳，不能任意、任性而为之。

(6) 规划地名尽量戒免歧义字。汉字同其他文字一样，都存在着一字（一词）多义的普遍现象。但是，如果双重义项以上的字词作用于地名之上，则给地名的正确表达带来误读或歧义。至此，人为造成不同义项的地名，无形中失去了真实的含义，进而丢掉了地名所要诠释的确切主旨。所以，有可能出现的歧义地名，也应当成为地名生活中的禁忌事项。

(7) 规划地名应当消除口语字。在现实生活中，虽然口语化的表达方式可以用于交流，但这种过于随意的语言形式，并不适用于规划的地名全称。因为，地名一经命名或规划，就进入书面语的范畴。而且，如果地名太过口语化，则意味着地名的随意性，这给地名的规范化工作带来非常大的不利影响，甚至阻碍了地名的标准化。

(8) 规划地名不得使用自造字。自从汉字纳入行政管理的范畴之后，普通的个人或者集体就失去了制造汉字的权力。说得更明了一些，非官方权威机构认定的汉字，均属于非法的自造字，不为社会所承认、不被官方所接受。由此引申出一个话题，自造的汉字若堂而皇之地置身于地理实体上，也必将损害地名的功能，成为无用的地名。其实，自造字也属于错白字的范畴。只有个别人认识的所谓汉字，游离于规范汉字之外，当然不能以各种似是而非的理由，堂而皇之地登上地名的“大雅之堂”。

(9) 规划地名彻底摈弃错别字。地名具有的公共介质性质，不仅决定其担当着“形象大使”的角色，也承载着民众对它的信任。因此，如果地名以错别字的面目出现，则势必造成两种恶果：地名的良好形象损失殆尽；人流、物流等不再借助地名。说得严重一些，错别字地名不能称之为真正意义上的地名。错别字与自造字相类似，均与正体字格格不入，不仅不能在地名中使用，在其他领域亦没有存身的必要。同时，地名作为国家各级地方行政机关推出的公共产品，有必要参与到净化国家通用语言文字的行列中来。严格说来，地名规划中包含了错别字的地名，该规划就可被认定为质量水准不高的地名规划。

(10) 规划地名极力避开俗体字。俗体字又称俗字。其粗略的定义是，通俗流行而字体不合规范的少量汉字。尽管它们已经出现了一段时间，甚至在一块小的地域中被随意地使用，然而最终而言，它们亦非汉语文字中的正体字。应当承认，俗体字也是汉字中的一种，而且是在某些情况下需要使用的汉字。但是，其不规范的本来面目，恰巧与地名标准化的规范行为背道而驰。必须提醒注意的是，地名是为全社会服务的，不可以使用只有少数人能够勉强识别的俗体字。

(11) 规划地名坚决杜绝“二简字”。我国曾经进行过两次重要的文字改革工作——简化汉字。其中：第一次的汉字简化方案，成为现行规范汉字的组成部分；上个世纪的后期，有关部门也曾对汉字进行整理、改革，颁行了第二批简化汉字。然而，这次汉字简化效果不甚理想，未获得民众的认可和支持，国家语言文字管理部门不得不宣布，废弃使用第二批简化汉字。这样一来，第二批简化的汉字就成为废品。基于此，这些过于简化的弃用汉字，自然要远离地理实体的命名事项。即，凡是业已废弃的“二简字”，都不允许出现在正式的地名之中。

(12) 规划地名应该淘汰“外国汉字”。受中国历史的影响，我国周边的一些国家吸收了部分汉文化，其中某些国家将我国通行的汉字作为本国的官方文字。但是，这些国家在继承中国“方块字”的进程中，有部分字体出现了些许偏差；还有，个别国家甚至对这些汉字进行了简化，其简化的结果又与我国的简化字存在较大的差异。更有甚者，个别邻国甚至仿照汉字自行创制了一些所谓的汉字。上文所言证明这样一个道理，外国的汉字不是我国固有的汉字，更不是通行的文字，它们在与中国政府专门规定的文字竞争时，自然处于被淘汰出局的尴尬境地。请注意：这些“进口”的汉字是舶来品，只能针对“原出产国”的相关事物，而不允许用于我国的地理实体之上。补充一点，之所以外国的汉字能够厕身汉语家族之中，说明它有存在和应用的价值，只不过被限定在一个狭小、特定的使用范围之内罢了。

3. 全称规划地名不得采用非汉字

近年来，在城市道路、居民小区等的名称中，大量使用非汉语的地名时有发生。这些地名从实用的角度说，应该是无可厚非的。但是，从国家行政管理和民族文化的层面看，应当将其列为被禁止的行列。其表现形式主要有两种：

(1) 不允许使用罗马字母作为规划地名。按理说，汉语拼音方案中的汉语拼音字母，属于汉字系统中的元素之一，似乎可以用于地名之上，其实并不尽然。理由是：汉语拼音方案只是为汉语的注音而产生和存在，它是学习汉语的辅助性工具，不能完全脱离汉语这个母体；汉语拼音方案脱胎于罗马字母，因而在单独将其使用在地理实体上时，容易与英文等相混淆；由于汉语拼音字母与英文等罗马字母完全一致或部分一致，导致这类字母地名毫无疑问地被认为是英文等外语地名，进而偏离了规划地名的本意，甚至与地名规划背道而驰；某些以拼音字母命名的地名，其本身就是外文。例如，“A 花园”“SOLE 大楼”等。

(2) 不允许使用数字代码作为规划地名。在正式的行文中，使用阿拉伯数字是被允许的，属于正常的文字应用。但是，在地名规划的运作中，这种特殊的待遇则应有所区别。因为，有些地理实体以数字命名是不太合适的，需要小心、谨慎地予以甄别。当然，门牌地址、道路编号等，则可列为另当别论的范畴。

第二节 规划地名的通名

在地名规划中，规划地名的通名是与地理实体“捆绑”在一起的。地理实体是地名规划的具体对象，地理实体的种类、属性、规模、走向等，决定了规划地名中通名的对象和取舍。在本书的第四章第一节“确定地名规划的范围”中，我们已经介绍了各种不同的地理实体，这些地理实体在人为的作用下，直接产生了地名的通名。因此，本节所要阐述的是，在地名规划的编制过程中，如何把握地名通名与地理实体的关系。

一、地名的通名与地理实体相吻合

尽管地理实体可以直接产生地名的通名，但这些表达不同义项的通名，不是自发随意产生的，而是地名命名者或地名规划者人为使然。也就是说，地理实体被赋予何种地名的通名，是人们生活实践中认知的结果。那么，怎样为地理实体“安装”通名，才能是科学的、合理的、可行的，就成为我们面临的重要任务之一。总的来看，正如本部分的标题所言，地名的通名一定要与该地理实体所具有的属性相吻合。

1. 通名应与地理实体的层级保持一致

之所以称为不同的地理实体，并赋予其不同的名称，是因为地理实体具有多样性，其中之一的表现是，它们呈现出不一样的层级。对此，2002 年 4 月 1 日开始实施的国家标准《地名分类与类别代码编制规则》（GB/T 18521-2001）对其有明确规定，其中在类别上分为 4 种，分别是门类、大类、中类、小类。这意味着，门类包含大类，大类包含中类，中类包含小类。即，门类是一个层级，为大类的上一个层级；大类是一个层级，为门类的下一个层级、中类的上一个层级；中类是一个层级，为大类的下一个层级、小类的上一个层级；小类是一个层级，为中类的下一个层级。据此，通名在与地理实体“挂钩”时，应严格执行这一科学的规定。需要补充一句，在最平常的情况下，上面两类一般不直接产生通名，下边两类通常与通名“挂钩”。

2. 通名应与地理实体的种类保持一致

同理，《地名分类与类别代码编制规则》（GB/T 18521-2001）在罗列地名的层级时，也规定了地名的种类。请注意，其种类的划分是与层级的划分交错进行的。对于地名规划来说，最重要的是上述小类中地理实体的称谓。其基本的要求是，通名应与地理实体的种类一一对应，不能硬性地将其割裂开来。

3. 通名应与地理实体的规模保持一致

在同一种类的地理实体中，存在着大小不等的规模，规模大者和规模小者其地名的通名是有区别的。这种不同规模的地理实体，其通名采用有两种方式：一是赋予不同的地名通名，如水域地理实体中的岛，大岛称“岛”、小岛称“屿”；二是附加表示规模大小的修饰词，如道路中的“街”，规模大的称“大街”、规模小的称“小街”。

4. 通名应与地理实体的走向保持一致

对于同一类型、同一层级的地理实体，似乎其称谓是固定不变的。其实，并不尽然。因为，某些地理实体会受其走向的影响，进而改变其地理实体的名称。最明显的示例是，在时间的推移过程中，“路”的属性逐渐与“街”的属性相吻合，导致城市中的“路”与“街”日益趋同。但是，经常旅游的朋友会发现，各地道路称谓的实际情况是，纵向的道路和横向的道路在名称上是有区别的：当纵向道路为“路”时，则横向道路一般为“街”；或者当横向道路为“路”时，则纵向道路一般为“街”。更有甚者，在北京还出现了以“斜街”命名的街巷。所以，地理实体走向的差异及其名称的不同，一定要引起足够的重视。

5. 通名应与地理实体的位置保持一致

这里所说的地理实体位置，是指其所在的区域位置。在我国，由于幅员辽阔、地形多样、文化丰富，导致地理实体在不同的区域，有可能具有不同的称谓。这样，在规划当地的地理实体名称时，应根据当地的地域特点和文化表现，适当地进行本地化的取舍，使新规划的地理实体通名与当地原有的地理实体通名具有一定的连贯性。例如，北京的小街称为“胡同”，上海的小街称为“弄”，二者各有属地的“管辖”，似乎有“南橘北枳”的意蕴。故此，地名规划者不可硬性地将其废弃不用或转移他用。

6. 通名应与地理实体的功能保持一致

说实话，一个具体的地理实体并不完全仅仅具备一种功能，其往往是多种社会作用并存。但是，就某个地理实体来说，有可能在某个功能上更加突出，为了强化这一凸显的地理实体特性，需要在通名上与其密切配合，从而达到通名与地理实体功能保持一致的效果。例如，仅供人们徜徉其间的“步行街”、依山傍水的景观“林荫道”等。

二、规划地名不应使用的异化通名

规划地名的通名主要有：大道、大街、路、街、巷；大桥、立交桥、桥；河、溪、湖、池、岛；公园、花园、广场等。这些“形形色色”地理实体的通名，已经在第四章第一节的“地名规划的地理实体”中有所介绍，其给出的地理实体名称构成了地名的通名。为简化本书的篇幅，在此不再一一详细叙说，有兴趣的读者可以自行翻阅该章节的介绍。然而，在实际的地名规划中，对于地理实体名称的把握可能会造成些许的误差。为避免与地理实体相伴的地名通名出现错误，我们在此将不好的“通名”予以列出，以便警示后来的地名规划工作者。

1. 不应使用同类型重叠的通名

在我国，地理实体的名称有许多是单一的字，如“山”“岛”“路”等。而且，很多同一类型的地理实体却有不同的称谓，并形成不同的地名通名，如“沟”与“谷”、“岛”与“屿”、“江”与“河”等。这样，在规划地名时，如果将二者重复用于地理实体上，则会产生不伦不类的结果。例如，“道路”“湖泊”“岛屿”“河流”“桥梁”等，这些不属于地理实体通名的范畴，而是对这类地理实体的一种简单的概括性描述。即，规划地名只能采用其一，不能二者一并使用。

2. 不应使用字序颠倒的通名

某些地理实体的名称是由两个或两个以上的汉字所组成的，如“群岛”“大桥”“胡同”“隧道”“隘口”等，这些地理实体的名称在语词上已经形成固定的搭配关系，其通名早已成为固定的词组（将其拆分则可能形成另外的字词）。在这种业已成词的情况下，如果不顾构词规律和通名现实，将其组词的汉字生硬地颠倒使用，如“岛群”“道隧”“口隘”等，表面上看似乎明白其含义，其实仍然会令人疑窦丛生，甚至不知所云。所以，在这个问题上不允许有所谓的“创新”行为。

3. 不应使用方言性的通名

我们已经使用几千年、现在仍旧通行的语言文字，按照《中华人民共和国通用语言文字法》的说法，汉语汉字为国家通用语言文字，而“国家通用语言文字是普通话和规范汉字”。同时还规定，“公共场所的设施用字”“应当以国家通用语言文字为基本的用语用字”。据此，地名规划中的地理实体通名，必须毫无例外地遵守上述国家的法律。因为，规划中的通名是通过语言文字实现的，其地理实体名称也需在公共场所来使用，因此方言性的通名必须予以杜绝。况且，地名的使用不仅是本地的居民，也包括外地的旅游者、投资者，如果方言性的通名大行其道，则给外地来访者带来诸多不便，甚至他们会改变来访此地的初衷。

4. 不应使用口语化的通名

任何国家的语言文字都有一个共同的特点，在语言文字发展的历史长河中，存在着书面语和口语。口语有时等同于俗语，与书面语相比有四个显性的特征：一是口语往往与方言混杂在一起；二是口语流行的范围相对较小；三是口语有时并不符合官方语言的语法和词法现象；四是口语中的部分用字不是规范文字。基于此，口语化的通名不宜“登堂入室”。

5. 不应使用非本地适用的区域性通名

中国的通用语言文字博大精深，在其作用于不同的地形地貌时，会产生区域性的地理实体通名。这些极具地方特色的通名，为保留当地的地域文化印记，在特定的情况下可以进入地名规划的文本之中。但是，不能为了不存在的民俗文化，将彼地的区域性通名粗暴地用于此地。这样不加甄别的“拿来主义”做法，有“南辕北辙”“张冠李戴”之嫌。

6. 不应使用业已弃用原有义项的通名

随着时间的推移，语言文字作为具有生命力的文化载体，在其表意功能上会出现一些变化。这种“潜移默化”的变化，当其作用于地理实体的通名时，就会产生原有义项转变、消失、弃用的现象。即，原来的通名所指代的地理实体，经过长时间的“洗礼”，已经失去本来面目，不再具有标示该地理实体的实际作用。此时，地名规划者不应以挖掘地名文化的名义，将其从故纸堆中发掘出来，毫不匹配地用在地名通名上。否则，所谓的“古为今用”，有厚古薄今、泥顽不化、“狗尾续貂”之虞。

7. 不应使用外语音译或意译的通名

伴随着改革开放的深入进行，国门打开的结果是，国外一些先进的东西被洋为中用。然而，必须特别注意的是，有些外国的事物并不适合我国，甚至与中国的传统文化相背。更有甚者，如果他山之石借鉴不当，可能适得其反。例如，在中国广阔的土地上，打着与世界接轨的旗号，借用外语音译或意译的通名，就是崇洋媚外的非明智之举，也是“捡了芝麻，丢了西瓜”的真实写照。

三、规划地名科学使用通名修饰词

从语言文字学的层面讲，以及从语音的角度看，地名的通名修饰词是与通名黏合在一起的。而且，在地名规划的实际运行中，确实会发生与通名修饰词相关的事项。为此，笔者经过细致核查、仔细研磨，将通名修饰词的有关情况书列于此，以备读者之研判。

1. 甄别确定通名修饰词

在地理实体通名的大家族中，有很多由偏正结构组成的地理实体通名。

这类两个汉字以上构成的地名通名，是已经完全固化的通名。从表面上看，这些已经形成固定词组的通名，与带有修饰词的通名相类似，都是通过前面的字词修饰后面的字词。所不同的是，已然代表一种地理实体的通名，其修饰部分与被修饰部分不能分离。如果二者被分写，则后者可能不成其为原来的通名，该剩余部分的通名则表示为另外一种地理实体，如“大街”“广场”“火车站”等。反之，附加上各类修饰词的通名，修饰词是可以去除的，没有修饰词部分的通名还是原有的通名，其属性、种类等并未发生变化，如“一巷”“二巷”“东街”“西街”等。所以，应切记二者之间的差异性。

2. 科学利用通名修饰词

通名修饰词确定之后，紧随其后的就是科学利用这些通名修饰词。我们知道，通名修饰主要有：表示方位的词，如东、南、西、北等；表示位置关系的词，如上、下、左、右等；表示颜色的词，如赤、橙、黄、绿、青、蓝、紫等；表示时间关系的词，如新、旧、老等；表示规模的词，如大、小等；表示材质的词，如石、铁、钢、金、银、木等。那么，如何利用这些“色彩斑斓”的修饰词呢？答案如下：

（1）合理利用通名修饰词。所谓合理利用通名修饰词，就是要紧紧扣住被修饰的地理实体，根据其所独有的特征进行恰当的修饰。

（2）准确利用通名修饰词。修饰词本身具有多样性，在选择使用某个具体的修饰词时，一定要把握其内在的本质，绝不可以出现丝毫的偏差，以避免出现修饰不当的错误。例如，没有“凯旋东街”，却规划了“凯旋西街”等。

第三节　规划地名的专名

在整个地名规划中，专名的规划是最重要的规划。可以毫不夸张地说，没有专名的地名规划，不可以称之为真正意义上的地名规划。由此可见，规划的地名专名之于地名规划是何等的重要。其重要性的表现有八：一是涉及的内容多；二是牵扯的问题广；三是覆盖的范围大；四是规划的事项杂；五是要求的质量高；六是关注的百姓众；七是延续的时间长；八是产生的影响远。基于此，为了更好地阐述地名规划中的专名，笔者根据规划专名的实际情况，专门开辟一章“地名规划的专名设计”，在接下来的第六章中详细、系统、综合、全面地进行叙述。

第四节　规划地名的汉语拼音

一方面，地名作为国家通用语言文字的重要组成部分，必须严格遵守国家的相关法律，实行汉语拼音字母拼写，这是国家法律赋予规划地名的权利，也是规划地名必须遵守的法律义务。另一方面，地名是广大民众每天都要使用的公共产品，利用《汉语拼音方案》及其相关规范拼写地名，既是国家行政管理部门的重要工作，也是社会各界、普通百姓之所需。面对于此，规划地名作为地名大家庭中的一员，理应具备并提供汉语拼音字母的拼写形式，并赫然清晰地展现在世人面前。

一、汉语拼音字母拼写地名的发展历程

粗浅地看，以汉语汉字为工具编制的地名规划，貌似与汉语拼音字母拼写没有关系。其实并不尽然。之所以国家以法律的形式强行规定之，是因为国际、国内的实际需要。这从《汉语拼音方案》用于地名拼写的发展历程中可以窥见一二。

1958 年 2 月 11 日，第一届全国人民代表大会第五次会议通过了《关于汉语拼音方案的决议》。该决议决定：（一）批准汉语拼音方案。（二）原则同意吴玉章主任关于当前文字改革和汉语拼音方案的报告。

1976 年 9 月，中国文字改革委员会和国家测绘总局颁布了《中国地名汉语拼音字母拼写法》。该文件规定：一、用汉语拼音字母拼写中国地名，汉语地名按照普通话拼写，少数民族语地名按照《少数民族语地名汉语拼音字母音译转写法》转写。二、汉语地名中专名和通名分写。村镇名称不区分专名和通名，各音节连写。三、汉语地名中的附加形容词一般作为专名和通名的构成部分。四、少数民族语地名中的专名和通名一般分写。五、少数民族语地名中的通名和附加形容词，习惯上意译或音译的，或音译后又重复意译的，一般都按照汉语习惯拼写。意译的部分按汉字注音，音译的部分按民族语转写。六、地名的头一个字母大写。地名分写为几段的，每段的头一个字母都大写。七、特殊的地名作特殊的处理。显然，该拼写法只对汉语拼音字母拼写地名做了原则性的规定。

1967 年 9 月，为实现地名国际标准化这一目标，使世界上的所有地名都有单一的书写标准，第一届联合国地名标准化会议通过了地名罗马化的决议，要求每一个地名只能有一种罗马字母的拼写形式。1975 年，我国派员出席了联合国第六次地名专家组会议，并郑重提出了使用《汉语拼音方案》拼写中

国地名的原则立场。1977 年 7 月，第三届联合国地名标准化会议，通过了中国代表团提出的采用汉语拼音作为中国地名罗马字母拼法的国际标准的提案。据此，采用汉语拼音字母拼写中国地名成为国际标准。

1978 年 9 月 26 日，国务院批转了中国文字改革委员会、外交部、国家测绘总局、中国地名委员会《关于改用汉语拼音方案作为我国人名地名罗马字母拼写法的统一规范的报告》（国发［1978］192 号），要求各地、各机关“参照执行”。

1984 年 12 月 25 日，中国地名委员会、中国文字改革委员会、国家测绘局发出《关于颁发〈中国地名汉语拼音字母拼写规则（汉语地名部分）〉的通知》（［84］中地字第 17 号），并明确规定：“望遵照执行。凡过去关于汉语地名的汉语拼音字母拼写规定与此规则相矛盾的，均以此规则为准。”此时，关于采用《汉语拼音方案》拼写汉语地名有了官方正式的规范性文件。

1991 年 12 月 15 日，国际标准化组织通过了第二版的《文献工作——中文罗马字母拼写法》（ISO 7098-1991），该国际标准对地名的罗马字母拼写也有相应的规定，包括：“本国际标准说明现代汉语，即中华人民共和国法定语言普通话（见国务院 1956 年 2 月 6 日颁布的《关于推广普通话的指示》）的罗马字母拼写法原则。”“中华人民共和国全国人民代表大会（1958 年 2 月 11 日）正式通过的汉语拼音方案，被用来拼写中文。转写者按中文字的普通话读法记录其读音。”“在一般情况下，声调符号应该标出。但是，为了方便也可省略。”“虽然汉字没有大写小写之分，但是在转写时一般使用大写字母于下列场合：专有名词，例如：——人名、地名、商标；——团体、组织、单位等名称；——民族名称”。这说明，汉语拼音的罗马字母拼写已经成为国际标准。

1996 年 1 月 22 日，国家技术监督局批准、发布了国家标准《汉语拼音正词法基本规则》（GB/T 16159-1996），并于 1996 年 7 月 1 日开始实施。该国家标准在 4. 2. 4 中明确规定：“汉语地名按照中国地名委员会文件（84）中地字第 17 号《中国地名汉语拼音字母拼写规则（汉语地名部分）》的规定拼写。”同时指出：“汉语地名中的专名和通名分写，每一分写部分的第一个字母大写。”“专名和通名的附加部分，单音节的与其相关部分连写。”“自然村镇名称和其他不需区分专名和通名的地名，各音节连写”。由此，汉语拼音字母拼写汉语地名的规则，完成了由规范性文件到国家标准的蜕变。

2000 年 10 月 31 日，第九届全国人民代表大会常务委员会第十八次会议通过了《中华人民共和国通用语言文字法》，并于 2001 年 1 月 1 日起施行。该法第十八条明文规定：“国家通用语言文字以《汉语拼音方案》作为拼写和注音工具。”“《汉语拼音方案》是中国人名、地名和中文文献罗马字母拼写法的统一规范，并用于汉字不便或不能使用的领域”。至此，《汉语拼音方案》拼写中国地名成为国家法律不可或缺的组成部分。

二、汉语拼音字母拼写地名的主要规则

此时，我们完全有理由将《中国地名汉语拼音字母拼写规则（汉语地名部分）》奉为圭臬，在地名规划中指导规划地名的汉语拼音字母拼写。为此，将该规则的部分内容抄录于后，以助地名规划的实际需求。

中国地名汉语拼音字母拼写规则

（汉语地名部分）

分写和连写

1. 由专名和通名构成的地名，原则上专名与通名分写。

太行/山（注）	松花/江	汾/河	太/湖	舟山/群岛
台湾/海峡	青藏/高原	密云/水库	大/运河	永丰/渠
西藏/自治区	江苏/省	襄樊/市	通/县	西峰/镇
虹口/区	友谊/乡	京津/公路	南京/路	滨江/道
横/街	长安/街	大马/路	梧桐/巷	门框/胡同

2. 专名或通名中的修饰、限定成分，单音节的与其相关部分连写，双音节和多音节的与其相关部分分写。

西辽/河	潮白/新河	新通扬/运河	北雁荡/山	老秃顶子/山
小金门/岛	景山/后街	造币/左路	清波门/直街	后赵家楼/胡同
朝阳门内/大街	南/小街	小/南街	南横/东街	修文/西小巷

东直门外/南后街　　广安门/北滨河/路　　广渠/南水关/胡同

3. 自然村镇名称不区分专名和通名，各音节连写。

王村	江镇	郭县	周口店	文家市
油坊桥	铁匠营	大虎山	太平沟	三岔河
龙王集	龚家棚	众埠街	南王家荡	东桑家堡子

4. 通名已专化的，按专名处理。

渤海/湾　黑龙江/省　景德镇/市　解放路/南小街　包头/胡同/东巷

5. 以人名命名的地名，人名中的姓和名连写。

左权/县　张之洞/路　欧阳海/水库

数词的书写

6. 地名中的数词一般用拼音书写。

五指山 Wǔzhǐ Shān

九龙江 Jiǔlóng Jiāng

三门峡 Sānmén Xiá

二道沟 E´rdào Gōu

第二松花江 Di`èr Sōnghuá Jiāng

第六屯 Dìliùtún

三眼井胡同 Sānyǎnjǐng Hútong

八角场东街 Bājiǎochǎng Dōngjiē

三八路 Sānbā Lù

五一广场 Wǔyī Guǎngchǎng

7. 地名中的代码和街巷名称中的序数词用阿拉伯数字书写。

1203 高地 1203 Gāodì

1718 峰 1718 Fēngg

二马路 2 Mǎlù

经五路 Jīng5 Lù

三环路 3 Huánlù

大川淀一巷 Dàchuāndiàn 1 Xiàng

东四十二条 Dōngsì 12 Tiáo

第九弄 Dì 9 Lòng

语音的依据

8. 汉语地名按普通话语音拼写。地名中的多音字和方言字根据普通话审音委员会审定的读音拼写。

十里堡（北京） Shílǐpù

大黄堡（天津） Dàhuángbǎo

吴堡（陕西） Wúbǔ

9. 地名拼写按普通话语音标调。特殊情况可不标调。

大小写、隔音、儿化音的书写和移行

10. 地名中的第一个字母大写，分段书写的，每段第一个字母大写，其余字母小写。特殊情况可全部大写。

李庄 Lǐzhuāng

珠江 Zhū Jiāng

天宁寺西里一巷 Tiānníngsì Xīlǐ 1 Xiàng

11. 凡以 a、o、e 开头的非第一音节，在 a、o、e 前用隔音符号“'”隔开。

西安　　Xi'ān

建瓯　　Jiàn'ōu

天峨　　Tiān'é

12. 地名汉字书写中有“儿”字的儿化音用“r”表示，没有“儿”字的不予表示。

盆儿胡同　　pénr Hútóng

13. 移行以音节为单位，上行末尾加短横。

海南岛　　Hǎi--nán Dǎo

三、汉语拼音字母拼写规划地名的举例

为了让大家更加直观地了解规划地名的汉语拼音字母拼写，以便在实际工作之际可以参考，我们在此提供了可资借鉴的范例。必须提前说明，规划地名进入地名标志设置领域以后，书写到地名标志上的地名，其汉语拼音字母拼写不需要标注音调。但这并不是说，规划地名无须给出汉语拼音的音调。恰恰相反，规划地名的汉语拼音拼写必须附带相应的音调，否则该拼写就是不完整的拼写，也不能尽善尽美地起到正确规范规划地名读音的作用。还有，汉语拼音字母拼写是对地名全称的拼写，包括专名和通名两部分（参见示例5-1）。

示例 5-1：规划地名的汉语拼音字母拼写

规划地名的汉语拼音字母拼写

芹溪路（Qínxī Lù）：该专名取“芹口村”的“芹”和“后崇溪”的“溪”字，指位明确。保留当地地名。

将崇路（Jiāngchóng Lù）：该专名源于当地“将口村”和“崇阳溪”两地名的部分专名。

将口路（Jiāngkǒu Lù）：专名来源于“将口镇”原有的老地名。

将上街（Jiāngshàng Jiē）：取名于“将口镇”老地名“上街”所在地。

将下街（Jiāngxià Jiē）：取名于“将口镇”老地名“下街”所在地。

纳新街（Nàxīn Jiē）：取名于“将口镇”老地名“新街”所在地。另，天游峰顶天游观内楹联描写彭祖养生：“饮水栖山修精养性乃长生不老极功，餐霞服气吐故纳新为延年益寿要旨”。

仙源街（Xiānyuán Jiē）：因其位于当地的仙奶山南侧，故取名为“仙源街”。

南武路（Nánwǔ Lù）：专名沿用南平至武夷山的过境省道，当地人称“南武路”，故保留。

榆溪路（Yúxī Lù）：该路紧邻崇阳溪将口段，崇阳溪将口段古称“榆溪”，故名。

秀水路（Xiùshuǐ Lù）：因其地名位于崇阳溪东岸，专名具有指位功能，好找易记。

芹口街（Qínkǒu Jiē）：该街路位于“芹口新村”所在地，保留老地名。

跃动街（Yuèdòng Jiē）：寓意将口片区能够跨越式发展。

通达街（Tōngdá Jiē）：寓意将口片区前景光明、通达四方。

乘风路（Chéngfēng Lù）：寓意将口片区的未来发展，风调雨顺，乘势而上。

顺乘街（Shùnchéng Jiē）：专名来源于“风水理论”中的“顺乘”一词。寓意只有山水形便、人和自然，才能生机勃勃、欣欣向荣。

远航路（Yuǎnháng Lù）：寓意该片区的发展即将扬帆远航。

扬帆路（Yàngfān Lù）：寓意该片区的发展即将扬帆远航。

中兴街（Zhōngxīng Jiē）：道路位于整个将口片区正中心，专名“中兴”有兴旺之意。

凤凰路（Fènghuáng Lù）：专名来源于当地的“凤凰新村”，保留当地的地名。

赤山路（Chìshān Lù）：道路位于将口片区“赤山村”，保留当地的地名。

东田路（Dōngtián Lù）：以“东田村”的专名命名。

雒田路（Luòtián Lù）：该路为“崇雒镇”至“东田村”的道路，所以取名“雒田路”。

溪美路（Xīměi Lù）：因该地紧邻后崇溪，故名之。专名有指位功能，好找易记；赞誉后崇溪之美丽。

溪秀路（Xīxiù Lù）：因该地紧邻后崇溪，指位功能，好找易记。且赞美后崇溪之秀丽。

除了现势的规划地名外，中长期地名规划应当建立备选专名词库，这些备选的专名也应标注汉语拼音。（详见本章第六节“备选的规划专名”中的有关内容）

特别提请诸位同人注意的是，尽管我国的汉语拼音字母属于罗马字母的范畴，但并不是每一个字母都与英文等罗马字母相对应，其中的“ɑ”“ɡ”虽然与“a”“g”近似，但“二者风马牛不相及”，不可轻率地混为一谈。即，绝不能在拼写“ɑ”和“ɡ”时，将其错误地书写成非汉语拼音字母的“a”和“g”。注意，“a”和“g”不是“ɑ”和“ɡ”的印刷体，“ɑ”和

“g”更非手写体。

还有，在汉语拼音方案中，字母“v”不同于“ü”，且规定其职能在译写少数民族语和外语中使用。然而，鉴于大写的“ü”没有上面两点，很容易与“U”雷同，且字母表中未给出“ü”的大写形式，特别是在地名标志上统一规定需要大写时，在涉及使用“ü”的问题上会遇到困难。所以，对于“ü”的大写是否转化为“V”，值得我们深入研究。

第五节 地名规划的图

地名规划的基础是地图，规划地名的成果也包括地名图。地名之所以名为“地名”，是由于它是由“地”和“名”共同构成的。地名离开了地图，地名只是一个空泛的概念，其指位功能必将大打折扣。在地名规划中，该规划事实上是由两部分组成的：一部分是编写规划的文字；另一部分就是绘制的规划地名图。如果规划地名没有落实在规划地名图上，或者规划地名图不与规划地名的文字相配合，地名规划及其规划地名就如空中楼阁，不仅没有方位感、位置感，甚至是不知所云。事实上，规划地名图脱胎于城乡建设规划图等，地名规划只有借助于规划地名图，规划地名才能形成可行的、实在的地名，地名规划才能成为完整的、完备的规划。

一、地名规划图的几种类型

在地名规划文本中，为与地名规划的文字内容相配合，需要配备一些必要的图。这些作用不同、形态各异、内容多样的图，不是单独、凭空存在的，而是由于它们自身的地位使然，在与地名规划相关文字“携手”的同时体现其价值。由此，在伴随地名规划的各种表述中，呈现出多种多样的图。

1. 地名规划应配备规划地名图

在地名规划方案中，最重要的图是规划地名图。按照大众的说法，规划地图是地名规划中的“标配”，为不可缺少的地名规划介质之一。这些图可分为：地理实体规划地名图、板块地理实体规划地名图等。

(1) 地理实体规划地名图。在地名规划文本中，主要内容是现势地理实体名称的规划。这些内涵丰富的规划地名，虽然可以通过文字进行阐述，但给人的感觉是，有点语焉不详、语意不逮。原因在于，由于没用配置相应的地图，导致文字的表达“有劲使不上”。例如，无法确定规划地名指代地理实体的位置，没有说明该地理实体的具体走向，未能明确相关地理实体之间的关系等。在这种情况下，地理实体规划地名图适时“出场”，与上述文字所言的规划地名“互动”，扮演了举足轻重的角色。需要说明一点，地图中的规划地名与文字中的规划地名应当是完全一致的。

（2）板块地理实体规划地名图。在一个大的地名规划中，由于规划范围较大、地理实体较多，为了便于编制地名规划，确定不同的规划主题，系统介绍规划地名，需要划分多个地名规划的板块。这样，板块地理实体规划地图应运而生。事实上，板块地理实体规划图是地理实体规划地图的细化，由于它的存在及其表现，使地名规划的质量更有保障。一方面，板块地理实体规划地图可以使本板块内的地名规划导引更加清晰、更加突出；另一方面，也为地名规划的文字叙述提供了更加精细、特定的帮助。

2. 地名规划宜配备的其他附图

除了地理实体规划地名图外，在地名规划文本的内页中，还有部分其他相关的图。这些其他类型的地图虽然不一定是必备的，但在某种需要的情况下，如果适当地配备一些附属的图，是可以起到为地名规划“增砖添瓦”“增光添彩”的辅助作用的。它们包括地名规划的全貌图、位置图。必须解释一句，地名规划中的全貌图、位置图，是因地名规划而异的，需要时予以保留，不需要时予以舍弃，不可为了表面文章而机械地进行添置。

（1）地名规划中的全貌图。在地名规划文本中，地名规划中的全貌图具有提纲挈领的作用。它包括两种：一是地名规划范围的全貌图；二是规划地名的全貌图。前者重点表现的内容是：规划范围的整体效果；后者着重呈现的事项是：规划地名的集中演示。

（2）地名规划中的位置图。在地名规划文本中，地名规划中的位置图具有将被规划的地理实体个体或群体定位标示的作用。它包括两种：一是不同规划板块的位置图；二是规划地名的位置图。前者表现地名规划板块或组团的位置，后者展示各个被规划了名称的地理实体的确切位置。

另外，根据编制地名规划的实际需要，地名规划文本中也可插入部分辅助性的景观图、图片资料等，以使地名规划及其文本生动、美观。

二、地名规划图的对应关系

刚才，我们已经不厌其烦地说明，地名规划中的地图不是“踽踽独行”的产物，它们在做好自己的同时，还与“街坊邻里”发生这样或那样的联系，以此诠释地图本来的地位。实际情况是，地名规划图如果与“上下左右”的关系不太合理的话，该地图也就忝列地名规划文本之中，进而失去了其应有的价值。

1. 地名规划图与图之间的关系

正如前面所言，地名规划图与周边建立的联系，是保证地名规划图“落地生根”的关键。但是，这种地图与地图之间的关系，会因地图的不同而有所差异。所以，即便都是地名规划中的地图，也不能忽略它们各自具有的品质，从而把握彼此之间的“距离”和“亲疏”，使其在地名规划中互相提携、互相帮助。

（1）规划地名图应以规划区内的城乡规划详图为基础。我们曾经三令五申，规划地名图的根基是相应的城乡建设规划详图以及有关的专项规划详图。这是因为，标注在规划地名图上的地理实体，全部来源于上述的种种规划图。不仅如此，地名规划的范围、位置、功能等亦由此而产生。

（2）地名规划图中的规划地名应与城乡规划中的地理实体相对应。具体的要求是，规划地名图中所标示的地物必须吻合于这些地图中所列的地理实体。否则，规划地名就是无中生有。

（3）各板块的地名规划图之间应相互照应。虽然根据地名规划的需要，在规划地名时划分了多个板块，但这并不是说，各板块的规划地名图彼此无关，实际情况恰恰相反，它们之间应相互呼应。理由有二：一是地名规划板块的划分，不能真正割断某些较大的地理实体；二是地名规划板块虽然有自己特定的主题导引，但每个板块并非完全排斥其他板块规划地名的文化表现。

2. 地名规划图与文之间的关系

从前述得知，地名规划图还需要注意两点：一是与地名规划的文字内容相呼应；二是标注在地图上的地理实体与规划的地名相吻合。虽然这个问题浅显易懂，但还要在此叙述一二，以解人们心中的疑惑。

（1）地名规划图与地名规划的文字内容相呼应。这里应稍加注意的是，在具体的编制地名规划文本时，文字内容及其地图不能相距太远，否则就达不到相互支持、相互映衬的作用。

（2）规划地名图上的地理实体与规划地名相吻合。这里特指二者的吻合包含三点：数量上的绝对一致；文字上的完全正确；位置上的准确无误。

三、规划地名图的具体要求

接下来的工作是，如何编绘好规划地名图。其实说来简单，规划地名图的具体要求只是一句话：字迹、图示清晰明了。从地图上看，地图是由多个要素共同构成的，包括文字、色彩、符号、线条等。只有将它们充分加以利用，发挥每一个要素的作用，才能制作出美观、大方、好看的规划地名图。稍显遗憾的是，限于科研经费中的出版成本，本书的插图为黑白附图（参见示例5-2）。

1. 规划地图的植字要求

规划地名图中最重要的元素是文字，也就是业已规划的地名。因此，为了清晰地标注地理实体名称，地图上的地名应当有如下安排（参见示例5-2）：

（1）规划地名的字体应恰当。对于汉字而言，存在多种字体。对于地图上的地名，应根据实际情况，选择恰当的字体，以便众人识读。从常识上看，同类地理实体的名称应字体相同，或者同一走向的地理实体名称字体应一致。

（2）规划地名的字号应合适。到底多大的字号比较合适，这在地名规划图上没有一定之规。但有两点需要注意：一是图幅的大小基本决定了字号的大小；二是地理实体规模的大小略微影响了字号的大小。一般而言，大的地理实体其名称字号偏大，小的地理实体其名称偏小。

（3）规划地名的字距应适宜。在一张规划地名图上，勾画了许多不同种类、不同规模的地理实体，这些地理实体在一定意义上左右了地名的字距。此外，图幅越大字距也可能越大，地理实体越长字距也宜越大。

（4）规划地名的字位应合理。由于规划地名图上的地理实体并不规则，存在着不同位置、不同走向等的情况，因而给地名的标注带来些许影响。即，地名标注的所在位置，在不干扰相邻地理实体名称的前提下，应尽量与其地理实体重合，且大体保持位置一致、走向统一。如果可以利用色彩，在有利于辨识的情况下，甚至能够将图上的地理实体与标注地名的文字重叠在一起。

（5）规划地名的字色应醒目。这里所说的醒目不是色彩斑斓、耀人眼目，而是特指该地名或每一个地名在地图中的地名群里容易辨识，不与周边或交错的地理实体和地名发生混淆，使人一目了然、一清二楚。

2. 规划地图的绘图要求

在正式的地名规划文本中的地图，是不受色彩限制的。为了在地图上表现各个地理实体及其名称等，规划地名图可以充分运用各种图示表达方式，如线条、色彩等，使之更加清晰、明了（参见示例5-2）：

示例 5-2：规划地名图文字与图示的配合

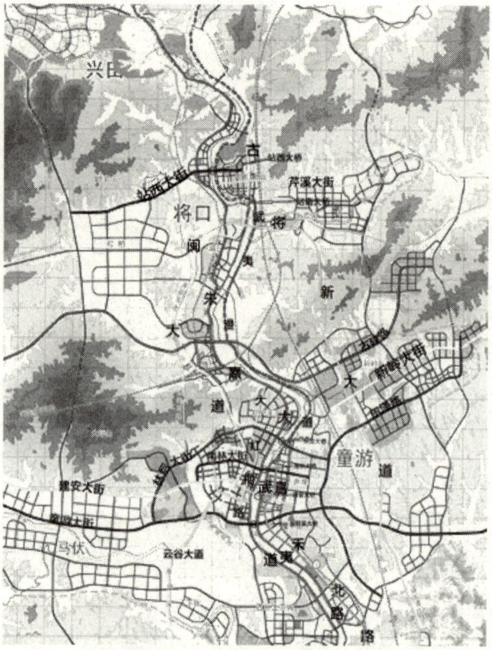

规划地名图文字与图示的配合

第六节　地名规划的备选专名

对于中期或长期地名规划，在其既定的规划范围内，由于城乡建设规划等的制约，某些地理实体并未全部产生出来，或者面临着城乡建设规划修订的状况，导致只能完成现势的地名规划，而中长期地名规划成为以后的工作。对此，为了不使地名规划中途半端，规划的现势地名与未来将要产生的地名形成一个整体，也需要做好中长期的地名规划。于是，备选的规划地名“纷至沓来”，备选的专名词库应运而生。需要提醒注意的是，备选的规划地名只是其中的专名，而且是拟挑选的专名语词。也就是说，这些精挑细选的专名语词，尚未真正成为将来的专名。因此，在建立这些备选专名的词库时，为防止专名语词与地理实体不匹配、不够用，列入专名词库中的备选专名数量应当充足，至少应超过拟规划地理实体数量的 3—4 倍。

一、备选专名词库中的语词来源及其表现

备选专名词库的建立，虽然是基于未来候选地理实体名称的考量，但与

现势的规划地名是一个整体，不可以形成两者互不关联的“二元”结构。因此，其语词来源、表现内容等都不是孤立存在的。换言之，在过去很长一段时间后，中长期地名规划得以实施，备选的专名部分变身为现势规划地名，其与前期的规划地名一样，均为在一个规划范围内的可用地名，而且是在彼此的衔接上“天衣无缝”，做到相互依存、相互作用、相互支持。

1. 备选专名语词的来源

备选专名词库中来源的语词，不是四处撒网的搜罗所致，而是定向寻找、加工、启用的结果。补充一句，所有备选专名词库中的语词，都是现实的、现成的规划地名。具体说来，有两种来源方式：

（1）已有的地名。在地名的规划区内，业已存在着两类地名：一是固有地名，虽然因为城乡规划、建设的需要，原有地理实体逐渐消失，但其原来的名称尚存，还可以适当地加以利用，在第一批现势规划地名未被采用之后，进入备选专名词库之中，以备后续之用、后续之需。二是历史地名，尽管长期以来没有相应的地理实体与之相匹配，但随着新的地理实体的出现，以及规划地名范围的扩大，某些历史地名可能会焕发出新的生命力，并重新附着在新的地理实体上，这就要求将其列入备选专名的行列中。

（2）新选的语词。规划区域是一个广义的概念，在与之相关联的这一地区，蕴藏着丰富多彩的文化元素，如诗词歌赋、名胜古迹、先贤名人、经济建设、民风民俗等，这些由本地地域文化浓缩而来的语词，经过挑选、提炼、加工之后，可以成为当地文化浓彩重抹的代表。如果将它们置身于备选专名词库中，特别是用于将来备选中的语词，无疑会在表现当地文化上作出自己的贡献。

2. 备选专名语词的表现

必须指出，备选专名词库中的语词，在成为地理实体名称的专名之前，其所有的在地名上的表现均归于零。即，备选专名语词只有转化为专名之后，才能发挥其语词语义的功能。但是，这并不是说，由于备选专名尚未成为实际的专名，其所蕴含的文化内涵就可避而不谈，甚至弃之不顾。那么，其应该表现的地域文化内容是什么呢？无非是与本地具有直接关系或间接关系的文化元素，包括历史文化、民俗文化、山水文化、经济文化、名人文化、物产文化、信仰文化等。对此，读者可以在下一章的有关内容中管中窥豹（参见示例 5-3）。

示例 5-3：备选专名词库中语词的表现

备选专名词库中语词的表现

龙图：即河图，传说有龙马从黄河中负出，故称。《竹书纪年》称，黄帝轩辕氏“五十年秋七月庚申，凤鸟至，帝祭于洛水”。南朝·梁沈约注：“龙图出河，龟书出洛，赤文篆字，以授轩辕。”梁书元帝纪大宝三年徐陵上表：“自氤氲混沌之世，骊连、栗陆之君，挂起龙图，文因鸟迹。”河图，关于周易艺术来源的传说。“河出图，洛出书，圣人则之。”书颜命：“天球，河图。”孔傅谓河图即八卦。汉郑玄以为帝王圣者受命之瑞。

笔架：来源于笔架山。为著名景观名称。

文鼎：梅文鼎，清宣城（今宣州市）人，字定九，号勿庵，宣城数学学派的奠基人，是一位具有世界影响的天文学家、数学家。幼时注意观察天象，后接触西方书籍，康熙年间进京，以学识令康熙帝赏识，曾系统考察古今中外立法，又介绍欧洲数学，研究中西历算。近人称梅文鼎和日本的官孝和、英国的牛顿为“当时世界的三大数学家”，著有《方田通法》《方程论》。其方程求解方法和理论早欧洲人200年，所著历算等书达80余种，其中《古今立法通考》为中国古代历史学的专著。

竹林：嵇康（223—262年），三国时，谯郡铚（今宿县西南）人，字叔夜，魏晋著名思想家、文学家、音乐家，出类拔萃的“竹林七贤”第一人。崇尚老庄，讲求养生服食之道。善鼓琴，工书画。在哲学上，他认为“元气陶铄，众生禀焉”，提出“越名教而任自然”之说，主张回到自然，厌恶儒家各种人为烦琐礼教。在政治上，表现为刚肠疾恶、锋芒毕露。竹林七贤：嵇康、阮籍、山涛、向秀、阮咸、王戎、刘伶。《魏氏春秋》说此七人“相与友善，游于竹林，号为七贤”。

望溪：方苞（1668—1749年），安徽桐城人，清散文家，字灵皋，号望溪。康熙进士，因戴名世《南山集》案牵连入狱，后得赦。官至礼部侍郎。桐城派创始人，论文提倡“义法”，所作多为经说及书序碑传之属。立论大抵本程、朱学说，宣扬封建礼教。少数作品如《狱中杂记》《左忠毅公逸事》等，内容较好。有《望溪先生全集》。

华藏：九华山，在安徽省青阳县西南。旧名九子山，因有九峰，形似莲花故名。主峰十王峰，海拔1342米。有肉身宝殿、化城寺、甘露寺、地藏禅寺等寺庙。传为地藏菩萨显灵说法得道场。与五台、普陀、峨眉合称中国佛教四大名山。

国纸：宣纸为中国一种高级毛笔书画用纸。原产于唐代宣州，故名。纸质洁白、细腻、柔软、富有弹性，色泽经久不变，不易蛀蚀，便于长期存放。宣州，隋开皇九年（公元589年）改南豫州置。治宣城（今安徽宣州市），唐时辖境相当于今安徽长江以南，黄山、九华山以北地区及江苏溧水、溧阳等市县地。南宋乾道二年（1166年）升为宁国府。唐以后以产宣纸著名。宣纸有“纸中之王”“千年寿纸”之美誉，于1915年在巴拿马国际博览会获金质奖。

晖毫：宣笔亦为文房之宝，为我国目前三大名笔之一。宣笔不仅畅销国内，还远销日、美、法、俄等10多个国家和地区。

墨魁：胡余德，清绩溪上庄人，名正，字端斋，号荣朗，徽墨著名制造者。其制墨精于原料选配，对生产工艺要求严格，质量过硬，和曹素功、汪近圣、汪节庵并称为清代“四大名墨家”，所制“苍珮室”墨，造型新颖，墨质精良，曾为贡品，蜚声文坛。所制“地球图墨”，在1915年巴拿马国际博览会上获金奖，创徽墨生产兴盛时期之典范。

龙砚：砚为中国传统的实用工艺品之一。因产地安徽歙州（今歙县）而得名。始于唐代。石质坚韧、润密，不吸水，发墨如油，不伤毫，雕刻精细，造型浑朴。因石出于该处的龙尾山，故又称“龙尾砚”。南唐时推崇李廷珪墨、澄心堂诸葛氏笔、龙尾歙砚等为文房四宝。北宋蔡襄云：“玉质纯苍理致敌，锋芒都尽墨无声。”

涵菊：唐太宗李世民《秋日二首》之二：“露凝千片玉，菊散一丛金。”

二、备选专名词库中的语词展示及其拼写

备选专名词库中语词的终极目标是，成为未来规划地名的一部分。为此，除了自身具有很好的文化内涵外，还要以不同的方式展示自己，以便于地名规划者或者地名管理者挑选之。同时，还应给出全部的汉语拼音字母的拼写形式，使之化身为完全意义上的地名专名。这一点，正是备选专名语词存在的初衷和展现的目的。

1. 备选专名词库中的语词展示

规划的地名不仅是一个整体，而且还是一个有规律可循的系统，这种复杂而又科学的设计，需要备选专名提供支持。为了更好地使用这些合适的专名，其展示的形态成为地名规划编制工作中的一项内容。并且，由于地名规划及其规划地名有多种形式、方式，因此为与之相配合，这些将要获得“重用”的语词应当根据切实的需要，给出便于应用（好找、易选）的排列形式。最好的方式是，各种专名备选语词可以相互切换，以利于规划地名时的实际需要和方便使用。

（1）备选专名按其首字汉语拼音字母的顺序进行排序。这种备选专名的排列顺序，通过excel工作表等即可实现，是最常用、最常见的排序形式。其好处是，可以通过备选专名语词的读音迅速找到需要的语词（参见示例5-4）。

示例 5-4：按照首字汉语拼音字母顺序给出的备选专名语词表

按照首字汉语拼音字母顺序给出的备选专名语词表

播远	嘉定九年，黄榦举家迁居建阳考亭，并于建阳城内修建环峰草堂，以继志传道为己任，聚徒讲学，身体力行，声名远播，以至于巴蜀江湖之士都来此听学、受业。
博大	朱熹远绍孔孟之道，近承伊洛诸学，兼采佛道之长，创建了一个运思缜密、博大精深的理学体系。
博济	朱熹曰："若夫博施济众，则又是种之成实而利及于人之谓。"
博书	南宋道教金丹派南五祖的白玉蟾博洽群书，能诗善赋，工书擅画。
博闻	南宋著名理学家蔡元定，是朱熹理学的主要创建者之一，为学长于天文、地理、乐律、历书、兵阵之说，精识博闻。
博学	朱熹在武夷山勒马岩题写的"忠孝"摩崖石刻以及他亲自书写的《白鹿洞书院教规》提出五教之目："父子有亲，君臣有义，夫妇有别，长幼有序，朋友有信。"为学之序："博学之，审问之，慎思之，明辨之、笃行之。"修身之要："言忠信，行笃敬，惩忿窒欲，迁善改过。"
博载	朱熹及其理学可谓博载后师，影响深远。
步云	明朝陈省《幼溪草庐》诗曰："早步云随屐，宵眠月近床。"
才盛	宋朝洪迈在《容斋随笔》中写道："人才之盛，遂甲于天下。"
才卓	明朝黄榦赞誉朱熹：天才卓绝、学力宏肆；落笔成章，如同天造。
材德	清人称赞朱熹："材德绝异，众皆臣服之，以长其地。"
苍屏	朱熹《九曲棹歌》："六曲苍屏绕碧湾，茆茨终日掩柴关。"
苍翠	明朝旅行家徐霞客《游武夷山日记》："围以苍松翠竹，鸡声人语，俱在翠微中。"
策远	宋朝理学家刘子翚《游晞真馆》："橘柚垂红古观秋，归途邂逅得寻幽。晴莎散策随山远，夜月回船信水游。"
茶歌	北宋名臣范仲淹《和章岷从事斗茶歌》："不如仙山一啜好，泠然便欲乘风飞。"
茶冠	《建瓯县志》载："水仙茶，质美而味厚，……果奇香为诸茶冠。"
茶景	武夷山水特有的自然环境孕育出武夷岩茶，共同构成了独树一帜的武夷景观。

茶林　武夷山“茶洞”流传着一个“仙翁授枝茶成林”的神话传说。

茶神　“茶发芽!”的喊山传奇将茶树神化了，也将茶视为一种崇拜的图腾。

长策　朱熹《上宰相书》：“诚恐虽以圣主之聪明圣智，明公之深谋远虑，亦未必有断然不可易之长策。”

长远　朱熹援引《中庸》和《孟子》等诸家之说，对“任静智动”作了如下解释，此亦可见朱子体道之深：“仁便有个长远底意思，故曰知者乐，仁者寿。”

常春　武夷山慧苑岩八百种茶之一。

常明　佛教禅宗典籍《六祖坛经》：“世人性净，犹如清天，慧如日，智如月，智慧常明。”

倡明　朱熹理学继承者元朝学者熊禾《重修武夷书院疏》：“倡明斯道，实史兹。山……昭不明时之德化，厚培昌运之人才……尚宏乃力，用相于成。……尚永怀乾、淳一老之典邢。”

成德　朱熹《诗集传序》：“亲被文王之化以成德，而人皆有以得其性情之正。”

成实　朱熹曰：“若夫博施济众，则又是种之成实而利及于人之谓。”

成章　朱熹《挽刘宝学二首》：“哦诗当肃挽，悲哽不成章。”

呈祥　北宋元丰年间，继小龙凤团后，创制了密云龙品种；绍圣年间，有了瑞云祥龙、上品拣芽两个品种；大观年间，则有御苑玉芽、万寿龙芽、无比寿芽等品种；政和年间，又创制了白茶、长寿玉圭、太平嘉端；宣和年间，北苑茶有了三十多个品种，分别是龙凤胜雪、御苑玉芽、琼林毓翠、浴雪呈祥等。

呈秀　五曲山云窝伏虎岩有一组宦游石刻，其中蔡杭诗刻：“……积雨新霁，山川呈秀，哦咏而归。”

承志　朱熹《壬午应诏封事》：“而助成陛下尊亲承志之圣孝也。”

诚存　宋朝朱熹《仁说》：“诚能体而存之，则众善之源，百行之本，莫不在是。”

诚明　朱熹曰：“天下至诚，谓圣人之德之实，天下莫能加也……能尽之者，谓知之无不明……此自诚而明者之事也。”

诚信　武夷山五夫刘氏家藏匾额木刻，朱熹题“诚信”二字。

诚意　朱熹早年政治主张的帝王之学，希望孝宗从“格物致知”“正心诚意”做起。

乘风	北宋名臣范仲淹《和章岷从事斗茶歌》："不如仙山一啜好，泠然便欲乘风飞。"
赤岸	规划区域中的原有地名。
崇善	五夫自宋朝设坊以来，有6个沿兴贤古街设立的坊：籍溪坊、中和坊、儒林坊、朱至坊、紫阳坊、双溪坊。这6个坊组成了兴贤古街。石坊门上分别镌刻着"崇东首善""五夫荟萃""天地钟秀""籍溪胜境""紫阳流风"……
崇仁	政和县古代书院有：星溪书院、云根书院、翔凤书院、正音书院、兴贤书院、丹桂书院、崇仁书院、紫阳书院、正音书院、月山书院。
崇文	建阳市古代书院有：鳌峰书院、鹰山书院、瑞樟书院、寒泉精舍、云谷书院、考亭书院、横渠书院、同文书院、霄峰书院、西山书院、九峰书院、崇文书院。
崇贤	邵武市古代书院有：和平书院、樵溪书院、福山书院、矩墨书院、白渚书院、崇贤书院、养正书院、九曲书院、正音书院、樵川书院。
春意	朱熹古诗：淳熙甲辰中春，精舍闲居，戏作武夷棹歌十首，呈诸同游，相与一笑："客来倚棹岩花落，猿鸟不惊春意闲。"
春雨	清朝理学家童能灵于清乾隆四年（1739）题镌于云窝伏虎岩的纪游题刻："春雨新霁，同弟能良，……笑呼幽谷乱仙语，指点明霞辨雨痕。"
翠屏	辛弃疾《游武夷·作棹歌呈晦翁十首》："山上风吹笙鹤声，山前人望翠云屏。"
翠拥	北宋学者杨时《游武夷》："龙泓东注海波涌，玉女翠拥秋云松。"
翠重	朱熹《百丈山记》："日薄西山，余光横照，紫翠重叠，不可殚数。"
存孝	朱熹题邵武李纲祠楹联（四言）木刻："行仁义事，存忠孝心"。
存忠	朱熹题邵武李纲祠楹联（四言）木刻："行仁义事，存忠孝心"。
达济	儒家精神："穷则独善其身，达则兼济天下"。
达理	朱熹在《论语集注》中对"智动仁静"注释为："知者达于事理而周流无滞，有似于水，故乐水。仁者安于义理而厚重不迁，有似于山，故乐山。动静以体言，乐寿以效言也。动而不括故乐，静而有常故寿。"程子曰："非体仁知之深者不能如此形容之。"
大师	武夷山书院创办者多为大师硕儒，武夷山由此"学术执全国之牛耳。"

大贤	朱熹理学继承者元朝学者熊禾《升真观记》："……利济一方者，此理之常而得其气之灵明，英粹为大圣大贤，福泽天下……。"
大仰	三仰峰从高到低，依次由大仰、中仰、小仰三峰组成而得名。
丹鼎	元代诗人林泉生《武夷怀古》："空余炼丹鼎，寒烟覆青芜。"
丹桂	政和县古代书院有：星溪书院、云根书院、翔凤书院、正音书院、兴贤书院、丹桂书院、崇仁书院、东皋书院、政和书院、熊山书院、集义书院、元峰书院、西垣书院、连萼书院、临江书院、梧峰书院。
丹霞	朱熹《感春赋》："结丹霞以为绶兮，佩明月而为珰。"
道美	在大王峰和玉女峰的传说中，大王和玉女将满目荒凉的武夷山变成人间仙境后，唱道："清清九曲茶香飘，三十六峰奇峻峭，莫道天宫花月美，更有武夷风光妙。"
德厚	朱熹《上宰相书》："去岁诸路之饥，浙东为甚；浙东之饥，绍兴为甚。圣天子闵元元之无辜，倾囷倾廪以救之，而甚者至出内帑之藏以补其不足，德意之厚，与天同功。"
德宽	取自朱熹《祭吕伯恭著作文》一文中"盖其德宇宽洪，识量闳廓"句。
德隆	朱熹《丞相李公奏议后序》："宋德隆盛，治教休明。"
德美	朱熹《壬午应诏封事》："使盛德大美，始终纯美。"
德盛	朱熹《丞相李公奏议后序》："宋德隆盛，治教休明。"
德实	朱熹曰："天下至诚，谓圣人之德之实，天下莫能加也……能尽之者，谓知之无不明……此自诚而明者之事也。"
德馨	北宋文学家苏轼《叶嘉传》："今叶氏散居天下，皆不喜城邑，惟乐山居。氏于闽中者，盖嘉之苗裔也。天下叶氏虽夥，然风味德馨为世所贵，皆不及闽。闽之居者又多，而郝源之族为甲。"
德修	东晋道教学者葛洪《抱扑子·对俗篇》："欲求仙者，要当以忠孝、和顺、仁信为本，若德行不修，而但务方术，皆不得长生也。"
德秀	真德秀乃朱熹的私塾弟子。
德义	宋朝朱熹为怀念鹅湖，步二陆原韵和诗一首："德义风流夙所钦，别离三载更关心。……旧学商量加邃密，新知培养转深沉。"
德宇	朱熹在《祭吕伯恭著作文》中称其："德宇宽洪，识量闳廓。"
渡头	紧邻南林新区原有的渡头村。
独秀	朱熹《百丈山记》："台当山西南缺，前揖芦山，一峰独秀出。"

笃行	朱熹在武夷山勒马岩题写的“忠孝”摩崖石刻以及他亲自书写的《白鹿洞书院教规》提出五教之目：“父子有亲，君臣有义，夫妇有别，长幼有序，朋友有信。”为学之序：“博学之，审问之，慎思之，明辨之、笃行之。”修身之要：“言忠信，行笃敬，惩忿窒欲，迁善改过。”
度远	宋朝朱熹诗：“偶扶藜杖过寒谷，又枉蓝与度远岑。”
夺秀	武夷山有夺秀亭。
方新	朱熹《壬午应诏封事》：“方今天命之眷顾方新，人心之蕲向方切，此亦陛下端本正始、自贻哲命之时，因时顺理、乘势有为之会也。”
芳丛	明朝刘基《望武夷山作》：“薄游限尘务，促景尼奇踪。缅怀紫阳子，千载谁与同。琼佩邈烟露，石函闷遗封。羁猿怨幽涧，飞萝冒芳丛。瑶琴空流泉，桂枝徒秋风。”
芳洁	清朝闽北人蒋蘅《晚甘候传》：“气性森严，芳洁迥出尘表。”
芳林	宋朝名臣李纲《玉女峰》：“风舞芳林鬓脚垂，朝云暮雨湿仙衣。”
芳馨	朱熹古诗《六月十五日诣水公庵雨作》：“芳馨杂悄茜，俯仰同鲜荣。”
凤凰	道左为凤凰新村。
凤翔	朱熹五言古诗《远游篇》：“上有孤凤翔，下有神骧香。”
凤翥	南宋道教金丹派南五祖白玉蟾诗文俱佳，善草书，人称有“龙翔凤翥”之势。
奉民	朱熹《壬午应诏封事》：“某事之病，为民之戚，陛下虽欲闻之，亦谁与奉承而致诸民哉?”
福海	宋朝武夷遇林亭古窑烧制的金银彩黑釉瓷器上有“寿山福海”等内容。
福山	邵武市古代书院有：和平书院、樵溪书院、福山书院、矩墨书院、白渚书院、崇贤书院、养正书院、九曲书院、正音书院、樵川书院。
福泽	朱熹理学继承者元朝学者熊禾《升真观记》：“……利济一方者，此理之常而得其气之灵明，英粹为大圣大贤，福泽天下……”
歌和	明朝王复礼《和朱文公棹歌之九》：“歌残莫谓无人和，独客闲吟乐性天。”
歌远	朱熹五言古诗《远游篇》：“举座且停酒，听我歌远游。”

格物	朱熹早年政治主张论帝王之学，希望孝宗从“格物致知”“正心诚意”做起。
功成	朱熹《上宰相书》：“明公不此之爱，而顾爱此迪功，文学、承信，校尉十数人之赏，以为重惜名器之计，愚亦不知其何说也。”
贡茶	武夷山摩崖石刻：“石乳流香入贡茶”。
观明	朱熹在《论语集注》中注释：“知者达于事理而周流无滞，有似于水，故乐水。仁者安于义理而厚重不迁，有似于山，故乐山。”朱熹认为，仁者所以为仁，在于他们安于义理而见异不迁，其性沉稳厚重类似于山，故而乐于观山明道。……仁者静而有常，心平气和，固守德性，故而长寿。
观胜	石刻镌刻于山南一线天保屏岩壁。“宋……后山翁泳、蔡公亮，瑶田詹复同游九曲，邂逅园田詹然于大隐屏下，相拉观一字天之胜，然之弟照载酒来会，引觥命酹，诵紫阳夫子神斧之章，慨然有感，援笔赋诗，题名而归。公亮书，然镌石。”
广大	朱熹被称颂为“致广大，尽精微，综罗百代”的一代宗师。
桂冠	五曲山云窝伏虎岩有一组宦游石刻，其中《访陈幼溪司马接笋峰》诗刻：“桂冠神武易纶巾，到处仙源恣采真。”

（2）备选专名按其语词的义项进行排序。通常，按照备选专名义项予以排列，是针对组团式地理实体的命名，以便在给其名称后形成序列地名。在这里，备选专名语词的出现不是单一者，而是一个小的联合体，这一群体中的语词是同义词或近义词，而且是被一并列出，从而为届时的地名规划拟名提供便利。其实，这种备选专名语词的排序方式，可以是上述首字汉语拼音字母顺序排列方式的一部分，只不过增加了一栏“同义词或近义词”罢了（参见示例 5-5）。

示例 5-5：按照语词义项排序的备选专名一览表

按照语词义项排序的备选专名一览表

备选专名	同义词或近义词			备选专名含义
创举	创立	创新	创业	（略）
大才	大公	大计	大业	（略）

续表

备选专名	同义词或近义词			备选专名含义
德政	德治			（略）
康宁	康泰	康安		（略）
功德	功绩	功勋	功业	（略）
民本	民权	民生	民主	（略）
先贤	先哲	先知		（略）
兴隆	兴盛	兴旺		（略）
正本	正大	正和	正义	（略）
政和	政通	政善		（略）

（3）按照备选专名语词第二个字的汉语拼音字母顺序排列。在地理实体的专名系统中，以两个汉字组成者居多。而且，在两个汉字专名第二个汉字相同的情况下，又有不少的同义词和近义词。通过以备选专名语词尾字予以排序，使它们在被挑选拟名之时更加便利，从而组成群体性的地理实体名称。当然，这些相关联的备选专名语词，亦可相应地列入“按照首字汉语拼音字母顺序给出的备选专名语词表”中的第二栏中。其初始的顺序仍旧是常规的做法（参见示例5-6）。

示例5-6：备选专名语词相同尾字排序表

备选专名语词相同尾字排序表

备选专名	关联语词			备选专名含义
彩虹	长虹			（略）
大业	宏业	功业	伟业	（略）
创新	立新	拓新		（略）
多彩	光彩	华彩		（略）
宏图	蓝图	雄图		（略）
方兴	复兴	远兴	正兴	（略）
高飞	腾飞	翔飞		（略）
航行	远行	知行		（略）
英杰	仁杰	贤杰	雄杰	（略）
跨越	卓越	超越		（略）

（4）按其备选专名语词的来源进行排序。在备选专名比较多的情况下，而且当地传统优秀文化源远流长，且规划地名背景文化呈现多样化的态势，使得这些表现不同文化的语词需要归类到相对应的文化领域。

（5）按备选专名语词拟名地理实体的类型进行排序。有些语词虽然健康、向上，读音朗朗上口，但受其独有的语义限制，在用其给地理实体命名时，可能二者不相匹配，如“景园”适于小区名、“彩虹”用于桥名更佳等。为此，在非常必要的时候，可以将特定用于某种地理实体的备选专名语词单独罗列出来。

此外，还有两种类型的关联词需要注意：一是采用顶针构词法的备选专名语词，如“光彩”→“彩虹”→“虹景”等；二是虽然没有相同的字，但备选的专名是近义或者义项递进的语词，如“安居”→“乐业”与“厚泽”→“载物”等。

2. 备选专名词库中的语词拼写

规划地名词库中备选专名的语词，同样是大众化的汉语汉字，亦应标注汉语拼音字母的拼写形式。在此重复说之，在汉语拼音字母拼写过程中，“ɑ”和“ɡ”决不能写作“a”和“g”（参见示例 5-7）。

示例 5-7：备选专名语词的汉语拼音字母拼写

备选专名语词的汉语拼音字母拼写

立德	Lìdé	立功	Lìgōng	立志	Lìzhì	林鸣	Línmíng
林深	Línshēn	林影	Línyǐng	流霞	Liúxià	隆盛	Lóngshèng
民立	Mínlì	闽学	Mǐnxué	名山	Míngshān	名胜	Míngshèng
名贤	Míngxiàn	名章	Míngzhāng	明达	Míngdá	明道	Míngdào
明德	Míngdé	明净	Míngjìng	明丽	Mínglì	明伦	Mínglún
明时	Míngshí	明贤	Míngxián	明珠	Míngzhū	茗冠	Míngguàn
谋远	Móuyuǎn	纳新	Nàxīn	培风	Péifēng	品茗	Pǐnmíng
品胜	Pǐnshèng	奇丹	Qídān	奇景	Qíjǐng	奇茗	Qímíng
奇香	Qíxiāng	奇秀	Qíxiù	琪花	Qíhuā	启文	Qǐwén
前贤	Qiánxián	翘首	Qiàoshǒu	勤成	Qínchéng	勤学	Qínxué
清风	Qīngfēng	清新	Qīngxīn	求知	Qiúzhī	群贤	Qúnxián
如歌	Rúgē	如画	Rúhuà	如诗	Rúshī	入胜	Rùshèng

续表

瑞祥	Ruìxiáng	睿智	Ruìzhì	山翠	Shāncuì	山开	Shānkāi
山美	Shānměi	山清	Shānqīng	山韵	Shānyùn	善行	Shànxíng
善源	Shànyuán	上善	Shàngshàn	胜地	Shèngdì	胜迹	Shèngjì
胜景	Shèngjǐng	胜境	Shèngjìng	盛名	Shèngmíng	时新	Shíxīn
识博	Shíbó	识闻	Shíwén	守仁	Shǒurén	守正	Shǒuzhèng
硕果	Shuòguǒ	硕儒	Shuòrú	思学	Sīxué	天成	Tiānchéng
天功	Tiāngōng	听泉	Tīngquán	望翠	Wàngcuì	蔚文	Wèiwén
闻新	Wénxīn	文仰	Wényǎng	溪美	Xīměi	溪秀	Xīxiù
仙境	Xiānjìng	贤才	Xiáncái	祥龙	Xiánglóng	祥瑞	Xiángruì
翔凤	Xiángfèng	向明	Xiàngmíng	晓翠	Xiǎocuì	晓风	Xiǎofēng
榭胜	Xièshèng	新观	Xīnguān	新茗	Xīnmíng	新诗	Xīnshī
新政	Xīnzhèng	新知	Xīnzhī	兴盛	Xīngshèng	兴文	Xīngwén
兴贤	Xīngxián	星萃	Xīngcuì	星溪	Xīngxī	行建	Xíngjiàn
行敬	Xíngjìng	行美	Xíngměi	行言	Xíngyán	行义	Xíngyì

第七节　规划地名的少数民族元素与文字

中国幅员辽阔，历史悠久，民族众多，语言多样，是世界上文化独树一帜、最具东方气质的国家。从地名的层面上讲，与地球上的其他国家相比，更具有自身的独特魅力：不仅是地名数量最多的国家之一，而且是一座极为典型的地名文化资源“富矿”。在我国数量众多的地名中，少数民族语地名占有一席之地。这些千姿百态、五彩斑斓的少数民族语地名，在中国的社会生活中具有举足轻重的作用。因为，它们具有以下鲜明的特点：一是数量众多，可谓数不胜数；二是分布广袤，存在于64%以上的国土中；三是时间久远，有的地名已有上千年的历史；四是语言多样，来源于几十个少数民族及其不同语族、语系的语言文字；五是相对集中，大多数少数民族语地名麇集在各级的自治地方；六是文化绚丽，承载着各具特色的文化内涵、历史遗产；七是内外交融，有些少数民族语地名也是外国语地名；七是地位重要，绝大部分地名指代边疆各省区内的地理实体；八是比重较大，占我国地名总数的

20%左右；九是部分混杂，有很多少数民族语地名处于多语言、多民族的聚居区内。

对此，在对少数民族自治地方进行地名规划时，如何处理好与少数民族有关的事项，就成为地名规划中的难点和关键。笔者以为，最重要的是：体现少数民族的特有文化；规范少数民族的文字书写。

一、地名规划体现少数民族的文化元素

我国是一个多民族的国家，是由56个民族共同组成的一个大家庭，每一个民族都有自己传承的文化底蕴。重视少数民族文化的传承与保护，对于我国构建和谐社会具有重要的现实意义和深远的历史意义。因此，在保持少数民族地区经济发展的同时，如何认识少数民族文化在经济社会发展中的巨大作用，以及怎样保护并传承少数民族文化，让它们更好、更快地可持续发展，确实是摆在众人面前的重大课题。那么，什么是少数民族文化呢？一般认为，我国少数民族传统文化是指，以中华文化为源头、由中国境内各民族共同创造、经过长期历史发展所积淀的文化，并在长期的历史发展中共同创造且赖以生存的一切文明成果。它强调的是文化的本源和沿着这个本源传承下来的全部文化遗产，是迄今为止中华民族经过筛选、淘汰，不断丰富又不断发展的人文精神的总和。

我们知道，少数民族的文化包括物质和精神两个方面：物质文化的内容主要是指其衣食住行等，每个民族都有它独有的特点，这些承载着各民族文化独特的历史与风情；精神文化的内容主要是指语言文字、音乐舞蹈、风俗习惯、宗教信仰、图腾崇拜等，这些传承着各个少数民族源远流长的文化与印记。然而，在现实的世界里，我国的少数民族文化正面临着重重危机。

更为重要的是，某些少数民族地区的语言文字也面临着濒临消亡的危险。语言文字是一个民族文化的魂，是少数民族独特的艺术与风俗习惯的基础与载体，少数民族丰富多彩的语言文字表现了多样的民俗风情，是世界文化宝藏的重要组成部分。随着经济全球化的发展，伴随着西方强势文化的传播、侵袭，以及汉语汉字（通用语言文字）在当地少数民族地区的进一步普及，部分少数民族地区作为本民族文化载体的语言文字濒临消亡的危境。

因此，为保护、传承少数民族文化，必须加强少数民族的民族文化认同感，强化少数民族文化的传承力度。没有自身的民族文化认同感，就不可能有民族文化传承的自觉行动，只有是民族的才是有生命力的，只有对本民族的文化认同，才能有信心、有动力自觉地维护和传承民族文化。同时，还要充分认识民族文化的巨大价值，加大宣传、保护少数民族文化的力度，更深入了解少数民族文化对经济极大、持久的推动作用，并清醒地认识到文化也

是发展的生产力和原动力。

在这一大的背景下，少数民族的文化传承，除了以立法的形式予以规范外，还需要采取其他有力措施。其中，在少数民族地区开展地名规划时，理应重点考虑保护、传承少数民族文化的具体事项，使当地的少数民族文化可以通过地名的形式，运用规划地名这个特别的介质，达到挖掘、展示、弘扬、保护、继承少数民族历史记忆、文化遗产的目的。

作为一种承载文化的特殊载体，地名的作用是有限的，但其不可预知的效果却是无限的。因为，地名是一个大的家族，虽然每个地名的力量似乎可以忽略不计，可是积沙成塔、集腋成裘的结果往往令人惊叹。为此，应该拿起规划地名这一有力的武器，使其在少数民族的文化事业中贡献自己的力量。

在少数民族地区，地名记录、弘扬当地的民族文化，是可以通过地名的专名和通名共同或者分别完成的。换言之，少数民族语言文字地名的专名和通名，都可以在传承少数民族文化中起到积极的作用。鉴于少数民族语地名的特性，其传承的少数民族文化主要有民族风情文化、民族风俗文化、民族信仰文化、民族宗教文化、民族图腾文化、民族歌舞文化、民族服饰文化、民族建筑文化等。

二、规划地名具备当地的少数民族文字

为说明少数民族语言文字在我国的实际地位，我们引用《中华人民共和国宪法》中如下的部分文字：“自治区、自治州、自治县的自治机关行使宪法第三章第五节规定的地方国家机关的职权，同时依照宪法、民族区域自治法和其他法律规定的权限行使自治权，根据本地方实际情况贯彻执行国家的法律、政策。”“民族自治地方的人民代表大会有权依照当地民族的政治、经济和文化的特点，制定自治条例和单行条例。自治区的自治条例和单行条例，报全国人民代表大会常务委员会批准后生效。自治州、自治县的自治条例和单行条例，报省或者自治区的人民代表大会常务委员会批准后生效，并报全国人民代表大会常务委员会备案。”“民族自治地方的自治机关自主地管理本地方的教育、科学、文化、卫生、体育事业，保护和整理民族的文化遗产，发展和繁荣民族文化。”“民族自治地方的自治机关在执行职务的时候，依照本民族自治地方自治条例的规定，使用当地通用的一种或者几种语言文字”。

不难看出，国家根本大法的规定非常明确，鼓励、支持少数民族自治地方使用本民族的语言文字。语言文字在正式场合的应用上，除了各种广播、电视、报纸、刊物、网站等媒体外，或许地名及其地名标志使用语言文字是最多的地方。同理，少数民族语言文字的地名亦然。如此一来，在编制少数民族自治地方的地名规划时，不仅需要将少数民族文字一并考虑在规划地名

之内，还必须对少数民族语言文字的具体应用提出规范性的确切要求。简言之，规划地名中的少数民族文字应当正确、规范。

1. 规划地名正确使用少数民族语言文字

在少数民族自治地方开展地名规划工作，在尚未编制地名规划之前，我们遇到的第一个难题是，规划地名如何使用当地的少数民族语言文字？这里有两层意思：一是首先规划少数民族语言文字的地名，然后翻译成规范的通用语言文字；二是先期规划通用语言文字（汉语汉字）的地名，随后译写（给出）少数民族语言文字的地名。从少数民族自治地方的角度看，前者的做法是合理的；从国家推广普通话、使用通用语言文字（规范的汉语汉字）的层面讲，后者的做法是正确的。

另外，有些少数民族自治区域生活、居住者并非单一民族，而是由两个以上的少数民族共同构建的少数民族自治地方。于是，产生了少数民族语言文字的选择问题。对此，应当“分门别类”、因地制宜地对待之：主要少数民族拥有自己本民族的语言文字，则以该少数民族的语言文字为主体；主要少数民族虽然人口位居前列，但只有本民族的语言而没有文字，若排序在其后的少数民族具有本民族的语言文字，则使用该少数民族的语言文字。而且，某些少数民族的语言具有地域差别，虽说文字一样、但发音有异，这就需要审慎行事、区别对待，进而吻合于汉语汉字的地名。

在具体的地名规划实践中，对于“先有鸡还是先有蛋”的问题可以不予考虑，而是将二者有机地结合起来，无论是少数民族语言文字地名，还是汉语汉字地名，在通过语言文字之间的科学转化后，只要规划地名有效地体现了少数民族的文化，而且是切实、正确地使用了少数民族的语言文字，都是可取的、可行的、可嘉的。

不过，必须强调一点，所有的少数民族语言文字地名都应该是正确的，包括语音的正确、书写的正确、译写的正确、词义的正确等。即，对少数民族语言文字的要求，是与对其通用语言文字的要求等同的、一致的。

2. 规划地名规范使用少数民族语言文字

所谓规划地名少数民族语言文字的规范使用，是指两个方面：一是少数民族语言文字地名的本身规范；二是少数民族语言文字地名与通用语言文字之间匹配上的规范。具体说来就是：书写的规范，包括少数民族语言文字的语音、译写、语义、字形，如大小写的运用、语音符号的使用、缩略语的取舍、前后顺序的排列、字义的对应、翻译的一致性等，都是需要引起高度重视的事项，必须切实做好、做实。

此外，在地名家族成员中，不仅有地名全称、地名通名、地名专名，还有地名的别称。地名的别称通常包括简称、代称、古称、俗称等。按理说，地名别称应该构成地名规划中的一部分，或者别称成为某个规划地名中的一部分。但是，地名别称怎样在地名规划中予以更好的体现，如何在规划地名中进行有效的展示，笔者对此未进行深入研究，不知以何种方式予以处理。而且，也未在相关文献上见到与此有关的只言片语。这样，本书就这方面的内容只好暂告阙如，并留待以后研究解决。如果读者朋友在这一领域有独到见解或研究心得，也请与笔者进行深入交流，以期达到“拾遗补缺”“尽善尽美”之目的。

第六章　地名规划的专名设计

细心的读者可能已经发现，原本属于“地名规划的综合研制”重要组成部分的专名规划，在第五章中没有展开叙述。原因很简单，地名规划中的专名规划，是地名规划中首当其冲、不可或缺、重中之重者，必须付诸更多的文字予以叙述。凡是接触过地名规划的同志都知道，地名规划虽然是一个大的课题研究，但其归根结底是各种各样规划中的一种。之所以花大力气开展地名规划，其目的在于，有序、科学地执行地名规划。但是，如果地名规划只是原则性的“说教”，没有实质上的具体规划内容，则地名规划会陷入空洞无物的危险，无法在地名规划完成以后予以实施。为此，需要在地名规划中充实相关可操作的事项。事实上，只有地名规划中的现势地名规划，也就是本章重点叙述的专名规划，才是最具有可行性的工作成果。故此，为使地名规划真正落到实处，地名规划的核心——专名规划及其规划地名，必须置身于地名规划方案之中，而且处于不可替代的地位。基于此，我们将专名规划及其规划专名单独罗列出来，专门开辟一章“地名规划的专名设计”，着重阐述这方面的理论与实践。

第一节　规划专名语言文字的规范化

无论是地名中的通名，还是地名中的专名，其最直接的表现是一种语言文字现象。即，在为地理实体赋予名称时，是通过语言文字来实现的。因此，地名的好与不好、规范与不规范，可以通过其语言文字的构成直观地反映出来。同理，语言文字在地名的专名是如何展示的，也决定了地名专名在标准化中所处的位置。虽然，我们在本书的第五章中阐明了地名全称的用字问题，其中也包含了专名的相关要求，但由于地名规划中的专名具有特殊性，所以在此有针对性地阐述规划专名的这一内容。

一、规划专名用字的选取原则

中国的汉语汉字在世界范围内，是最神奇、最独特的一种古老语言文字，它与大多数拼音字母构成的文字截然不同，是由笔画、笔数、笔顺以及偏旁（包括变形）等构成的方块字，而且与朝鲜语言文字类似，一个汉字一个读音。（“瓩”为唯一的双音字，读“qiānwá”，现已废弃，由“千瓦”代替。）在这种情形下，专名用字的多寡意味着音节的多寡，也就影响了该地名的使用效果：如果专名字数较多（过长），则不便于认读和记忆；如果专名字数太少（极短），则易产生重名。因此，为了符合我国汉语汉字的音韵、构词习惯，以及体现专名的社会属性，特提出规划地名的专名用字字数的要求。

1. 规划专名字数的优选原则

单就专名用字的数量而言，似乎越简单、越合理，越简洁、越好用，其实并不尽然。这里既有视觉问题，又有记忆问题，还有社会习惯问题，因此不能“一刀切”地一概而论。通过对地名的广泛观察、多方搜集、精心筛选、适度归纳、深入分析，得出如下可行的结论：规划地名的专名字数可为1—4个汉字，且优选字数依次宜为：两个汉字、三个汉字、一个汉字、四个汉字。

（1）规划专名最好采用两个汉字。从实践上看，两个汉字的专名是最多的选择，也是最佳的用法。其优点是，构词稳定，读音上口，言简意赅，为广大民众所乐见。例如，“爱国大街”“国强路”“新华大道”等。

（2）规划专名可以采用三个汉字。三个汉字的专名有两种情况：一种是纯粹的三字语词，如“福寿禄小区”“霓虹灯桥”“万花筒大厦”等；一种是两个汉语字词之前配备了单一汉字的修饰词，如“东康宁巷”“新市民广场”“红牡丹花园”等。这类由三个汉字构成的地名，是对由两个汉字专名组成的全称地名很好的补充。况且，某些地名的专名如果硬性地定为两个汉字，是不足以表达该专名语词特有义项的，特别是带有修饰词的专名，愈加丰富了专名的表意功能，更成为地名大家庭中重要的“有生力量”。可见，三个汉字专名最大的优势是：可以展示出比较深厚的文化意蕴、文化内涵；便于由两个汉字的专名派生出新的地名。

（3）规划地名慎重采用一个汉字。翻遍手中的各类地名大辞典，除了历史久远的古地名外，单一字体的专名地名比较罕见。那么，为什么古代多单一字体专名地名，而现代越来越少见它呢？原因很简单，社会经济的发展、语言文字的进步，以及汉语特有的音韵规律，导致单音节的词趋于减少，代之以双音节的词。这一点，也不知不觉中体现在地名的专名上。还有，受单一字词数量较少的影响，如果将其大量用于地名的专名，则会涌现出很多重名（同名）、重音（近音）的地名。显然，这不利于地名的管理和使用。例如，“大桥”与“达桥”，“花苑”与“花园”等，不仅部分地名的专名部分更像通名的修饰词，也易造成二者之间的混淆。

（4）规划地名不宜采用四个汉字。从汉语言文字的角度看，相比较于前述的三种情景，四个汉字的专名构词较长，不仅不便于民众记忆，也不利于在地名标牌上进行标示。而且，我国的汉字表意功能强大，两个或者三个汉字足以满足需要，除了固有的四字词汇（如成语）外，在多数情况下是无须使用四个汉字的。还有，在公共场合设置的地名标志，是需要标注汉语拼音字母拼写形式的，如果四个汉字专名均为拼音字母较长的拼写，则会突破地名标志牌上的版面限制。实际情况是，国家标准《地名　标志》（GB 17733-2008）的标牌版式还有竖列式，地名用字（包括专名）过多，则汉语拼音字母无法在其上进行正常的拼写，只得勉为其难地拼写两行，严重影响了人们的认读，进而不利于地名标识的有效制作和正常使用。

说实话，超过四个汉字的专名并非没有，但从地名规划的层面来说，以其不出现在规划地名中为佳。当然，如果是少数民族语地名转写而来，或者是音译得到的五个汉字的专名，则另当别论。

不得不注意的是，有些非地名规划的命名行为，受上级领导权威的制约、“商品地名”利益的驱动，某些专名的四个汉字竟然是两个不同的语词，如“友谊彩虹大桥”“繁荣昭阳大道”等，导致该地名认读时非常拗口，而且有可能被大众逐渐省略、改动，并形成好用、实际的“短地名”。

2. 规划专名与通名配合时的字数搭配

老生常谈：地名是由专名和通名两部分共同组成的。其意思是说，专名不能独立存在，它必须与通名相互配合，唯如此才能发挥专名应有的作用。这样，专名也存在着与通名在各自字数上的搭配问题。什么样的搭配结构是好的，怎么样的搭配形式是差的，这用一句话是无法说清的，需要“就事论事”地具体问题具体分析。

（1）两个汉字的规划专名与通名的搭配。规划专名为两个汉字时，与通名搭配有多种形式：两个汉字的专名加一个汉字的通名、两个汉字的专名加两个汉字的通名、两个汉字的专名加三个汉字的通名、两个汉字的专名加一个汉字的修饰词再加一个汉字的通名、两个汉字的专名加一个汉字的修饰词再加两个汉字的通名等。可以看出，上述专名与通名的搭配形式，抑或二者之间再加上修饰词，相对而言还是比较妥当的，既不会形成“头重脚轻”的结果，也不会带来“前恭后倨”的现象。看来，以两个汉字专名为主体的地名，之所以被人们广泛接受、大量采用，其理论依据和实际效果似乎不言自明。

（2）三个汉字的规划专名与通名的搭配。专名为三个汉字的地名全称，其构成地名的方式比上面所提者要多得多，主要有：三个汉字的专名加一个汉字的通名、三个汉字的专名加两个汉字的通名、三个汉字的专名加三个汉字的通名、三个汉字的专名加一个汉字的修饰词再加一个汉字的通名、三个汉字的专名加一个汉字的修饰词再加两个汉字的通名、三个汉字的专名加一个汉字的修饰词再加三个汉字的通名等。在这里，并未将专名一个汉字的修饰词加两个汉字的专名再加诸多字数的通名列入其中。如果将所有组成地名全称的形式全部罗列的话，则有让人眼花缭乱之感。由此可以判断，此时的通名越短越好，其最多只能为三个汉字。若非如此，地名语词显然过长。

（3）一个汉字的规划专名与通名的搭配。如果将通名（包括其修饰词）限定为三个汉字的话，单字专名与其匹配只有三种形式：一个汉字的专名加一个汉字的通名、一个汉字的专名加两个汉字的通名（包括一个汉字的修饰词加一个汉字的通名）、一个汉字的专名加三个汉字的通名（包括一个汉字的修饰词加两个汉字的通名）。此时可以看出，当通名字数多到三个汉字以上时，作为指位作用的单字专名，有被其后面的多字通名淹没的感觉，是典型的越俎代庖，甚至让人不知所云，如“建立交桥”“玉林阴路”等。

（4）四个汉字的规划专名与通名的搭配。由于专名的汉字字数很多，所以与通名配合起来更是形式多样，在此我们不将它们一一列出，大家可以想象出来，也能得出正确的结论：此时的地名全称字数太多，超长的地名与期待中的作用成反比。因而，应当为此严格把关、谨慎行事。不信，我给大家举一个奇葩的例子：“勇往直前跨海南大桥”！

所以，在规划专名用字数量合理的前提下，规划地名全称的用字数量控制在四个汉字之内较好，重点规划的地名全称为：两个汉字的专名加一个汉字的通名、两个汉字的专名加两个汉字的通名、两个汉字的专名加一个汉字的修饰词再加一个汉字的通名、三个汉字的专名加一个汉字的通名、三个汉字的专名加两个汉字的通名、三个汉字的专名加一个汉字的修饰词再加一个汉字的通名等。下面所列地名可见一斑（参见示例6-1）。

示例6-1：综合交通路网道路名称规划

综合交通路网道路名称规划

编号	名称	道路描述	说明
1	茨山大道	大学南路南延，新郑境内段，南北走向	新命名
2	炎黄大道	老107国道新郑境内段，东邻轩辕大道，南北走向	新命名

续表

编号	名称	道路描述	说明
3	轩辕大道	郑新快速通道新郑境内段和原迎宾街	
4	郑韩西街	中华路北延线连接郑州东四环	新命名
5	枣乡大道	北起龙湖大道，南至新村大道，东邻京港澳高速公路，西邻郑韩大道，南北走向	解放路北延
6	新港道	南起溟水大道，北接郑港大道，西邻京港澳高速公路，南北走向	原名保留
7	龙湖大道	东起新港大道，西至具茨山大道，北邻航城大道，南邻龙港大道，东西走向	原双湖大道
8	龙港大道	东起新港大道，西至炎黄大道，北邻龙湖大道，南邻密港路	新命名
9	东灵永路	S321 与 G102，东西走向	过境公路
10	莲花路	东起京港澳高速公路，西至轩辕大道，北邻 S321（灵永路），南邻高登高速	专名保留
11	万邓路	X209，东西走向	过境公路
12	风后大道	S323 新郑境内段，东西走向	原炎黄大道
13	溟水大街	八千乡至千户寨，北邻 S323	新命名
14	航城大道	机场核心区东侧，南北环绕	

二、规划专名用字音、义、形的要求

正如前面所述，既然规划专名的表现形式是汉语中的汉字，因此其必然存在着汉语汉字的音、义、形问题。为妥善处理这一事项，我们给出的合理化建议是，规划地名的专名在音、义、形上应满足如下要求：字音朗朗上口；字形简单明了；字义健康向上。

1. 规划专名的字音应朗朗上口

这里必须澄清一个问题，规划的专名在读音上朗朗上口，这是不言而喻的，也是其最基本的要求。其实，它还有另外两个问题需要解决：一是其触及的方言读音；二是其与通名结合后的读音。

(1) 规划专名用字读音避免方言的误读。在我国960万平方千米的土地上，虽然国家大力推广普通话，然而由于历史和地域以及迁徙等的原因，各地对于汉字的读音存在着显见的方言读音，如西北的“野调胡腔”、上海的“吴侬软语”。这种“天南海北”的南腔北调，当其作用于地名规划给出的新地名时，也会出现读音上的差异。而且，某些规划名称读起来“铿锵有力”“声声悦耳”，显得高雅、健康、纯净、向上，但在以当地的方言读音发音时，可能会走向不好的一端，甚至引起不明就里的误解。所以，对于规划专名涉及的方言读音问题，一定要在当地参与规划者的帮助下，小心谨慎地进行处理，以避免闹出不必要的笑话。

(2) 规划专名用字读音与通名读音的有效结合。在绝大多数的情况下，专名都是与通名黏合在一起的，并形成一个固定的语词。此时，其读音是不能割裂的，是要整体上予以考虑的。如果地名全称的读音存在瑕疵，即使专名读音非常之好也是无用的。即，中国的汉字读音是由上声、阴平、阳平、去声和轻声共同构成的，只有地名全称符合其读音规律，才能达到阴阳顿挫、悦耳动听的效果。

2. 规划专名的字形应简单明了

规划专名字形的简单明了，说起来是一件简单的事情，其实它涉及两个方面：一是规划专名用字的笔画；二是规划专名用字的字数。

(1) 规划专名用字的笔画不要过繁。在上一章中，我们曾经对这一问题进行过阐述。然而，必须重申的是，规划地名笔画的多寡不是决定性因素，其最肯綮的着眼点是，便于人们的认读和记忆。注意，如果规划地名取自原有的固有地名，且该地名为大众意义上的生僻字，但为了地名文化保护以及延续习惯用法，该地名还是可以变身为规划地名的。况且，这里所谓的生僻字，在当地人的眼里本身是熟读字。

(2) 规划专名构词的用字不宜过多。这一浅显的问题，前面业已叙述，在此不再赘言。不过，需要补充一下，规划地名的专名用字之所以过多，有一个原因不容忽视，那就是专名是由两个甚至两个以上的语词构成的。为此，提出如下要求：规划专名不宜由两个独立的词组组成。否则，既破坏了规划专名的美感，也影响了专名的音韵，更加大了对其记忆与使用的难度。

3. 规划专名的字义应健康向上

每一个进入地名规划中的规划专名，通过中文强大的表意功能，都蕴含着这样或者那样的内容。这些内容在与时俱进的基础上，必须健康、向上、阳光，充满昂扬的正能量，体现社会主义祖国的正确价值观。

需要指出的是，在上述规划专名字音、字形、字义出现矛盾时，如何取舍、怎样协调、哪样安排就成为关键。我们的做法是：字义优先，读音次之，字形居末。

三、规划专名用字的避免事项

从广义上讲，除了错别字（错白字）以外，我国的所有汉字都是规范汉字，只不过部分汉字需要特定（包括场合、时间、地域等）的限制罢了。以方言用字为例，在该用字的方言区域之外，该字的贸然出现是“莽撞”行为，但其跃然于本方言的区域范围内，却是地道的“亲民”活动。同样道理，包括专名在内的地名用字，为了它们的规范化、纯净化，也一样需要对其提出某种特定的限制。基于此，对规划地名的专名用字给出的具体要求是，不宜使用生僻字、通假字、方言字、俚俗字、形近字、多音字、同音字（近音字）。

1. 规划专名慎用生僻字

据国家语言文字权威机构测算：在通常的情况下，使用常用的3500个汉字，已能表达90%以上的文章要求；在一般的情形下，运用通用的7000个汉字，可以完成99%的叙述需要。所以，规划地名的专名在万不得已时，才可为1%的需求使用生僻字。一般情况下，为了保护当地的文化遗产，保留地名的文化记忆，弘扬地名规划地区的历史文化，在不二之选之际，可以将生僻字用于规划地名的专名之上。例如，在开展某地的地名规划时，该地处于古代楚文化区的范围之内，且规划区内有多个村庄名称都使用了具有楚国文化特点的“郢”字，虽然该字属于生僻字的范畴，但还是巧妙地将其用于规划地名之中。况且，该字源于规划区的多个村庄之名，对于当地的男女老少来说，是最熟悉不过的常用字。

2. 规划专名避免通假字

通假字与异体字类似，均为汉字特有的现象。它们虽然是汉字的组成部分，但其作用于地名时，一定要受到一定的限制。因为，如果通假字以地名的面目出现，会产生不必要的不良效果，导致原有地名与其通假字地名之间出现误解，甚至造成使用上的混乱。一般而言，若确实可以回避之，地名以不使用通假字为上策。之所以如此断言，是因为通假字被列为弃用的范围。最关键的因素在于，它们已被规范的正体字所取代。例如，“翶翔路”“寳石街”“愽学巷”应分别书写为“翱翔路”“宝石街”“博学巷”。另外，可以通过地名标准的规定，在特定的时候个别使用异体字。

3. 规划专名巧用方言字

在我国，汉字不仅有方言读音的问题，也存在着某些地区使用的方言汉字情况。从通常的道理上讲，方言字受地域限制，不得大行其道于通用语言文字之中。但是，当其以地名的形式出现时，特别是在规划地名之际，方言用字还是有其生存的空间的。原因在于，正如我们前面所说，地名规划具有一定的地域性，这种地域性的地名规划及其规划地名，是区别于其他地方地名规划的特征之一。即，如果规划地名特别需要采用方言用字，而且该方言字具有独到的地域文化韵味，则可以巧妙地将其用于个别的地理实体上。当然，该地理实体最好不是大的地物，或者不是外地人需要经常到达的地物，以免方言字对其启用后形成不好的误导。

4. 规划专名避开俗体字

俗体字也称“俚俗字”或“俗字”。其粗略的定义是，通俗流行而字体不合规范的汉字。应当承认，俗体字也是汉字中的一种，而且是在某些情况下需要使用的汉字。但是，其不规范的本来面目，恰巧与地名标准化的规范行为背道而驰。与方言字不同，俗体字不是在一定区域内可以使用的规范汉字。事实上，某些俗体字是由错白字逐渐演化而来，虽然可能被民间的特定人群所认可，但仍旧未获得官方的正式承认。即使俗体字能够附带一些文化的元素，也是趋于流俗的民间小众文化，甚至是“俗不可耐”的“下里巴人”文化。所以，在地名规划中或规划地名时，应当尽量避开那些不登大雅之堂的俗体字。

5. 规划专名关注形近字

中国东汉学者许慎在《说文解字》中记述，汉字构成是为“六书”：一曰指事；二曰象形；三曰形声；四曰会意；五曰转注；六曰假借。对此，已经被学术界和历史所证明。以象形、指事、形声、会意、转注、假借这“六书”构造的汉字，自然形成字形相似的字。与拼音字母的拼写相似不同，汉字为全世界独有的方块字，其相似程度更是超乎寻常，特别是笔画比较多的形近字，在辨认时肯定会遇到困难。基于此，当形近字用于规划专名时，如果两个地理实体的通名一致，其两三个形近汉字构成专名的地名，必然会出现难以分辨的误读，进而给地名的使用带来一定的混淆。这一情景的地名规划及其规划地名，是地名规划者及广大使用者所不愿意看到的。

6. 规划专名躲避多音字

在历史的长河中，语言文字的发展出现了有趣的现象：本来应该一字一音的汉字，在现在存量的汉字有许多多音字。这是由于我国地域广阔、地形多样、族群迁徙缓慢等原因造成的。这些多音字共分四种类型：一是现行的多音字；二是具有旧读的多音字；三是存在古音的多音字；四是具有方言读音的多音字。

(1) 规划专名现行多音字的处理。规划专名多音字分为两种：一种是声母的变化，导致该地名用字成为多音字；一种是声母、韵母相同，但声调有异，致使该字变为多音字。不过，这并不排除两种情况皆有的事实。更为重要的是，这两种或三种类型的多音字，均存在于地名之中，而前一种在地名中更具代表性。不过，后者看似事小，但仍然会引起一定的混淆。

(2) 规划专名旧读多音字的处理。自古至今，很多地名的产生是民间的自发行为。对于非官方行为产生的地名，应当在读音上特别注意两点：一是该地名的读音是否为语音正常的衍变结果；二是该地名的读音是否为百姓长期误读使然。由此，这里出现了一个取舍的问题。那么，如何把握二者之间的界限关系，是否找到它们的平衡点，就成为此项地名标准条款的重要内容。于是乎，开始考量“名从主人”的这一原则。

(3) 规划专名古音多音字的处理。古读音又称古音，其汉字以今人的角度看，古音地名的现实作用已然消失殆尽。然而，若从地名自身的层面讲，古音地名仍然具有存在的价值，这种由地名蕴含的无尽价值，主要体现在文化历史的记录和文化遗产的保护上。亦即，文字相同而读音迥异的古音地名，需要运用相关地名标准，给予特殊、实效的对待，并用于地名规划的实践中。

(4) 规划专名具有方言读音的多音字的处理。具有方言读音的多音字是在标准读音之外，还有一个或多个区域性、多个族群的读音。于是，产生这样一种困惑：使用该方言读音字用于规划地名，可以有效地突出当地的文化特点，但同时又陷入了不规范的行为。

此外，还有一些比较特殊的情况，例如：起源于少数民族语的地名，在其汉语汉字化的过程中，误用了某个与少数民族语地名读音不匹配的汉字，却没有采用该汉字的正确读音，而是将其硬性地“改为”与原少数民族语言文字类似的读音，这样无中生有地增加了一个汉字的读音，从而给其正音带来困难。

7. 规划专名把握同音字

同音字也可称之为重音字，它包含同音字和近音字两种。在一个限定的区域内，如果有两个以上的同类地名，若不注意二者的读音，就可能出现重音或近音地名。并且，由于各地的人们发音稍有变化，特别是声调的不确定性，致使读音近似的地名仍有重音之感。据报道，曾多次出现因地名发音相似，导致特定的地名呈南辕北辙之势。为此，应当寻求一个好的解决办法，在地名规划中予以规范。

同时，不可否认的是，尽管普通话为汉语发音标准，但各地已然存在着许多方言，于是出现了南腔北调的现象，如西北的“野调胡腔”、上海的“吴侬软语”。这种情况体现在地名上，也带来了一定的后果：若此处的地名用标准读音来认读，则显得高雅、健康、向上；若彼处的地名用方言来说，则会发生意想不到的歧义。为此，在特定的场合，也应考虑方言读音的地名如何处理的问题。

另外，在汉语中的儿化音地名，是我国广大地区（特别是北方）特有的现象。请注意，它们分为两种形态：一种是实音化的儿化音地名，并成为专名的组成部分，应当在地名标准中予以确认；一种是非确定的儿化音地名，只是部分民众对专名的误读，可以用地名标准的形式将其“正本清源”，其后在地名规划中得以解决。

第二节　规划专名语词表达的多样化

地名规划中的规划专名，映入我们眼帘的是语言文字。中国所代表的文化汉语汉字博大精深，当其作用于规划地名时，同样需要由该语言文字表达出相应的内容。但是，地名中的专名是由个别汉字构成的，以如此简单的文字表达非常深厚的内容，显然是一件特别困难的事情。于是乎，规划专名语词被赋予了多重任务。而在其“执行任务”时，也就可能出现不应有的偏差。正因为如此，我们才对规划专名的语词格外重视，并在此着重对其进行规范，以便其可以“行得正、走得直、干得好”。

一、规划专名的简要说明

在本书第四章“地名规划的技术路线”中，我们给定了规划地名的优选专名次序，依次宜为：固有地名；历史地名；派生地名；新增地名。这些精挑细选出来的专名语词，都有一个共同的新身份，即将成为规划区内地理实体的名称。之所以它们能够脱颖而出，是因为众多规划专名具有“与生俱来”的特殊品质，对其“脚下”新生的土地有着实打实的切合性、适宜性。而且，这一与规划地理实体的黏合关系，必须通过语言文字的叙述展现出来，以说服当地的地名管理者，并迎合当地的地名使用者。为此，每个规划地名的专名宜给出：语词来源，命名理由，所在位置，文化内涵，预期作用。这些有针对性的说明性内容，既是地名规划的要点，也是规划地名的亮点，还是群众关心的热点。下面，我们结合《河南省郑东新区地名规划》的示例一一予以介绍（参见示例6-2）。

示例 6-2：规划专名的简要说明

规划专名的简要说明

1. 起步区板块

(1) 城市次干道命名

①道路 1、2　规划名称为商务外环路、商务内环路。体现商务中心区的功能特点，增强示位功能。

②道路 3　规划名称为通泰路。该路横贯物流、商住两功能区，物流求“通”，安居求“泰”，故名。

③道路 4　规划名称为聚源路 。如聚财之江汇入财富之源的商务中心，故名。

④道路 5　规划名称为熊儿路。该路沿熊儿河南岸并行，故以河名。

⑤道路 6　规划名称为民生路。地处行政办公区，故以“民生”体现地名组团特点，寓意“执政为民”。

⑥道路 7　规划名称为回春路。位于医院附近，寓意医疗工作者“妙手回春”，体现功能区特点。

⑦道路 8　规划名称为正光路。地处行政办公区，取成语“正大光明”的缩写。

⑧道路 9　规划名称为心怡路。位于居民区内，取成语“心旷神怡”的缩写，营造祥和的居住氛围。

⑨道路 10　规划名称为中兴（xīng）路。取中原、中州兴盛之意。

⑩道路 11、12　规划名称为永平路、安平路。两路名合取“永远平安”之意，希冀物流事业发展顺利。

道路 11 的西侧路名，与老城区路名保持一致。

(2) 城市支路命名

A. 起步区北区（中心商务区组团和行政办公区组团、医院及其他）

①道路 1、2 、3 、4、5　规划名称为商务东一街、商务东二街、商务东三街、商务东四街、商务东五街；道路 6、7、8、9、10　规划名称为商务西一街、商务西二街、商务西三街、商务西四街、商务西五街。两组路名围绕“商务”采词，实现地名与功能区结合，同时以“东”“西”之分强化地名组团内部的方位指示。

②道路 11、12　规划名称为民生西街、民生东街。两路位于“民生路”两侧，故以“民生”为中心采词，强化该地名组团。

③道路 13、14　规划名称分别为德厚街、才高街。位于医院附近，两路名暗喻医务工作者“德才均备”。

④道路 15、16　规划名称分别为盛（shèng）和街、畅和街。地处居民区，围绕“和”采词，营造和谐的居住氛围。

⑤道路 17、18　规划名称分别为庙张街、陈庄街。均系保留当地原村落名称。

⑥道路 19　规划名称为康健路。该路经过城市规划中的医院，故名。

B. 起步区南区（商住物流组团）

①道路 1　规划名称为祥盛（shèng）街。该路依金水东路而行，古有金、水相生之说，取“相生”之谐音“祥盛”为路名。

②道路 2　规划名称为兴（xīng）荣街。该路沿线行业较多，取各业兴旺之意。

③道路 3、4、5　规划名称分别为百福街、千宁（níng）街、万安路。以“福”“宁”“安”冠以“百”“千”“万”，强化美好愿望。

④道路 32、7、6　规划名称分别为客文路、客文一街、客文二街。“客文”即“客属文化”的简称。因道路 32 贯穿拟建的“世界客属文化中心”，道路 7、6 位于其北侧，故名。

⑤道路 8、14　规划名称分别为七里河北路、七里河南路。两路分别沿七里河北、南两岸延伸，故名。

⑥道路 9、10、12　规划名称分别为宏图街、宏昌街、宏伟街。三路并行，以“宏图、宏昌、宏伟”组成的并列采词相匹配。

⑦道路 11、13、15、16、27、28 、30　规划名称分别为十里铺（pù）街、白庄街、西刘街、南岗街、东周路、中周路、二十里铺（pù）街。均系保留当地原村落名称。

⑧道路 29　规划名称为万通街。位于物流区内，取“万向通达”之意，与城市功能分区相吻合。

⑨道路 31　规划名称为列子路。纪念我国古代杰出的思想家列子。

另一方案：命名为列里路，“列里”为列子故里的简称。

⑩道路 26、23　规划名称分别为福禄街、康宁（níng）街。“福禄”与“康宁”组成并列采词，与这两条并列的道路相匹配。

⑪道路 19、22　规划名称分别为榆林北路、榆林南路。由当地原村落名称派生。

⑫道路 24、18　规划名称分别为普惠路、普惠西街。前者取“普天得惠”之意；后者是普惠路北端向西伸出的支路，故名（以“路”“街”区分等级）。

⑬道路 20、21　规划名称分别为和光街、和顺街。“和光”与“和顺”组成并列采词，与这两条并行的道路相匹配。

⑭道路17　规划名称为运动场东路。地处城市规划中的运动场东侧，故名。

⑮道路25　规划名称为福安街。该路主要在居住区内，取吉意而名。

1. 告知规划专名的语词来源

在正常的情况下，地名规划中的规划专名语词均非“空穴来风”，不是规划者的凭空杜撰，而是都有其来源与出处的。在优秀的地名规划中，其规划专名语词的来源地方是唯一的，即全部来源于当地、吾土、本乡。在此再次重申，那种采取简单“拿来主义”的做法，将其他地方的地名生硬地套用于本处，是极端不可取的粗暴行为，应当毫不吝惜地予以摈弃。那么，规划专名的语词到底来自何处呢?

（1）来源于当地已有的地名。利用当地地名这一固有的资源，将其重新“擘划”之后，再用于新的地理实体上，是地名规划中规划专名的首选。这里所说的已有地名分为3种情况：一是继续使用规划区内固有的地名，使之在新的地理实体上发挥效能；二是恢复当地的历史地名，发掘并弘扬地名所承载的历史文化；三是将现有的地名经过移植、派生等形式，形成新规划区内的规划地名。

（2）来源于当地形成的语词。虽然规划地名采用当地的已有地名是为首选，但由于规划区内新产生了许多地理实体，导致大量新规划的地名还需要根据当地的各类资源进行“原创”，即为规划的地理实体实施选字组词的工作。其采词的主要来源有：一是驰名物产；二是杰出人物；三是山水名胜；四是区域文化；五是历史传统；六是社会发展；七是经济建设；八是民族风情；九是地域风俗。这些表现当地不同领域文化特色的语词，或是移植采用，或是转借而来，或是凝练而成，或是摘录致用，进而被社会所认同和接受。

2. 说明规划专名的命名理由

对于每一个个体而言，规划的专名之所以用于一个特定的地理实体上，不是平白无故为之，而是有针对性地设计结果，包括挑选、比对、匹配相应的语词等。因而，这些在研制地名规划的过程中的思想、认识、缘由等，需要清晰、准确地表达出来，以便让人们对其命名理由真正信服。其实，规划专名的命名理由无怪乎常见的几种，例如：方便广大民众的使用，地名与地理实体功能相协调，保留当地的文化印记，与周边地理实体形成系列关系，体现规划区的发展前景等。

3. 指明规划专名指代的位置

规划专名所指代的地理实体，在借助规划地名图的情况下，虽然可以直观地显示该地理实体的位置。但是，还有一项工作要做，通过恰当文字的表述，指明规划专名所代表的地理实体的相对位置。这里所说的相对位置是指：一是地理实体在规划区的位置；二是地理实体与周边地理实体的位置关系。在介绍这一点时，一定要言简意明、“点到为止”。

4. 描画规划专名对应的形态

规划专名所附着的地理实体，由于其形态、规模、走向的不同，可以在某一点上左右该专名的使用。因此，对于地理实体自身属性中包含的这些内容，应当予以阐明叙说，进而呈现出令人信服的命名理由。

5. 言明规划专名的文化内涵

对于地名专名的文化表现，我们提出了一句恰当的口号：“雅非阳春白雪，俗不下里巴人。”如果规划专名选取的语词太过高雅，则会曲高和寡，不被普通民众所认同；假如规划专名特别俚俗、粗鄙，则遭人们所鄙视。所以，必须掌握雅与俗的关系和尺度，做到既能弘扬地名文化、又能“接地气”。为此，一定要记住一点，规划专名不是“上层建筑”，不能过于晦涩艰深，而是要让百姓看得见、摸得着，并成为大家喜闻乐见的“产品”。

6. 表明规划专名的预期作用

尽管地理实体即将拥有了自己的专名，但将规划专名赋予超出其能量的作用显然是不合适的。因为，规划专名只有与地理实体一起发挥效能，才能确立起后天的地位。其实，在叙说规划专名的作用时，只是表明了某种希望、冀望、祈望而已，从而给予人们以光明、灿烂的前景。

二、规划专名的语词表现

尽管规划专名只有两三个汉字，但仍然可以利用汉语汉字强大的表意功能，尽情地书写该专名语词的个体及其整体的表现。而且，之所以开展地名规划工作，其中的目的之一就是，让简单的专名语词在赋予地理实体名称的同时，真正地活跃起来、表现出来，使之成为承载当地社会、经济、文化等的重要媒介。那么，规划专名应当表达什么语义呢？其实，我们心知肚明，无怪乎是以下几点：展示当地经济发展；展现区域人文特色；体现地理实体功能；弘扬本地传统文化；冀望人民生活幸福；描画周边美好景致。虽然这是老调重弹，却仍旧需要不厌其烦地进行叙述。因为只有这样，规划的专名才能焕发出勃勃生机。

1. 规划专名展示当地经济发展

在当今社会，无论是城市、还是乡村，推动地方经济的蓬勃发展，都是各级政府的首要任务。为此，与其铺天盖地地悬挂各种振兴经济的宣传口号，还不如借助地名规划中的规划专名，巧妙、合理、含蓄地表达这一意愿。因为，通过规划专名语词的语义，提出发展经济、推动社会进步等，更深入人心、更贴近实际、更作用长远。事实上，某些地名规划在这方面确实下了一番功夫，其规划专名具有这一鲜明的色彩，昭示出当地昂扬向上的拼搏精神、奋进理念，以及经济可持续发展的美好愿景（参见示例6-3）。

示例6-3：展示当地经济发展的规划专名

展示当地经济发展的规划专名

B. 龙湖南区

该区北部围绕商务中心的功能分区，以“丰”“金”“融”采词形成地名组团；与“龙”的象形设计相配合，以“云”“雨”“雷”等气候现象采词，烘托、强化了“龙”的动态氛围。

南部处在中心商务区（CBD）的正北，对其形成拱卫、依靠之势，故以“天”“地”为核心构成两个地名组团，与商务中心区的“人”形成古代所谓“三才”，企盼“天时、地利、人和”。

1. 道路1、3 规划名称分别为丰溢街、丰般街。

2. 道路2、4 规划名称分别为金街、银街。

3. 道路5 规划名称为新鑫街。

4. 道路6、7 规划名称分别为金兴（xīng）街、金碧街。

5. 道路8、9 规划名称分别为丰盛（shèng）街、丰荣街。

6. 道路10 规划名称为霍庄街。保留原村落地名。

7. 道路13 规划名称为新融街。

8. 道路11、12、20 规划名称分别为东风一街、东风二街、东风三街。位于东风渠北岸，并自西向东依次排列，故名。

9. 道路19、14、15、16、17、18 规划名称为瑞雨路、瑞雨一街、瑞雨二街、瑞雨三街、瑞雨四街、瑞雨五街。位于龙湖象形的“龙爪”之下，相传龙爪之下的祥云能生瑞雨。

10. 道路21、22、23、24 规划名称分别为彩云一街、彩云二街、彩云三街、彩云四街。与“瑞雨”组团相配合，强化“龙”的主题；以数字排序，丰富了地名韵律。

11. 道路25、道路26 规划名称分别为春雷一街、春雷二街。

12. 道路30 规划名称为步云街。

13. 道路27、28 规划名称为金源西街、金源东街。位于金水河之源得名。

14. 道路31、36 规划名称分别为地润路、天赋路。暗喻郑东新区发展顺天时、占地利，构成排比的地名骨架。

15. 道路29、32、33、34　规划名称分别为地德街、地坤街、地秀街、地锦街。

16. 道路35、38、39　规划名称分别为天泽街、天瑞街、天韵街。

17. 道路37、40　规划名称分别为天时路、天时东街。后者是天赋路南端向东伸出的支路，故名。

18. 道路41　规划名称为天保街。

2. 规划专名展现区域人文特色

与上述同理，规划专名必须展现区域人文特色。更为重要的是，各地的人文特色不是着眼未来，而是回望历史，通过挖掘、叙述传统的区域文化，达到弘扬文化、守望家乡的境界。对于这一点，尤其是地名文化的保护规划，更是不遗余力地凸显之。有些地名规划为了强化这些内容，甚至设置专门的章节，重点阐明这一人文永恒的主题（参见示例6-4）。

示例6-4：地名规划中的人文基础

地名规划中的人文基础

第七条　规划的人文基础

纵观秦皇岛的历史，可谓源远流长，早在3万年前的旧石器时代，秦皇岛地区就有人类生息繁衍；在这片古老的土地上，涌现出众多的风云人物，留下了丰富的文化遗产。

拥有长城、海滨、生态等良好资源的秦皇岛是中国唯一的一个因皇帝名字而得名的城市。因为有避暑胜地北戴河、军事要塞山海关的存在，使其成为人文文化的重要基础。

秦皇岛人杰地灵，秦皇岛人民勤劳勇敢、好学多艺，在漫长的历史长河中，创造着一个个人间奇迹，铸就了一座座历史丰碑。

一、古人类遗址

在漫长的历史进程中，秦皇岛地区留下了数以百计的古遗址、古墓葬、古建筑、石刻、墓志、碑碣……这些丰富的文物折射出了人类几十万年生存的足迹和几千年的文明发展史，从而写下了秦皇岛灿烂多彩的文化内容。

在第三次全国文物普查工作中，青龙县发现了一处旧石器遗址，共出土砍砸器、石核等旧石器时代遗物4件，经专家认定为3万年前的实物；卢龙县武山喀斯特溶洞出土的文物及古猿人遗址，以及在滦河东岸卢龙县孟店村发现的马、鹿头骨的化石上，留有明显的用石器砍砸的痕迹，进入新石器时代，古人活动的范围已扩大到北戴河、洋河、石河沿岸。

二、古迹遗址

北齐时，文宣帝高扬北战柔然，自大同起筑长城 3000 里直达山海关南海。

1381 年，明朝开国皇帝朱元璋派大将徐达北筑长城，在此建关设卫，定名为山海关。

始建于宋代的山海关孟姜女庙也以长阶、山门、钟亭、前殿、后殿等景点组成，布局合理，错落有致、古朴清幽而令世人叹服。

老龙头是明代长城的东部起点，万里长城从这里入海。登上老龙头面对波涛汹涌、云水苍茫的大海，可以饱览这独有的海上长城雄姿。

1985 年，在北戴河金山嘴发掘了秦行宫遗址。这一发现被列为“七五”期间全国“十大考古发现之一”。

此外，还有秦皇求仙入海处、“藏在深山人未识”的董家口长城、角山长城、九门口水上长城、长城奇观园、花厂峪、源影寺塔……这些光辉灿烂的文化遗产是我国劳动人民智慧的结晶。

三、战争遗址

公元前 17 世纪到公元前 7 世纪，这里属孤竹国辖领。7 世纪孤竹国联合异族戎攻打燕国，而燕国在齐国辅佐下，反而一举歼灭掉了孤竹国。

公元前 221 年，秦始皇吞并六国后，为抵御匈奴对北部边境的骚扰，派大将蒙恬首先打退了匈奴的进犯，然后调集 50 万民夫修建长城。

公元前 110 年，汉武帝刘彻封禅泰山后，从烟台来到如今的北戴河蓬蓬山上，于是有了现存的汉武台遗迹。

宋代，秦皇岛属辽、金管辖，辽代在今山海关设置了迁民县。而卢龙县的经幢，就是金大定年间修建的，至今保存完好。

1381 年，明太祖朱元璋派大将徐达修筑长城，建造关隘，设立卫所。在九门口至老龙头（26 千米）构筑了世界著名的军事防御建筑群。至此，“两京锁钥无双地，万里长城第一关”。从明、清到军阀混战，从抗日战争到解放战争，这里都是兵家必争之地。曾经发生过多次大规模的激烈战争，从而成为一个战争的重要遗址，也衍生了因战争出现的大量地名。

四、各类著名人物

打开尘封的历史画卷，在这片可歌可泣的土地上，曾经发生过许多重大历史事件，众多风云人物在此留下了丰厚的文化遗产。

孤竹国伯夷、叔齐，被孔子尊为“古之贤人”。那种崇礼、尚廉、守德、求仁、重义的高贵品格，使之成为孤竹文化的思想精髓，它构成了燕赵文化乃至华夏文化的精神内涵。现留有“夷齐故里”“夷齐井”“夷齐读书处”“夷齐庙”“清风台”等。司马迁在《史记》里把“伯夷列传”列为首篇。

秦始皇嬴政，曾东巡碣石，刻《碣石门辞》，并派燕人卢生入海求仙，曾驻跸于此，因而得名秦皇岛。

汉武帝刘彻，曾在此筑汉武台。

魏武帝曹操在此观海抒怀，写下了著名古诗《观沧海》。

唐太宗李世民东征高丽，在此作《春日望海》。

明大将军徐达在此建关设卫，长城重镇屹立于山海之间。明官员翟鹏，出生在明代抚宁卫（今秦皇岛市抚宁县）。被百姓称之为“翟青天”。明朝中晚期，这里成了决定中国历史走向的主战场。涌现出一批著名将领，如戚继光主持修建老龙头；熊廷弼坐镇山海关经略辽东；孙承宗督师山海关；袁崇焕经略山海关威镇辽东。1644 年，吴三桂、李自成、多尔衮“石河大战”等。明末清初的爱国学者顾炎武，提出著名口号“天下兴亡，匹夫有责”，这位大学者曾多次到秦皇岛吟诗著文。

清代前期，康熙、雍正、乾隆、嘉庆和道光五位皇帝曾先后来到秦皇岛，澄海楼是他们观海赋诗的必去之地。

1912 年，辞交了中华民国临时大总统职位的孙中山曾以中华铁路督办身份，偕夫人宋庆龄考察了秦皇岛港。革命先烈李大钊系中共创始人之一，在这里写下了《再论问题与主义》及《我的马克思主义观》等著名论文，为马克思主义在中国的传播和中国共产党的建立奠定了理论基础。周学熙（1866—1947 年），中国民族实业最早的奠基人，创办了秦皇岛耀华玻璃厂。同胞兄弟李书华、李书田两位博士，出生在秦皇岛市卢龙县新房子村，都是享誉世界的教育家、科学家和社会活动家，为祖国乃至世界的科技教育事业作出了卓越的贡献。王尽美，中共创始人之一，曾在 1922 年 8 月来到秦皇岛，指挥山海关铁路工人大罢工，这次大罢工的胜利，充分显示出组织起来进行斗争的巨大力量。

一代伟人毛泽东 1954 年留词北戴河《浪淘沙·北戴河》：“大雨落幽燕，白浪滔天，秦皇岛外打鱼船。一片汪洋都不见，知向谁边？往事越千年，魏武挥鞭，东临碣石有遗篇。萧瑟秋风今又是，换了人间。”

五、老地名与新地名

地名是流淌的市井文化，是可触的地方历史，是展示古今风貌的生动画卷。举凡人们的生息劳作、价值观念、理想憧憬、逸事传说，乃至重大的历史事件，都在地名中留下串串踪迹。

秦皇岛之名的起源地是指今海港区东山，相传秦始皇东巡至此而得名。现今的秦皇岛市，已成为渤海之滨的璀璨明珠，她南拥渤海，北襟燕山，辖 3 区，统 4 县，总面积达 7812.4 平方公里，人口 280 万。

昔日老地名非常直白，例如：柴禾市街，南北走向，始建于 1883 年，因该街是卖柴禾的集市，故而得名。太平街，南北走向，始建于1934年，因当时农村闹土匪，农民被迫逃至此地建房定居，为平安度日，故取此名。雨来散，东西走向，始建于1930年，此地曾有说书卖唱的，类似北京天桥，因是露天演出，每当下雨时，只好散场，故而称其地为雨来散。

新地名则充满了现代的气息，例如：滨海大道、港城大街等，特别是近几年，随着楼市的火热诞生的新潮时尚地名。一类是以水、河、海命名的，如“在水一方”“碧水华庭”“丽水家园”；水乃生命之源，人类自古逐水而居；一类是打绿色环境牌的，如“自然家园”“清馨家园”“美雅花园”；还有一类是突出青春时尚的，如“青年城”“现代城”“东方明珠”等。

随着城市的发展，大量新地名的诞生，一些老地名开始逐渐退出历史舞台。岁月轮回，新旧更替。聪明睿智的秦皇岛人正在给家乡画上更新更美的符号。

3. 规划专名体现地理实体功能

规划专名是地理实体的名称，该地名的好坏是与其所附着的地理实体密切相关的。也就是说，地名不应脱离地理实体而独立存在，必须在某种“品格”上与之相切合。这种彼此之间的切合关系，即为规划专名体现的地理实体功能。除了地理实体的通名可以告知该地物的功能外，地名中的专名同样具有这一作用，只不过地名专名不如其通名更直接罢了。而且，规划专名应当间接体现地理实体的两种功能：一种是地理实体本身的功能；一种是地理实体相关的功能（参见示例6-5）。

示例6-5：体现地理实体功能的规划专名

体现地理实体功能的规划专名

6. 将口片区支路规划地名

本片区为仓储、物流区，且紧邻本地的交通枢纽，因此其专名设计以动态的语词为主，乘风、跃动、扬帆、顺乘、远航、通达等组成的地名，与本规划区的物流功能定位相吻合，不仅具有隐形排序的功效，而且这些具有励志作用的语词还具有不畏艰难、积极向上、跨越发展、勇往直前的意蕴（见附图）。

地名69——跃动街：寓意将口片区能够跳跃式发展。

地名70——通达街：寓意将口片区前景光明、通达四方。

地名71——乘风路：寓意将口片区的未来发展，工业能够乘势而上，农业自然风调雨顺。

地名72——顺乘街：专名来源于“风水理论”中的“顺乘”一词。寓意只有山水形便、人和自然，才能生机勃勃、欣欣向荣。

地名73——远航路：寓意该片区的发展即将扬帆远航。

地名74——扬帆路：寓意该片区的发展即将扬帆远航。

地名75——聚雅路：与本片区的仓储物流区的定位吻合，寓意儒商云集。

地名76——聚豪路：与本片区的仓储物流区的定位吻合，寓意财阀毕至。

地名77——龙翔街：直言本地的仓储物流事业一飞冲天。

地名78——龙跃街：直言本地的仓储物流事业生机勃勃。

（1）规划专名切合地理实体的直接功能。在选择规划专名语词过程中，如果该语词的义项与其相关的地理实体相切合，则这个专名可以直接地体现该地理实体的功能。亦即，对应于地理实体的规划专名不能过于生硬，更不能“风马牛不相及”地“井水不犯河水”，那样的话，会导致规划专名与地理实体形成类似于“二元结构”的状态，其中空有“两张皮”的结果不利于地名的使用。

（2）规划专名吻合地理实体的间接功能。规划专名间接吻合地理实体的功能是指，规划专名的语词义项表现为两种形式：一是与其地理实体及其周边的功能对应；二是与其地理实体所在的板块的功能对应。记住，这里所指彼此的对应关系是一种相对的概念，甚至是“只能意会、不能言传”间接为之。故而，规划专名的语词义项必须通盘考虑，在其语义的表现、表达上，通过它们整体的交互作用，达到强化地理实体功能的效果。

4. 规划专名弘扬本地传统文化

与上述同理，规划专名同样被赋予了很大的期望值，需要借助专名语词丰富的义项，“尽情”地挥洒自身的内涵，弘扬本地的传统文化。这一点，在前面的章节中多有论述，于此不再一一列举，请同志们在相关章节自行翻阅。

5. 规划专名冀望人民生活幸福

地名规划中的规划地名，本身是为广大民众服务的，特别是以住宅区为主的地名规划，更应反映民众的诉求和愿望。因此，通过规划专名表达百姓的希望，是地名规划及其规划专名的题中之意。为说明这些明确的事项，在此举一些相应的简单示例，供读者朋友观摩、体会、参考（参见示例6-6）。

示例6-6：冀望人民幸福的规划专名

冀望人民幸福的规划专名

呈祥：北宋元丰年间，继小龙凤团后，创制了密云龙品种；绍圣年间，有了瑞云祥龙、上品拣芽两个品种；大观年间，则有御苑玉芽、万寿龙芽、无比寿芽等品种；政和年间，又创制了白茶、长寿玉圭、太平嘉端；宣和年间，北苑茶有了30多个品种，分别是龙凤胜雪、御苑玉芽、万寿龙芽、上林第一、乙夜清供、承平雅玩、龙凤英华、玉除清赏、尽沃承恩、雪英、云叶、蜀葵、金钱、玉华、寸金、万春银叶、宜年宝玉、玉靖庆云、无疆受龙、玉叶长春、龙苑报春、南山应瑞、琼林毓翠、浴雪呈祥、壑源拱秀、贡篚推先、价倍南金、肠谷先春、寿岩都胜、延年平乳石等。

登科：古代学子具有读书登科进取之心，而武夷读书之人表现尤佳，遍布武夷各大书院。

奉民：朱熹《壬午应诏封事》："某事之病，为民之戚，陛下虽欲闻之，亦谁与奉承而致诸民哉?"

福山：宋朝武夷遇林亭古窑烧制的金银彩黑釉瓷器上有"寿山福海"等内容。

福海：宋朝武夷遇林亭古窑烧制的金银彩黑釉瓷器上有"寿山福海"等内容。

福泽：朱熹理学继承者元朝学者熊禾《升真观记》："……利济一方者，此理之常而得其气之灵明，英粹为大圣大贤，福泽天下……"

高居：朱熹古诗《六月十五日诣水公庵雨作》："况此高人居，地偏园景清。"

和歌：明朝王复礼《和朱文公棹歌之五》："五曲峰高水益深，和歌时复振云林。"

和合：岩茶厂址名称：盘珠、云峰、龙泉、玉华、瑞云、和合、资屏……

和顺：东晋道教学者葛洪《抱扑子·对俗篇》："欲求仙者，要当以忠孝、和顺、仁信为本，若德行不修，而但务方术，皆不得长生也。"

宏富：清朝董天工的《武夷山志》记载："闽人知学，自野王始。"野王就是南朝时期著名的文字学家、《玉篇》的作者顾野王。"……以儒术知名，……又善丹青。"说明顾野王学识渊博、著述宏富。

惠康：朱熹《壬午应诏封事》："岂不以陛下必能任贤修政，以惠康小民乎?"

惠民：朱熹《壬午应诏封事》："欲以惠民，而适增其扰者有之。"

利人：朱熹《朱子语类》："若夫博施济众，则又是种之成实，而利及于人之谓。"

齐家：儒家经典著作《礼记·大学》提出修身的"三纲八目"，"三纲"即《大学》所言的"大学之道在明明德，在亲民，在止于至善"；"八目"即格物、致知、诚心、正意、修身、齐家、治国、平天下。

万寿：宋宣和年间，北苑茶有了30多个品种，分别是龙凤胜雪、御苑玉芽、万寿龙芽、上林第一、乙夜清供、承平雅玩、龙凤英华、玉除清赏、尽沃承恩、雪英、云叶、蜀葵、金钱、玉华、寸金、万春银叶、宜年宝玉、玉靖庆云、无疆受龙、玉叶长春、龙苑报春、南山应瑞、琼林毓翠、浴雪呈祥、壑源拱秀、贡篚推先、价倍南金、旸谷先春、寿岩都胜、延年平乳石等。

祥瑞：北宋元丰年间，继小龙凤团后，创制了密云龙品种；绍圣年间，有了瑞云祥龙、上品拣芽两个品种；大观年间，则有御苑玉芽、万寿龙芽、无比寿芽等品种；政和年间，又创制了白茶、长寿玉圭、太平嘉端。

有乐：明朝殷从俭，石刻镌于一曲水光岩壁："溯流谒紫阳书院，爱其崖壑幽胜，不殊粤中，徘徊久之。时天子新政，民物熙恬，草木鸟兽咸苦。斯游也，适逢运泰，情与景会，有余乐焉，因书以识岁月。"

有亲：朱熹在武夷山鞍马勒马岩题写的"忠孝"摩崖石刻以及他亲自书写的《白鹿洞书院教规》提出五教之目："父子有亲，君臣有义，夫妇有别，长幼有序，朋友有信。"为学之序："博学之，审问之，慎思之，明辨之、笃行之。"修身之要："言忠信，行笃敬，惩忿窒欲，迁善改过。"

有余：明朝殷从俭，石刻镌于一曲水光岩壁"溯流谒紫阳书院，爱其崖壑幽胜，不殊粤中，徘徊久之。时天子新政，民物熙恬，草木鸟兽咸苦。斯游也，适逢运泰，情与景会，有余乐焉，因书以识岁月。"

悦心：朱熹《咏茶宴》诗云："茗饮甘寒，抖擞神气增。顿觉尘虚空，飘然悦心目。"

知乐：朱熹援引《中庸》和《孟子》等诸家之说，对"任静智动"作了如下解释，此亦可见朱子体道之深："仁便有个长远底意思，故曰知者乐，仁者寿。"

6. 规划专名描绘周边美好景致

在我国广阔的国土上，不仅蕴藏着丰富的矿产资源，也星罗棋布着数不胜数的风景名胜。这些大自然的杰作和先辈们的遗存，有的鬼斧神工，有的亦真亦幻，有的婀娜多姿，有的底蕴深厚，有的千载流芳，有的别有洞天，有的古色古香，有的情趣盎然，有的宁谧恬然，有的小巧玲珑……虽然有些著名的景观驰名中外，但更多的景色、景致处于"养在深山人未识"的状况。为了将自己辖区的旖旎风光、历史遗迹等推介出去，除了通过各种媒体的大力宣传之外，还可以借助规划地名的专名语词，巧妙地、长久地、持续地进行渲染，从而达到以小见大、事半功倍的效果。即，当外地、外国游客踏上这里的土地时，首先映入其眼帘不一定是所观之景，而是遍布大街小巷的地名标志，以及精心打造的规划地名（包括专名）。这样，远方来客在规划专名上获取的信息，无疑为增强探寻秘境仙踪的谜底、加深名胜古迹的印象、强化大好河山的了解起到了积极的作用。在此，我们不得不提出：这样的好事何乐而不为呢（参见示例 6-7）？

示例 6-7：描绘美好景观的规划专名

描绘美好景观的规划专名

晓翠	南宋道教金丹派南五祖白玉蟾《满红红·咏武夷》："三十六峰凝晓翠，一溪流水生秋绿。正满林桂子散天香，飞金粟。……夜半月华明如昼。"
榭胜	明朝人士题诗于五曲书院"紫阳书院对清波，破壁残碑半女笋。颇爱隔邻亭榭胜，画栏朱拱是云窝。"
臻境	古人认为，武夷山人文与自然和谐统一，臻于妙境。
览胜	取自朱熹《晞真馆诗》"余今夏梦乘舟乱石间，四顾峰峦奇秀，有如玉色者，觉颇异之。及谪官剑浦，道武夷山，小舟泝流，水落石出，遍览胜概。"
呈秀	五曲山云窝伏虎岩有一组宦游石刻："……积雨新霁，山川呈秀，哦咏而归。"
独秀	取自朱熹《百丈山记》一文中"台当山西南缺，前揖芦山，一峰独秀出。"
流霞	唐朝诗人李商隐《题武夷》"只得流霞酒一杯，空中箫鼓当时回。"
竞秀	南朝文字学家顾野王赞颂武夷山的名句："千崖竞秀，万壑争流。"
胜境	五夫自宋朝设坊以来，有 6 个沿兴贤古街设立的坊：籍溪坊、中和坊、儒林坊、朱至坊、紫阳坊、双溪坊。这 6 个坊组成了兴贤古街。石坊门上分别镌刻着"崇东首善""五夫荟萃""天地钟秀""籍溪胜境""紫阳流风"……
景迁	明人张时彻咏武夷山一线天诗句"谷转灵泉出，云开玉树连。层峦摩日月，峭壁漏青天。路以诛茅得，居因僻地偏。平生好幽胜，到处更情牵"。作者明朝张时彻游武夷三天，心随景迁，情因境生，作诗一首。
画栏	明朝人士题诗于五曲书院"紫阳书院对清波，破壁残碑半女笋。颇爱隔邻亭榭胜，画栏朱拱是云窝。"

画意	武夷山石刻“衡皋蔚雨生机满，松嶂横云画意浓。”
鳌峰	建阳市古代书院有：鳌峰书院、鹰山书院、瑞樟书院、寒泉精舍、云谷书院、考亭书院、云庄书院、环峰书院、潭溪书院、溪山书院、庐峰书院、华龙书院、横渠书院、同文书院、霄峰书院、西山书院、九峰书院、崇文书院、西铭书院、会文书院、景贤书院、奎五书院、招贤书院、集贤书院、培风书院、豫章书院、晓山书院、西澜书院、梨溪书院、毓斌书院。
翠屏	取自辛弃疾《游武夷·作棹歌呈晦翁十首》“山上风吹笙鹤声，山前人望翠云屏。”
芳林	宋朝名臣李纲《玉女峰》“风舞芳林鬓脚垂，朝云暮雨湿仙衣。”
锦幛	朱熹《咏武夷茶》“红裳似欲留人醉，锦幛何妨为客开。”
尽胜	徐霞客《游武夷山日记》“自茶洞仰眺，但见绝壁干霄，泉从侧间泻下，初不知其上有峰可憩。其不临溪而能尽九溪之胜，此峰固应第一也”。
奇景	清朝袁枚《游武夷山记》“凡人陆行则劳，水行则逸，然山游者往往多陆而少水，唯武夷两山夹溪，一小舟横曳而上，溪河湍激……而奇景尽获。”
探景	清朝陈国华，石刻题镌于天游峰顶胡麻涧岩壁，《天游一览台口占》：“素羡武夷名胜地，穷幽探景蹑云梯。”
望翠	南宋辛弃疾《游武夷·作棹歌呈晦翁十首》“山上风吹笙鹤声，山前人望翠云屏。”
仙源	五曲山云窝伏虎岩有一组官游石刻，其中《访陈幼溪司马接笋峰》诗刻：“桂冠神武易纶巾，到处仙源恣采真。”
宴仙	武夷山自然景观和文化景观的命名多与道教神仙信仰和清修有关。诸如宴仙岩、企仙台、问渔亭、迎仙亭。
岩峰	武夷山沟壑纵横，岩峰林立，云雾环绕，泉叠涧鸣，翠飞霞流。
岩韵	武夷岩茶既有生长区域范围，又有独特的制作工艺，还要具有“岩韵”特征。
赞景	武夷山有两方“仙凡混合”的摩崖石刻。《武夷山摩崖石刻》的作者亦认为是“赞景题刻”，寓意“武夷山是凡界，却充溢‘仙气’，恍若仙境。”

7. 规划专名希望当地政通人和

在现行的管理体制下，我国的行政区域作为一个实体，除了具有经济运作的集团面貌外，最重要的角色是统一行政的单元。大多数情况是，在一个政区的辐辏之地、核心区域，坐落着该政区的行政首脑机关。如果人民政府所在地开展地名规划，无论是政府驻地拟迁移地的现势地名规划，还是老城区改造后以地名保护为主的地名规划，这一区域的规划地名必然具有比较浓厚的政治色彩。为此，其规划地名的专名理应涵盖行政、管理、服务的内容。需要特别留意的是，表达行政管理方面的诉求，不是借此机会无节操地大唱赞歌，更不得将规划专名“口号化”。

三、规划专名的杜绝义项

在上一个段落中，我们叙说了规划专名提倡的事项；在本段文字中，我们将“絮叨”规划专名应当杜绝的内容。为什么要从否定的角度谈论它们呢？原因在于，在实际生活中，某些地名确实存在着与大众化的主流文化背道而驰的现象。这些虽然不是地名管理中的技术问题，但却无时无刻不影响人们的生活，甚至时时处处左右了民众的思想，也使地名本身脱离了其原本具备的社会属性。基于此，在以当地政府为主导的地名规划里，规划专名所进行的科学设计，一定要限制某种不良的文化，并将其扼杀在仅有的“苗头”之中。即，规划地名中的专名义项不应表现为：夸大其词、崇洋媚外、封建迷信、怪诞不经、空洞无物等。对此，主管全国地名行政管理工作的民政部及相关领导们，曾在多场会议、多次讲话、多种场合、多个文件中强调，地名绝不能搞“大、洋、古、怪、重”，或者“大、洋、怪、重”。这里，除了“重”属于地名技术上的问题外，其他 4 项或 3 项均为文化上的问题。这样，我们把“重（chong）”的问题在他处予以明晰，而将“空”的事情置于此处，将中性的“古”改为实指“封建迷信”的“幻”，并将它们透彻化、具体化、具象化，一并论述“大、洋、幻、怪、空”的问题。

1. 规划专名不应夸大其词

某些地方，为了追求所谓“高、大、上”的节奏，在基础不牢靠的情况下，盲目地选取一些所谓大器的语词，用于地理实体的规划专名中，形成了一些不知所云、不伦不类的地名，如“国际大道”“世界广场”“全球花园”等。这种不顾实际的做法，表面上看是大智慧、大动作、大手笔，其实是不能正视自身文化使然。这里面有 3 个原因：一是没有透彻地了解拟名的地理实体；二是未能深入挖掘本地的地名文化；三是将给地理实体的命名行为随意化。结果是，不仅不为社会所接受，还弄了个贻笑大方的故事。特别提请注意的是，规划地名不是给别人看的，而是为我所用、服务本地民众的。只有心里想着普通百姓的利益，就不会作出吃力不讨好的事情。

2. 规划专名不能崇洋媚外

当西风东渐以后，某些主政一地的官员们，堂而皇之地打着与世界接轨的旗号，盲目地追求西化，仿佛凡是西方的就是最好的。这股崇洋媚外的风气，导致一些人唯西洋人马首是瞻，甚至不惜以抛弃中华传统文化为代价，不做任何分析地全盘照搬西方的东西。而且，这一“擦亮外人靴子”的行径，竟然也侵蚀到地名领域。事实上，如果回忆一下清末的历史，或者翻阅一下那时的书籍，就会惊奇甚至愤懑地发现，只有外国列强的租界内，才遍布着外国地名、外国人名的地名。这些耻辱的历史、教训不应忘却，应当坚决反对其在地名规划中。

（1）不使用外国人名（包括其译音汉字）用于我国的地理实体上。在国务院《地名管理条例》中明确规定，不以外国人名作地名。这里的确切意思是，不得使用外国人的姓名（包括其翻译成汉语的姓氏）命名我国的地理实体。事实上，即使需要纪念某个特定的中国历史人物，也是需要有一定的限制条件的，更遑论与本地无甚关联的外国人士。

（2）不利用外国地名（包括其译音汉字）置于我国的地理实体上。同理，外国的地名不可以移植于我国的地理实体上，即便是中外两国结成象征友好的姐妹城市，其外国城市的地名也不能直接拿来命名我国的地理实体。需要强调一点，某些地方有“打擦边球”的现象，将外国地名类似的音译汉字命名为中国地名，这同样是不好的“洋为中用”，也应当明令禁止。否则，将一发不可收拾。

如果站在其他立场上反向思考，有的同志会指出这样的实例，在国外有不少中国元素的唐人街，为什么我国就不能有外国地名呢？其实，答案非常简单：国务院《地名管理条例》明令禁止者，当然不得为之。所以，还需要提醒一下，某些地方虽然没有直接使用外国人名、地名命名我国的地理实体，但近年来却出现了它们的变种，将某些境外的产品名称、商品名称或者外国人名、外国地名稍加变化的音译词、意译词移植到我国的地理实体上，甚至有大行其道的趋势。对此，应当引起我们的警觉。

3. 规划专名不该封建迷信

从一定意义上讲，地名规划中的规划专名是可以作为宣传阵地的，这一行政化、长期化、大众化的“宣传栏”，应该宣扬社会主义正能量的核心价值观。可是，有些人打着挖掘华夏历史、弘扬传统文化的幌子，将令人唾弃、令人厌恶的糟粕视为精华，公然借助规划地名的专名部分，宣扬、张扬封建迷信。例如，“帝王大道”“神仙大桥”“鬼怪大厦”等，使“魑魅魍魉”招摇于市、“妖魔鬼怪”横行乡里，其做法实在不敢恭维，只好像躲避瘟疫一样“敬而远之”。

4. 规划专名不许怪诞不经

更有甚者，还有极其个别的地方，无视广大人民的正确诉求和呼声，在地名上除了大搞封建迷信那一套之外，还打出了荒诞不经的招数，其行径简直无以复加、令人发指。

（1）将自己的名字用于规划专名上。不知是“脑洞大开”，还是“脑子进水”，有些掌握威权的人，竟然可以做出恬不知耻的勾当，为了给自己树碑立传，居然丧失了最基本的廉耻之心，变着法儿地采取魔术手段，丧心病狂地将自己的名字用于规划专名之中。殊不知，这并不能让其“永垂不朽”，而是会走向其愿望的反面，被世人耻笑和践踏。

（2）将怪诞的语词用于规划专名上。还有一种情况是，将奇怪、荒诞、丑陋、异常的语词奉若神明，毫无节制地放置于规划的地理实体上，似乎是化腐朽为神奇，其实是歇斯底里的另类表现，在损毁国家公器的同时，也败坏了地方风气，还让普通民众深陷“乌烟瘴气”之中。

5. 规划专名不可空洞无物

从语言文字学的角度看，无论是中国的通用语言文字，还是外国的其他语言文字，在浩如烟海的文字中，除了许许多多具有明确义项的实词外，还有少量起辅助作用的虚词。这些名为虚词的字词，虽然可以称之为“词”，但在其独立存在时，特别是不与其他字组成特定词汇的话，是没有任何含义的。如果将其置于地名专名之中，这些规划专名给定的汉字，如感叹词中的“啊”、助词中的“的”、象声词中“哗”等，在专名中就会呈现空洞无物的表现，令人不知所云、无所适从，使地名的专名表意功能彻底失去意义，不仅不便于人们的记忆，而且丢失了专名的宣传功效，是典型的事倍功半、不被认可之举。

第三节　规划专名构词组词的系列化

对于规划地名的序列化而言，既有通名的有效作用，又有专名的实际效果。在这里，地名通名的作用是由地理实体的类型所决定的。如果地理实体未能很好地排列在一起，或者并非构成组团式的地理实体，其通名也就与地名系列化失之交臂，进而影响到专名的排列组合。从中可以看出，在规划地名序列化方面，地名的通名和专名是交织在一块的。不过，本节重点阐述的是规划专名及其作用。而且，本处所言的序列化是广义的，它包括两个方面：一是专名狭义的序列化，专指规划专名的有序排列；二是地名特定的群体化，泛指规划专名的有机组合。至此，接下来的任务是：需要先行确定哪些地理实体可以进入序列化的“法眼”，然后根据其现状给出序列化的规划专名。

一、合理确定可以组团的规划地理实体

放眼拟规划的地理实体，基本情况有两种：如果是进行文化保护的地名规划，则面对的是老城区、老地名；假如是开展现势的地名规划，则需要办理的是新地理实体、新规划地名。而新的地理实体与老的地理实体不同，在城乡建设规划及其实施过程中，就已然重点考虑了它们的组团问题。即，这种地理实体相互之间的组合，很容易构成群组式的地理实体安排与布局。于是，顺理成章地产生了组团化的拟规划地理实体。

1. 组团式拟规划地理实体需要满足的基本条件

拟进行地名规划的单个地理实体，是不存在本文所述的组团方式的，也不在此处的讨论范围之内。进而言之，只有是在一定区域内的多个地理实体，才有可能构成组团式的地理实体，并成为序列化规划地名的对象。为此，可以规划形成序列地名的组团式地理实体，应分别或者全部满足下述条件：彼此之间关系紧密；“兄弟”之间类型相同；“姐妹”之间功能互补；相互之间排列有序。

(1) 拟规划名称的地理实体之间关系紧密。关系紧密的地理实体是指：一是在地理位置上的关系紧密，相互之间有交集或并列；二是在地理实体的作用上关系紧密，或彼此依赖，或形成递进，或互相支撑，或上下就位，或主辅得体。

(2) 拟规划名称的地理实体之间类型相似。拟规划地理实体的类型，是规划名称序列化的前提，如果地理实体类型繁多，则规划名称很难形成一个令人信服的序列。所以，其地理实体的类型应当相似。这里有两层意思：一是地理实体的类型完全相同，这一点自不待言；二是地理实体类型基本相同，也可以构成比较完美的序列地名。

(3) 拟规划名称的地理实体之间功能互补。在地理实体类型的作用下，地理实体分成若干种社会的属性。这种各类地理实体独具的属性，如若体现在其各自的功能上，必然产生显见的差异。但是，如果它们可以序列化地被命名，则其功能必定是相互补充的，甚至补充功能的部分是必不可少的。

(4) 拟规划名称的地理实体之间排列有序。地理实体之间的排列有两种形式：一是纵向的排列，彼此之间头尾衔接；二是横向的排列，彼此之间并排而卧、互不交汇，构成典型的“三”字形状。

还有一种地理实体布局的组合形式需要提及，地理实体之间既不是纵向竖列，也非横向并列，而是相互之间的交叉关系，如“十”字形、“工”字形、“土”字形、“王”字形、“卌”字形、“井”字形以及“艹”头形等。

此时，除了考虑并列的地理实体外，还要考量与其交会的地理实体，以使二者的名称能够巧妙地糅和在一起。

2. 线条状拟规划地理实体应当考虑的分割因素

众所周知，对于序列化的地名来说，以这种方式命名且比较常见的地理实体是线状者，而且是被合理分割的长条状地物。即，线状且较长的街、路类地理实体，在对它们进行规划地名之前，应科学、准确、合理地予以分段。不过，在规划区内或者流经的河流不在其列。其重点考虑的关键性因素有4点：

(1) 线状地理实体的长度。一个线状或条状的地理实体，是否需要分段命名或规划名称，最重要的因素是其确切的长度。如果该地理实体较短，则应按照一个地理实体来对待；如果该地理实体较长，则应按照2个或3个地理实体来对待。这里所说的地理实体较长，是一个相对的、不确的概念，它不仅与其自身的显示长度有关，而且也与当地的认知、习惯有关。说句题外话，如果线状地理实体不人为地分段，其被赋予了单一名称后更方便人们的使用，则以不予分段、保留整体命名为宜。

(2) 线状地理实体上显著的节点。在通常情况下，较长的地理实体均为主干道，为保证其畅通性，其中间部位的节点不是特别明显。但是，由于该地理是较长甚至过长，其中间部位必然有其他地理实体与其交会，如蜿蜒的河流、笔直的道路、大型的桥梁等，从而形成类似天然的分节点。

(3) 线状地理实体宽窄度的明显变化。就某一条道路看，虽然貌似挺直地向远处伸展出去，仿佛确实是一条不可分割的线状地理实体。然而，当你驱车走了一遭后就会发现，受路段所在区域功能的影响，该道路各段设计的等级是不同的。也就是说，为了更经济、合理地利用土地，整体上看似为一个的地理实体，其被弱化通行能力的路段明显变窄，而且是陡然间的收缩，甚至主干道直接变身为次干道。

(4) 线状地理实体走向的改变。突然间的走向改变是易于辨别的，纯粹弧状的地理实体可能没有节点。明确一点，某些线状地理实体实为环状，其基本的走向是有规律的变化的。不过，其走向的改变是渐进的方式、不是突然的方式。为此，更应对其实地调研，查清其不明显“变向”的真实拐点。

在上述4个因素的综合考虑之后，方可确定该线状地理实体的分割点，以及其被分割几个小的地理实体，然后才能谈到为其规划名称的事宜。

3. 组合性拟规划地理实体可以选择的定名顺序

俯瞰整个地名规划区域，拟规划的地理实体“三人一组”“五人一队”，大部分构成了组合型的群体单位。俗话说：“万事开头难”“好的开头是成功的一半”。面对这些组合性的拟规划地理实体，在选定好的语词且即将赋予地理实体名称（专名）时，我们应该从何入手、从哪开始呢？

(1) 遵守统一的起始方法。从事地理测绘、地图编制工作的同志都知道，从标绘经纬度的地图上看，其方位是上北下南、左西右东。如果我们按照这一理论予以执行，则起始顺序为先北后南、先西后东。然而实际情况是，中国地处地球的北半球，绝大部分位于北回归线以北，受阳光照射以及季风性气候的影响，从古至今的城市布局（包括重要的房屋），都是坐北朝南的格局。这样一来，依据中国传统文化的理念，城市中各条道路的先后顺序为：先北后南、先东后西。

(2) 遵循习惯的起始方式。就每一个城市或规划区来说，由于地理环境存在千差万别，如河的流向、山的走向等，导致地理实体的实际构成及其布局并非一定之规，可能会打破传统的形制和格局，因而其地理实体的前后顺序自然随之而变化。即，应当具体情况具体分析，因地制宜地确定它们的前后次序、首尾关系、上下位置。

二、科学规范能够关联的规划专名词组

在确定可以形成序列的规划地理实体之后，下一步的具体工作就是，为这些地理实体给定序列化的地名。所谓序列化的规划地名不是单一的品种，而是在序列化的“金字招牌”之下，还有其他小的组合、编排。换言之，规划地名的序列化是一个大的概念，从广义的概念及其现实情况上讲，规划专名有纵列式、并排式、衍生式等。这样，就必须通过规划专名关联性的文字、语词、词组，构成趋同的、团体的地名专名序列。所以说，科学规范能够关联的规划专名词组，是拟定序列规划地名的关键所在。为了使这些内容更加清晰，本段文字以拟规划地理实体的形态、布局为经，以规划专名的语词、词组为纬，系统地、详细地、交错地予以阐述。

1. 纵列式的规划地名

所谓纵列式的规划地名，不是规划地名本身就可以形成的，它们是受地理实体的纵向和规模交互影响而成型的。注意，这里的纵向不是仅仅指南北方向，也包括可以延伸的东西方向等。即，被赋予名称的地理实体呈纵向列队，且首尾相接、首尾相继。在这个前提条件下，纵列式的规划地名具有自身的特点。

(1) 规划地名中专名修饰词的合理运用。针对业已分段的线状街路类地理实体，可采取不同的规划地名方式。其中，科学、合理地运用专名修饰词，是最常见、最妥当的选择。应当注意，在正常（通常）的情形下，修饰词普遍为单字词。其基本的做法是，在拟定一个统一主专名的同时，分别给出不同的方位修饰词。例如，“东民生街”“西民生街”“南新华路”“中新华路”“北新华路”等。

当然，如果分别给出各段条状地理实体不同的名称，也是一种尚可的选择。不过，这种做法与地名的序列化渐行渐远，不被作者所推荐。

（2）规划地名中通名修饰词的正确使用。按理说，规划地名中通名修饰词的使用问题，应当属于通名的范畴，不应在本处议论之。但是，为了与规划专名修饰词进行比较，说明其在纵列式规划地名中的作用，我们依然在此予以叙述。此时，修饰词的对象虽然换作通名，但其修饰词的义项仍旧以方位词为主。例如，“民生东街”“民生西街”“新华南路”“新华中路”“新华北路”等。如果修饰词不是方位词，而是其他的形容词、数词等，则可呈现出并排式的特点。此外，从音韵学的角度看，这里的修饰词修饰的对象一般为单字的通名。

必须提醒的是，虽然修饰词既可以修饰专名，也可以修饰通名，但在一个特定的规划区域内，或者一个城市的范围内，二者不能一并、交错运用于纵列式的规划地名。也就是说，如果专名修饰词用于纵列的地理实体及其地名，则通名修饰词只能用于并排的地理实体及其地名。当然，假如确实需要混合使用两种不同对象的修饰词，只有唯一的一种情况可以例外——对城市一个地理实体环形道路的分段命名，如“东三环南路”“南三环西路”“西三环中路”等（参见示例6-8）。

示例6-8：专名或通名修饰词在一地的不同用法图示

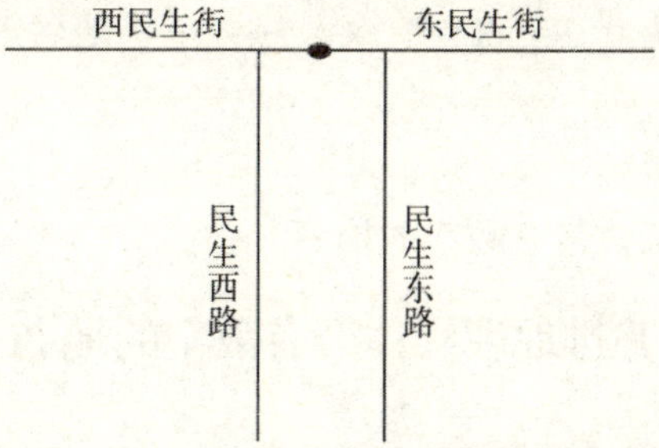

专名或通名修饰词在一地的不同用法图示

（3）顶真字词在规划专名中的运用。中国的通用语言文字博大精深，有些修辞方法是汉语汉字中所独有的，如比较有意思的顶真（顶针）修辞方法。其特点是，用前面字词的尾字作为下文的起头。通俗地讲就是，（专名的）字词接龙，前面专名的尾字是后面专名的首字。故而，将其用于多个纵向的规划地理实体上，不仅正好与纵列式的规划地名相吻合，而且恰好起到好找易记的效果。例如，“宏伟路”→“伟业路”→“业成路”→“成功路”→“功绩路”等。

（4）递进义项语词在规划专名中的运用。还有一种可以运用于纵列式规划专名的做法，将递进关系的语词“妆点”在相应的地理实体上。这种通过专名语词的递进关系，可以达到隐性列队的效果。它的修辞手法是，由大到小、由浅入深、由前到后、由本逐末、由重至轻等，依次递进、层层推进。其难点是，“安置”在规划地理实体上的语词，必须具备确切的递进关系，做到“步步为营”“环环相扣”，否则就失去了隐性排序的作用。例如，“明志街”→“修德街”→“建功街”→“立言街”等。顺带说明一下，儒家的传统思想认为，先立志、次立德、再立功、后立言，立德最为重要，立志、立德是立功、立言的基础和前提，立功、立言是立志、立德的结果。而且，“立德、立言、立功”被誉为“三不朽”。

2. **并排式的规划地名**

与纵列式的规划地名相对应，并排式的规划地名自有其特点，它所针对的地理实体排列是平行的，相互之间没有接触，只是貌似“遥遥相望”，其布局犹如“二”字形、“三”字形或“川”字形。请注意，规划地理实体及其名称既有南北向的彼此并列，也有东西向的相互并排，甚至可能出现地理实体为斜向的并立。基于此，规划地名给出的专名形态，除了上文（1）和（2）的用法外，还有其他几种属于自己的专名表现。

（1）带有数字的专名。必须指出，这里的数目字不是阿拉伯数字，而是实实在在表示数目的汉字。而且，此时的数字只是专名的一部分，而不是专名的全部。更为重要的一点是，这些数字除了具有序号作用外，还在与其他字词搭配的过程中，起到另外的辅助性功效，从而使专名语词构成一个完整的固定词汇，并表达更好、更准的含义。注：下文地名中的长横线“-”代表道路（参见示例6-9）。

示例6-9：并排地理实体带有数字的地名

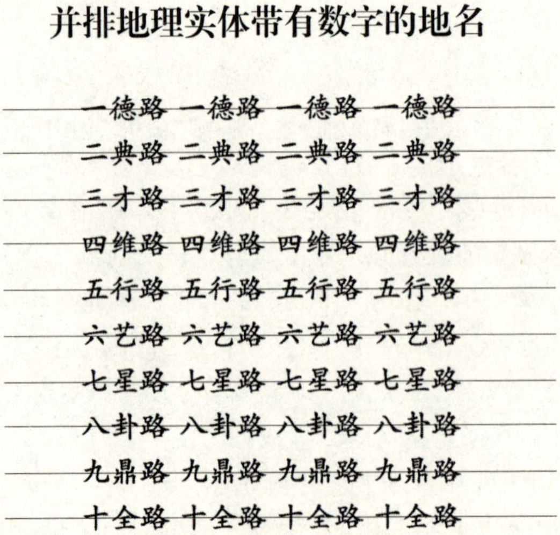

（2）义项相似的专名。标题只标注了需要专名义项相似，但它实际上包含着3层含义：一是规划专名语词的意思相近；二是该专名的构词方式相似；三是它们的部分用字相同。其修辞方式有点类似排比。其优点是，由于将多个同义词排列于此，不仅强化了规划地名的印记，也集中展示了规划专名的文化色彩，还为民众出行提供了方便。需要念叨一句，这种立足于地理实体专名的构词方式，也可以用于纵列式的规划地名，只是比较少见罢了。例如，“守德街”“守善街”“守信街”“守诚街”“立德路”“明德路”“举德路”“宏德路”等。另外，规划专名部分用字的相同，既可以是首字相同，也可以是尾字相同。对于这一点，在一个系列化的地名“小组”中，不应交错、混合地使用首字相同和尾字相同的方法，而应确定一个统一的范式（参见示例6-10）。

示例6-10：并排地理实体义项相近的专名

并排地理实体义项相近的专名

树新路　创新路　拓新路　展新路

立业路　建业路　著业路　成业路

民本路　民主路　民权路　民生路

政和路　政通路　政善路　政嘉路

还有一种规划地名的排列方式为隐性的，表面上是一盘散沙，但透过现象看本质就可以惊奇地发现，在地理实体“帮助”下的群组之内的规划地名，确实存在某种令人称道、啧啧称奇的联系。而且，这种不甚明显的内在联系，使之具有两面性——在纵列式与并排式规划地名之间适度摇摆，对于二者都能够游刃有余、左右“讨巧”，时而纵行、或者横列。这种系列规划地名一旦用于地物之上，随着社会生活中的广泛应用，其关联关系自然被人们认同。从个案实践上看，这种貌似隐性排序、实则关联卓然的规划地名，确实受到了当地民众的广泛好评。为简单明了，现将两种排列、组合的情况一并列出，供读者仔细品味（参见示例6-11）。

示例6-11：隐性排序的规划地名

隐性排序的规划地名

望洋路　观海路　听涛路　闻浪路

望洋路

观海路

听涛路

闻浪路

读者从“望洋、观海、听涛、闻浪”这4个动宾词组中，自然可以感受到其由近及远的意蕴，这正是此处专名的刻意表达。

3. 衍生式的规划专名

规划专名采用衍生式的命名体系，源于地名中的派生法。二者的区别在于，规划专名的衍生式看中的是结果，地名的派生法着眼于命名的过程。由于衍生式的规划专名脱胎于派生命名，因而其落脚点必须是可以派生、能够衍生的地理实体及其名称。通过对很多地方群组地名的观察，以及多个地名规划的实践，我们清楚地知道，衍生式的规划专名群组主要有4种：规划地名群为主辅形态、规划地名群为同等形态、规划地名群为渐进形态、规划地名群为续延形态。最主要的是，这种规划地名群组的排列具有或然性，有时有规律可循，有时仅聚集一处，需要视地理实体布局的具体情况而定。

（1）一主多副的规划地名群。在拟规划的地理实体存在等级差异时，尤其是某些小的地理实体附属于一个大的地理实体之际，其规划的地名形成了一主多副的规划地名群。即，先行规划一个主地名，之后以这个主地名为基础，衍生出一些附属的地名。这类一主多副的规划地名群具有鲜明的特点：主要的规划地名“鹤立鸡群”，附属的规划地名“小鸟依人”（参见示例6-12）。

示例6-12：一主多副规划地名群的基本状态

一主多副规划地名群的基本状态

和顺一巷	和顺三巷	和顺五巷	和顺七巷
和顺大道	和顺大道	和顺大道	和顺大道
和顺二巷	和顺四巷	和顺六巷	和顺八巷

（2）同等地位的规划地名群。在一个小的规划区域内，某些地名虽然是派生而来，但其本初的派生“宿主”是一个大的片区名称，而源于重要地名的其他演化过来的地名，其地位却是基本平等的，只不过其地理实体的种类各不相同而已。这种相对平和、“波澜不惊”的地名群，不仅形成了期待中的序列化地名，也最宜被人们所认可。其主要表现是，在一个既有地名的特定规划区域内，“摆放”着多个形态各异、作用有别的地理实体，都有一个完全相同的专名，如“知行小区”“知行大街”“知行花园”“知行中学”“知行小学”“知行天桥”“知行市场”“知行客运站”等。从某种特定的意义上说，它们是若干个不同类型的地理实体，只采用了一个极佳专名的群体（参见示例 6-13）。

示例 6-13：同等地位规划地名群的基本形态示意图

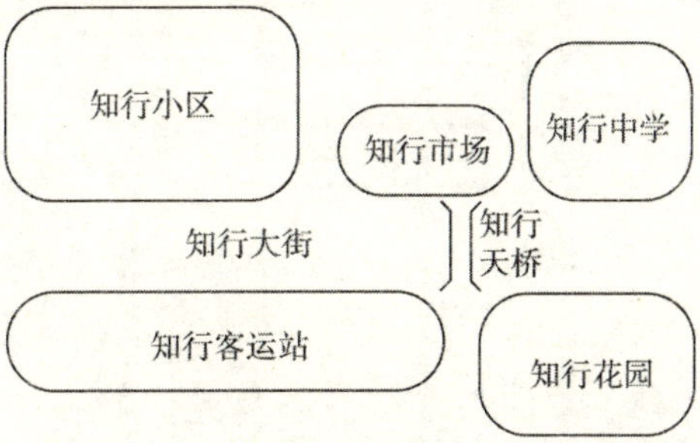

同等地位规划地名群的基本形态示意图

（3）渐进派生的规划地名群。由渐进方式得来的规划地名群，不是由一个固定的专名衍化而来，而是源于一个不变的“词根”，然后在衍生的进程中，都会渐进地补充新的元素，进而得出一个个有关联但不是同一专名的多个地名。从第二个地名开始的这一现象，在地名学术语中称之为“通名专名化”。例如，“安街”“安街桥”“安街桥站”“安街桥站花园”等。不过，这种逐一派生的做法有一个不足之处，后续地名越来越长，不利于正常的使用。因此，在地名规划的实际操作中，我们尽力回避这一方式。

（4）通名派生的规划地名群。当一个特别重要的地理实体非常知名时，尤其在当地甚至是唯一者之际，其毗邻且形成“依附”关系的其他地理实体，其名称将借助该主要的地理实体名称，但却不是由此直接派生出来，而是通过人们的“意会”衍化，得到一个或多个与之有关抑或无关的全新地名。然而，即使它们的专名没有任何相同之处，却能构成一个具有某种连带关系的地名小组。因为，衍化而来的其他地名借用了该主地名的通名。最为重要的是，该地理实体本地的唯一性，使得其通名完全具备了自身的指代效果，且被当地民众所认同。例如：一条流经当地的唯一河流，该南北走向的“母亲河”名为“妫河”；河上有一个主干道的跨河大桥，其名称为“妫河桥”；河的中间有一个岛，名为“河心岛”；河的两岸建有沿河公园，分别被命名为“东滨河公园”“西滨河公园”；在滨河公园外侧分布着两条道路，分别被命名为“东滨河路”“西滨河路”；受地形的影响和实际需要，在该河的上游只保留了下游公园与道路的部分功能，建有林荫步道，分别被命名为“东滨河漫道”“西滨河漫道”。于是，连带“妫河桥”一起形成了一加八的地名群组。其特点是，所有其他的地名都有主地名通名的“河”字。补充一句，这样一组小范围的地名群，是一主多副规划地名的变种形式（参见示例6-14）。

示例6-14：通名派生而来的规划地名群组图

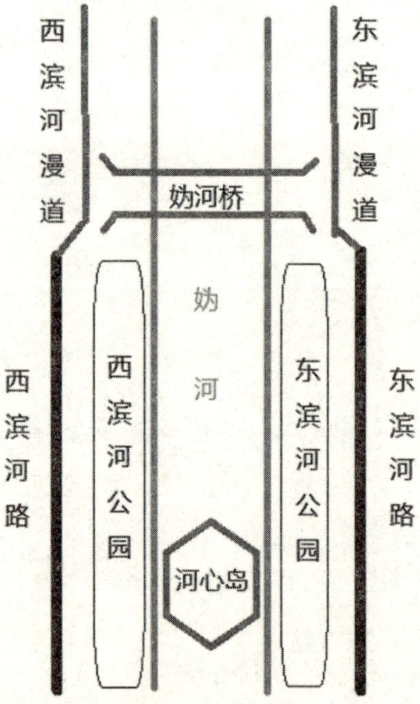

通名派生而来的规划地名群组图

另外，还有一种综合式的规划地名。即，将上述系列化的命名方式综合于此，或者其他组团式的命名方式的运用，都可归为综合式的规划命名。为简便起见，笔者不在此一一叙说，请读者朋友自行揣摩。

第七章　地名规划的专题研究

正如前面章节中所述，地名规划具有双重的属性：一方面，它是一项严谨的地名科研项目；另一方面，它又是一项地名行政管理事务。与此相对应的是，呈现出典型的二元结构：一是以科研人员为成员，组织相应的课题组，从事研制地名规划方案的工作。二是由行政人员为主导，直接组织或编写地名命名方案。因此，面对这项具有行政色彩的任务，自然而然地会掺杂着一些两边“接壤”的混合业务。这，正是本章所要阐述的内容。这些既与地名规划密不可分、又游离于地名规划之外的事项包括：地名规划中的地名征集；地名规划中的有偿冠名；地名规划中的人名命名；地名规划中的文化研究。之所以单独开辟一章内容，专题性阐述地名规划的专项研究，是由这几项研究工作的性质所决定的。它们的共性是：有时位于地名规划工作之前，有时处于地名规划工作之后；有时是地名规划工作的组成部分，有时不是地名规划的组成部分；有时属于科学研究的范畴，有时属于行政管理的范围；有时可以脱离地名规划方案自行存在，有时只能在地名规划方案中谋取生存的机会；有时它们被地名学界所认同，有时不被权威行政管理部门所认可。为此，根据这些地名业务的性质和地名专项的作用，分4节进行有用、有益的阐释。

第一节　地名规划中的地名征集

我们说过，地名规划工作是一项新生事物，在开展这一工作之前，地名的管理大都采取粗放的行政方式，面对陆续出现的地理实体，地名管理者借助以往的工作经验，按照地名命名的管理程序，给出一些自认为良好的地名。后来，地方地名行政管理部门及其工作人员，逐渐对地名有了新的认识，知道其所具有的公共属性，以及为社会民众服务的功能。于是，为了鼓励当地群众积极参与公共事务，扩大地名本身的影响力度，增强民政部门的知名度，在行政管理机制上进行创新，公开向社会各界征集相关的地名。然而，据我们了解到的情况是，各地采取的方式虽然大同小异，有的甚至大张旗鼓、轰轰烈烈，但非常成功的案例却少之又少。这不能不说是一种遗憾。为什么会如此而然呢？原因虽然是多方面的，但有一点是非常肯定的：公开征集地名与编制地名规划，二者存在着不好调和的矛盾。如何摆脱这一困境，化不利因素为有利因素，这是地名规划中征集地名的难点所在，也是地名规划引入地名征集后必须解决的问题。下面，笔者在本节对其进行抽丝剥茧、条分缕析，力求得到一个完美的答案。

一、地名规划中征集地名的准备

在具体的实践中，给地理实体赋予名称，只有 3 种方法可以采用：一是地名行政管理部门的直接命名。二是批准科研人员编制地名规划的方案。三是采纳向社会征集来的群众建议名称。现在的关键问题是，三种为地理实体命名的方式已经交织在一起，不可避免地产生了一些舛误。何以至此？一望而知：有的失位，有的缺位，有的错位。因此，为扫除这项工作中的各种弊端，有必要做好地名规划中征集地名的准备工作。

1. 确定征集地理实体名称的主体

事实上，在确定征集地理实体名称的主体之前，首先要做的重要任务是，了解并清楚是否需要向社会征集地名。如果广泛征集的地名，经过专家评审后，直接用于地理实体上，这是一个在行政系统中独立循环的问题，可以比较好地确定地名的征集与否。但是，将其置身于地名规划之中，则应当考虑与地名规划衔接等的关系问题，在能够为地名规划提供帮助的前提下，可以采取该行之有效的征集地名活动。这样，就引出了谁是地名征集的主体问题。在本书的第一章中，我们曾从招标与投标的角度叙说过这一事项，读者不妨参阅之。

（1）地名征集方案的批准机关。在现行的管理体制下，根据国务院《地名管理条例》的有关规定，地名命名的批准机关为当地人民政府。向社会征集到的众多候选地名，只是广大参与者在地名征集中的建议方案，当其中好的地名被挑选出来以后，经过当地人民政府的批准，才能成为正式采纳的地名。即，当地人民政府具有最终的决策权，代表本地民众行使管理权限和行政义务。换言之，地名征集的真正“主人”是作为地名命名的批准机关——当地人民政府。还有一点需要注意，对征集地名方案“验收”以后，意味着人民政府购买了服务，因此应当付给相应的服务费。

（2）地名征集方案的使用单位。从最浅显的道理上看，地名征集方案的使用单位只有一个，就是当地的人民政府。其批准采纳征集地名的行为，是一种实际的“验收”之举。然而，当征集的地名及其地理实体位于某个开发区时，这个简单的问题似乎复杂起来。好像在说，地名征集方案的使用单位为该开发区。其实不然，我们需要透过现象看到本质，表面上开发区是征集地名的使用单位，实际上并不尽然。因为，开发区的土地属于政府所有，其地面上的地理实体从未变更所有权。这样，开发区成为征集地名的直接使用者，当地人民政府仍然是征集地名真正的最终使用者。不过，由于开发区为地名规划的受益人，该组织应当承担一定的地名规划责任，并协助有关部门做好这一工作。

(3) 地名征集方案的管理部门。作为一级人民政府，在其管辖的行政区域内，担负着《中华人民共和国地方各级人民代表大会和地方各级人民政府组织法》中规定的多项职责和义务，这其中也包括本地的各项民政工作。这些职责和义务经过分解之后，细化到各个职能部门，而地名的行政管理工作被纳入到其所属的民政部门。即，地名征集方案的实际管理部门为当地人民政府下属的民政局。打个不恰当的比喻，人民政府是地名剧集的总导演，民政部门是该戏的执行导演。这样，征集地名具体的事务性工作，就成为当地地名行政管理部门（民政局）义不容辞的责任。

(4) 地名征集方案的利用机构。鉴于此时的征集地名不是独立的存在与运行，因而征集来的地名还要进入地名规划的序列之中，使这些地名成为潜在的规划名称。即，从群众中来的地名不是真实的地名，而是变身为地名规划中好的素材，属于广义上备选专名的范畴。这样，受委托的地名规划编制单位成为地名征集方案的利用机构。只不过，最直接的利用者是负责该地名规划研制的课题组。不过，如果这些征集来的备选专名不需要进入地名规划的范畴，或者该地名规划由地名管理机构直接操作，则其实际的利用者为当地的地名行政主管部门。

2. 明确征集地理实体名称的客体

在确定了征集地理实体名称的主体以后，紧随其后的是明确征集地名的客体。在这里，征集地名的客体分为两个层面：一是向谁征集地名；二是征集谁的地名。或者说，一个是从“何方神圣”手中得到征集的地名，一个是给什么地理实体提供地名。为此，需要设身处地地思考一下，为二者划定一个可行的范围。

(1) 征集地名面向的普通人群。对于地名的实际使用者来说，对于为家乡的地理实体拟定名称，不仅是一件快乐的事情，而且一旦自己起的地名入选，还是一件无上荣光、值得骄傲的大事。所以，为了调动当地民众的积极性，发挥大家爱我家乡、建我家乡的热情，将征集地名的对象确定为当地各界群众，是上佳的、可靠的选择和决定。另外，如果有可能的话，为了进一步扩大本地的知名度，也可以将这一活动面向的人群扩展，使更多的人们参与其中、乐在其中。

（2）征集地名面对的地理实体。在一个规划区域内，存在着许多拟规划名称的地理实体。如果将这些地理实体全部“奉献”出来，通过广泛征集的方式，请普通民众为它们取名，显然不是明智之举。因为，将所有地理实体的起名事项都“委托”给当地百姓，有取代科研机构编制地名规划之嫌，不仅不便实际的操作，其获得的征集地名方案也会呈现“五花八门”的状态，令人眼花缭乱、无所适从。即，地名工作可以让民众适度参与，但绝不是无条件地令其越俎代庖，更不是为了自身的袖手旁观，最好的“景象”是各有所需、各得其所。为此，仅仅选出少量或者部分的地理实体，供民众起名之用，是不错的选择和安排。我们的建议是，这些地理实体最好满足下列条件：一是地理实体不宜超过一定数量，如果地理实体数量过多，在与征集的地名进行搭配时，会产生惊人的无数组合，反而不便于征集活动的有效开展。二是处于主要的规划区域内，使之相对集中、互相关联。三是属于重要的地理实体，既可以更好地激发广大参与者的热情，又能够把握规划地名的主题。四是最好为一组且同类的地理实体，以此影响甚至左右民众的思维定式，从而得到期望中的经典语词。唯如此，才能在满足群众参政、议政的同时，也为地名规划及其规划地名提供有益的帮助。

3. 拟定征集地理实体名称的奖励

为所辖行政区域内的地理实体规划地名，是人民政府相关职能机关的分内之责。即，这项为地理实体的命名工作，不是老百姓法律规定中的义务和责任。有鉴于此，当地人民政府将少量的行政事务分给非职能机关任职的普通民众去做，不能够也不应该是无偿的。这样，就需要在开始这项工作之前，切实拟定好征集地理实体名称的奖励方式。

（1）征集地理实体名称的奖励标准。对于尚未成型的征集地名，它们的最终结局有 4 种情况：一是无条件地被采用，原封不动地正式成为规划地名中的一员。二是有条件地被采纳，将征集来的地名专名用于其他地理实体上。三是以后可能有条件地被采用，将其暂时列为备选的专名之中。四是无条件地被弃用，最终成为没有任何利用价值的“废弃物”。面对征集地名的 4 种结果，征集地名的发起者应当有清醒的认识，并根据不同的情况提出不同的奖励标准。

（2）征集地理实体名称的奖励范围。所谓征集地理实体名称的奖励范围，是指征集地名的奖励人数。这一群体被奖励的人数受多种因素的限制：一是作为主持征集地名工作的当地人民政府，愿意或者可以提供多少奖励资金。二是每人中奖的金额越大，则授奖面越小。三是设定奖励的层次，奖励的等级越少，获奖者越多。四是奖励的基本理念，是重奖贡献大者，还是鼓励人们的重在参与。

（3）征集地理实体名称的奖励等级。在征集地名获奖者的奖项设置上，通常有两种类似的做法：一是排定获奖者的名次，按照先后顺序予以排序，然后发放相应的奖金。这种人为排序的奖励方式有一个弱点，由于征集地名不是考试，且没有足以支撑排序的标准答案。二是选定获奖者的等级，对于提供了优良的征集地名者，给予一等的奖励，其次次之，以此类推。其好处是，获奖人员数量可以适当调整，在奖金上也好适度调剂，便于实际的具体运作。

（4）征集地理实体名称的奖励金额。对于征集地名的获奖者，在奖金总额已定的前提下，如果设定了特等奖（可有可无）、一等奖、二等奖、三等奖、鼓励奖（有无两可），则在确定多少获奖人数的基础上，才能对每个不同的奖励等级发放不同的奖金数量。基本态势是，等级越高奖金越多，上一档次的奖金是下一档次奖金的两倍左右。

二、地名规划中征集地名的操作

既然是针对地名规划的征集地名，为了有利于地名规划及其规划地名，在征集地理实体名称的具体操作上，就应当体现服务地名规划的本质。也就是说，根据地名规划工作的特点，在选择好适当的时间点上，请广大民众参与到地名规划的前期准备中来。这一发动群众的做法，是一种地名行政事务创新管理机制的体现，可以有效地群策群议，激发大家爱我家乡、建我家乡、管我家乡的满腔热忱，进而达到“众人拾柴火焰高”的目的。

1. 地名规划中征集地名的时间安排

从特定的意义上讲，向社会公开征集新的地名，是一种为地名规划某一方面做准备的行为。既然如此，在征集地名的整个过程中，凡是涉及时间节点的计划，都要考虑地名规划本身工作的需要。如果在时间安排上出现错位、滞后，则征集地名为地名规划服务的功效就会大打折扣，甚至其作用会无缘无故地消失掉。故此，原则上的时间节点是，与地名规划协调、与地名规划同步。

（1）征集地名文书的发出日期。向社会公开征集用于地名规划的地名，通常的做法是发出公告。该公告的发布日期不能过晚，否则会占用民众的思考、撰文、投稿时间，也不利于大家的意见反馈，还会影响征集地名的质量。事实上，如果涉及土地的开发，只要不存在短期的保密问题，也不影响拆迁及其经济补偿，征集地名的时间越早越好。

（2）征集地名反馈的截止期限。征集地名反馈的截止期限，是人为预定的一个值域，它与地名规划编制课题组搜集资料的时间相重合。即，二者的截止期限是一致的。给出的时限建议是，2个月是比较好的时间长度。如果该时间太长，会随时间的推移而降低其热度；如果时间过短，会给民众回复征集地名的方案带来不小的压力。

(3) 征集地名获奖的颁奖时间。为征集地名参与者中的优秀人员颁布奖项，本身不是目的，而是宣传的手段。而且，这一时间具有很强的不确定性。具体何时、何地、何人、何方式，都有待后续工作的完成才能确定。补充一句，当地人民政府可以借助这一事件，向社会各界“广而告之”。

2. 地名规划中征集地名的文书内容

当地人民政府或地名行政管理部门，采取适当的方式、确定合适的范围，公开向本地居民征集（候选）地名，其落脚点在“征集”二字上。此时，通过各种媒体发出的文件是其外在的表征和形式，而整合当地人民政府征集地名的公告内容就成为内在具象和肯綮所在。注意，这项工作本质上是人民政府的责任，但实际的操作者为主管地名行政管理的民政局（参见示例7-1）。

示例7-1：关于征集地名的公告

关于征集地名的公告

为做好中心城区的地名规划工作，根据我市第××次常委会的会议精神，市政府第×××次办公会议的决定，市民政局成立征集地名办公室，对中心城区的部分地理实体实行地名征集，望广大市民积极参与，踊跃提交地名方案。现将有关内容公告如下：

一、基本情况

征集地名的地理实体基本情况如下：

地理实体类型：主干道。

地理实体数量：×个。

地理实体位置：纵贯、横穿中心城区的核心部位。

地理实体分布：×纵、×横。

二、主要要求

1. 总体要求

符合中心城区的功能定位；

体现本地的传统文化；

展示我市社会经济发展的重大成果。

2. 技术要求

不得重名，并避免同音；

专名为2个或3个汉字；

7个地名构成一个有机的整体；

简要说明命名的理由。

三、受理部门

本次活动的承担单位为市民政局（征集地名办公室）。地址：××市××大街×××号；邮政编码：××××××；联系人：×××；电话：×××××××；传真；×××××××××××。

市民政局已经开通网上平台，请进入市民政局官方网站，点击征集地名界面后，按照提示填写表格，然后发送即可。

也可以下载该征集地名表，填写完毕后邮寄市民政局（征集地名办公室）。

四、截止日期

本次活动的截止时间为××××年××月××日，逾期未提交征集地名方案者，概不受理。

五、奖励办法

根据广大市民提交的征集地名，经过专家组的评审后，视征集地名的采用情况，本项活动设立奖项为：一等奖3名；二等奖5名；三等奖10名；鼓励奖若干名。

征集地名一经采用，即为获奖。奖金额度另定。请提交征集地名的市民留意届时的获奖公告。

（征集地名办公室）

××市民政局

××××年××月××日

3. 地名规划中征集地名的奖励确定

从征集地名的产生到最终使用的确定，不仅是一个漫长的过程，而且在这一过程中出现了多个结点。因此，在未确定地名规划征集地名的奖项之前，需要先期明确以何种形式来确定这一结果。因为，每一种认定获奖的形式不同，其获奖的时间也不同，其获奖地名的结果也不同。

（1）征集地名获奖确定的方式为专家对其进行的评审。以专家评审的方式确定征集地名的获奖情况，有其显著的优势：一是引入第三方进行评审，表明了公开、透明和公正。二是相比于地名规划的完成与批复，在时间上可以适当提前，维持居民关注地名的持续热情。但其不足亦非常明显：一是获奖征集地名不一定被采用。二是没有获奖的征集地名有可能被采用。

（2）征集地名获奖确定的方式为政府批准地名规划方案之后。以当地人民政府批准地名规划方案为最终确定征集地名的获奖方式，是最稳妥、最适宜、最有效的。其最重要的优点是，获奖征集地名与最后使用的地名保持高度一致，不会引起不必要的纠纷和麻烦。缺点是，让参与征集地名者翘首以盼的时间太长，减弱了原本热情民众的积极性。

（3）征集地名获奖确定的方式为该地名列入地名规划的方案中。这种方式为上述两种方式的综合体，可以兼顾二者的优势，也保留了双方的劣势，属于相对中庸的做法。最不好办理的是，面对获奖或者落选的征集地名，地名规划方案编制课题组在取舍上，会陷入进退维谷的两难境地。

这里有一个显见的事项需要补充几句：在奖金总额一定的前提下，如何确定获奖人数的多寡。这里面包含着一个观念的问题：奖励人数多意味着鼓励民众的参政议政；重奖少数人员可以造成一定的轰动效应。

4. 地名规划中征集地名的获奖公告

经过漫长的等待和耐心的企盼，征集地名的主办方终于发布消息，向广大居民正式公布征集地名的获奖信息。现将该公告胪陈如下，供大家参考、临摹（参见示例 7-2）。

示例 7-2：关于征集地名获奖情况的公告

关于征集地名获奖情况的公告

根据××月××日征集地名专家组评审会的评审意见，以及本市地名规划编制课题组的建议，最终确定征集地名的获奖者及获奖等次。一等奖：1000 元；二等奖：500 元；三等奖：100 元。现将获奖情况公布如下：

一等奖：牛二、张三、李四

二等奖：王五、刘六、阮七、邱八、仇九

三等奖：赵某某、钱某某、孙某某、李某某、周某某、吴某某、郑某某、王某某、冯某某、陈某某

鼓励奖：赵建某、钱立某、孙庆某、李祝某、周国某、吴家某、郑军某、王民某、冯和某、陈顺某、赵某中、钱某华、孙某丽、李某美、周某兰、吴某花、郑某红、王某伟、冯某东、陈某江

请上述获奖市民携带身份证明，于××××年××月××—××日到市民政局（征集地名办公室）领取奖金及获奖证书。

（征集地名办公室）
××市民政局
××××年××月××日

另外，还可以借颁布征集地名奖项之机，顺便召开有上述获奖者参加的座谈会，让大家成为参政议政的表率，就地名规划畅所欲言、建言献策，发表卓有成效的建设性意见和建议，充实地名规划的思想宝库和资料来源，进而达到切合实际、事半功倍的效果。

三、地名规划中征集地名的采纳

对于征集来的准地名，不能束之高阁般地封存于保险柜中，应当“取之于民，用之于民”。为此，需要彻底地解剖、分析这些地名。不难发现，这些群众提供的众多地名，在特定的语境中是比较好的，但普遍存在着一些共性的不足：一是受信息、资料掌握的缺失或疏漏，提交的地名欠缺系统性。二是受个人认知水平的制约，提交的地名在表达义项上不够严谨、丰满。基于此，面对这些五花八门、各具特点的可资候选地名，不可能不加甄别地照单全收，需要在归纳、整理、筛选的基础上，有的放矢地加以应用。

1. 征集地名无条件地采用

源于广大群众提交的征集地名，如果确实显示了极高的水准，也切合当地地名规划的总体思路，可以无条件地采用。这里的无条件地采用又分为两种情况：一种是全部的无条件地采用；一种是部分的无条件地采用。

(1) 将某一个征集地名的方案不加修改地用于地名规划之中。即，征集地名得到的方案本身形成了一个小的体系，这一组地名不仅与针对的地理实体吻合，而且与地名规划方案的要求切合，使征集地名直接转化为规划地名。但在实践中，这种原封不动的“全额照收”情况非常罕见。

(2) 将部分征集地名用于选定的规划地理实体之中。与上述不同的是，这里的征集地名只有个别或者部分的地名可以用于该地理实体上。即，需要有选择地予以固化征集地名及其地理实体。

2. 征集地名有条件地采用

所谓有条件地采用征集地名，是指征集的地名很好，但与既定的地理实体并不匹配，不适合用于原来给定的特定地理实体，但可以将其地名用于其他地理实体上。通常，这种征集地名的采纳状况比较多见，也广为地名征集参与者所接受。

3. 征集地名有条件地备用

在大多数的情形下，征集到的地名作为备用的地名居多。这里所说的有条件地备用是，很多征集地名的语词较好，但尚不具备用于现势的地理实体，并成为现势规划地名中的一员，需要将它们列入备选专名的行列，以便在以后的中长期地名规划中，用于之后产生的地理实体上。换言之，这些征集而来的专有名词，在后续的工作中具有两种命运：一是将会成为后来的地理实体名称。二是不会成为任何地理实体的名称。

4. 征集地名无条件地弃用

令人遗憾的是，还有部分征集地名呈现出：在质量上没有保障，在思想上没有新意，在文化上没有内涵，在构词上没有章法，在体系上没有关联。因此，不得不将其无条件地弃之不用。不过，对于这部分已经认定不可取的词汇，一定要充分说明不予采纳的理由，以便能够得到“涉案”群众的理解和谅解。

另外，即使是不予采用的征集地名，也并不意味着一无是处，其在此时此地可能游离于地名规划方案之外，但在彼时彼地又没准会进入地名规划方案中的“阵地”，或者今后作为“拾遗补缺”之用。

第二节　地名规划中的有偿冠名

在地名行政管理领域，对于地名的有偿命名曾经长期争论不休。一种观点认为：地名是行政事务的产物，不可以进入金钱交易的市场；另一种观点认为：地名属于公共产品，当然可以有偿命名。其实，两者都有一定的道理，又都陷入片面的境地。从现实的情况看，似乎上述争论已经没有多少实际意义，因为无论争论的结果如何，在特定的场合和时间，地名的有偿命名都是不时出现的。更令人不解的是，面对这样一个大的问题，相关的地名法规居然宣告阙如。于是乎，我行我素者有之，“首鼠两端”者有之，进退失据者有之，敢作敢当者有之，闭门不出者有之，闭门造车者有之……那么，面对这已然不算新生事物的问题，从地名规划的角度看又是怎样的呢？

一、地理实体有偿冠名的基础条件

以付出货币的形式获得自己所需要的地理实体名称，在现实的社会生活中，存在着多种多样的表述方式。现在试举 4 种：一是购买地理实体名称，强调的是需求者的购买力。二是地名商品化，重申的是地名作为商品的属性。三是地名的有偿命名，叙说了可以通过有偿的形式转移地名命名权。四是地理实体的有偿使用，阐述了地名具有的使用价值和经济价值……但不管怎样，都是通过金钱上的付出，以获取可心、可用、可喜的地名。从中可以看出，这件事情是一个硬币的两面，一面是眼见的地理实体，另一面是法人或自然人的需求，二者之间是现代商品社会最通行的物流体——“赤裸裸”的金钱。那么，购买者面对商品市场上极其少见的“虚拟性”产品，能否买到这一合适的地理实体及其名称吗？

为此，必须首先澄清一个问题，“大亨们”到底要买什么？通过分析得知：其出手购买商品的答案是，不是地理实体本身，也不是地理实体的真实命名权，而是附着在地理实体上的名称。原因有三：地理实体为不能流通的固定之物，其所具有的使用价值不具有专属权；地名的命名权为行政事务，不属于可以出卖的产品；地理实体的名称虽然是公共产品，但在具有使用价值的同时，还存在着广告宣传的作用。至此，我们清楚地知晓，资本拥有者们的目光聚焦到地理实体名称上。即，其购买的是地名本身。不过，这里面实实在在地隐藏着命名地理实体的主体是否变更的原则性问题。

1. 地理实体固有的基础条件

在市场经济活动中，无论多么阔绰的老板，都买不到不存在的东西。反而言之，如果买家想展示自己的经济实力，尽情地大把使用支票本，必须有一个必备的先决条件——市场确实存在着其打算购买的商品。同样道理，身价再大的财阀，计划在地理实体名称上潇洒一把，也得具有这样一种可供其消费的标的物。即，由于地名是地理实体的附属名称，如果希望购买地理实体名称，必须先有这样一个（或多个）存在的地理实体。而且，此时的地理实体具有的公共属性，决定了其跻身商品行列的特殊条件，只有满足了这些针对地理实体的特别“条款”，它们才可以划入可售卖的商品清单之中。例如，某一地块被金鑫集团公司所购买，在这一地块的四周建有该集团公司的各类设施，如办公楼、厂房、库房、职工宿舍、研发中心等，而在其中间的部位，根据城市的总体规划，建设了一个配套公共设施的街心花园，于是该花园无形中成为整个金鑫集团公司内部的休闲、娱乐场所，若金鑫集团公司提出以本集团名称“金鑫”有偿冠名该花园，应当是可以接受的方案（参见示例 7-3）。

示例 7-3：可以有偿冠名的地理实体位置示意图

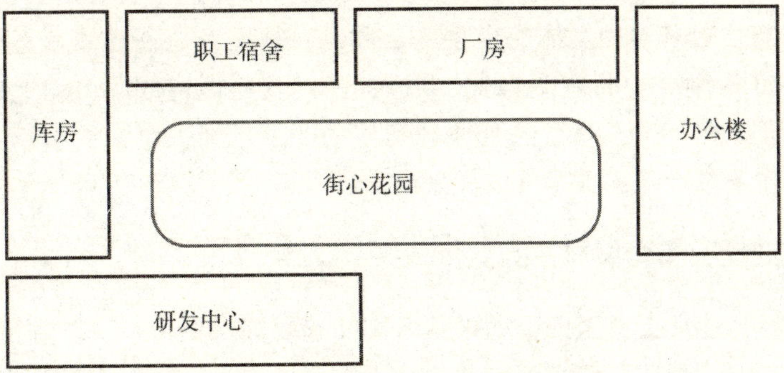

可以有偿冠名的地理实体位置示意图

（1）单一的地理实体。在一个地名规划的区域内，拟规划地名的地理实体有许多，在种类上也是多样的。此时，如果其名称可能被交易的话，该地理实体应该是单一的，最好是不与其他地理实体发生交集，甚至在一定的范围内是独一无二者。

（2）小型的地理实体。小型的地理实体与大型的地理实体相比，与其他地理实体关联程度较低，影响力度也较小。如果其名称差强人意，容易被人们退而求其次，相对而言的副作用也波及面较小。

（3）独处的地理实体。稍显独立、“独居”、独在的地理实体，可以自成一体、“洁身自好”。对于其名称而言，也能够独树一帜、别具一格。

诚如上言，在一个地理实体未取得名称之前，其所服务的对象或影响的客体占据特别重要的位置，那么当服务对象和影响客体的“主人”受到很大制约时，该“售卖”的名称应当被停止。因为，一旦该地理实体获用出资人给出的名称，则全面“占据”或“独霸”该地理实体，导致该地理实体上的其他人群或法人机构被固化，无形中约束了大家的行为，抑或每一个努力事项都是为该名称的“主人”服务和贡献。于此，显然有失公允。

2. 地理实体附加的需求条件

由于地理实体在有偿命名中的自身条件，其所做的一切都是被动的，因此需要了解该被动商品之外者，也就是它的购买者和消费者。

（1）有偿冠名地理实体的消费者。在所有的消费行为中，其中也包括有偿冠名地理实体的活动，都必须有一个购买者，一个追求利润最大化的商家。即，在这一有偿命名的价值交换中，主动的乙方必然厚此薄彼，甚至本末倒置，在满足买家的同时损害民众的利益。因为，买家是商品活动中的需求者，他所购买的商品自然要物美价廉，从而构成不等价的交换。况且，这种不公平的交易是以伤害公共利益为代价的。因此，商家为了追求最大的收益，必然提出其对地理实体附加的需求条件。这就是“阔佬们”常说的“我要买！”

（2）有偿冠名地理实体的出手人。同时，掌握着地理实体命运的行政管理机关，如果确实有可以出售的公共商品，则真切地构成了市场上的购买者的另一面。这样一来，有偿冠名地理实体的要素已经齐全，买卖双方以及买卖的标的物齐聚于此，当然可以体现出商品市场上的特有行为。

二、地理实体有偿冠名的宣传效果

对于一个地理实体来说，如果其名称的选取被操作于行政管理部门之外，那么其原本的公益性宣传必然“今非昔比”，在其大打折扣的同时也意味着，其这时的作用已经被转移，且部分或者全部地转移到出资者的手中。那么，谋求有偿冠名地理实体的法人单位（如公司）等，其所要达到的效果是什么呢？答案似乎不言而喻，但也不得不多说两句。因为，寻求冠名的出资方，并非完全奔向地理实体，而是“咬定青山不放松”，其中意的对象是地理实体的名称。严格意义上说，是今后自己给该地理实体命名的称谓，以及其所预期的终极目标。

1. 有偿冠名地理实体的基本情况

对于驻在地的厂家来说，如果获准有偿命名的地理实体价格便宜、金额适度的话，为追求合适的宣传效果或轰动效应，其选择的地理实体当然是越多越好。然而，有鉴于地理实体“公共财富”的性质，法人单位或法人代表不可能得偿所愿，让其任意挑选而为之。于是，他或她放弃了地理实体的数量要求，将目光转向地理实体的其他方面。

（1）有偿冠名地理实体的种类。对于个体的地理实体，由于种类的不同，导致其对民政服务效果的不同。基于此，对此心知肚明的有偿冠名地理实体者，自然会着重选取那些服务功能更强、更好的地理实体。

（2）有偿冠名地理实体的位置。地理实体被人们所用的多寡，除了种类的关系外，还有它的位置所在。是辐辏之地，还是独自向隅，抑或“孤苦伶仃”，其有偿冠名地理实体的名称虽然不受影响，但其对该名称的感受可谓大相径庭。因此，为了真正做到为我所用，企业家们定当择其要者，以使未来之地名焕发出浓浓的广告气息。事实上，即使是真正的广告宣传牌，也大都竖立在繁华的街区。

（3）有偿冠名地理实体的规模。与上异曲同工，有偿冠名地理实体规模的大小，同样可以反映出未来的广告价值。小的地理实体“无人问津”，大的地理实体“门可罗雀”，这种不言自明的差异性，自然需要打广告者掂量行事。否则，就会与其初衷相抵牾，甚至减少了自认的营销收益。

2. 有偿冠名地理实体的首选名称

以有偿冠名地理实体名称出资者的角度说，其选取未来地名的出发点，是与当地人民政府的要求和广大人民群众的期望是有区别的，这种天然的差异性是彼此目的不一造成的。但是，这并不排斥在机缘巧合的情况下，其落脚点却是趋于一致的。然而，话又必须说回来，这种“亲密无间”的二者结合是少见的。因为，“涉事”老板有偿冠名的资源非常有限，无怪乎是自家企业名称和产品名称。

（1）有偿冠名地理实体的企业名称。以企业之名冠名地理实体，是基于企业的总体考虑，包括长远规划、整体形象等，力求通过宣传、塑造本企业，营造令人信服的企业文化，从而增加企业的无形资产。由于企业追求的是综合效果，因而所出资金相对较多，所“用”地理实体也较好，所拟之名更具代表性。

一般而言，一个企业的名称是由 4 部分构成的：注册登记地的行政区域名称、本企业的专有名称、表明企业经营性质（工商管理要求）的语词以及各类企业的通名。例如，“北京市华贸科技有限集团公司”。实际情况是，这里所说的有偿冠名地理实体的企业名称，仅仅是指“华贸”二字。

（2）有偿冠名地理实体的产品名称。以产品之名冠名地理实体，是基于该企业的某个“拳头”产品，不仅该产品是该企业的主打产品，也是该企业的长效产品。这样一来，该产品名称就显得尤为重要。因为，如果该产品名称不符合地理实体名称的一般规律或技术要求，则该名称不能忝列地名行列之中。

另外，在条件允许的情况下，这种有偿冠名地理实体行为的结果，也可能是企业名称和产品名称的结合物，或者是同样可以达到宣传效果的其他语词。

三、地理实体有偿冠名的基本原则

不知道读者是否注意到，地理实体名称的买卖，与平常的商品交易有着一定的区别。在常见的市场行为中，交易双方为平等的甲方和乙方。而在地名的实质性购买中，虽然看似出手了一个地名，其实隐含着行政命名权的部分让与。因为，这里即将成为地理实体的名称，其原来的拥有者不是出卖人，而是出钱的买家。这说明，获得地理实体名称的出资者，间接或部分地行使了地理实体的命名权。因此，为了不让人民政府的行政权力丢失于金钱之中，切实把握好人民赋予的权力，正确运用“老百姓”委托的行政管理职责，需要对地理实体的有偿冠名规定几项基本的原则。

1. 个体服从群体的原则

即将被冠名的地理实体，在地名规划及其规划地名中，是大多数中的普通一员。作为一个居于群体中小的分子，虽然从某种意义上来说可以独立存在，但其仍然与周边的同类关联紧密。在这种情况下，如果个体的地理实体名称走向他途，甚至处于规划地理实体系列的反面，则其“生命”状况堪忧。也就是说，单一的地理实体名称，虽然可以被地名行政管理部门之外的机构赋予名称，但该名称应当与整体上的要求吻合，抑或恰巧成为整体中不可或缺的一部分。当然，这一地名应该有最佳的表现，即使有不好的“作为”，也不可以破坏整体的效果。只有这样，其才具有存在的必要。

2. 金钱服从行政的原则

不得不承认，地名的广告宣传具有极大的作用：一是广泛性，凡是能够接触到该地名者，无论是亲临该地理实体，还是通过其他媒介了解它，都达到了宣传的效果，其作用远远超过普通的广告牌。二是长效性，地名一经命名就相对稳定，一般不会随意地更改，而且为了好找易记，政府部门还会免费将其告知于普通民众，这使得其广告效能长盛不衰。基于此，打算购买地名命名权的厂家，必定会花费巨资，以求得到自己想要的冠名行为。此时，地名行政管理部门必须保持清醒的头脑，一定要确定该项事务的主次关系，牢牢把握住行政管理的“权杖”，不让人民赋予的权力因此而旁落。特别是企业提出的有偿冠名，不符合地名的相关法规时，更是要坚决地行使正确的公权力。

3. 广告服从应用的原则

从地名的“本性”讲，它无论是以何面目展现在众人面前，第一属性都是标准的公用地名，其具有的价值是能够让民众所利用。然而，当其名称被买断之时，厂家提供的貌似地理实体名称，事实上从纯地名的角度看，已经严重出现了异化，其重要的属性首推为广告的介质。换言之，这时的名称是以地名姿态“招摇过市”的，但其作用最大者为广告的渲染用语，广而告之者非为真正的使用者，而是企业乐见的宣传对象，不是其赖以生存的产品，就是其固有的字号。因而，从大局的角度出发，首先应当维护的是民众的切身利益，其次才是名称“觊觎”的厂家。

4. 冠名服从规划的原则

所谓的有偿冠名是指，有宣传需求的资本集团，为了达到甚至超过广告的效果，通过付给当地政府一部分资金的形式，购买到地理实体一定的冠名权，且该名称为企业中的关键词汇，并由出资者提供之。此时，这一名称如若与规划思路、理念等相吻合，地名规划可以将其置于规划地名之中，使之成为两全其美的事情。然而，当这一厂家提供的名称与地名规划发生冲突时，则规划必须保持自己的独立性，坚持自己的规划原则和要求，视“金钱如粪土”，以便地名规划不被金钱所破坏，依然是广受欢迎的地名规划。

5. 地名服从地物的原则

地理实体名称之所以称之为地名，根本的原因在于，它是地理实体的附属物，是从属于地理实体这一地物的指称。因此，其是否可以附着于地理实体上，还需检验二者之间的匹配程度，如果厂家提供的名称与之相左，则该名称成为悬而未决的事项。其解决的办法有二：一是改变现有名称，有关机关与名称提供者协商，建议其另选佳名。二是置换地理实体，在出资方同意的前提下，将其名称“安置”在合适的地物上。

6. 名称服从使用的原则

所有地名的终极目标只有一个，为广大民众所熟知、所使用。在前提一定的条件下，冠名者提供的拟用地理实体名称，虽然它们可能是公司名称、商品名称，甚至是法人代表的名字，但其是否可以进入地名的家族之中，还得看该候选语词的地名属性，而准地名属性的关键是其好不好用。但是，对于一个语词与通名结合后是否好用的问题，没有一个可行的答案和标准。为此，我们给出的衡量依据是：首先，该语词必须健康、向上；其次，该语词可以与周边地名搭配在一起；第三，不能丢掉专有的公共属性；最后，不可影响其他人等的使用。如其不然，就将其剔除地名之列。

7. 少数服从多数的原则

出资购者之所以买某个地理实体的命名权，其目的当然是为我所用，也就是体现少数人的理念。但是，地名不仅是公共产品，更是公共财富地理实体的附加“名号”，其宗旨是为大多数人提供无偿的服务。基于此，当少数人与多数人产生矛盾时，应当体现“少数服从多数”的原则。有人对此会提出质疑，在无法确定大多数人“介入”地理实体名称的深度时，就不能形成所谓的多数人。此话不假，确实存在没有什么是大多数的衡量标准。但必须明示，既然地理实体的附属地名趋向于广大民众，则其地理实体就不应为金钱所左右，更不该被金钱所腐蚀。

通过上述确定的有偿冠名地理实体的基本原则，我们的脑海中大体上形成了一定的印象：可以供厂家利用（有偿冠名）的地理实体，应以点状的、独立的地物为主；可以接受企业冠名的名称，应以大众的、文化的语词为佳。

四、地理实体有偿冠名的具体做法

在具体的实践中，地理实体有偿冠名尚属于新生事物，各地的操作方式“千姿百态”，但万变不离其宗，都属于行政管理部门如何为属地管辖的企业服务的事项。这里，虽然涉及企业向政府出资，但依然未能脱离服务的本质，只不过需要先期确定是否需要这一服务，或者能够借此为公共财政赢取多少资金，以间接地减轻民众的税赋负担。故此，有偿冠名的所有流程都应该是公平的、公正的。

1. 有偿冠名地理实体的工作原则

方才已经说过，有偿冠名地理实体貌似只是简单的起名行为，但由于涉及行政权力的部分让与，而且是通过收取公司法人钱财的形式放弃了部分的行政权，因而这一事项变得复杂起来。事实上，地理实体的命名行为，是民众赋予的完全行政权力，不应当被金钱所“收买”。然而，鉴于地名存在着地名属性之外的附加值，如果在不损坏公众利益的前提下，通过出售地名的广告作用和宣传价值，获取一定的补偿性公共资金，是属于“何乐而不为”之举。为了保证其公平性，应当确定有偿冠名地理实体的工作原则。

（1）有偿冠名地理实体工作信息的公开性。在有偿冠名地理实体的整个过程中，涉及的相关组织包括政府职能部门、企业法人，以及财政之外的收入性资金。面对于此，无论是当事的机关、企业，还是似乎置身其外的普通百姓，都有权知晓相关的信息。从小的方面讲，政府信息公开是政府公信度的一个组成部分；从大的方面看，民众对于政府的办事流程等有知情权。因此，在人民政府接受当地居民的委托后，出手所有当地居民的地名“财产”时，必须公开这一正常的活动内容。

（2）有偿冠名地理实体工作程序的公正性。有偿冠名地理实体的工作程序，不仅仅是人民政府一家的行为，还与涉事企业息息相关，更与民众的切身利益紧密相连。因此，其办理该项事务的所有程序必须公开、公正，像深山里的泉水一样明净、透明，并一尘不染、纯净如洗。只有这样，其中的金钱交易才能“正步前进”，行政管理中的让与行为才能获得实效，所获资金才能落实到实处。否则，有可能陷入权力失守的不利局面，甚至滑落到以权谋私的窘境。

（3）有偿冠名地理实体工作资金的公用性。鉴于有偿冠名地理实体的行为，可以获得不菲的额外资金，且该资金为出售部分行政权力之所得。因此，不管是从道义上讲，还是从法理上说，这笔通过特殊的运作获取的“意外之财”，都是大众化的共有财产出卖所得。而且，它与税收中的财政资金不同，是一种变相的收费得利。基于此，这些地方税收以外的钱财，应当毫不例外地实行公用。如果条件允许的话，由于该资金来源于“不起眼”的地名，所以可以经过慎重的考虑和严格的规定，将其仍旧用于地名事业之中。如购买地名服务，包括设置地名标志、开展地名规划、编制门牌号码等。

2. 有偿冠名地理实体的工作程序

在人民政府的行政管理事务中，只有每一项的程序正确、公正，才能确实行使好纳税人赋予的权力和权利，才能履行好民众给予的责任和义务。有偿冠名地理实体作为地方人民政府个性化规定中的一部分，同样需要合理、科学、明晰的工作程序。而且，此时的地理实体有偿冠名的程序，还涉及地名规划中的诸多事项，因而也包括其中的某些步骤和环节。

（1）公司法人提出冠名地理实体的请求。在这件初始的事情上，公司法人在知晓某个（某些）地理实体现状之后，向当地有管辖权的人民政府正式提出有偿冠名该地理实体的请求。这一请求包含 3 个事项：一是有偿冠名哪个地理实体。二是以什么名称冠名该地理实体。三是计划出资多少资金购买该冠名的权利。必须强调，这三者缺一不可。

（2）当地人民政府将公司法人的请求告知其下属的职能部门。由于当地人民政府是受益方，且出售的是公共资源，因此其受理者也是人民政府本身。事实上，应当这样理解这一事项，如果确实获得有偿冠名地理实体的收益，该人民政府是为当地所有民众代收这笔额外资金。不过，具体的地名事务由职能部门负责，所以该人民政府将这一情况通报给所属的地名行政管理部门。

(3) 当地地名行政管理部门审核该公司法人的有偿冠名请求。这项审核工作主要包括3项内容：一是针对请求方认定的地理实体，研究决定是否可以以这种方式予以“出售”。二是对有偿冠名的准地名进行分析，看其是否符合相关的规定。三是对于出资者提供的资金数额给予判定，以便得到一个合理的价位。其中的第2项内容，还应与地名规划的编制课题组进行协商，并达成该作为准地名的语词是否可以使用于地名的基本共识。

(4) 当地地名行政管理部门向上级人民政府汇报审核结果。这里的审核结果主要事项为：该地理实体可否用于有偿冠名；该准地名可否纳入这一区域的规划地名之中。另外，还可以就出资额的多寡提出建设性的意见。

(5) 当地地名行政管理部门回复请求有偿冠名的法人单位。注意，这里的回复是获得当地人民政府授权的行政行为。该回复主要是3项：一是明确答复不售卖地理实体名称。二是告知请求方可以售卖地理实体名称，但需要改进部分内容，如变更地理实体、改变原有的准地名、增加出资额度等。三是完全同意请求方的意见。

(6) 当地人民政府或者接受委托的地方地名行政主管部门与该公司法人签订有偿冠名地理实体的协议。该协议的重点是：确定有偿冠名的地理实体；明确有偿冠名地理实体的最终金额；选定最后的有偿冠名地理实体的名称。

(7) 当地地名行政管理部门将该地理实体的有偿冠名情况通报给地名规划的编制方。需要补充一点，这里的当地地名行政管理部门，应当是编制地名规划的委托方（甲方）。

(8) 地名规划编制的受托方将该有偿冠名地理实体的名称纳入规划地名之中。如果已经确定地理实体的有偿冠名是合理、合法的，而且不会影响到该地名规划的质量，则地名规划的编制机构将其固化在规划地名之中。

(9) 有偿冠名地理实体的请求方将该项资金汇入指定的政府账户。地名规划方案获得当地人民政府批准之后，当请求有偿冠名地理实体的法人单位接到相关的告知函时，该法人单位应当按照相关协议中约定的事项，将全部出资金汇入指定的政府账号。

还有一项额外的工作要做，如果有偿冠名地理实体的请求方，提供的准地名不够优秀，在不能更改该地名的条件下，编制地名规划者在不得不迁就它时，在当地政府面前投其所好之际，尽量做好其周边关联地理实体的规划名称，以弥补其先天的不足，进而做到令人羡慕的天衣无缝。

补写一句，只要是有偿冠名地理实体，尽管与地名规划完全无关，也要遵守上述原则和程序。

第三节 地名规划中的人名命名

地名是社会生活中的专有名词，来源于各种相关的词汇、词组。在纪念性的地名中，人名亦不乏忝列地名的构成元素之一。然而，就目前的情况来看，以人名作为地名，似乎是“禁忌”的话题。对于这一点，已有专家进行了专门的论述。其基本观点是：在未来的地名法规中，与其回避现实而沿袭“一般……”、因噎废食而固守“禁止……”，不如顺应世界潮流。不过，稍显遗憾的是，这篇颇有见地的论文，着眼点是国务院《地名管理条例》的修改，并未提及地名规划中规划地名的人名问题。那么，随着各地地名规划的普遍开展和深入进行，可否令人名置身于规划地名之中，就成为一个亟待解决的课题。因此，为破除以往不以人名作地名这一“限令”的“禁区”，给地名规划中的规划地名提供更多的营养和选项，笔者谈一点不成熟的意见。

一、有关人名作为地名的规定与依据

从东方文化的角度讲，中国人对于父母所赐的名字，与西方存在着本质的区别：国人保护名字，极致避讳；西方尊崇姓名，处处彰显。在这种情形下，古人以姓名（全称）或（无姓）名字命名地理实体者实属凤毛麟角，流传下来的只有“吴忠”市、“秦皇岛”（并非完全意义上的人名）市等少数示例。

然而，白云苍狗，自上个世纪以来，西风东渐，西方文化逐渐被国人所认同。其中，以人名名地，可以纪念斯人、褒扬业绩的理念，更是被人们广泛接受。至此，无论是国民党统治区，还是苏维埃解放区，都有大行其道之势，出现了许多以“名人”名字命名的政区、道路等。

1. 中华人民共和国建立之前的有关规定

中华人民共和国建立之前，在解放区内的一些地方，出现了滥用、混用先烈、领袖名字作地名的现象，这引起（包括中国共产党高层）有关人士的高度重视。因此，1946 年 6 月 18 日，《新华日报》在“批评与建议”栏目中发表了徐竟的文章——《革命领袖与烈士的名字不能乱用》。该文指出：“有些地方的行政机关，不慎重考虑纪念先烈及尊重革命领袖的伟大精神，而只局限于表面的纪念，随便应用革命领袖的名字……这样将先烈和革命领袖的名字混用起来，使很多群众分不清。”并建议：“应选择确有值得永久纪念价值的伟大建筑或伟大事物来命名，并要呈请边区政府批准。”值得注意的是，徐竟的文章不仅罗列了“以人名作地名”的事情，也提出了合理、中肯的建

设性意见，即应“呈请边区政府批准”。换言之，以此篇文章的刊载为滥觞，人名用于地名的问题开始纳入政府行政管理的视野。

1949年3月，根据毛泽东主席的提议，党中央七届二中全会做出了6项规定：“一、不做寿；二、不送礼；三、少敬酒；四、少拍掌；五、不以人名作地名；六、不要把中国同志同马恩列斯平列。”至此，“不以人名作地名”正式纳入中国共产党的文件之中。需要强调一点，第五项“不以人名作地名”，之所以与其他5条并列提出，其本意是，不以（党的领导）人名作地名。唯如此，才能保持清醒的头脑，不搞个人崇拜，防止腐败的发生。

2. 中华人民共和国建立之后的有关规定

1951年12月19日，中央人民政府政务院发出《关于更改地名的指示》(政政字第70号)。其中，与人名有关的规定是：“一、凡经反动政府用国内外反动分子名字命名的地名……一律予以更改。……六、纪念革命先烈，一般用碑、塔等方式，不更改地名。但已经更改，并经该地上级人民政府批准或群众称呼已成习惯的，仍可沿用。”此时，关于“不以人名作地名”的问题，由党中央的决定转化为中央人民政府的文件。从上述规定可以看出，它与新中国成立之前党的七届二中全会的规定存在很大差别，主要表现在两个方面：一是无论国内、国外，所有反动分子的名字均不得用于地名，且需立即予以修改。二是政府已经批准的革命先烈的人名地名，或者百姓已经认同的纪念性地名，可以保留继续使用。不过，这一指示并未提到是否可以再行以人名作地名。还有，该指示为国务院的政策性文件，只是针对更改地名的管理行为，其作用、效果是单一的，不能与党中央的决定相提并论。

1964年12月17日，内务部向各地发出《关于请对县市以上地名等审查提出更名意见的函》(64内民字第200号)，要求对“地名进行全面审查。审查更改的地名范围：……三、以敌伪人员名字命名的；……五、用外国文字或外国人名命名的等类县市以上地名和对外有关系的重要山名、河名。”这里透出一个信息，对于外国人名命名的地理实体，尽管其名字的拥有者可能不是反面人物，但均不宜用于中国的地名。即，扩大了限制人名作地名的范畴。

1979年12月25日，国务院发出《关于〈地名命名、更名的暂行规定〉的通知》（国发［1979］305号）。该规定有两条涉及人名的地名问题，分别是：“一般不以人名作地名。禁止用国家领导人的名字命名地名。”“纪念革命先烈，一般不更改地名。但已用烈士名字命名的地方，并履行了一定审批手续，群众称呼已成习惯的，仍可沿用。”至此，关于不以人名作地名的事项，正式成为国务院规定的一部分。不过，该规定与上述各类文件略有区别：一是在“不以人名作地名”之前加上了“一般”二字，使该款规定稍有松动；二是特别加以强调，“禁止用国家领导人的名字命名地名”。同时重申，纪念先烈的规范地名可以延续使用。

1986年1月23日，国务院发出《关于发布〈地名管理条例〉的通知》(国发［1986］11号)。国务院《地名管理条例》的发布，标志着地名管理正式步入法制化的轨道。但是，就“不以人名作地名”的问题，仍旧沿用了上述暂行规定的表述，在第四条第（二）款中明确规定，地名的命名应遵循下列规定：“一般不以人名作地名。禁止用国家领导人的名字作地名。”也就是说，在为地理实体赋予名称时，原则上不应使用人名，但严禁使用国家领导人的名字。鉴于《地名管理条例》是国务院颁行的法规，不再是仅仅针对地名更名、命名的暂行规定，因此这一条款的赫然列出，被赋予了严肃、规范、正式、官方的法治意义。可是，由于该条例中“一般”限定词的存在，在具体执行该条款的过程中，难免会出现些许偏差。

1996年6月18日，也就是国务院《地名管理条例》颁布的10年之后，民政部发出《关于颁发〈地名管理条例实施细则〉的通知》（民行发［1996］17号)。民政部颁发的《地名管理条例实施细则》，是在国务院《地名管理条例》的基础上，根据自己的职权进行细化的结果，属于国家职能机关的部门规章。该细则在第八条规定：地名的命名除应遵循国务院《地名管理条例》第四条的规定外，还应遵循下列原则：“不以外国人名、地名命名我国地名。”在这里，国务院《地名管理条例》中关于“一般不以人名作地名”的规定，被民政部的规章具体化，不仅取消了定性的“一般”二字，而且将其专指为“不以外国人名……命名我国地名”。

总之，通过对有关决定、指示、条例、细则等的胪列和分析，我们可以得出这样的认识：这些专门的规定都有一个共同的特点，均对一个具体的管理事项进行了否定性的规定。换言之，如果按照正常的法理来解释的话，没有明确限定、禁止的内容，则是可以在法条之外自行执行的。这样，以国人的名字命名地理实体，将其转化为地名规划中的规划地名，自然成为合理、合法的行为。

二、国内人名作为地名的现状与分析

由于国务院《地名管理条例》“一般不以人名作地名”中的“一般”属于模糊性的概念，加之民政部《地名管理条例实施细则》“不以外国人名……命名我国地名”的具体限定，使得以人名作地名的行为并未得到真正意义上的限制。事实上，上述诸规定在更名事项中屡次提到这个问题，这间接地说明，以人名作地名并非个别现象。基于此，笔者在此对国内以人名作地名的情况进行一下必要的分析，力求找出其规律性的内容，以期寻找到人名可以作用于规划地理实体的“金钥匙”。

1. 可用于地名之“人名”的基本含义

在“不以人名作地名”中，最关键的要素是“人名”。假如不把肯綮的“人名”概念予以澄清，则无从谈起人名作地名的问题。为此，在胪陈国内以人名作地名的资料之前，应当先期将“人名”本身的含义解释清楚，以避免不必要的误解，进而伤及地名自身。

对于“人名”这一单词来说，由于它的本意存在着不确定性，导致我们在理解上出现偏差。因此，有必要还原它的“本来面目”。有几个与之义项非常相近的词语，它们分别是“姓氏”“名字”“姓名”，需要一一予以澄清，并给出确定的概念，否则无法继续讨论这一问题，更遑论将它们“安置”在地理实体之上。

（1）极少用于规划地名的姓氏。在上古时代，“姓”和“氏”是两个不同的概念，姓起源于女系，氏起源于男系。随着时代的变迁，特别是母系社会的消亡，“姓”与“氏”逐渐合二为一，并简化为单字的“姓”，成为表明一个家族的称谓用字。其特点是，“姓”是一个特定人群的统称，在正常或通常的情况下，一般不单独指代某个具体的人。从地名的角度讲，它有点像地名的通名，只指类别、不指个体。所以，随处可见的“李村”“陈庄”“王寨”“赵屯”等，这些以姓氏为专名的地理名称，虽然也有纪念意义，但对于单一的个人来说，如果仅以其“姓”命名某地，由于此时的“姓”具有很强的通用性，因而其纪念作用会大大削弱，甚至失去原本命名的初衷，故而不应列入“人名作地名”的范畴。

（2）常见用于规划地名的名字。从特定的角度看，“名”“字”与“姓”“氏”类似。在近代以前，虽然“名”和“字”都是一个人除了“姓氏”以外的部分，但“名”和“字”略有差别：古代人生而始有“名”，至20岁成年，行冠礼加“字”，故合称“名字”。由于环境不同、级别差异、长幼之别等，人们在称呼某个人或自称时，会相应地选择“名”或“字”，甚至不直呼其“名”。后来，“名”“字”合二为一，形成定义准确的“名字”；再后来，“名字”简化为“名”，“名”与“名字”成为同义词。

（3）多处用于规划地名的姓名。“姓名”包括“姓氏”和“名字”两部分，“姓氏”和“名字”的统称为“姓名”。即，一个人的社会符号——人名，是由家族的“姓氏”和个体的“名字”一起组成的：只有“姓氏”，则失去原本的自我；只有“名字”，则脱离所属的群体。所以，作为融入社会的人，他或她的代号应当是完整的“姓名”全称。

1984年12月25日，中国地名委员会、中国文字改革委员会、国家测绘局联合发出《关于颁发〈中国地名汉语拼音字母拼写规则（汉语地名部分）〉的通知》（［84］中地字第17号）。在《中国地名汉语拼音字母拼写规则（汉语地名部分）〉》中的第5条规定："以人名命名的地名，人名中的姓和名连写。"从中可以得知，此处的"人名"是指"人名"的全称，包括姓氏和名字两部分。其所列举的地名实例（左权/县）也验证了这一点。

请注意：国务院《地名管理条例》的发布时间，仅比该规则的发布时间晚了一年多一点，而且均出现了极为关键的"人名"一词。显然，这里面存在着一定的关联性：该条例中的"人名"借用了上述规则中的"人名"概念。对此，我的理解是，此处的"人名"，不仅仅是人的"名字"，还应包括人的"姓氏"，即人的"姓名"。

2. "以人名作地名"的简要情况

还有一点需要明晰，此处、斯时的"以人名作地名"，不是一个严谨、科学的表述形式。因为，这里的"地名"不是地名的全称，而是专指地名的专名。那么，"以人名作地名"，到底有哪些是需要我们了解和掌握的呢？经过对现势地名资料的初步搜集，我们惊奇地发现，目前以"人名"作为专名者，绝大部分用于人文地理实体，且以政区名称和道路名称居多。

（1）行政区域名称。这类地名包括县、乡两级，且以乡镇为主，例如：（孙）中山市（原为县，后撤县设市，并升格为地级市）、左权县、黄骅市、（杨）靖宇县、（赵）尚志县、（刘）志丹县、（谢）子长县、（李）子洲县，（董）存瑞乡、（黄）继光乡、欧阳海乡、（杨）开慧乡、黄兴镇、（刘）铭传乡等。其中，县级政区名称多为遗留之名，乡级政区名称系后期更名。更应注意的是，这些地名中的专名，有些是人的姓名，有些是人的名字，而使用姓名全称者，其姓名多为两个字。

（2）道路名称。在上述更名的规定中，大都提到了"以人名作地名"的情况，这间接地说明一点，这种现象是存在的，而且已经延续了较长的时间。更让我们关注的是，近年来有大幅增长的趋势，且出现较多的实例均为道路名称。而且，这里面就有地名规划及其规划地名的结果。

（3）建筑物名称。建筑物名称与其他地名一样，具有典型的指位作用。以人名命名大型建筑物，为充分体现纪念意义，通常使用被纪念者的全名。例如：雷锋体育场、贺龙体育运动中心等。

（4）公共场所名称。如聂耳广场等。

另外，像毛泽东纪念堂、周恩来纪念馆等，其名称为专属者，人名与该堂、馆等理应保持一致，且这类建筑物名称与地名不可完全等同，其类似于地名的指位功能属于它的第二属性，故本书不在此进行讨论。

3. 人名类地名的几个特点

正如前面所述，由于法规中的规定不是正常的"非此即彼"，而是采用了"模棱两可"的做法，导致在实践中无法界定"一般"的适用范围。这样，在实际命名地理实体的工作中，必然要采取某些特殊的措施，以回避或者避免法规的限制。于是，这些地名产生了如下特征：

（1）以姓名或名字命名的行政区域名称，该政区的级别相对较低。我国的行政区分为4级，分别是：一级的省、自治区、直辖市、特别行政区；二级的地级市、自治州、地区（盟）；三级的县级市、县（旗）、自治县（自治旗）、市辖区；四级的镇、乡（苏木）、民族乡。“以人名作地名”的政区名称，除了（孙）中山市、吴忠（吴忠之名几乎失去纪念意义）市外，均为三级或四级政区名称，且大多数为最低一级的政区名称。

（2）少量政区或者道路的专名没有完全采用纯粹的人名。这类政区名称对人名进行了适当变通，以名人的字、号等或添加相关成分（如头衔等）予以命名地物。例如：（诸葛亮）武侯区、（苏轼）东坡区、禹王台区、尧都区，（孙中山）逸仙路、（欧阳修）永叔路、（郑成功）延平路、（包拯）龙图路等。

（3）县级政区以人名用于专名者，大都为以往已有的名称。其中，7个县级政区名称是在相关规定颁布之前就已经存在，而非最近更改之名。

（4）“以人名作地名”的行政区，只占极少数。我国4个层级的政区数量分别为34个、333个、2858个、40858个，四者相加总数为44083个。以人名为专名的政区，相比于全部的政区名称来说，它所占的比例非常之低，约为0.2%左右。

（5）“以人名作地名”的道路名称，多数生成于近期。其人名拥有者大体上分为5种：一是当代英雄模范，如（赵）一曼路、雷锋路等；二是古代先驱者，如祖冲之路、蔡伦路、李时珍路等；三是历史著名人物，如文天祥大道、史可法路等；四是民族英雄，如戚继光路、张自忠路、赵登禹路等；五是外国科学家，如爱迪生路、哥白尼路、达尔文路等。

（6）个别道路名称的专名出现了外国人的姓氏。不过，这些跻身中国土地上的外国人，都是为世界科学作出贡献的知名科学家。

总之，“以人名作地名”不仅是今日之事，其发轫时间最早可以上溯到明朝。而且，在现今相关法规未能明令禁止的前提下，这一令人关注的地名现象，特别是对于小地名来说，有方兴未艾之势。

三、人名作为规划地名的对策与未来

通过回顾我国关于以人名命名地理实体的有关规定，了解、分析国内人名地名的相关情况，我们大体上可以得出以下两点结论：一是中国“不以人名作地名”的管理规定有一定的局限性；二是国内的人名地名确实普遍存在。因此，面对方兴未艾的地名规划及其规划地名，在需要遵守相关规定的前提

下，应吸取以往国内人名作地名的经验与教训，灵活运用这一可行的有益做法，并依据各地地名规划及其规划地理实体的实际情况，用人名为规划地理实体赋予名称，以丰富地名规划及其规划地名的内涵和外延，且实现人名规划地名社会效益、文化价值的最大化。

1. 以人名命名地理实体的主要限制条件

随着地名学科的逐步建立，特别是各地地名规划的广泛开展，在未来的一段时间里，我国将有比较多的规划地理实体需要命名。其中，有部分地理实体是可以由人名构成其名称的。但是，需要特别强调的是，以人名命名（规划）地理实体，不是随意、任性而为之，必须有一定的限制条件，否则有失去控制、走入歧途、泛滥成灾的危险。其限制性规则的重点是：

（1）中国的本地人。虽然国内的地名出现了以外国人的姓名命名的地理实体，但这不是属于可以推荐的行为。因为，当地的地名规划及其规划地名，如果以外地人的人名命名本地的地物，则会产生事倍功半的不良效果，甚至彻底失去了为本地规划地名的初衷。所以，凡是当地规划的地理实体名称，其人名的拥有者必须是堂堂正正、确确实实的中国本地人。

（2）人名的拥有者应为历史人物。之所以以人名命名（规划）本地的地理实体，其目的是为了利用“不朽”的地理实体，来纪念某些值得铭记的“风流”人物。因此，该人不得是当代的某个普通人，而应是早已被历史盖棺论定的古代贤哲。在此，应当划定一个特定的时间界限，以便用时间的尺子来衡量各色人等，并证明其为国家、为民族的贡献值。窃以为，近现代以来的名人们暂时不在入选之列，似乎是可行的办法。

（3）人名指称者系我国的杰出代表。毋庸置疑的是，这些人名所指代的人一定是正面人物。其实，这只是一个最基本的限定条件，但也是必备的要求。更高的标准是，他们应为在社会生活中的杰出典范。一般而言，这些人杰在各自的领域均建树颇高，都属于“出乎其类、拔乎其萃”者，如民族英雄、政治领袖、军事大家、文化翘楚、学界大师、古代先哲、华夏圣人等。

（4）以人名全称为宜。以人名的全称规划地理实体，有以下两个理由：仅仅以姓氏命名本地地理实体，几乎不能体现命名者所企望的纪念意义；只有名字、没有姓名的地理实体专名，随着时间的推移或者其人事迹的淡忘，原本的纪念作用必将大打折扣。还有，古代人的名字（不含字）很多以单字为主，一个单字作为地理实体的专名，既与大众化的地名不太一致，也不容易记住该名字的实际主人。即，当使用姓名全称指代某个地理实体时，其人名地名的功效才能彻底地显现出来。当然，这里所说的人名全称不是一成不变的，而是指其最为社会所接受的“名人”符号，在不排除其姓氏的前提下，还包括他或她的字、号等。例如，宋朝的正义化身包拯，其最为人所熟知的

“官称”为“包龙图”，而“龙图”并非其名字，只是其官职“龙图阁直学士”的简称而已，如果确实需要纪念包拯，似乎地理实体以“包龙图”为专名比“包拯”更适宜。

（5）一个人名对应一个地物。既然是为了纪念中华民族的先贤们，就不应该在地理实体上过于“吝啬”，不需要让多个人物挤在一个地物上——用两三个名人的姓氏命名一个地理实体。例如，武汉市的“彭刘杨路”，是指从武昌造船厂东大门往北，从平湖门至阅马场的东西向马路。这条路是纪念为了武昌起义（辛亥革命）献出了宝贵生命的彭楚藩、刘复基、杨洪胜三位烈士的。1931年，在他们献身的湖广总署东辕门旧址，现在武昌造船厂东大门内建立了“三烈士亭”，亭中立石碑一块，上书“彭刘杨三烈士就义处”9个大字。1991年，正值武昌首义80周年之际，武昌区人民政府在武昌阅马场竖立起彭刘杨三位烈士的塑像，让后人瞻仰和缅怀烈士的英雄勋业。可是，如果没有后续的立碑、塑像，仅凭“彭刘杨”三个表示姓氏的字，很容易将彭楚藩、刘复基、杨洪胜三烈士渐渐淡忘，更遑论他们的英雄事迹了。这说明，虽然是以多个姓氏命名地理实体，但其作用与“张庄”“李村”“王屯”等类似，其纪念效果定然有所损耗。

此外，为某些人名加上适当的修饰词，似乎是不错的选择。又如，禹为三皇五帝之一，假如命名为“大禹山”，则比“禹山”更胜一筹。

2. 以人名规划地理实体的方式与程序

就目前而言，全国范围内尚未完成地理实体人名使用规则的制订。在这种情况下，在没有说明怎样使人名成为地名之前，我们应该如何把握这一地名规划工作呢？笔者认为，在实际规划命名地理实体的过程中，应当按部就班地进行以下步骤：

（1）确定备选人名。虽然我国历史悠久，人才辈出，但就一个地方的局部而言，还存在着很大的差异。为此，在宣扬当地杰出人物、民族典范的同时，确定可以用于地理实体名称的备选人名。

（2）选定合适的地理实体。在已经熟知当地古代圣贤人名之后，如何将其姓名安置于对应的地理实体上，是一个比较费解的问题和工作。为此，需要根据人名的特点，以及地理实体本身的类别、规模、位置等，遴选出合适的一个或多个地理实体，以便人名与地理实体可以很好地匹配在一起。在这里，由于是人名作地名，在选择地理实体时必然存在一些应有的禁忌，像“斜街”“坑”等就不应进入地名规划者规划人名地名的法眼。

（3）人名应与地理实体相契合。在为当地地理实体遴选用于专名的人名时，我们可以发现这样一种现象，有些确实需要纪念的思想家、科学家、军事家、政治家等，他们的人名不一定适合用于该处的地理实体。理由是，地名有地名的命名规律，人名有人名的起名思路，在两者主旨互不搭界的情况下，如果硬性地将它们捏合在一块，则有过于生硬或不伦不类之嫌。例如，将岳飞用于隧道类地理实体，则不如将其安置于山岩类地理实体。换个角度说，“岳飞洞”的地理实体名称要远远差于“岳飞岩”的地名，因为“岳飞”与“岩”可以非常好地契合在一起。又如，如果将苏轼的名字置于规划地名的群体之中，命名为“苏东坡坡”，则有通名重叠之感。是否可以直接将某个山坡命名为“苏东坡”，是一个值得进一步研究或者与大家商榷的课题。

(4) 以人名规划为地理实体名称的系列化。以人名规划为地理实体名称，同样存在规划地名系列化的问题。这里的系列化地名与前述稍有区别，它有两种不同的表现形式：一是众多人名转化为同类地理实体专名的并列组合；二是一个人名成为专名后，其关联的地理实体可以采用该杰出人物的事迹、思想、著述等代表性的语词为专名。

另外，如果地理实体的人名地名能够与人名主人的事迹结合起来，或者与地名文化联系起来，则是令人称道的最佳选择。

还有，当地理实体（广场、花园或者小学、幼稚园等）为某个法人单位或者自然人出资建造，且该建筑物或构筑物形成的地理实体纯粹是公益性的，为其付出资金者不需要经济上的回报，此时为了表彰他们的善举和义举，可以应其诚恳的要求和良好的愿望，以其厂家提供的专名或其推荐的相应人名作为该地物的名称。

综上，以人名命名规划地理实体，既是一件可行的举措，也是一项复杂的课题，所以必须审慎行事、严谨工作。如其不然，则可能影响或者削弱当地的地名规划工作，甚至会走向事物的反面。但我们相信，人名作用于规划的地理实体，是在零散地将人名当作地名基础上的一种巨大进步，必将在地名规划及其规划地名中呈现出美好、灿烂的未来。

第四节　地名规划中的文化研究

人类文明的重要标志是文化，文化研究是永恒的主题。同理，地名的文化研究亦是地名各研究领域中的热点项目和焦点课题。为此，根据地名规划的实际需要，专门在此开辟一节这方面的内容。尽管本节的题目为“地名规划中的文化研究”，但其与本章的前面 3 节略有不同，地名的文化研究贯穿在地名规划的始终，可以大体上分为三个阶段：地名规划之前的文化研究；地名规划之中的文化研究；地名规划之后的文化研究。事实上，地名文化研究是一个漫长而又细致的工作，其过程远远超出地名规划本身的时间段。而且，虽然这里所说的文化研究处于地名规划的前、中、后三个环节，但都与地名规划密切相关：一是可以为地名规划提供基础资料；二是可以成为地名规划的重要内容；三是可以对地名规划所不逮的内容进行深入探讨。从而，地名文化的挖掘、整理、利用、保护、宣传等项工作，在地名规划及其规划地名中得到发扬光大。

一、地名规划之前的文化研究

在本书中所谈的地名规划，属于一定时限内的地名工作之一。与之不同的是，地名的文化研究是一个大课题，基本上不应列为阶段性的工作，而是一个长期需要开展的任务。在这个长期的工作期限中，自然也包含了地名规划之前的文化研究。由于地名文化研究时间段的不同，其重点、手段、目的等也略有区别。这样，在对地名进行文化研究时，也会适当地区别对待，力求既符合地名的实际需求，也可以产生地名文化的深远影响。鉴于本段落文字定位为地名规划之前的地名文化研究，所以在叙述这一丰富内容之际，将其着重点设定为围绕地名规划的有关事项。

1. 地名规划前期文化研究的目的

地名规划前期地名文化研究的目的，若针对地名规划本身而言，或者是硬性地予以划分，可以分为两种相近的情况：一种是具有相对独立的背景研究；一种是更贴近实际的现实研究。但不管怎么说，二者地名文化研究的成果或结果，都作用于居于核心地位的地名规划。

（1）地名文化背景研究的目的。这种地名文化的背景研究，由于远离地名规划的现实，因而更侧重于宏观上的把握。在具体的文化研究内容上，也呈现出多彩的一面，甚至可以包含一些非地名的文化元素。确实，只要与地名文化有关的事项，即可纳入其中的研究范围和研究对象。从而，起到为地名规划找准方向、确定基调的作用。

（2）地名文化现实研究的目的。地名文化现实研究的根本目的，是为编制地名规划之所用，因而它更具体、更聚焦、更有针对性。这样一来，此时的地名文化研究，必须紧紧围绕地名规划方案这一特定的个体，在编制地名规划方案的同时，体现出其应有的文化价值。必须指出，从一定意义上讲，如果不进行挖掘、整理地名文化，该地名规划只是一个食之无味的简单规划，不具有一定层次的文化品位，进而失去了地名规划原初意义。

2. 地名规划前期文化研究的利用

已经界定为地名规划的前期文化研究，它的主旨是发散的、多元的，如何在地名规划上加以利用，尚未提到议事日程上来。而且，此时的地名文化研究，还未与地名规划发生任何关系，因而其作用于地名规划上是有限的。

如果硬要指明其对地名规划的影响，则其基本的作用是，确立地名规划的历史脉络、文化传承、总体基调等。说实话，由于该项研究为地名规划之前的行为，因而在实际的操作或应用时，是一件困难和不便的事情，有时甚至只是研究人员内心的调度，或者说是依然不好落在纸面上。不过，既然开展了地名文化的相关研究，其于地名规划之外、之前的作用就不容小视。

二、地名规划之中的文化研究

既然明确是地名规划之中的文化研究，其研究的方式具有收敛性，需要紧紧围绕地名规划方案编制本身，使之成为地名规划方案中的一部分。这种地名文化在地名规划上的利用，会因地名规划的不同而区别，也会因地名文化积淀程度的不一而各异。而且，还要将有关地名文化研究的成果，在适当的场合和时机，通过精练、浓缩、概括的形式，构成地名规划文本中相应的内容，如地名规划的背景、地名规划的要求、地名规划的体现、地名规划的地名等。

1. 地名文化于地名规划中的背景

在地名规划文本中的开始部分，于未拟定规划地名之前，需要记述该地名规划的来龙去脉，也就是开展该地名规划的背景，这其中除了其他事项以外，也包括与地名文化有关的背景介绍，以此确定该地名规划的核心、走向、重点，从而令该地名规划呈现出文化的色彩（参见示例7-4）。

示例7-4：某某县地名规划的文化背景

某某县地名规划的文化背景

一、规划背景

2005年，某某市政府审批通过《某某新城规划（2005—2020年）》，确定某某市新城为“某某市西部发展带的重要节点之一，本市重要的生态屏障，某某市联系西北的交通枢纽，是某某市国际交往中心的重要组成部分和国际化旅游休闲区”的城市性质，以及“本市生态涵养重地、国际旅游休闲名区、现代生态宜居新城”的发展目标。同时，明确区域重点发展方向是构筑本市西北绿色生态屏障、发展都市型现代产业（生态农业、物流产业、文化创意、旅游服务）、创造国际交往氛围和交流平台、创建宜居城市样板和国际化旅游休闲区，使某某市的城市发展进入新的历史阶段。

地名是城市文化的重要载体，对于传统文化和地方特色具有重要的传承作用。同时，地名也是一项重要的公共服务，对于公共生活具有引导性、标识性、纪念性等重要作用。地名规划是某某城市规划的重要组成部分，地名管理是城市规划管理的重要内容。为使某某市新城地名管理与城市规划建设同步，满足公众对于新建地区地名使用的要求，体现某某市的历史文化特色，特编制本规划。

2. 地名文化于地名规划中的要求

为了展现当地的地名文化，提高地名规划的水准，强化地名文化在社会生活中的作为，可以在地名规划文本中，将地名文化的有关要求列入其中。因为，包括地名文化在内的文化是人类永恒的主题，是挖掘不完、取之不尽的文明富矿。更何况，地名既是文化中的一部分，又是各种文化的载体。至此，地名文化成为地名规划要求中的组成部分，变为顺理成章和不可或缺的事项（参见示例7-5）。

示例7-5：某某城市发展及其地名规划对地名文化的要求

某某城市发展及其地名规划对地名文化的要求

第二章　城市发展对地名文化的要求

第十条　地名体系的构建必须适应城市空间发展的需要。

某某市城市发展经历了以中阳楼为中心的一个中心城镇，到以新义街办、三贤街办为中心的城市结构，再到目前以新城—中阳楼—梧桐工业区高度一体化为中心、两个组群、三个分区、两类型轴线的城市空间布局。按某某市城市总体规划（2006—2020年）的谋划，未来本市将向城南新区和两个组群发展。市区地名文化的发展及其空间布局，也走过了相应的历程，同时要求以城市的未来发展为基础，构建与之协调的地名体系。

第十一条　地名须适应城市布局结构的发展定位和历史文化特征。

《某某市城市总体规划（2006—2020年）》确定了本市“一个核心、两个组群、三个分区、两类型轴线”的城市布局结构形态，并对城市区块和组群的主要职能进行了定位，其地名的采词与地名网络构建应与各区块和组群的定位保持基本一致，以较贴切的语词表现其基本特征。

各区块和组群的主要历史文化特征、职能定位及对地名文化的基本要求如下：

核心区：为本市历史文化的发源地之一，当前和远期系某某市政治中心、文化、教育、服务中心，第三产业和都市型工业中心，现代化的生态新城。地名文化主要体现本市特色和现代化新城景观，及适宜人居的花园城市特征。

两个组群：西部和西北部集贸中心，生产性服务中心和煤炭、建材等工业布局中心，是重要的工业基地。地名文化主要体现经济强市的特征，具有较强的指位功能及区块烙印。

第十二条　城市各区块和组群的地名网络建设。

要求在总体上围绕创建本市文化名城、花园城市，构筑经济百强市和城乡发展一体化，构建和谐的本市文化，展示地名的本地特色。具体可以根据各区块和组群原已形成的地名特征，逐步强化其个性特点，维持不同的专名与通名命名原则，但在总体上必须围绕主线，做到既各有特色，又协调统一，形成有机的整体。

3. 地名文化于地名规划中的保护

地名文化在地名规划中得以体现，是地名规划的题中之意。然而，怎样体现地名文化的内容，却是应该多多提请注意的问题。我们认为，这种地名文化的有效体现，包含着最重要的内容是，与上述地名文化的要求类似，在地名文化上予以保护，使地名通过地名规划这一项目，将其地名上蕴含的文化保存下来。保护文化的地名不是一句空话，需要落实在地名规划文本之中。为此，借助地名规划文本这一介质，通过当地人民政府批准并执行地名规划，使地名规划中保护地名文化的内容制度化、法制化。在实地调研中发现，有的地名已然先行一步，将地名文化保护作为地名规划中的重点，郑重地写入地名规划文本之内（参见示例7-6）。

示例7-6：某某城市地名规划中的地名文化保护

某某城市地名规划中的地名文化保护

第四章　地名文化保护

第31条　地名文化价值定位

地名是人们的灵性对地理实体的感情和寄托，某某市的地名是其3000多年历史的积淀和文化的凝结，是城市外在形象和内质精神的有机统一，是城市的物质生活、文化传统、社会习俗、地理环境等诸多因素综合作用的产物。地名文化包括地名语词文化、历史文化、地理文化和乡土文化，是城市的非物质文化遗产，应当纳入历史文化名城保护规划的非物质要素保护框架内予以规划保护。

第32条　地名文化保护原则

要坚持保护与发展相协调，继承与创新相协调，稳定与优化相协调的原则，尊重历史，永续利用。

第33条　保护对象和重点

保护对象：市区范围内，具有一定历史文化价值的古老地名，正在使用中的地名，包括历史传承的地名和已消亡的历史地名。

保护重点：沿袭民国及以上年代的地名和历史文化名城核心城区、历史街区、古镇（村）、各级文保单位及风景名胜区列入地名文化遗产保护名录的地名。

第 34 条　保护策略和措施

地名文化保护策略稳定不变、移植保护、派生发展、设置标志、建立档案。

地名文化保护措施：建立健全地名文化遗产保护制度，编制地名文化遗产保护名录；对已消亡的历史地名建立档案名录，择其优者在城市建设发展中予以适度恢复与再生；加强地名文化传播，充分发挥地名作为传统文化教育和爱国主义教育载体的重要作用；努力提高新生地名的质量，使新生地名品位高雅，贴近生活，富有民族性、地域性，彰显本市地名文化的特色；严格执行保护制度，传承优秀地名文化。

4. 地名文化于地名规划中的展示

归根结底，地名文化研究的所有成果，除了业已存在的文化地名需要保护外，还有一个必需的落脚点，在地名规划中使用文化的地名。即，将有关当地的文化回归到地名之上，如把相关文化内涵转化为可以利用的专有词汇，以便使它们进化为令人期待的地理实体名称，并成为具有文化内涵的现势规划地名，进而令其在未来的地名领域中发扬光大。对此，读者可以参阅第六章第二节“规划专名语词表达的多样化”，特别是该节“二、规划专名的语词表现”中的内容。

三、地名规划之后的文化研究

从地名文化研究的目的性上看，地名规划之后的地名文化研究，与前述两段的内容略有区别，地名规划之前和之中的地名文化研究，一个是为地名规划所做的基础性、前瞻性研究，一个是地名规划中的重要环节和组成部分，而此时的地名文化研究则是地名规划的衍生品，它既是地名规划后续研究工作中的一部分，也可以将其列为独立的地名文化研究成果。该地名文化研究的特点是，在从地名规划中脱胎而来的同时，强化了地名规划的文化品位，并形成“你中有我、我中有你”的特色文化产品，进而以崭新的面貌呈现在世人面前。换言之，本段标题为“地名规划之后的文化研究”并不确切，只是起到笔者叙述方便的目的罢了。

1. 地名规划之后文化研究的部分内容

鉴于地名规划之后的文化研究既源于地名规划，但又在地名规划的基础上有所发展，因而其研究手段与程序等无须拘泥于原来的母体，其研究的内容和成果展现出多样化的特点。这一方面说明，地名文化是一个源源不竭的富矿；另一方面也告知，地名文化需要孜孜以求地去探寻。为很好地证明这一点，我们将中国地名研究所宋久成副所长主编的《地域文化视角下的地名规划——以新郑市地名规划为例》中有关章节摘录于此，以飨读者。在此，读者可以发现，下述文章的时间包含了地名规划的整个过程，并顺其自然地往后延续下去。注意，如果将以下文字移置“二、地名规划之中的文化研究”内，也未尝不可（参见示例7-7）。

示例7-7：新郑市地名命名可用重点文化资源分析及采词意向（节录）

新郑市地名命名可用重点文化资源分析及采词意向（节录）

地名作为一种文化现象，它的规划（包括有计划的命名、管理措施的制定等），是人文历史、自然环境、民俗习惯等多种地域文化综合作用的产物。其中，人文历史和自然环境是地名产生的基础，对这两种因素的分析正确与否，直接关乎地名规划能不能与地域文化相结合，关系到地名规划是否成功。一个成功的地名规划不应该是放之四海而皆准的，应该是“本土化”的，体现当地的地域文化，并为地域文化的挖掘、传承与弘扬起到积极的推动作用。正确、深刻地分析和运用这些因素，地名规划中的命名方案就是“有源之水”，一些地名则更接“地气”，规划的成功也变得“水到渠成”。

……为了叙述方便，本章将重要文化资源从载体形式上分为历史人文和自然地理两大类。

一、历史人文类

（一）遗迹

1. 裴李岗遗址

裴李岗遗址位于新郑市区西北约7.5公里的新村镇裴李岗村，面积约2万平方米。它于1977年在河南省新郑市新村镇裴李岗村西的台地上首次被发现和发掘。此后的调查中又发现了新郑沙窝里、唐户、密县俐沟、长葛石固、舞阳贾湖等100多处同类型的文化遗存。裴李岗遗址因其具有鲜明的时代特征和独特的文化面貌及广泛的分布范围，被考古界命名为“裴李岗文化”。裴李岗文化分布在黄河流域的新石器时代早期文化，距今约7000—9000年。

采词意向：裴李岗路。以此地名彰显新郑历史文化之悠久。

2. 唐户遗址

唐户遗址位于新郑市区西南15公里唐户村南水河与石洞寺河汇流处台地上，面积约140多平方公里。1976年至今多次进行考古调查和发掘，证实遗址包含有裴李岗文化、仰韶文化、龙山文化以及夏、商、新砦二期文化、两周等时期的遗迹和遗物，连续年代长达6000多年，这在我国的考古历史上实属罕见。新郑的仰韶文化，考古学界认为是有熊文化，即黄帝文化。而在诸多遗址中，最为罕见的是唐户遗址，它典型地再现了新石器时代的系列文化。

采词意向：唐户路。

3. 华阳故城

华阳故城位于新郑市区北20公里华阳寨村北。相传为神农氏炎帝的诞生地，是战国时期韩国的北部门户和军事重镇，公元前273年著名的华阳之战就发生在这里。1986年被列为河南省重点文物保护单位。

华阳像“轩辕丘”一样，是一个很古老的地名。《国语·晋语四》说：“昔少典娶有蟜氏，生黄帝、炎帝……”《路史》：“少典娶于有蟜氏，曰女登，生二子，一为黄帝之先少典氏，一为神农氏炎帝。”《帝王世纪》：“神农氏，姜姓也，母曰任姒，有蟜氏女登，为少典妃，游华阳，有神龙首，感生炎帝。”由此可知炎帝生于有熊国的“华阳”。而“华阳”在有熊氏少典时代已有此地名了。西周时期这里是华国所在，郑国东迁后，华国为郑所灭。

历史上关于华阳故城的记载，除上述《国语》外，还有秦简《编年记》载：“三十四年攻华阳。”《史记·韩世家》载：韩僖王“二十三年赵魏攻我华阳，韩告急于秦。……八月而至，败赵魏于华阳之下”。《史记·白起王翦列传》：秦“昭王三十四年，白攻魏，拔华阳，走芒卯，而虏三晋将，斩首十三万”。《史记·赵世家》：赵惠王二十五年（公元前274年）“与魏共击秦。秦将白起破我华阳，得一将军”。《战国策·韩策》对华阳之战也有记载。《方舆纪要》：“古华国，史伯谓桓公华君之土也。”《括地志》：“故华阳城在郑州管城县南四十里。”

华阳城又叫卸花城。五代后周世宗柴荣死后，葬在华阳故城西（今陵上村）。相传柴荣的女儿每年前来祭奠，都在此城稍停，卸下佩饰和凤冠，换上孝服，前往祭吊。因此，当地人又称其为“卸花城”。

采词意向：华阳大道、华阳路。

4. 轩辕丘

在新郑市区一带，即今黄水河（古溱水）和双洎河（古洧水）交汇处的高台，面积约30多平方公里，其地貌形态东有马陵岗，西有双岭岗，南有黄岗，北有裴李岗，中间似盆地。溱水、洧水自西北而来，于盆地中切割一凸起的高台地，即轩辕丘，其中心区在今黄帝故里景区一带。

历代文献记载，黄帝出生于轩辕之丘，都于有熊。春秋《国语·晋语四》：“昔少典娶有蟜氏，生黄帝、炎帝。黄帝以姬水成，故姓姬；炎帝以姜水成，故姓姜。成而异德，黄帝有土德之瑞，故为黄帝，炎帝有火德之瑞，故为炎帝。”汉《史记·集解》：“谯周曰，有熊国君少典之子也。”皇甫谧曰：“有熊，今河南新郑是也。”晋《帝王世纪》曰：“黄帝有熊氏，少典之子，姬姓也，受国于有熊，居轩辕之丘，故因以为名，又以为号。……有熊今河南新郑是也。”《大明一统志·古迹》曰：“轩辕丘在新郑县境，古有熊氏之国，轩辕黄帝生于此，故名。”《天下名胜志》曰：“新郑县城内有轩辕丘。”明《御披王凤洲纲鉴会纂》曰：“黄帝之母于祁野，见大电绕北斗枢星，感而怀妊，二十四月而生帝于轩辕之丘，因名轩辕。轩辕丘在开封府新郑县。”清《（钦定）古今图书集成》曰：“轩辕丘，在新郑县境，古有熊氏之国，黄帝生于此。”民国《辞源正续编合订本》曰：“轩辕史称黄帝，生于轩辕之丘（在今河南新郑县），故曰轩辕氏。”

采词意向：轩辕大道、轩辕路、人文大道，轩辕大道为首选。

5. 苑陵故城

苑陵故城位于新郑市东北18公里龙王村西部，东至肖河，西邻鸿雁河，南为平原，北有崇岗。城垣周长约4080米。郐为西周封国，被郑武公所灭，建国260多年。

据《元和姓纂》记载，商王武丁曾封其子文于苑（今新郑县东北）为侯爵，世称苑侯。由此可见，商时已有苑城。秦统一六国后，实行郡县制。于此设苑陵县，属颍川郡，据《方舆纪要》记载：苑陵城在县（指新郑县）东北十八里，秦邑。汉初，仍设苑陵县，晋泰始二年（公元266年），新郑县并入苑陵县；隋大业初年（公元605年）苑陵县并入新郑；唐武德四年（公元621年）复置苑陵县；唐贞观元年（公元627年）再废苑陵，并入新郑县。

“苑陵”一名应是与皇家禁苑有关，则此地先称“苑”，后有了苑侯之墓，墓称为“陵”，此地遂有了“苑陵”的新名称。新郑一些学者认为，苑陵城即为郐国都城。

采词意向：苑陵大道、苑陵路。

6. 郑韩故城

郑韩故城位于溱水（今名黄水）与洧水（今明双洎河）交汇处的台地上，城址平面略呈不规则长方形，东西长约5000米，南北宽约4500米，周长约20公里，面积约20平方公里。中部有一道南北向的夯土墙，将故城分成西城和东城两部分。据文献记载，郑韩故城的城门甚多，仅《左传》中提到的就有闺门、时门、仓门、皇门、纯门、北门、西门、高门、东门、渠门、墓门、薰门、狮子梁门和桔秩之门等。郑韩故城是历史上同时期保留最完整的一座土城。朱士光先生认为，郑邑在春秋、战国时期，先后为郑国和韩国的都城，共历时近540年。1963年，郑韩故城被国务院公布为全国重点文物保护单位。

采词意向：古城路、郑韩路，展示新郑古都文化之内核。

7. 周皇陵

五代后周皇陵，位于新郑市城北18公里郭店镇附近。现存陵墓4座，即嵩陵、庆陵、顺陵和懿陵。后周显德六年（公元959年）十一月，世宗柴荣葬于郭店镇陵上村西100米处。现存冢高约10米，周长105米，保存尚好。柴荣，周太祖郭威的养子，圣穆皇后之侄。后周广顺元年（公元951年），郭威称帝，授以澶州节度使，检校太保，封太原郡侯。为政清肃，吏民仰赖。广顺二年，加检校太傅，同平章事。广顺三年授开封府尹兼功德使，封晋王，判内外兵马事。太祖崩，嗣帝位，神武雄略，励精图治，改革内政，整顿军事，奖励生产，力图统一中国，不愧为一代英主。惜在位仅6年，享年39岁。

采词意向：神武路。

8. 凤台寺

凤台寺位于新郑市城南500米双洎河南岸的凤凰台上。传说有凤凰栖集于此，故曰凤台寺。据清康熙十二年（公元1673年）《新郑县志》记载："宋大观三年建，明嘉靖四十年洞林寺僧重修。"然今寺题名有"元丰四年，寺之建当早于大观三年"。该寺建筑群体有殿堂数十间，另有佛塔和寺钟。院内古柏桂树，树龄逾数百年，另有密县名士赵御众书六陵形石经幢。寺内文昌庙、准提阁，为明末生员高翼之建。还有河南提学秦白里所撰《重修文昌庙碑记》。北邻双洎河处，有凉亭三间，供游人小憩和欣赏洧水景色。寺院南面有僧人墓数座。凤台寺旧时殿宇辉煌，竹林交映，河水萦绕，晚钟远扬。为新郑八景之一。

采词意向：凤台路。

9. 太清观

太清观在新郑西南观音寺镇太清观村。有明正德五年（公元1510年）《重修太清观志》碑，存新郑博物馆。碑文："河南路新郑，古有熊氏之国也。县治西南迤廿里许，有观名太清。开基于汉永平之末，号天寿宫。"

采词意向：太清路。

（二）人物

1. 少典

少典氏是炎帝、黄帝之父。春秋《国语·晋语四》："昔少典娶有蟜氏，生黄帝、炎帝。"晋皇普谧《帝王世纪》："神农氏，姜姓也，母曰任姒，有蟜氏女登，为少典妃，游华阳，有神龙首，感生炎帝。"又载："黄帝有熊氏，少典之子，姬姓也，母曰附宝。"历代诗书多从其说。少典在有熊建都。汉焦延寿《焦氏易林》："黄帝，有熊国君少典之子。有熊，即今河南新郑市也。"

宋罗泌《路史·国名纪》："少典，有熊帝之开国，今郑之新郑。"新郑西南具茨山下有少典祠，新郑市区东北有少典陵。

采词意向：少典路。

2. 子产

子产，春秋著名的政治家、改革家和外交家。"封田洫"，改革土地制度，废"井田"（公田），承认土地私有，以发展农业生产；"作丘赋"，改革赋税制，以亩地多少缴纳军赋，加强国防；"铸刑鼎"，将郑国法律铸于鼎上，公布于世，实行以法治国；"不毁乡校"，让百姓公开批评国政，实行民主监督。历史上称此为"四善"。子产总结执政经验，提出宽猛相济的治国理论。明《县志城池图》中，在城外西北有"子产祠"。

采词意向：与清代县志所载城外的子产祠结合，子产路。

3. 韩非子

韩非子（约公元前 281—前 233 年），为韩国公子（即国君之子）。战国末期韩国（今河南省新郑）人。师从荀子，是中国古代著名的哲学家、思想家、政论家和散文家，法家思想的集大成者，后世称"韩子"或"韩非子"。《韩非子》呈现韩非极为重视唯物主义与功利主义思想，积极倡导君主专制主义理论。据《史记》记载：秦王见《孤愤》《五蠹》之书，曰："嗟乎，寡人得见此人与之游，死不恨矣！"据统计，有 55 个成语出自《韩非子》。

采词意向：韩非路、韩非子路。

4. 白居易

白居易（公元 772—846 年），字乐天，号香山，唐代大诗人。据《白居易年谱》记载："唐代宗大历七年壬子，白居易正月十二生于郑州新郑县东郭宅。"因战乱，12 岁时离开新郑，游学苏北、江南。28 岁中进士，补校书郎。不久，为翰林院学士，任左拾遗，为谏官。他本着"唯歌生民病，愿得天子知"的目的，经常谏言皇帝，写诗反映劳动人民的苦难生活，如《秦中吟》和《新乐府》等。后历任赞善大夫、江州司马、忠州刺史、杭州刺史、苏州刺史、河南尹、刑部尚书等职。

采词意向：居易路、香山路、乐天路。

5. 欧阳修

欧阳修（公元 1007—1072 年），字永书，号醉翁，晚号"六一居士"，吉州永丰（今江西省永丰县）人，因吉州原属庐陵郡，以"庐陵欧阳修"自居。谥号文忠，世称欧阳文忠公，北宋卓越的政治家、文学家，与韩愈、柳宗元、王安石、苏洵、苏轼、苏辙、曾巩合称"唐宋八大家"。后人又将其与韩愈、柳宗元和苏轼合称"千古文章四大家"。有关欧阳修一生的主要著作，有周必大等编订的《欧阳文忠公文集》153 卷，约百万言。另外，史学著作有奉诏与宋祁等合作编著的《新唐书》，并由他自己独家编纂的《新五代史》74卷。欧阳修在他的传世美文佳作《醉翁亭记》中，用一句话交代了他“醉翁”之号的由来：“太守于客来饮于此，饮少辄醉，而年又最高，故自号曰醉翁也。”在新郑辛店镇欧阳寺村有欧阳修墓，为全国重点文物保护单位。

采词意向：文忠路、醉翁路。醉翁路用在山水景色附近时，路名更能结合“醉翁之意不在酒，在乎山水之间也”的意境。

6. 高拱

高拱（公元1513—1578年），祖籍山西洪洞，先世避元末乱迁徙新郑。明嘉靖、隆庆时期大臣。字肃卿，号中玄。嘉靖进士。穆宗为裕王时，任侍讲学士。祖父高魁，官至工部虞衡司郎中。父亲高尚贤，明正德十二年（公元1517年）进士，官至光禄寺少卿。明嘉靖四十五年（公元1566年）以徐阶荐，拜文渊阁大学士。明神宗即位后，高拱以主幼，欲收司礼监之权，还之于内阁。与张居正谋，但张居正在太后前责高拱专恣，致被罢官。明万历六年（公元1578年）死于家中。万历七年，赠复原官。著作有《高文襄公集》。谥文襄，墓地俗称“阁老坟”，位于新郑北约0.5公里阁老坟村西北约100米处。明《县志城池图》：城有“文襄故址”。

采词意向：阁老路、文襄路。

（三）经典著作

1.《诗经》

溱、洧两条河流不但为新郑历史的发展提供了自然环境的舞台，也为《郑风》的产生提供了广阔的世界背景。从《郑风》文本与地理环境结合看，郑地处于内陆季风气候，溱、洧属季节河，冬夏流量差异显著。冬春之际，两河的流量减少，溱、洧更因处枯水期而致两岸宽阔，自是郑国男女约会的理想地方和聚会的最佳场所，其地理特征合于《溱洧》的活动场景。

《郑风》作为《诗经》“十五国风”之一，被人们誉为东方最浪漫的爱情诗。春秋时期，郑国民风淳朴，思想开放，青年男女大胆追求幸福和浪漫的爱情生活，令人叹为观止。从《郑风》21篇诗歌中，立体地再现了郑国人民的生存环境、世态人情、社会生活和思想品德。例如，《诗经·郑风》中的《溱洧》描写的是青年男女游春相戏，互结情好的动人情景……

新郑郑风苑景区以《郑风》和中原文化为根基，以“诗”入景，以“景”映文，呈现出历史、地理和心灵空间重合的体验效果，带动了新郑旅游文化产业的可持续发展。而且，带有主体性质的文化空间建构，又给中原文化的崛起提供了很好的素材。

采词意向：与郑风苑公园以及溱水、洧水相结合，考虑郑风路、溱洧路。

2.《左传·隐公元年》

成语“其乐融融”。《左传·隐公元年》“郑伯克段于鄢”一文中：“公入而赋：‘大隧之中，其乐也融融’。”

采词意向：与史料记载的遗迹郑工望母台结合命名乐融路。

2. 地名规划之后文化研究的综合成果

虽然“出示”了地名规划之后文化研究的部分内容，但仍旧没有看到地名规划之后文化研究的综合成果。那么，如何管中窥其全豹呢？对此，由《地域文化视角下的地名规划——以新郑市地名规划为例》中的“出版说明”或许解答了这一问题。其部分文字内容是：“地名规划是近十年来随着城镇化发展而出现的新命题。地名规划的科学编制和实施，有效地避免了先建设后命名而造成的地名滞后、混乱等现象，对规范地名管理、提升公共服务和推进地名标准化起到了重要作用。经过多年的实践和自身发展，目前的地名规划已不仅仅局限于关注地名的命名、更名，而是将地名文化、地名信息化、地名标志等多项内容统筹考虑，成为地名管理、公共服务等工作的整体谋划和部署。出版的这本书，是将《新郑市地名总体规划》部分内容编辑出来并进行了适当的编排。课题组对新郑市地名文化发展脉络、地名文化资源进行全面分析后，在地域地名文化与地名规划相结合方面做了一些尝试，结合实践对地名景观进行了一些思考，对语言和地名的关系有了更深刻的理解，对地貌特征、历史遗迹等自然、人文因素对地名的影响有了更感性、更直接的认识，对借助地名标志传播地名文化的实现途径和方式进行了一些探索。”为进一步叙述清楚地名文化研究成果的全貌，我们不惜在此占用一定的文字和篇幅，将该书的目录作为地名文化研究的大纲照搬于此，以使阅读本书者对其有个大概的了解（参见示例 7-8）。

示例 7-8：《地域文化视角下的地名规划——以新郑市地名规划为例》目录

目　录

上篇　专题研究

十三、监督与监控

十四、维护和管理

下篇 规划实践

第八章 规划背景

一、规划背景

二、规划目标

三、规划地名体系

第九章 规划编制程序和技术路线

一、编制程序

二、技术路线

第十章 新郑市地名文脉

一、有熊之墟、黄帝故事——新郑地名的肇始之源

二、郑韩古国、诸多遗迹——新郑地名的后续之流

三、具茨在望、溱洧依然——新郑地名的自然载体

第十一章 新郑市中心城区地名现状分析

一、建成区地名现状分析

二、城北新区地名分析

三、建成区与城北新区地名可提升之处

第十二章 地名文化遗产保护

一、地名体系整体保护

二、地名文化保护

第十三章 道路名称规划方案概要

一、主要规划思想

二、规划方案主要内容

第十四章 规划实施保障

一、完善地名标志

二、建立地名信息系统

三、加强地名标准化和地名文化的宣传

四、加强对社会使用地名的监督、检查

五、制定有偿命名实施意见

六、严格控制更名成本，做好特别告知

3. 地名规划之后文化研究的衍生产品

在一些行政管辖范围较大的地方，地名规划可能只涉及部分区域，当该地名规划编制完成以后，由于很多地名文化并未与地名规划发生直接的联系，

因而地名规划区域以外的地名文化不能置之不理，而是要把这些“养在深山人未识”的瑰宝发掘出来，以一个独立的、特有的文化研究衍生产品予以对待，使其在地名规划之外发挥巨大的作用。其实，如果是独立成章的地名文化研究，既可以研究于地名规划之前，也可以与地名规划并行不悖。例如，刘保全主编的《北京胡同》就可以称为成功的范例，其中北京“城门的命名”部分更是经典的样本（参见示例 7-9）。

示例 7-9：城门的命名

城门的命名

明代的命名

明朝对城门的命名非常重视，朝廷先后命名了 16 座城门，其中 14 座城门蕴含政治意义。

德胜门

明洪武年间命名“德胜”是有所依据的。元大都北墙有健德门，健德门取名时基于《易经》乾卦的彖辞：“天行健，君子以自强不息。”所以君子之德是建德。“德胜”意为既要武力强盛，也要以德感召而取胜，不战而服人。

安定门

“安定”乃是平安稳定，它是动乱的反面，所以沿用至今，含义容易理解。明洪武年间命名“安定”也有所依据。元大都北墙有安贞门，安贞门取名是出自《易经》坤卦的彖辞：“安贞之吉，应地无疆。”虞翻注：“地道至静，故安。”这里可以直截了当指出“安贞”就是“安定”，安贞门、安定门意思相同。

东直门、西直门

明洪武二年（1369 年）至永乐十七年（1419 年）的 50 年中，一直沿用元大都“崇仁门”“和义门”的名称。永乐十七年改名为东直门、西直门。“直”，《说文・乚部》：“直，正见也。从乚，从十，从目。”本义为用眼正对标杆测端直。引申为端正：君子之容舒迟，足容重，手容恭，目容端，口容止，声容静，头容直。由端正引申出抽象意义，指公正：王道正直。西直门、东直门的“直”，是永乐皇帝的治国方针，要求朝廷官员尽忠竭力为大明王朝做事，表明朝廷官员做人是端正的，办事是公正的。东和西即左和右，引申其意，乃是辅佐王朝，效忠帝王。也有专家认为：“直”，表示方位。张相《诗词曲语辞汇释》卷一：“直，指示方位之辞。”东直门即东北门；西直门即西北门。此说也是言之有理，朝廷上不可能将很直白的东北门、西北门公布于世。一个“直”字，既点明了主题，也可认为北京城门以方位命名的，只有东直门和西直门。

明朝自洪武元年（1368 年）至正统四年（1439 年）的 71 年中，一直沿用元大都城门名称的还有：丽正门、文明门、顺承门、齐化门、平则门。正统元年至四年（1436—1439 年）全面修建了内城九门的城楼，完工后，遂改元大都的丽正门为正阳门；文明门为崇文门；顺承门为宣武门；齐化门为朝阳门；平则门为阜成门。

正统年间为何要改城门名称？北京史学家周良先生研究认为：这与当时历史背景有关，具有特殊意义。明英宗朱祁镇 8 岁登基（1436 年），年号为正统。英宗即位之时，恰值仁宣之治，“吏称其职，政得其平，纲纪修明，仓庾充羡，闾阎乐业，岁不能岁”。然而他毕竟为 8 岁顽童，所知甚微，理政不懂。故此皇太后指令先朝重臣名宰入朝辅政，以承前启后，继往开来，巩固朱氏皇家大业。于此之时，朝廷不仅有丰富财力修建京师九门，同时也要表明少年天子有超人能力调动军夫数万人同时修建京师九门。因此将城门名称改易，不能不说寓有政治意义。古人认为：“日者众阳之宗，人君之象。”因以正阳指帝王，故正阳门即帝王所居京城之门，至高无上，不可侵犯。左崇文，右宣武则表示国家必须文治武安；而朝阳之“朝”，有专指臣见君之意，朝阳则有群臣朝拜天子之义，言外之意，即皇帝虽幼，但也不能君臣颠倒，可见其威严寓于其中。“阜成”，此语源于“六卿分职，各率其属，以倡九牧，阜成兆民”之典，意指朝廷官员以身作则，带动亿万军民均备良好道德，其谆谆教诲又寓于其中。

正阳门

即北京的前门。“正阳”用在皇帝身上，见于《史记·司马相如传·封禅书》“正阳显见”，旧注解释这是帝王面向南方正坐而受朝拜。

崇文门

“崇文”是崇敬文事，因为文的作用是“导德齐礼”，左崇文，右宣武则表示国家必须文治武安。

宣武门

“宣武”是宣扬武德，北京的城门既有崇文，又有宣武，表示既重文事文德，又要有武备武功。

朝阳门

“朝阳”即“向着太阳。”“朝”，有专指臣见君之意，朝阳则有群臣朝拜皇帝之义。

阜成门

“阜成”，此语出自《尚书·周官》：“六卿分职，各率其属，以倡九牧，阜成兆民”。阜成兆民，意为大力地管理好亿万百姓。

永定门

“永”是长久、永久；“定”是安定。寓意北京永久安定。

左右安门

“左”“右”是方位词，用在地名上左就是东、右就是西。“安”是安宁、安定、安稳、稳固。

广渠门

“广渠”义当何解？据《说文·广部》：“广，殿之大屋也。”本义为四周无壁的大屋。引申泛指大，广大；又特指宽，宽阔。《说文·水部》：“渠，水居所。”本以为人工开凿的壕沟。广渠，即大渠，应指大运河。大运河对明北京城的建设起了重要的作用。广渠门在命名之前曾名大通桥门，在门北部附近有通惠河、大通桥，通惠河是人工开凿的水渠，只有宽阔的水渠才能漕运，故取名广渠门。明《长安客话》记载：“通惠河，元至元间，丞相完泽倡议导昌平白浮诸泉为渠，贯京城，迤逦出南水门，抵通州高丽庄，以便漕运。世祖（忽必烈）自上都还，见轴舻蔽水，大悦，赐名通惠。岁久沙冲水击，几至湮塞。（明）成化丙申（1476年），平江伯陈锐曾疏通之，漕舟直达大通桥下……出崇文门二里许，有大通桥，水从玉河中出，直至通州桥下。”人们可以顺通惠河经大运河到达南方各地。因此，“广渠”的含义是指大运河。

广宁门

“宁”：安定，安宁。“广宁”寓意广大的国土得到安宁。

东便门、西便门

据《说文·人部》：“便，安也。人不便，更之。”“便”的本意应为妥帖，安适。由安适引申为有利，合适，方便。便门是方便外城南北方向出入之门。明嘉靖三十二年（1553年）起修建外城城门城墙，记载有七门，而记载中当时只命名了永定门等五门之名，直至嘉靖四十二年（1563年）为外城添建瓮城时，才出现东便门、西便门的名称。

虽然叙述了四项与地名规划相关的专题研究，但仍然有意犹未尽之感。因为，地名规划是一个包罗性很强的大课题，与其关联者何止上述四个方面的内容。例如，在一个特定的规划区域内，我们规划了小区的名称，似乎就地名规划本身而言已经暂告一个段落，其实并非如此。对于与小区名称关系最近的街道办事处名称、居民委员会名称，作为小区地名的拓展结果，以及准行政区域的名称和群众自治组织的名称，是否需要推己及他呢，笔者却不知何以为之。所以，以街道办事处、居民委员会为代表的组织名称，只能留待地名规划之后解决。

第八章　地名规划方案的完善

通过前七章的详尽阐述，相信每一名熟谙此书的读者，对于研究并编制地名规划方案，都学到且掌握了一些有用的知识和方法。然而，如果仅仅是“依葫芦画瓢”，并不能使地名规划方案尽善尽美。这就是说，在了解上述地名规划的编制方法之后，还需要探究其中规划方式的奥秘。为此，本着实际、实效、实用的原则，我们将在本章下面的论述中，给大家提供一个更有针对性的建议，提醒各位同人在遇到地名规划文本错误或遗缺时，如何切中要害地予以修改之。因此，针对不同阶段的地名规划编制成果形式，以及它们容易产生的不足和缺陷，提出目标明确、思维缜密、思路正确的修改意见和改进措施。

那么，地名规划方案都有哪些阶段性成果呢？根据其不同完成的时间段，以及其后续所要面对的客体和自身的质量，其成果大概可以分为以下几种：地名规划方案（初稿）、地名规划方案（讨论稿）、地名规划方案（评议稿）、地名规划方案（征求意见稿）、地名规划方案（初审稿）、地名规划方案（复审稿）、地名规划方案（送审稿）、地名规划方案（报批稿）、地名规划方案（批复稿）等。其中，地名规划方案（评议稿），可以归入为地名规划（讨论稿）；地名规划方案（讨论稿），可以合并为地名规划方案（征求意见稿）；地名规划方案（初审稿）和地名规划方案（复审稿），可以整合为地名规划方案（送审稿）；地名规划方案（批复稿）可以省略为地名规划方案（报批稿）。这样，地名规划方案（初稿）、地名规划方案（征求意见稿）、地名规划方案（送审稿）、地名规划方案（报批稿），成为不可省略的 4 个工作环节和研制步骤。下面，笔者就这 4 个阶段稿件的重要特征，剀切透理地谈点关于对它们进行“优化”的意见。还有，这里所列出的地名规划方案，只是普通的示例而已，其质量的好坏，作者不予评价，且没有褒贬之意。

第一节　地名规划方案（初稿）的补充

虽然本节的标题为“地名规划方案（初稿）的补充”，但实际情况是，在该初稿成为“地名规划方案（征求意见稿）”之前，还可包括“地名规划方案（讨论稿）”。换言之，这里所言的补充“地名规划方案（初稿）”，由于要确保稿件的质量要求，应当还包含了对“地名规划方案（讨论稿）”的修改。为什么会如此说呢？因为，根据地名规划编制课题组编写的大纲，由专人起草完成“地名规划方案（初稿）”后，全体地名规划研制课题组成员，需要对该稿件进行必要的内部讨论，在集中大家意见的基础上，编制“地名规划方案（讨论稿）”。换言之，“地名规划方案（初稿）”的编写，只是一个地名规划研制过程中的初始步骤。该工作环节获得的“地名规划方案（初稿）”，与之后的各种地名规划方案相比，其最明显的问题不是存在些许错误，而是出现了多少不应有的遗漏，以及不应有的偏差。即使是发生了一些“碍眼”的问题，也可能是缺失某个工作环节造成的。因此，本节所言对规划文本修改的定位为，对“地名规划方案（初稿）”的补充。

一、地名规划方案（初稿）的补充调研

在完成“地名规划方案（初稿）”之后，其后续的工作是，该地名规划编制课题组的全体人员，在课题组组长的带领下，对其进行全方位、系统性的解剖、分析，并召开内部的、小型的讨论会，找出其潜在的问题和不足。在这一过程中，如果前期研究的准备工作不够充分，课题组的同人们会发现，大家参与编制的地名规划方案，存在着一些亟待解决的问题。而且，这些在“地名规划方案（初稿）”中显露出来的不足，是自身无法就地在该地名规划文本上解决的，需要通过更加细致的调研工作，获取更多的资料和信息，然后进行必要的补充。为此“地名规划方案（初稿）”的补充调研提到议事日程。

1. 地名规划方案（初稿）补充调研的形式

如果地名规划的编制项目不是以任务下达的方式而来，或者该地名规划不是当地地名行政管理部门自行编制，对于“地名规划方案（初稿）”的补充调研，可以采取两种卓有成效的调研方式：一是进行专家咨询；二是召开座谈会。因为，这两种常用的工作方式，非常容易被相关人员所接受，也可以较好地获取需要的资料。不过，在比较恰当的情况下，地名规划的委托方应当予以协助进行该补充调研。

(1) 地名规划方案(初稿)的专家咨询。从地域的角度说，咨询的专家可以分为两类：一类是地名规划区当地的专家；一类是该规划区之外的专家。在此，当地的专家具有天然的优势，相比于外地的专家来说，更了解本地的实际情况，可以详细地介绍该课题组所欠缺的事项。当然，当地的专家在某些方面略有不足，因为是当地的高级知识分子，受“爱我家乡”等感情因素的影响，其提供的信息有一定的主观意识。对此，需要地名规划编制课题组的成员们加以甄别。

(2) 地名规划方案(初稿)的会议座谈。这里必须强调一点，此时召开的座谈会是当地地名行政管理部门的分内之责，不仅是因为相关委托协议的约定，也是这项工作的性质使然。因此，该地名管理部门应当走向前台，帮助地名规划编制方做好这一工作，并通过召开座谈会的形式，切实征集到对“地名规划方案(初稿)”有价值的信息和意见。

2. 地名规划方案(初稿)补充调研的对象

由于是针对“地名规划方案(初稿)”进行的补充调研，因此其召开的座谈会或者征求意见的对象，是经过遴选确定的目标者。面对不同的调研对象，其所寻求的帮助内容也略有区别。另外，编制地名规划方案需要一定的时间，在这段紧张而有序的工作时间段内，受基础性规划变更的影响，或者受主政官员地名规划主旨变动的左右，也同样要求地名规划编制方掌握最新的动态。这些对象可包括：

(1) 政府职能部门。

(2) 有关专业机构。

(3) 相关领域专家。

(4) 当地群众代表。

3. 地名规划方案(初稿)补充调研的部门

在现行的行政管理体制下，地方的各类行政事务是多头管理的，地名规划虽然表面上属于民政部门，但由于该地名规划为综合性的项目，因而与其他部门亦存在某种必然的联系，只不过每个部门的侧重点不同罢了。基于此，邀请参加座谈会的人员宜来自下列专业管理部门：

(1) 民政。

(2) 建设。

(3) 文化。

(4) 交通。

(5) 园林。

(6) 档案。

(7) 方志。

(8) 国土。

(9) 旅游。

(10) 规划。

(11) 公安。

如果确有必要，该座谈会可邀请当地群众代表参加。

二、地名规划方案（初稿）的补充内容

经过各种形式的补充调研之后，在总结、吸纳各类建议、意见的前提下，地名规划编制课题组应进一步完善“地名规划方案（初稿）”，并形成“地名规划方案（征求意见稿）”。也就是说，“地名规划方案（初稿）”必须补充一些必要的内容。

1. 地名规划方案（初稿）的主要问题

在通常的情形下，鉴于刚刚启动地名规划方案的编制，受资料匮乏等的限制，“地名规划方案（初稿）”都会存在这样或那样的问题。通过对该文稿的分析可以得知，其问题的集中表现主要分为 3 种：一是地名规划方案（初稿）中的原则性问题；二是地名规划方案（初稿）中的遗漏性问题；三是地名规划方案（初稿）中的舛误性问题。这 3 种问题表现方式的不同，决定了后续工作改进的不同。

(1) 地名规划方案（初稿）的原则问题。在地名规划方案的第一稿中，与后面的修改稿相比，往往容易出现原则性、根本性的问题。这种问题主要表现为规划方向上出了差错。说实话，地名规划方案中的原则性问题，是该地名规划编制方最不愿意看到的。如果出现这一严重的问题，意味着前期工作可能“南辕北辙”，或者事倍功半，最好的结果也许是部分内容推倒重来。之所以出现重大的原则性问题，是由于前期工作不够充分造成的，在没有掌握地名规划主旨的情况下，匆忙之间走入了核心以外的“岔道”，导致地名规划需要另起炉灶，从而浪费了大量的人力、物力、财力以及时间成本等。

(2) 地名规划方案（初稿）的遗漏问题。从地名规划方案的基本框架上看，地名规划方案的文本格式有一定的规律性，无论其是长、还是短，有些内容或事项是必不可少的，而且是按照应有的顺序排列下来的。但是，如果该文本被打破了原有的格式、体例，“冒出”了不合乎情理的断裂之处，则说明该地名规划方案出现了遗漏问题。这些不应该有的遗漏问题，最让人“忌讳”和“头疼”的是，规划背景不详，没有规划原则，技术路线缺失，规划地名失位，保障措施缺项等。

(3) 地名规划方案（初稿）的舛误问题。这里所说的舛误之处，主要是指 3 个方面：一是叙述内容上的错误；二是叙述体例上的错误；三是叙述文

字上的错误。其中，最应当引起重视的是内容上的错误。面对于此，只有根据文稿的实际不足，进行合乎文本的改进工作。因为，这些错误发生的几率较高，且每一个文本都不尽相同。所以，要因地制宜、因文而异，力求每改一稿就前进一步。

2. 地名规划方案（初稿）的补充要点

当我们得知“地名规划方案（初稿）”的症结所在之时，特别是通过补充调研之后，下一步的工作就变得水到渠成了。即，针对该“地名规划方案（初稿）”的不足，实行类似中医的“对症下药”，进行有针对性的修改和完善，着重点是对各个缺项的有效补充。其补充要点是：

（1）补充地名规划方案（初稿）的规划背景。

（2）补充地名规划方案（初稿）的规划依据。

（3）补充地名规划方案（初稿）的规划原则。

（4）补充地名规划方案（初稿）的规划路线。

（5）补充地名规划方案（初稿）的规划导引。

（6）补充地名规划方案（初稿）的规划地名。

（7）补充地名规划方案（初稿）的规划建议。

（8）补充地名规划方案（初稿）的规划说明。

（9）补充地名规划方案（初稿）的规划地图。

注意，这里给出的地名规划方案（初稿）的补充内容，是一些粗略的要点和事项，在现实的“地名规划方案（初稿）”中，还包括部分小节、段落、语句、字词的疏漏，同样需要因地制宜、因文而定地予以补充，只不过不需要在此一一赘述而已。至此，“地名规划方案（初稿）”转化为“地名规划方案（征求意见稿）”。

三、地名规划方案（初稿）的补充实例

为使读者更加清楚需要补充的事项，我们在此陈列出一个补充地名规划方案（初稿）的实例。而且，基于为实际工作之需要，特意将相关章节、条款的题号打乱，使缺项部分与补充部分各得其所，当二者合二为一、相互对接时，可以一目了然地看出，在补充之后形成了一篇比较完整的地名规划方案。

1. 缺项的地名规划方案（初稿）的实例

由于地名规划文本通常文字较多，所举实例占用大量篇幅，为简便、好读起见，将其部分内容予以删除，并标注为“（略）”。请读者注意的是，省略的部分并非缺项，而是没有将其抄录于此。另外，为便于读者的阅读，已经将其中的题号进行了调整，以期达到醒目、提示的目的（参见示例8-1）。

示例8-1：缺项的地名规划方案（初稿）

缺项的地名规划方案（初稿）

第一章　总则

第1条　规划目的

为适应某某市经济社会发展和改革开放的需要，科学、合理地进行地名管理，依据《某某市城市总体规划》和国家的有关法规，结合某某市实际，编制本规划。

第2条　规划对象

本规划适用于某某市所属区域内，作为编制地名规划，确定道路、桥梁、广场、绿地、公园、居住区、专业市场、台、站、港、场及其他大型、突出、标志性工程建筑物、构筑物、各类自然地理实体、风景名胜、古迹、纪念地名称的依据和规范。

第3条　指导思想

体现城市总体规划精神和要求，反映城市性质和功能定位；以构筑本市科学合理的地名体系为目标，增强地名整体性、系统性和稳定性；体现××特色，使其达到科学化、标准化、规范化、统一化、系列化、指位化的标准，方便社会使用。

第6条　规划目标

前期：理顺管理体制；建立各级地名管理工作机制；建立地名申报、审核、公示、论证、审批、公告制度；建立地名标志的长效管理机制，其拼写符合国家标准化的要求；建立地名数据库。

近期：完善各级地名管理工作机制；完善地名申报、审核、公示、论证、审批、公告制度；进一步完善各类地名标志的设置；按国家新12分类标准建立地名数据库，建立全市地名即时更新管理平台；完成全市和各镇地名规划；完成符合调整条件地名的调整工作；对以地名派生的居住区、专业市场、企事业单位、店铺等名称进行全面的清理，纠正不规范的派生名称，地名工作全面进入按规划要求的有序管理之中。

远期：市内各类地名全面实现层次化、系列化，形成地名区块结构布局有序、地名特点清晰、文化内涵丰富、与国际风景旅游城市、历史文化名城相适应的地名体系；建立全市地名信息公共发布系统，提高面向社会的咨询服务能力和水平。

第7条　规划原则

1. 与城市规划同步的原则。充分体现地名规划在城市建设、管理中的配套和协调作用。

2. 地名可持续发展的原则。继承与创新结合，提高地名规划的合理性、科学性，使所定地名经得起时间和空间的检验，保持长期稳定。

3. 整体与局部相协调的原则。对各镇和开发区进行地名规划和命名时，都把它作为全市地名规划的某一部分考虑，综合平衡，在地名群层次与序列的设计中，遵循其内在的联系与规律，消灭在全市范围内的相似与重名。

6. 尊重历史与照顾习俗的原则。城市地名应反映不同城市、不同地域的自然环境和人文环境的特点，如自然、历史、经济、文化、建筑、名胜古迹等。对历史上形成的地名不能无条件沿用，也不能全部否定。使用“土俗名”，与现代化新型城市极不协调；全盘否定，则将造成地名的历史断层。根据这一原则，我们对知名度高、含义健康、反映本市的自然与历史、人文与城市特色，词义贴切，并具明显的指位功能，市民喜欢易记的地名适当继承，因此各镇区的地名，应保留大量具有历史文化传统的名称。

7. 强制性的原则。通过长期努力，实现地名的有序管理。

第8条　规划依据

(略)

第二章　地名通名专名的使用规范

第一节　地名通名的使用规范

第9条　适应性要求

地名通名语词要简约、通俗易懂，与实体的类别、地理位置、规格、规模、景观等相适应。选用新产生的通名须通过严格论证，经市地名主管部门批准后方可用。

第10条　规范性要求

按地名通名的规范用字条件，使用相应的通名，不允许随意更改或与其他类别通名混用。在本市地域范围内，现有不符合本规划地名通名使用规范的，须在建设发展中，有计划地逐步纠正、理顺。

第11条　道路通名

(略)

第12条　居住区通名

(略)

第13条　商用楼盘通名

(略)

第14条　桥梁通名

(略)

第 15 条　河流通名

本市河流的通名，以“港”“浦”“塘”“河”“江”“湾”“溇”“泾”使用较普遍。对新开辟的河流，可视与其相关河流的通名而定，不再增加新的通名。

第二节　地名专名的采词要求

第 16 条　基本原则

地名专名的采词应遵循标准化、规范化的要求，反映自然或人文地理特点，体现时代精神风貌。通过层次化、系列化的专名采词，加强地名的指位性，方便社会使用。

城市发展过程中形成的某些特定的采词与使用习惯，在确定新的地名时应科学地扬弃，并创造出符合本市实际的新方法。

第 19 条　广场专名

可在下述两种方式中选择：一是就近就地派生，使广场名称能准确地反映和强化原地名网络的位置和指位功能，不能使用没有紧密地缘联系的名称进行移植；二是进行系列化采词，按广场所在地域范围内原存在的地名词语系列采词，或按特定地域范围的所有广场名称自成系列的思路采词。

第 20 条　居住区专名

应使用词义健康，符合社会主义精神文明要求和我国的政治、道德标准，且易被社会大众理解，有利于社会长久使用的语词。不使用晦涩难懂、牵强附会、超出常理和怪异的语词。

不以人名作专名。但全部由个人捐资兴建的较大型、且完全用于社会公益事业（不谋取经济利益回报）的桥梁、楼宇、构筑物和名人故居、纪念馆不在此列。

不以外文、汉语拼音字母（或其缩写）作专名；也不能在汉字专名中夹杂外文或汉语拼音字母。

要在专名中使用含有“中国”“中华”“昆山”等语词，须出具相应等级和行业的认定文件。“淀山湖”“阳澄湖”一词在本市有特定的地域概念，应按地理位置一致性的原则，控制使用。

第 21 条　高架路专名

高架路专名须与相应的地面道路专名相协调。

第 22 条　公交、地铁、轻轨站点专名

公交、地铁、轻轨站点的专名，应与其对应的地面地名保持一致。

第 24 条　派生地名

派生地名须与主地名，在地缘上有直接的、紧密的联系，两者在地理指位上保持一致性。现有派生地名中不规范、易导致指位混淆者须逐步纠正。

第三章　地名系列区块及其采词的总体框架

第26条　不同区域地名系列化采词的重点

老城区以加强新旧地名的协调、提升地名的条理性为重点；开发区以全面层次化、系列化为目标，体现规律性；各镇区和农村以提高地名的文化品位、反映本地特点、消除重名为主。

第27条　执行地名系列区块划分和采词导向的要求

地名在总体规划指导下开展详细、具体的分区规划，并遵守总体规划确定的总的采词导向与主题要求。对某些功能相近、相同、又不毗连的区域，应避免地名系列用词相雷同。

配合城区和各镇区改造，通过有计划的调整、优化，逐步淘汰各区块中现存的、不符合城市发展和时代要求的地名。

第二节　城区地名系列化布局结构

第28条　参照城市总体规划对中心城区贯彻“改造、扩大、重构”的方针，根据中心城区地理历史特点和地名现状，提出地名系列及其区块的划分框架。

第29条　（略）

第30条　（略）

第31条　（略）

第三节　全市地名系列化布局结构

第32条　主干道布局

全市主干道路地名规划命名原则为，打破了以镇域地名命名传统，以一路一名命名道路方式。分东、中、西；南、中、北段纵横贯穿市域，与上海、苏州、苏州工业园区、太仓、常熟、吴江等市道路接轨。各镇次干道路地名规划命名原则，以提高地名的文化品位、采用具有历史文化内涵地名、反映本地特点、消除重名为主。

第四节　其他区域地名命名要求

第34条　纵向干道

纵向的市主干道路，撤销原有路名，以大河、主干道路为界，分南、中、北路命名。如古城路、江浦路、长江路、青阳路、黄浦江路、沿沪大道等，与上海、太仓、常熟、吴江等市道路接轨。

第36条　农村地名

要改变农村地名无序命名的现状，通过强化宣传和管理手段，提高农村地区依法申报地名的意识，使地名的产生纳入有序管理轨道。其中在农村范围内进行房地产开发的楼盘名称，须纳入所在规划区块的地名整体布局，统筹兼顾。

第 37 条　景区地名

各旅游区、风景区、保护区、度假区范围内的地名，以体现当地自然地理特点和功能进行采词，提高地名的艺术性，突出景观特点的文化内涵。

第四章　地名调整优化原则

第 38 条　地名调整原则

在维护地名总体稳定的前提下，进行局部和个别调整，可调可不调的一般不调。调整对象为：名称含义不适宜保留者；社会交往使用不便的名称。

充分尊重当地单位、居民意愿，并通过听证、公示等方式决定是否调整。对社会普遍反映，且沿路单位、市民达成调整共识的，可先行调整。

对决定列入调整范围内的地名，根据城市改造建设的进程，分期实施调整。对存在多个小段名称的道路进行调整时，其新的统一名称，应在已有名称中优选或组合，新的名称应尽量与所在区域地名的共性特点保持协调。

第 39 条　列入调整道路名称的优选原则

应综合以下诸因素，全面权衡后决定：名称使用时间的长短、名称知名度的高低、名称文化沉淀的深厚、名称所指路段跨度的大小，以及沿路单位、居民住宅的密集程度、与周边路名的协调程度。

条件相近时，城区地名优先保留。

第五章　主要道路名称规划原则

第 40 条　城市主干路系统

城市总体规划确定的城市主干路系统。

对现存沿用已久且符合城市整体构架的次干道名称，保持稳定不变；同一条次干道上新的延伸段，原则上以该次干道原有名称延伸指称；原无名称的次干道，从所处地名系列区块的大环境角度选择名称。

对各镇中原仅着眼于局部地段的少数主干道名称，从市区的整体出发，进行适当调整；对主干道上原不适当的分段方法，进行调整；原来名称指位跨度过小或名称定位不合理、社会有调整要求的，予以适当调整、延伸。

第六章　实施规划的措施

第 43 条　开展分区地名规划编制工作

某某市城市分区规划均已编制完成，须尽快配套编制各分区地名规划。各分区地名规划，应体现本规划的各项原则和规定。

各地名管理工作的职能单位，要继续按照地名管理工作职责的要求，协助做好地名监督、管理。

第 46 条　有计划地实现地名的调整

根据城市改造建设的进展，按本规划确定的原则和方法，制订出分类调整的具体计划，有步骤地对老城区及小城镇原有地名进行审慎的调整，确保如期、稳步实现规划的调整目标。

第七章　附则

第49条　本规划生效前所执行的、与本规划要求不一致的业务规范内容，自本规划生效后废止。

附件：主干路名规划方案（略）

2. 补充的地名规划方案（初稿）的实例

“地名规划方案（初稿）”补充的各段文字，分属于不同的部分，为便于读者的阅读，现将它们按照先后顺序胪陈于此，请读者自行与上述内容对照（参见示例8-2）。

示例8-2：补充的地名规划方案（初稿）

补充的地名规划方案（初稿）

第4条　规划范围

根据城市总体规划提出的任务和要求，本次地名规划的范围，为某某市行政管辖范围，重点为城市总体规划确定的中心城区，以及全市范围内的主干道等，总面积为927.68平方千米。

第5条　规划期限

前期为1985—1995年；

近期为1996—2006年；

远期为2007—2020年。

第7条

4. 科学布局和合理组合的原则。无论采用任何方式来设计各镇和开发区地名群的层次与序列，其组合必须合理地反映其内在联系与规律，布局必须科学，路街巷、住宅区等布局应与实体的实际地理位置基本吻合。

5. 强化功能与优化结构的原则。根据开发区、各镇的规划确定规模和性质，并根据各类实体的作用和功能，确定地名类型和层次，分门别类地进行地名设计，做到同类地名层次化，在同层地名序列设计及个体地名的组词设计中，尽可能反映其实体的功能和性质，形成一个科学规范、指向性强的地名体系。

第17条　道路专名

道路专名要反映特点，提高指向、指位功能，方便使用。其中城市主干道专名不使用纯数序词；以主干道专名派生次要街路名称时，一律按“从东，从南”的规律。

道路门牌号码是道路专名指位的延伸和具体化，一般按“从东，从南”、“东单西双”“南单北双”和“4米1号等距赋号”的规律有序地编制。

第18条　桥梁专名

一般道路桥梁，可用连接的道路名称或当地地名命名；较短的跨河桥梁，且系该河流上唯一桥梁的情况下，宜使用所跨河流名称作该桥梁专名；大型桥梁一般以跨河两岸的地名命名。

第23条　河流专名

新开辟的河流长度在1000米以上者，应赋予专有名称。但属于原有河流的新开延伸段，应以原河流名称延伸指称，不另外命名。

可从以下几个方面决定新开辟河流的专名采词：一般采用当地的地名；较长的河流可以其起讫点地名各取一字组合为专名；在某一个地域内，以某一个共同的主题进行采词，形成该地域内的水网名称系列；属于原主河流的支流者，其名称应力求与主河流名称保持一定的一致性。

第一节　规划地名系列区块的基本原则

第25条　划分地名系列区块的主要因素

在划分地名系列区块时，应以反映地名的区块特点为纲，综合兼顾城市规划功能定位等因素，并从地名使用的社会性和实用性出发，提高区块划分的科学性。

城市规划的布局结构，即一个中心城区、10个镇，是地名系列区块划分的宏观框架；地名系列自身的特殊性，是系列区块划分的着眼点；原根据地理位置划分存在的共性小区块，是具体划分和发展地名系列区块范围的基础；现行政区划境界及城市主干道、河流、铁路的分布状况，是选择系列区块划分边界的重要因素；区域的功能定位，是影响地名系列区块划分和采词导向的内在要素。

第33条　横向干道

横向的市主干道路，撤销原有路名，以大河、主干道路为界，分东、中、西路命名。例如：相石路、迎宾路、城北路、前进路、震川路、新南路、周同路等，与上海、苏州、苏州工业园区、太仓等市道路接轨。

第35条　地名采词原则

道路通名分街（路）、巷（弄）两级；新产生的地名专名采词要求体现地域特点，提高文化内涵和品位；其地名区块的划分要符合城市总体规划所提出的功能布局。

全市各镇之间的重名现象，须在建设发展中，有计划地逐步调整、消除，并避免产生新的重名；姓氏与土俗地名，可在城镇建设中逐步调整；须进行以镇为分区的地名规划，拟制具体的命名方案。

第 41 条 主干路命名（或名称调整）原则

主干路名称要求有较好的文化内涵、响亮，具指位特点等。规划的路已有贯通的正式名称的，不再另拟名称。

对于现已存在分段命名的主干路，其名称调整的基本原则：一是尽量保持稳定，减少变动；二是注意协调；三是反映地理位置，提高指位性。

第 42 条 规划（或调整）次干道名称的原则

指位明确，有利于交通、交往；具有较强的稳定性；继承历史文脉，弘扬优良文化；反映城市性质，美化城市环境。

第 44 条 建立贯彻规划的工作机制、管理体制和规章制度

《本城市地名总体规划》的实施，要不断巩固和加强"政府主管、民政牵头、部门协作、社会参与"的地名工作机制，建立贯彻执行规划的规章制度。按规划所确定的原则进行地名的命名和更名。

建立、完善地名管理体制和机构，增配管理人员，确保管理所需经费。规范地名命名、更名的操作程序；完善地名标志的设置；加强对地名拼写的国家（国际）标准化的管理；加强有偿命名的管理；加强地名档案和地名信息公共发布系统的建设与服务工作；加强地名宣传和使用的社会监督、检查，提高管理的权威性。

第 45 条 进一步加大对具有历史文化内涵地名的保护力度

要紧紧围绕"构筑中等城市，建设新城市"和"建经济强市，创文化名城"的总要求，高度重视历史文化地名的保护挖掘工作，正确处理好"建设"和"保护"的关系。对重要的历史文化地名，要有选择地为其"树碑立传"，以传承历史，昭示后人，使其成为本市新的文化景观。对已消失的历史文化地名要采取多种措施进行保护、挖掘和恢复。同时，要广泛搜集，充分征求社会各界意见，列出保护清单，建立必要的档案，努力探索老地名保护和恢复的新办法。

第 47 条 本规划经某某市人民政府批准后生效。

第 48 条 本规划由某某市民政局负责解释。

如果将示例 8-1 和示例 8-2 合二为一，就是一个比较完整的《地名规划方案》（初稿）。对此，读者可以自行检验。

第二节　地名规划方案（征求意见稿）的修订

“地名规划方案（征求意见稿）”完成后，应由地名规划的委托方代替地名规划编制课题组，向当地社会各界诚挚地、虚心地征求意见。就行政管理部门来说，征求意见的机关与补充调研的机关趋同，分别为民政、建设、文化、交通、园林、档案、方志、国土、旅游、规划等。这是因为：一方面，需要将补充调研的结果与之沟通、做一交代；另一方面，力求获取最终的信息和官方的意见。

一、委托方对地名规划征求意见稿的职责

我们曾经反复强调，地名规划具有多重属性，既是科学研究，又是行政管理，还是经济活动。因此，为了很好地完成这一介于行政与科研之间的项目，特别是在地名规划征求意见的过程中，地名规划的受托方，也就是当地地名行政管理部门，更应当负起自身的责任，这不仅是甲乙双方签订委托合同中的约定，而是其不可推卸的分内之责。此时，其工作的重点是，组织并直接参与“地名规划方案（征求意见稿）”的相关工作。当然，如果是地名行政主管部门自行编制地名规划方案，则另当别论。

1. 向各有关单位发出地名规划征求意见的函

“地名规划方案（征求意见稿）”的完成，标志着地名规划的编制工作进入攻坚阶段。此时，主持地名规划工作的当地地名行政主管部门，在其中扮演的角色应该适当改变，充当起不折不扣的主人翁，与地名规划方案编制方勠力同心，且以自身为主导进行组织，共同地对地名规划的这一方案进行意见征求。“常规动作”是，由当地民政局（地名办公室），或者地名规划编制领导小组办公室（该单位可能为临时性机构），向各有关部门发出地名规划方案征求意见的函。需要指出的是，在发出关于地名规划征求意见的函之前，该地名规划工作的组织部门，应当与这些部门的有关同志先期进行沟通。这种变被动为主动之做法的好处为：一是引起相关部门的高度重视；二是使该征求意见落到实处；三是提前知晓不同意见；四是缩短不必要的工作时间；五是将本部门的工作变为大家的任务。而且，该征求意见函的字简而意不能减，应当表明一些真实的意向，以防止脱离主旨、没有作用的意见随意发生（参见示例8-3）。

示例 8-3：关于地名规划方案征求意见的函

关于地名规划方案征求意见的函

各部门：

根据市政府办公会第 28 次会议决定，为与我市城市总体规划及其详规相配套，我局组织开展了本市的地名规划编制工作。现在，该项目的受托方中国地名研究所，在我局的积极配合和鼎力支持下，经过资料收集、实地考察、群众走访、深入研究等，如期完成了《某某市城市地名专项规划方案（2015—2020）》（征求意见稿）。现将该方案转发贵部门，请就地名规划中的指导思想、规划原则、规划方式、规划地名、后续措施等研究后提出修改意见，并将建议内容于 2015 年 10 月 28 日之前反馈我局。

联系单位：

联 系 人：

联系电话：

邮　　箱：

附件：《某某市城市地名专项规划方案（2015—2020）》（征求意见稿）

某某市民政局（章）

2015 年 10 月 16 日

不知读者是否注意到，上面列举的征求意见函虽然寥寥数语，但却说明了这样几个事项：一是强调地名规划是市政府的部署；二是叙述了地名规划的工作过程；三是要求各部门的意见或建议应具有针对性；四是明确了反馈意见的时限。

另外，对地名规划方案的征求意见，不一定局限于各有关部门，还可以拓展到相关专业机构及其从业人员，如当地大学城市学院的教授，地方文化研究会的理事、关心本地地名事业的业余人士等，从而使征求来的意见或建议更全面、更好用、更理想。

如果就征求意见一事考虑更为周全的话，如需反馈的意见更加集中，收到的意见便于归纳等，可以采取进一步的有效措施，设置该地名规划方案的征求意见表，连同《地名规划方案》（征求意见稿）、《地名规划方案征求意见函》一并送达各征求意见的对象（有关单位和个人）。这样，该征求意见表可以起到因势利导的作用，为收到该表格的反馈意见者提供方便，他们可以按图索骥、照方抓药，在表格中填写相应的意见和建议（参见示例 8-4）。

示例 8-4：地名规划方案征求意见反馈表

地名规划方案征求意见反馈表

单位：　　　　　意见反馈人：　　　　　填表日期：　　年　月　日

序号	修改对象和内容	修改意见或建议	修改意见或建议的理由
1			
2			
3			
4			
5			
6	35 页中段	破折号“——”改为冒号“:”	
7	滹沱河二桥	改为“首阳桥”。	随着城市的发展，对交通运输的要求越来越高，在滹沱河可能还要建设新的桥梁，虽然可以保留滹沱河名，依次命名为二桥、三桥、四桥，但如果四桥介于二桥与三桥之间，则该桥名失去指位功能。所以，最好还是以跨河道路专名命名桥梁。故，“首阳大道”派生“首阳桥”。
8	白居易花园	改为“乐天花园”	以唐朝大诗人白居易的姓名命名花园，不如采用其字“字乐”，以便与花园的功能和定位吻合。

（本表不够可附页、复印、复制）

2. 将各部门对地名规划的反馈意见转告编制方

在当地地名行政主管部门不是地名规划的直接编制单位的前提下，该机关作为地名规划的委托方，通过组织、参与地名规划征求意见的工作，获取了各有关部门的反馈意见。对于这些有针对性的意见或建议，该部门还需从事以下两项工作：

（1）整理地名规划的反馈意见。当各部门对“地名规划方案（征求意见稿）”的意见或建议陆续反馈到征求意见的组织者后，该机关并不是简单的文件收集者，而是要履行自己的职责，对这些意见或建议进行必要的整理。这一去伪存真、去粗取精的工作过程，可以有效地剔除不必要的“垃圾”信息，使各处各条的反馈意见或建议更加有利于该地名规划方案的编制。

（2）转告地名规划的反馈意见。地名规划的委托方收到社会各界对地名规划方案（征求意见稿）的反馈意见后，经过归拢、归纳、归并后，应尽早、如实地将这些反馈意见转达给地名规划的受托方。

3. 对地名规划方案提出建设性意见

地名规划的委托方或者当地地名行政管理部门，应在地名规划方案（送审稿）完成之前提出建设性意见。为什么设定如此内容呢？这是由地名规划工作的性质所决定的。

（1）地名行政主管部门是地名规划的主导者。虽然已经征求了各方对“地名规划方案（征求意见稿）”的意见和建议，但这里面却缺少地名行政主管部门（民政部门）的合理化建议。而且，作为地名行政主管部门的民政局，不能在此置身其外：一是所做工作系履行职责的必然行为；二是所提意见更专业、更中肯、更实用；三是与地名规划编制方的意见趋于吻合；四是地名规划编制到了最关键的环节。

（2）地名行政主管部门介入地名规划方案的编制正当其时。从地名规划方案编制的过程上看，对“地名规划方案（征求意见稿）”的修订，几乎到了地名行政管理部门可以“插手”的最后环节。也就是说，如果此时的地名行政主管部门没有将自己的意见表达清楚，或者未将确切的建议提供给地名规划方案的编制方，在之后的地名规划方案编制过程中，具体的从业者将不会了解有关的意见，在该地名规划方案中亦无法体现其意图。这样，就会造成“地名规划方案（送审稿）”内容上的缺失。更为关键的是，由于地名规划方案已经进入评审阶段，如果该地名规划方案获得专家评审会的通过，即使“贵为”地名行政主管部门的民政局，也不便于对其施加更大的影响，更遑论不近情理的“大动干戈”。所以，在“地名规划方案（征求意见稿）”变身为“地名规划方案（送审稿）”之前，地名规划的委托方或当地民政局，一定要中肯地充分阐明自己的建议，使其合理的意见“跻身”于“地名规划方案（送审稿）”之中，进而成为这一方案中的核心内容或部分规划地名。

二、受托方对地名规划征求意见稿的修订

对于如期而至的各方（包括地名行政主管部门）的反馈意见和建议，地名规划方案编制课题组在欣喜之余，也面临着重大的考验和繁重的工作。首先，需要整理这些方方面面的意见；其次，在吸收上述意见的基础上修改

《地名规划方案》(征求意见稿)。

1. 关于地名规划反馈意见的不同类型

尽管各方对“地名规划方案(征求意见稿)”认真对待,其反馈意见和建议是本部门研究和本人思考的结果,但受制于专业限制和对该项工作的认知水平,大家提出的意见和建议仍然会参差不齐。对此,为了使最终的地名规划方案成为精品,该课题组必须对其进行分门别类的整理、分析,并从中吸收有价值的营养。

(1) 从反馈意见和建议的来源上看。这些不同意见和建议的来源,除了民政、建设、文化、交通、园林、档案、方志、国土、旅游、规划等专业部门外,还有相关的专业人士和热心群众。注意,不同来源的反馈意见和建议,由于其背景存在差异性,因而其所起的作用也略有区别,应当权衡其中的利弊、得失。特别是地名行政主管部门的意见和建议,应当重点予以考虑。

(2) 从反馈意见和建议的质量上看。虽然各部门和相关人士对地名规划工作持认真态度,也愿意通过自己的付出支持这一工作。但是,由于理念上的差异、文化上的认知、专业上的限制、信息上的缺失,导致其反馈意见和建议的水准并不平衡,存在高低之分、好坏之别。因此,需要仔细甄别、细心研判、合理取舍、科学对待。

(3) 从反馈意见和建议的层级上看。尽管各部门的反馈意见和建议都是官方意见,但依然存在着层级上的差别:有的是上级分管领导把关,有的是部门领导认可,有的是下属机关的“意思”。这些不同层级的意见和建议,其反映出来的结果是,到底具有多大权威性。所以,应妥善权衡、合理掌握。

(4) 从反馈意见和建议的类型上看。对于地名规划方案的具体问题或事项,从“是”或“非”的角度讲,各部门对“地名规划方案(征求意见稿)”一定会有3种差别化的意见,分别是:反对、赞成、修改。一般而言,这些意见或建议仅针对部分条款,且大多是建设性、建议性的意见。

(5) 从反馈意见和建议的内容上看。鉴于“地名规划方案(征求意见稿)”的内容繁多,涉及方方面面的事项,因此征集来的各方意见或建议,也可能呈现发散的、多项的形式,对其中的规划原则、板块划分、命名导引、文化表现、通名界定、地名取词、地名系列、保障措施、后续工作等有不同的看法,需要地名规划方案编制方对它们仔细斟酌、认真研磨、细致对待。

另外,还可能有一些对地名规划方案非正式的意见或建议,如某些官员非书面的意见,有关专家的口头建议等。这些不成文的中肯意见,同样闪烁着人们智慧的光辉,也一样表达出众人与地名规划的胸臆。对此,也应当予以适当的考虑。

2. 关于地名规划反馈意见的处理方式

与公开向社会征集地名的处理方式类似,对待“地名规划方案(征求意见稿）”的反馈意见或建议，地名规划编制课题组可采取同样的处理方式：

（1）直接采纳意见。

（2）间接采纳意见。

（3）备选采纳意见。

（4）不予采纳意见。

注意，上述吸纳各方意见的方式，不仅仅只针对意见和建议本身，其重点是与地名规划总体上或细节上的匹配，否则再好的意见也不适合于此。因为，重大的、关键的、宏观的意见或建议，已经在此之前反映出来，并吸收到“地名规划方案（征求意见稿）”中。而现在的地名规划文稿，是在此基础上的更进一步，其目标是修订并完成“地名规划方案（送审稿）”。因此，在不排斥宏观意见的前提下，这时更应当在微观上的细微之处下功夫。

提请大家注意的是，虽然地名行政管理部门（民政局）也是当地人民政府下属各局、委、办的一员，但其具有的特殊身份告诉我们，特别是作为地名规划的委托方以及地名业务行政管理者，针对“地名规划方案（征求意见稿）”提出的意见和建议，更应当予以重点“关照”。之所以要“内外有别”，原因在于：一是地名规划方案最终需要获得委托方的认可；二是地名专业部门的建议更符合地名管理的需要；三是民政部门的意识比较贴近普通民众的思想；四是民政局的意见可能是上级分管领导意见的转达；五是甲乙双方沟通过程中产生了新的“火花”。

三、组织有关者对地名规划方案进行评议

俗话说：“礼多人不怪。”如果确有需要，在对地名规划方案编写讨论、专家咨询、征求意见等之外，也可以对“地名规划方案（评议稿）”进行评议。因为，在其未成为“地名规划方案（送审稿）”之前，该方案都处于修改之中，均为非正式的地名规划文本。所以说，为了能使该文本更加完善，增加一个评议环节不仅是一个不错的步骤，也是一个可行的得力之举。不过，该评议会召开的时机，最好在“地名规划方案（送审稿）”完成之前。理由为：一是“地名规划方案（征求意见稿）”已经初具完备，利于各方发表切中要点的意见；二是可以提前发现“地名规划方案（征求意见稿）”中的不足，利于“精雕细刻”该文本的后续修正；三是由于是编写过程中程序靠后的修订，利于完善“地名规划方案（送审稿）”。

1. 地名规划方案的评议文本

从上段文字中管窥得知，对地名规划方案进行评议，不属于纯粹的官方行为和正式的行政工作。因此，将其置于“地名规划方案（送审稿）”评审会之前、“地名规划方案（初稿）”完成之后，就是值得推崇并可以操作的

工作。这样一来，该评议会所面对的地名规划文本不是单一的，可以包括：

（1）“地名规划方案（初稿）”。

（2）“地名规划方案（讨论稿）”。

（3）“地名规划方案（征求意见稿）”。

2. 地名规划方案的评议人员

与地名规划相关的讨论会、座谈会、研讨会、评审会的出席人员略有不同，参加地名规划方案评议会的成员限制性较小，受该评议会介于官方与非官方的性质影响，凡是与该地名规划有关的人士均可莅会，并在会上发表代表所在单位或者个人的见解。因此，其参会人员的构成是：

（1）地名规划委托方的代表。

（2）地名规划受托方的科学工作者。

（3）地名规划有关机关的公务人员。

（4）地名规划相关文化科研机构的专家。

（5）地名规划的热心群众。

3. 地名规划方案的评议意见

针对“地名规划方案（征求意见稿）”召开的评议会，由于参加会议的人员构成比较齐全，且会议召开时间在地名规划方案评审会之前，因而与会者可以抛弃原有的条条框框，打破专业或从业身份的桎梏，甚至消除了甲方、乙方和第三方的界限，在本着完善地名规划方案的原则下，尽情地畅所欲言、各抒己见、侃侃而谈。这样，与会者（特别是地名规划的委托方和受托方），都能够获取对“地名规划方案（征求意见稿）”最真实的议论和评价，进而为“地名规划方案（送审稿）”的完善与形成提供极大的帮助。

鉴于参加“地名规划方案（征求意见稿）”评议会的人员，具有不同的专业和职业背景，分属不同的工作定位和领域，而且大家带来了比较成熟的意见，因而对其卓有见地的想法不能置之不理，在无须得出统一的正式意见的情况下，通过地名行政主管部门的组织与协调，将它们进行汇总与归纳，并形成一个可资利用的会议纪要。

4. 地名规划方案的评议立场

对于针对“地名规划方案（征求意见稿）”形成的评议意见以及由此产生的会议纪要，地名规划的受托方应当认真对待，以便去伪存真、去粗取精，进一步“打磨”好未来的“地名规划方案（送审稿）”。

由此可以看出，针对“地名规划方案（评议稿）”召开的评议会，既有点像座谈会，又有点像评审会，仿佛介于两者之间，兼顾了二者对待地名规划方案上的优势和优点。这，应当是一个有益的尝试。虽然在工作环节上增加了一个步骤，但确实对编制完备的地名规划方案大有裨益。

四、地名规划方案（征求意见稿）的修改重点

刚才已经讲过，“地名规划方案（征求意见稿）”的修订，是地名规划编制过程中比较靠后的环节。这说明，这一步骤的重要性不言而喻。为此，地名规划的受托方及其地名规划编制课题组，在汇集、分析各类反馈意见的基础上，应当进一步完善地名规划方案，直至完成“地名规划方案（送审稿）”。那么，经过反复研究、几易其稿，为了使“地名规划方案（征求意见稿）”顺利地过渡为“地名规划方案（送审稿）”，其修改的重点又有哪些呢？

1. 地名规划方案（征求意见稿）修改的重点内容

在通常的情况下，引申出地名规划具体内容的交代性文字已经就绪，地名规划方案编制的着眼点业已聚焦到规划事项本身。翻阅众多的地名规划文稿可以得知，真正可以实施的规划内容均位于这些地名规划文本的后列部分，所指事项都涉及未来如何执行的问题，这些正是本段标题所列的重点。

（1）地名文化遗产的保护与利用。这里面包括 3 个层次：一是历史地名文化的深入挖掘；二是传统文化地名的保护；三是老地名的合理利用。

（2）地理实体通名的界定与使用。表面上看来，地名通名是固有的形态，可以“毫不费力”、轻而易举地拿来使用，其实并不尽然。因为，科学、合理地确定地理实体通名，可以为地名的系列化、层级化打下良好的基础。否则，必然带来地名的混乱，更谈不上地名的名副其实，其好找易记也就成为了奢谈。

（3）地理实体专名的取舍与美化。为地理实体赋予专名，是地名规划中最为重要的事项。在现势地名规划方案中，地名规划专名的好坏，直接决定着地名规划方案的成败。因此，它的每一个专名及其在规划地理实体上的应用，都能展示出该地名规划的实际水准，以及未来是否有利于当地民众的有效使用，甚至还涵盖了地名文化的发扬光大。故此，需要花大力气对待。

（4）地名全称的系列化与层级化。地理实体专名与通名相结合，构成了期待中的地名全称。全称地名不是孤立存在，而是在一定的区域内形成了系列化和层级化。其中心意思是：主要地理实体名称与框架地理实体名称的相互关系；主地名与次要地名的关系；组团内部各地名之间的关系；主要地名及其派生地名之间的关系。对此，千万不能掉以轻心，必须审慎行事，力求做到精益求精、尽善尽美。

（5）规划保障措施的建立与实施。地名规划方案能够落到实处，除了当地人民政府批复该地名规划方案之外，还应当建立与地名规划相关的保障措施。这些关于地名管理的规定性措施，为地名规划方案的最终落实及其后续

工作，以及强化地名的行政管理等，提供了坚实的法规性支持。

2. 地名规划方案（征求意见稿）修改的重要文字

方才已然言之，地名规划方案需要当地人民政府的批复。这说明，虽然地名规划是一项科研活动，但却是一篇与行政管理密切相关的大型文件。为此，必须对其文字、格式提出确切的要求。

（1）地名规划方案文稿格式的统一化。这里所说的文稿统一化，不是所有的地名规划文本一定整齐划一，而是要符合正常的行文格式，以便在当地人民政府批复之后，可以“照方抓药”地参照执行。

（2）地名规划方案文本文字的精细化。在“上会”审查之前，地名规划方案文本中的文字等，必须做到精细化、正确化，从而使其可以成为一个“拿得出手”的文件。

（3）地名规划方案文本图例的美观化。在地名规划方案的文本中，各种基础图、位置图、板块图、示例图等遍布在该相关册页上，并成为其中的重要组成部分。对于这部分不可或缺的内容，不仅需要保证其在质量上的正确和准确，也要求其在辅助功能上表现为美观、大方、得体。

第三节　地名规划方案（送审稿）的完善

对于地名规划方案来说，在研究、编制的过程中，经过不断地补充、修改，在出现了多个不同的版本之后，终于迎来了“地名规划方案（送审稿）”。此时，“地名规划方案（送审稿）”正面临着进一步完善的关键时刻。与此之前的各个版本不同，这时的“地名规划方案（送审稿）”业已“走过”了专家评议、评审的环节。这就是说，针对“地名规划方案（初稿）”和“地名规划方案（征求意见稿）”等的修正，是该地名规划的编制者根据相关的建议所进行的主动、自觉的完善行为，而不是像对待“地名规划方案（征求意见稿）”那样，一定要遵照他人的“旨意”而处置的被动工作。这样一来，对“地名规划方案（送审稿）”的完善，就不能“天马行空”地任意为之，必须一板一眼、按部就班地予以订正。之后，完成待望已久的“地名规划方案（报批稿）”。

一、地名规划方案（送审稿）完善的依据

“地名规划方案（送审稿）”之所以需要进一步的完善，这并非空穴来风，而是与该文稿所在的地位有直接关系，系因为其“送审稿”三字使然，只有该“送审稿”评审之后，才需要有的放矢地予以完善。即，评审过程的

这一程序是“地名规划方案（送审稿）”完善的先决条件，评审过程的结果是“地名规划方案（送审稿）”完善的基础。

1. 专家关于“地名规划方案（送审稿）”的评审结论

地名规划方案作为公共服务产品，其对成果评价的好与坏、高与低，不是由委托方和受托方所决定的，而是由其非利益相关者来判断的。为此，需要在（上级）当地地名行政管理部门的精心组织下，召开针对“地名规划方案（送审稿）”的评审会。与会的专家不属于甲方或乙方，是纯粹意义上的第三方。他们以自己的专业知识为依托，就“地名规划方案（送审稿）”的各项内容进行评定，然后得出公正的审核意见，并由这些专家组成的评审组出具评审结论。该评审结论一般分为 3 个层次：一是通过评审；二是原则上通过评审，但需要对部分内容进行修改；三是未通过评审。那么，这些评审结论又与完善“地名规划方案（送审稿）”存在哪些关系呢？其中，“一”和“三”不涉及“地名规划方案（送审稿）”的完善问题：上述“一”的评审结论表明，可以直接转化为“地名规划方案（报批稿）”；“三”的评审结论意味着，该地名规划方案需要“重打鼓另开张”。即，只有上述“二”的评审结论涉及本标题所列的事项。这，正是“地名规划方案（送审稿）”需要完善的依据所在。

在通常情况下，对地名规划方案进行评审，绝大多数的结果是“原则通过”。对于“地名规划方案（送审稿）”得出“原则通过”的评审结论，应该附有对该地名规划方案的部分内容进行修改的具体要求。如果由专家组成的评审组给出了相应的清单，则对完善该方案大有裨益，从而避免了无的放矢的尴尬。所以说，该清单即为完善“地名规划方案（送审稿）”的依据之一。否则，“地名规划方案（送审稿）”无法正式成为“地名规划方案（报批稿）”。

从过往的经验上看，有些“地名规划方案（送审稿）”存在的细小问题，该评审组的专家们在评审时已经发现问题，并在评审会上进行了点评，但由于该项或多项问题过于轻微，因而可能不会将其一一列入评审结论之中。但是，虽然这些小的问题不“有碍观瞻”，可并非是说可以忽略不计，而是要仍然引起足够的重视，且应按照专家正确的意见和建议，逐字逐句地予以修改，以期达到尽善尽美的地步。

2. 领导关于“地名规划方案（送审稿）”的重要指示

开展地名规划方案的编制工作，对于当地的人民政府来讲，是一件引起人们关心、关注的大事。因为，它既是该地城市总体规划的补充和完善，也是该地人民政府立上议事日程的重大任务之一。因此，作为主政一方的官员或者分管领导，必定时刻关注、关切、关心着这一工作。然而，受地名规划科研性质的限制，以及身为责任人的职责羁绊，该项工作的领导同志不可能经常化地过问此事。但是，当“地名规划方案（送审稿）”通过专家评审组的评审之前或之后，也就是地名规划方案日趋成熟之际，对“地名规划方案（报批稿）”能够产生至关重要影响的领导，可能会亲自出马、亲自过问，要求比较详细地了解该方案，并接受当地地名行政主管部门的建议，或者自己行使行政管理的“主官”职权，对最后的地名规划方案进行深入的阅览、研判，随后作出确系有针对性的指示、批示，进而提出既中肯又现实的要求。毕竟，即将完成的“地名规划方案（报批稿）”，属于该项事务中行政管理文件中的重要部分。至此，读者会产生这样的疑问，为什么高层领导会在此刻介入（置身）其中呢？原因在于，由“地名规划方案（送审稿）”衍化而成的“地名规划方案（报批稿）”，不是呈报给其本人，而是提交给当地人民政府的办公会议。即，只有人民政府办公会议才是最终的地名规划方案审批人。为此，本着对人民政府办公会议负责的态度，该领导采取事必躬亲的行事方式，亲自审查地名规划方案。因而，由此引发而来的领导批示，亦可作为完善“地名规划方案（送审稿）”、完成“地名规划方案（报批稿）”的依据之一。

二、地名规划方案（送审稿）完善的方式

假如开展地名规划工作不是当地地名行政管理部门自行办理，而是采取甲方委托乙方来研制，则整个编制过程的主导者是作为受托方的科研单位。这一点，无论是编制地名规划方案的初稿，还是编写地名规划方案的征求意见稿，或者编撰地名规划方案的送审稿，都概莫能外。但是，到了撰写“地名规划方案（报批稿）”的关键时间点，则可另当别论，最起码是两家（甲乙双方）共同承担起这份责任。

按理说，当地地名行政主管部门的角色特点，决定其不适宜插手地名规划方案的具体编写事务。然而，鉴于地名规划工作具有科研、行政的双重属性，导致地名管理的行政机关可以并能够参与其中。其原因为：一是地名行政主管部门掌握更新、更准的相关信息，可以比较好地把握地名规划方案的具体走向；二是地名规划方案即将“羽化”为“地名规划方案（报批稿）”，其行为本身就是行政工作的一部分。故此，在编制地名规划方案的关键时期，已经无须一家之言。

基于此，甲乙双方可以“不计前嫌”，不必过于强调内外有别，而是共同“站好最后一班岗”。不过，需要明确彼此的合理分工：甲方确定思路、明确定位、给出信息；乙方负责执笔、撰写文本、夯实细节。总之，这是一个全新的组织形式。其目的只有一个，“拿出”完备的“地名规划方案（报批稿）”。

更为重要的是，如果接受委托的编制者受到某种限制，将第三方引入到地名规划编制课题组之中，虽然表面上充实了课题组的人员力量，但其越是到了末尾的关键阶段，越是没有用武之地，假若再有其他“杂音”的话，则更不利于地名规划研制工作的顺利进行，甚至有可能产生不必要的麻烦。所以，面对马上居于“肯节”地位的地名规划方案，只有“心往一处想、劲往一处使”，才是完美完成本项工作的“王道”。

而且，地名规划编制课题组按照地名规划方案评审组的修改建议，经过修改并完成地名规划方案的最终文本后，地名规划的受托方应将该地名规划的最终文本提交给地名规划的委托方。地名规划的委托方收到修改后的地名规划方案的最终文本，应确定为地名规划的受托方业已完成了地名规划方案的全部编制工作。

三、地名规划方案（送审稿）完善的要点

前面业已谈及，对原则通过的“地名规划方案（送审稿）”的完善，依据的是专家评审会评审结论中的具体要求，以及有关领导作出的正确指示。在没有其具体的要求事项或者领导指示的情况下，对此我们无从谈起。不过，有一点是肯定的，无论是专家评审会的评审意见，还是有关领导的重要指示，只要其真实地存在且为正确的意见，地名规划的编制者就能够“有章可循”，就可以“照章办事”。需要注意的是，对于一个特定的地名规划方案，需要具体问题具体分析，应当以上述落在纸上的要求为“正道”。为了说明这一点，我们举例进行较为详细的阐述。

1. 根据专家组评审意见完善地名规划方案

根据专家评审会的评审意见，完善“地名规划方案（送审稿）”，需要具备3个要件：一是原有的“地名规划方案（送审稿）”；二是评审会专家组对“地名规划方案（送审稿）”评审意见中具体的修改建议；三是经过完善后的“地名规划方案（报批稿）”。用国家标准化的语言文字进行表述是：“地名规划方案原则上通过地名规划方案评审组的评审，但评审组建议对部分内容进行修改，地名规划的受托方及其地名规划编制课题组根据评审组的修改建议，应对地名规划方案进行进一步的修改和完善。”下面，通过虚拟的示例，以递进的方式对其进行简单的介绍。

（1）“地名规划方案（送审稿）”原文。为说明“地名规划方案（送审稿）”完善前后之间的差异，现将未完的部分文字内容直接陈列于此，请广大读者阅读上下文时进行比照（参见示例8-5）。

示例 8-5：完善前的部分地名规划方案（送审稿）

完善前的部分地名规划方案（送审稿）

8. 文兴路：该规划路位于市区北部。北起香江路，南至银云路，纵贯清溪路。长 1200 米，宽 16 米。该路位于原文荣村内；“文兴”寓意文荣村兴旺发达，故名。

9. 文丰路：该规划路位于市区北部。北起文和路，南至昌洛路，纵贯清溪路、银云路。长 1800 米，宽 16 米。文荣为原村名，属开文社区管辖，“文丰”寓意丰收，故名。

19. 云彩路：位于市区南部，市委市政府以东。北起康仲路，南至庆云东路。长 800 米，宽 16 米。沥青路面，双向两车道。两侧有绿化带，路灯、排污、排洪及各种入地线路等基础设施完备。2005 年建成。该路经原吉祥村、庆云村；“云彩”借用庆云村村名部分用字，故名。

20. 吉祥路：位于市区南部。北起祥和路，南至庆云东路，纵贯康仲路。长 1500 米，宽 16 米。沥青路面，双向两车道。两侧有绿化带，路灯、排污、排洪及各种入地线路等基础设施完备。2005 年建成。该路经原吉祥村，“吉祥”意为幸运、吉利、吉祥如意，故名。

（2）专家评审组对“地名规划方案（送审稿）”的部分意见。在评审“地名规划方案（送审稿）”时，如果评审组发现不妥的事项，会在评审意见中给出修改、完善的建议。一般分为两种表述方式：需要修改的事项较少时，直接将修改建议列于该“评审意见”的正文之中；需要修改的事项较多时，将修改建议列于该“评审意见”正文的附件之中（参见示例 8-6）。

示例 8-6：地名规划方案评审会评审意见（部分）

地名规划方案评审会评审意见（部分）

一、将全部规划地名标注汉语拼音。

二、“文丰路”应以村名命名为“文荣路”。

三、“云彩路”应与“吉祥路”相对应，建议规划名称为“吉庆路”。

（3）“地名规划方案（送审稿）”的完善内容。编制小组根据地名规划方案专家评审会的评审建议，在认真研究、严谨分析的基础上，对该规划做了个别修改。从该文本内容上看，改动后的规划名称及其介绍，显然要优于原有的表述（参见示例 8-7）。

示例 8-7：完善后的部分地名规划方案（送审稿）

完善后的部分地名规划方案（送审稿）

8. 文兴路【Wénxīng　Lù】该规划路位于市区北部。北起香江路，南至银云路，纵贯清溪路。长 1200 米，宽 16 米。该路位于原文荣村内；“文兴”寓意文荣村兴旺发达，故名。

9. 文荣路【Wénróng　Lù】该规划路位于市区北部。北起文和路，南至昌洛路，纵贯清溪路、银云路。长 1800 米，宽 16 米。文荣为原村名，属开文社区管辖，“文荣”寓意开文繁荣昌盛，故名。

19. 吉庆路【Jíqìng　Lù】位于市区南部，市委市政府以东。北起康仲路，南至庆云东路。长 800 米，宽 16 米。沥青路面，双向两车道。两侧有绿化带，路灯、排污、排洪及各种入地线路等基础设施完备。2005 年建成。该路经原吉祥村、庆云村；“吉庆”寓意吉祥、欢庆，故名。

20. 吉祥路【Jíxiáng　Lù】位于市区南部。北起祥和路，南至庆云东路，纵贯康仲路。长 1500 米，宽 16 米。沥青路面，双向两车道。两侧有绿化带，路灯、排污、排洪及各种入地线路等基础设施完备。2005 年建成。该路经原吉祥村，“吉祥”意为幸运、吉利、吉祥如意，故名。

2. 根据有关领导批示完善地名规划方案

根据有关领导的意见完善“地名规划方案（送审稿）”，与上述“1”中的内容相类似，只不过依据的是该领导的批示而已。故而，相关内容及示例不再重复，请读者自行琢磨、揣摩。

至此，地名规划方案的受托方（编制方），完成了全部的地名规划方案的研制工作，可以且应该将“地名规划方案（报批稿）”郑重地转交给地名规划方案的委托方。

对于未通过地名规划方案评审组评审的地名规划方案，地名规划的受托方应重新组织地名规划编制课题组进行地名规划的编制。其“返工”的起始点，视未获评审会通过的地名规划方案的质量而定。鉴于其不属于“完善”的行为，在此不予赘述。

第四节　地名规划方案（报批稿）的跟踪机制

以市场经济学的眼光看，“地名规划方案（报批稿）”完成以后，无论其是否获得当地人民政府办公会议的批准，作为公共服务产品的“制作商”，接受委托的编制单位已然完成了产品交付。因为，认定该项公共服务产品质量合格者，是以第三方身份出现的专家评审组，只要“地名规划方案（送审稿）”通过其评审，或者原则上通过评审，且乙方根据其具体的意见进行了必要的修改，并如期将“地名规划方案（报批稿）”提交给甲方，则完成了全部的“买卖”活动。也就是说，从法理上讲，向委托方交付“地名规划方案（报批稿）”之后，不管该地名规划方案在后期出现什么问题，都与交易双方中的出售者没有任何关系。但是，在规范的现代市场经济行为中，还存在着一项令人称道的售后服务工作。不难看出，如果相对于出售公共产品的受托方参与了“地名规划方案（报批稿）”的后续工作，似乎属于售后服务的范畴。

实事求是地说，从“地名规划方案（送审稿）”到“地名规划方案（报批稿）”，甲乙双方都付出了极大的心血，对其已经是几易其稿，“地名规划方案（报批稿）”几乎处于完美的状况。即使当地人民政府办公会议在审议时，提出了一些很有必要的修改意见，也是少之又少、微乎其微。对此，代表甲方的当地地名行政主管部门，完全有能力自行完成上级行政机关交办的首要任务。

但是，这一事项并没有完结。当当地地名行政主管部门趋于“惰政”之时，将其人民政府办公会议的有关信息转交给“地名规划方案（报批稿）”的编制者，要求继续对“地名规划方案（报批稿）”进行更加细致地修改，其做法虽有失偏颇，却也无可厚非。毕竟该项工作尚未彻底完工，乙方对此只是“手到擒来”之事，无须“刀枪入库”“放马南山”地对其置之不理。即便甲乙双方签署的委托合同没有类似的约定，也还需在法理之外讲究合情。为此，只要乙方不深陷其中、不能自拔，进行“售后服务”未尝不可。

对此，必须特别强调一点：如果确实需要有关地名规划方案的售后服务，应当在甲乙双方签订的委托合同中将其予以明确，以避免之后产生不必要的误解和纠纷。即，有两点应该清楚、明晰地写入关于地名规划编制的委托合同之中：一是完成任务与交割产品的工作节点；二是与交付该产品关联紧密的付款节点。从而做到“一手交钱，一手交货”，实现“货、款两清”。

至此，其后的地名规划工作就完全脱离了科研的轨道，正式步入了行政管理的“议事大厅”。

第五节　地名规划方案的修编

任何规划都不是无限期的，即使是长期的规划，也有一个时间的限制。否则，该规划无法执行、落实，规划也就成为纸上谈兵。同理，地名规划的时限也是在一定的区间之内。更何况，它的规划期受到城乡建设规划期限的严格限定。这其中，地名规划中的长期规划，以及地名综合规划中的长期规划事项，受其外部环境的影响，主要是被城乡建设规划变更所左右，可能会出现地名规划方案的修编事项。地名规划方案的修编工作，如果特别“较真”地看待之，它不属于本章“地名规划方案的完善”的内容。但是，从地名规划方案内容的变更上讲，其与本章前三节所述类似，都是将地名规划方案做得更好，使之在批复之后能够执行与落实。为此，将“地名规划方案的修编”列在第一节“地名规划方案（初稿）的补充”、第二节“地名规划方案（征求意见稿）的修订”、第三节“地名规划方案（送审稿）的完善”和第四节“地名规划方案（报批稿）的跟踪机制”之后，成为第八章中第五节的内容。

一、地名规划方案修编的条件

地名规划方案的修编，貌似只是对原有地名规划方案的普通修改，其实并非如此。从本质上看，它是一个重新“起航”的过程。因为，与“地名规划方案（初稿）”的补充、“地名规划方案（征求意见稿）”的修订、“地名规划方案（送审稿）”的完善截然不同，它不是简单的就事论事，而是诸多外因作用的结果，导致当地人民政府不得不放弃大部分原有的地名规划方案，并将其更新、升级为新的“版本”。因之，需要了解一下什么外部因素具有这样的“神奇”效果。

1. 地名规划方案修编的固有条件

地名规划方案修编的落脚点是“修编”二字，其所蕴含的义项是，在地名规划方案修编之前，应当业已存在着一个地名规划方案。否则，“修编”之意无从谈起。而且，该地名规划方案已经获得当地人民政府的正式批准，且成为具体执行、落实的规范性文件。依据地名规划方案的不同类型，下述的地名规划方案可能变身为修编的对象。

（1）长期地名规划方案。在长期地名规划方案中，远期地名规划的内容具有很强的不确定性，一般为原则性的定性规划。当其需要修改为现势或近期地名规划方案时，地名规划方案的修编就提到议事日程。

（2）总体地名规划方案。与专项地名规划方案和现势地名规划方案不同，总体地名规划方案是综合性的规划，它不仅包含着现势的地理实体命名规划、文化地名保护规划等，也涵盖了规划中通常具有的长期规划的事项。假如这些规划的内容需要改变，则有可能以修编的形式出现于大众面前。

2. 地名规划方案修编的基础条件

不要忘记，地名规划是城乡建设规划中的子规划，其规划的“着陆点”是其建设规划中的详细规划。如果没有该城乡建设规划，特别是缺少城乡道路的专项规划，则地名规划就没有“立足之地”，在缺失了这个落脚点的同时，也使其会成为没有根基的空中楼阁。所以，只有与地名规划密切相关的城乡建设规划修编之后，地名规划才能“亦步亦趋”地修编自身的地名规划方案。因为，地名规划方案是以城乡建设规划为基础的，城乡建设规划中地理实体的改变，以及各项功能的变动，导致地名规划方案中的规划事项失去了依托。即，无源之水的结果是，“巧妇难为无米之炊”。

3. 地名规划方案修编的社会条件

地名规划方案表现的形态为地名公共服务产品，该产品的消费者为当地民众。只有消费者存在需求之际，才能更换新的地名规划方案这一公共服务的产品。因此，地名规划方案的修编，必须具备一定的社会条件。而且，这一社会需求还应当有明确的指向，由当地人民政府同意并决定，才能重新编制地名规划方案。并且，在具体进行这一工作时，还需要经过当地地名行政管理部门甚至是当地人民政府的正式提出，有关单位或机构方可正式进行地名规划方案的修编工作。

说句题外话，对地名规划方案进行修编，比较理想的状态是，仍旧由原来编制地名规划方案的编制单位从事这一工作。理由是，情况熟悉、资料丰富、思路明晰、交往紧密，可以驾轻就熟、轻车熟路，进而节约成本、加快进度、保证质量。

但有一点必须明白，因城乡建设规划变化而变更地名规划方案，如果确实需要在原有地名规划的基础上进行修编，地名规划的委托方应与地名规划的受托方签订新的委托合同。不过，由于已经拥有了原来的地名规划方案作为参考依据和基础范本，因此也可以令当地地名行政主管部门自行修编。

二、地名规划方案修编的程序

关于地名规划方案的修编，通俗地讲就是，重新编制地名规划方案。通过这一表述可以看出，地名规划方案的修编工作的程序和方式，是与地名规划方案研制工作的程序和方式相同的、相通的。稍有的区别是，地名规划方案的修编，必须在原有地名规划方案的基础上进行。即，地名规划方案的修编增加了一个固有的依据。然而，在本书上面的叙述中，虽然有关地名规划工作的程序和内容散落在各个章节之中，但尚未系统地集中予以说明。为使大家全面了解地名规划工作的整个程序，知晓地名规划修编的所有步骤，现将有关地名规划工作的全部程序一一列出。同时，敬请读者与各章节的相关内容进行对照，以便真正知道其走过的每一步。粗略地计算下来，大约有 21 项必须经历并完成的程序。这样，我们也就从中了解了地名规划方案修编的程序和环节。

1. 地名规划的准备过程

地名规划的准备过程是地名规划方案正式研制之前的工作，它是市场经济与行政管理结合的产物。(参阅本书第一章的相关内容)

(1) 地名规划的招标。主要内容是，通过当地人民政府的对外公告，向全社会寻求购买公共产品。具体做法为，发布招标（政府采购）书。

(2) 地名规划的投标。各潜在的公共产品售卖方，针对上述招标的具体要求，以法人单位文件的形式应标。应标文书中的事项由 3 类文件构成：一是投标机构的资信情况介绍；二是单位法定代表人的资质；三是资金保障。

(3) 地名规划的评标。正确的做法是由有关专业人员进行暗中评标。

(4) 地名规划的委托。由委托方（当地地名行政管理部门）与受托方（中标者）签署正式的委托合同。

如果是当地所属机构自行编制地名规划方案，则由其上级人民政府或地名行政主管部门下达任务书。即，这种方式省略了上述的 4 个步骤。

2. 地名规划的编制步骤

在全部的地名规划工作中，地名规划方案的研究、编制，是最为繁杂、繁复、繁重的业务活动。它既是严谨的科学研究，又是平常的行政事务。而且，每一项工作、每一个步骤都不可或缺，且相互交织、互为因果、相辅相成。(参阅本书第二章至第八章的相关内容)

(1) 地名规划的调查研究。包括：实地踏勘、群众走访等。

(2) 地名规划的资料收集。

(3) 地名规划的大纲撰写。

(4) 地名规划方案的起草。

(5) 地名规划方案的咨询。包括：向有关专家进行咨询，征求各方意见，召开讨论会、座谈会和评议会等。

(6) 地名规划方案的完善。

3. 地名规划的评定进程

按照商品买卖的习惯做法，地名规划方案的评定活动，是一个验收产品是否合格的过程。此处采取的方式是，召开地名规划方案专家评审会。(参阅第十章的相关内容)

（1）介绍地名规划方案。

（2）评审地名规划方案。包括与会专家向编制方的质询，专家之间的交换意见，专家对该方案的评议等。

（3）得出地名规划方案的评审意见。

4. 地名规划的批复程序

地名规划方案是否获得当地人民政府的批复，关系到地名规划方案的成败。此时，其命运正式交给行政管理部门。（参阅第十一章的相关内容）

（1）评议地名规划方案。

（2）批复地名规划方案。有的地方还包括公示的环节。

5. 地名规划的落实环节

地名规划方案编制的目的是为了落实，落实的主体是当地地名行政管理部门。鉴于地名规划方案呈现多元化的趋势，因而其需要执行并落实的事项比较繁多。（参阅第十一章、第十二章的相关内容）

（1）公告并宣传地名规划方案。

（2）完善地名规划落实的保障措施。主要包括地名管理的制度建设、地名信息化的确立等。

（3）设置地名标志。

（4）编制编码规则及其门牌号码。

（5）建立地名信息系统（数据库）。

（6）开展地名文化保护工作。

三、地名规划方案修编的内容

地名规划方案的修编，聚焦在“修编”的“修”字上，这个“修”字是“修改”和“修正”的“修”，还是“修行”和“修为”的“修”，其核心的意思是说，不需要完全的另起炉灶，也不是叠床架屋，更不是“任性”地改弦更张，而是在原有地名规划方案的基础上，通过切中现实、针对实际的改动、加工、“装饰”，使之能够基础牢靠地“更上一层楼”。为此，承担这一任务的机构及其修编人员，必须认真研读现有的地名规划方案，参透新地名规划的基础、条件，悟彻修编的真实动因、改动事项。这样，地名规划方案的修编工作才能顺理成章、水到渠成。于是，我们面临着 3 种较难的选择：一是保留什么；二是新增什么、三是改动什么。不过，有一点是肯定的，其确定的基本原则应该是：“在泼洗澡水时不能把孩子一起倒掉”。

1. 地名规划方案修编的保留事项

之所以定位为地名规划方案的修编，关键、肯綮的基点是“修编”二字，即无须大刀阔斧地推倒重来，而是立足于原有的地名规划方案，删除时过境迁的事项，添加“新鲜血液”，保留固有的精彩、精华、精粹，使其在新的境遇下具有延续性，并以另一种姿态焕发出新的勃勃生机。

（1）地名规划方案修编保持的文化属性。文化是人类进步的源泉，继承传统文化、建设文化事业，是各地社会发展永恒的主题。因此，为了传承、发扬、光大传统文化，以文化为主旨的地名规划内容都应继续位列其中。

（2）地名规划方案修编保存的地域属性。地名规划方案文本的开头与末尾，都有指代地域、没有重复的地名，这一居于显著位置的地名，提出了一个非常明确的要求，地名规划不能千篇一律，必须具有本地化的特点和色彩。故此，凡是展示当地文化、经济、历史、地理、民俗等的内容，应当令其在新的地名规划方案中熠熠生辉。

（3）地名规划方案修编存续的现代属性。地名规划方案本身具有较长的规划期，其规划的地名又需长期使用。这样，修编完成的新版地名规划方案，不仅要体现现代化的思想，还要考虑长远、放眼未来，并成为当地人们走向新征程、新世界的铺路石。

2. 地名规划方案修编的改动内容

关于地名规划方案修编的改动内容，由于没有具体的修正依据，所以不能尽言其事。然而，可以明确的是，既然名为“修编”，那就“随风而动”地“如影相随”。其实，地名规划方案的修编，可以分为3个方面：一是删除的部分；二是增加的部分；三是改动的部分。

（1）地名规划方案修编删除的内容。笼统地说，地名规划方案修编应该删除的内容，如果用成语表示主要有：不合时宜者、无本之木者、张冠李戴者、圆凿方枘者、千人一面者、老气横秋者、苍白无力者、空中楼阁者、败絮其中者、丢三落四者、空洞无物者、南辕北辙者等。

（2）地名规划方案修编增加的内容。鉴于我们没有搜集到更多的地名规划方案的修编材料，因此下述所说的修编增加的内容只是理论上的表述：一是要与时俱进；二是要正本清源；三是要改弦更张；四是要萧规曹随；五是要深入实际……

（3）地名规划方案修编改动的内容。（略）

总而言之，通过上面的种种努力，地名规划方案日趋完善，并逐渐成为精制的科研成果。不过，由于地名规划工作涉及内容繁多，导致我们在叙述其各个事项时，有的出现错位、有的忘记表达、有的前后颠倒、有的叙说有误，但总的看来，还是给读者提供了一个比较清楚、清晰的范式。

第九章 地名规划方案的成果

经过长时间的准备、众部门的配合、群人员的研究、多方式的完善，我们终于迎来了期待中的地名规划方案成果。在前述的各种编制方法中，重点介绍的是整个地名规划的运作过程，包括工作过程、调研过程、编制过程、完善过程等，其中所包含的地名规划方案成果，只是章节性、阶段性的成果，而且断断续续、零零散散地分布在相应的各个章节之中，未能尽览其全部的“风采”。因此，为了让各位对地名规划方案的成果有一个大概的、全面的了解，以及方便今后的地名规划工作，在此利用整整一章的篇幅，从不同的视角观察、从不同的路径出发、从不同的侧面剖析，将地名规划方案成果的方方面面展示出来。

第一节 地名规划方案的成果形式

以哲学家的视野看，任何事物都存在着两种不一的物象：一种是它的内容，揭示其本质；一种是它的形式，表现其外表。而且，内容决定形式，形式服从内容。同理，地名规划方案的成果形式，也是为地名规划方案的成果内容服务的。由于地名规划方案的成果介于科研性成果与规范性成果之间，因此其成果的形式亦呈现非单一的形态。对此，在编制地名规划方案时，应当灵活运用相应的成果形式及其附属的编写体例等，使之为地名规划成果“添砖加瓦”、锦上添花。

一、地名规划方案的文本

由地名规划方案形成的成果，是地名规划方案的集合形式，它所呈现的是地名规划方案的概貌。鉴于地名规划方案有大小之别，因而其既有单一的综合性文本，又有根据不同主题内容分项的主体性文本。就其质量上而言，无论采取何种文本形式，无所谓好坏之分、高低之别，有的只是与地名规划方案内容上的适应程度。具体到特定的地名规划方案，采用哪一种文本形式，在可以照顾到地名规划内容的基础上，可以由编制人员自行选择。至于其不同时间段的成果形式，如“地名规划方案（初稿）”“地名规划方案（征求意见稿）”“地名规划方案（送审稿）”等，由于已经在前面几章中叙述较多，故此不在这里再加冗言（参见示例 9-1）。

示例 9-1：《昆山市城市地名专项规划（2010—2020 年）》封面（竖排式）

昆山城市地名专项规划

（2010—2020年）

昆 山 市 民 政 局

2011年4月

《昆山市城市地名专项规划（2010—2020 年）》封面（竖排式）

1. 地名规划方案的分项文本

在地名规划方案内容很多的前提下，如果将全部内容融入一个文本中，可能会出现该文本过于厚重的感觉。为了使其内容便于梳理和掌握，方便有关领导同志阅读和审查，便于地名行政管理部门及其地名工作者的后续执行，有时会将其分为多个相对独立的文本。

(1) 地名规划方案的文本。先行提醒一句，这时的地名规划方案文本是狭义的，专指该文本以文字叙述为重要介质的主体内容。相对而言，它有较强的独立性和完整性，如果没有其附加的说明、图件等，也可以自成体系、独立成章，只不过会有某种缺失之感。需要特别说明，鉴于地名规划方案文本的重要地位，它不是可有可无的，而是必须存在的。即，只有它的存在才能昭示地名规划方案文本的价值。

(2) 地名规划方案的图件。地名规划方案的图件，是上述地名规划方案的附属性文件，它是将整个地名规划方案中的地图部分单独抽出来，并按照一定的顺序进行编排，形成一个“满员”的地图册。必须阐明，地名规划方案的图件不能单一存在，它作为地名规划方案文本的附件，一定要与其对照、比照、参照使用，否则就会失去其附加的价值和独有的作用。另外，将地名规划方案中的地图部分单独装订成册，不仅可以方便人们的阅读和使用，而且还能节约印制成本，减少不必要的科研支出或行政开支。

必须多说一句，纯粹的文字与纯粹的图件分制成两个文本，不是一个好的主意和做法，这一形态割裂了二者的必然联系。故此，不推荐之。

(3) 地名规划方案的说明。由于地名规划方案的说明与其文本及其图件相比，存在着较大的差异性并具有相对的独立性，因而它可以独自成为一个“小册子”。它与上述两种文本的区别在于，它本身对地名规划方案内容的论述没有任何帮助，而是为了说明、解释地名规划方案的科学性、合理性、独特性等，以便“说服”地名规划方案的验收者和使用者。注意，在检索众多的地名规划方案时可以发现，有的地方过于专注地名规划方案的说明，甚至是喧宾夺主、越俎代庖，将其文字、内容等随意填充，甚至远远超过其对应的地名规划方案文本本身，有太过详尽、忒为烦琐之感。之所以出现这样的状况，根本原因在于，将本该出现在地名规划方案文本中的部分内容，强行“搬迁”到地名规划方案的说明之中，不仅削弱了地名规划方案文本的分量，也使其自身“旁骛”太多，掩盖了中心的、重点的事项，甚至有越俎代庖之嫌。或许，可以通过地名规划方案的文本说明目录，约略对其有所了解（参见示例9-2）。

示例9-2：地名规划文本说明目录

地名规划文本说明目录

第一章　总论

第一条　县城地名总体规划编制背景

第二条 县城地名规划回顾

第三条 县城地名规划中存在的问题

第四条 开展县城地名规划的目的意义

第二章 规划的主要内容和技术路线

第五条 规划主要内容

第六条 规划的技术路线

第三章 县城地名总体规划战略构想

第七条 横县县城发展概况

第八条 县城地名总体规划战略构想

第九条 县城地名区划布局及组团功能定位

第四章 地名通名的使用原则及对象

第十条 地名通名的现状及存在问题

第十一条 地名通名的使用原则及对策

第五章 地名专名的采词原则及对策

第十二条 地名专名的现状及存在问题

第十三条 地名专名的采词原则及对策

第六章 道路名称规划及道路命名来源依据

第十四条 县城对外交通道路名称规划及道路命名来源依据

第十五条 县城道路名称规划及道路命名来源依据

一、历史文化组团（中心城区）

二、西城区（文教、商业、旅游服务和生活居住）组团

三、东城区（商业服务中心及商住）组团

四、行政中心组团

五、北城区（某村）物流、农产品加工及商住组团

六、某某村农产品加工及商住组团

七、某江农产品加工及商业服务组团

八、东部工业集中区组团

九、某某工业及旅游商业服务组团

十、江南半岛旅游度假、商业服务、文教科技组团

第七章 其他地理实体名称规划及命名来源依据

第十六条 桥梁名称规划及命名来源依据

第十七条 住宅区名称规划及命名来源依据

第十八条 广场名称规划及命名来源依据

第十九条 公园名称规划及命名来源依据

第二十条 风景名胜区名称规划及命名来源依据

第二十一条　自然保护区名称规划及命名来源依据

第二十二条　公共服务设施名称规划及命名来源依据

第八章　地名优化调整

第二十三条　地名优化调整

第九章　门牌编号系统及地名标志

第二十四条　门牌编号系统的现状及存在问题

第二十五条　门牌编号系统编号基本原则及对策

第二十六条　地名标志设置的现状、存在问题

第二十七条　完善地名标志设置的对策措施

第十章　地名文化保护

第二十八条　地名文化保护的现状及存在问题

第二十九条　地名文化保护的重要意义

第三十条　地名文化保护的主要对策措施

顺带补充一句，上述3种不同的文本形式，在地名规划方案文本的封面上，通常文本名称分别标为“某某地名规划文本”“某某地名规划图件”和“某某地名规划说明”等。

另外，如果在地名规划之外开展了与之有关的专项研究，则还有一个比较特殊的文本，被称之为“地名规划专题研究”。一般而言，如果在合作协议中规定了这一工作内容，在不影响地名规划方案本身的编制时，可以将其“独树一帜”，单独衍生完成一篇“额外”的大作，以期达到事半功倍、一举两得的效果。

2. 地名规划方案的综合文本

相较于地名规划方案的分项文本，在地名规划篇幅不太长的情况下，如果将地名规划方案的文本、地名规划方案的图件、地名规划方案的说明三部分合三为一，或者将“某某地名规划文本”“某某地名规划图件”和“某某地名规划说明”压缩在一个文本中，就构成了地名规划方案的综合文本。并且，其“书名”大体是“某某地名规划文本”。此时，该“文本”为广义。这里有两件事情要说明：一是相关的地图，一部分作为正文的附件，一部分插入有关的文字之间；二是相应的说明，全部内容可以融为“正规军”，并转化为分析地名规划结果的各类事项。

此外，对于地名规划文本的编排，从版式上划分，又可以分为竖排式和横排式两种。在通常的情况下，横排式的文本与竖排式的文本相比，其版面比较大，且内文为双栏编排（参见示例9-3）。

示例 9-3：《宁波市城市地名总体规划》封面（横排式）

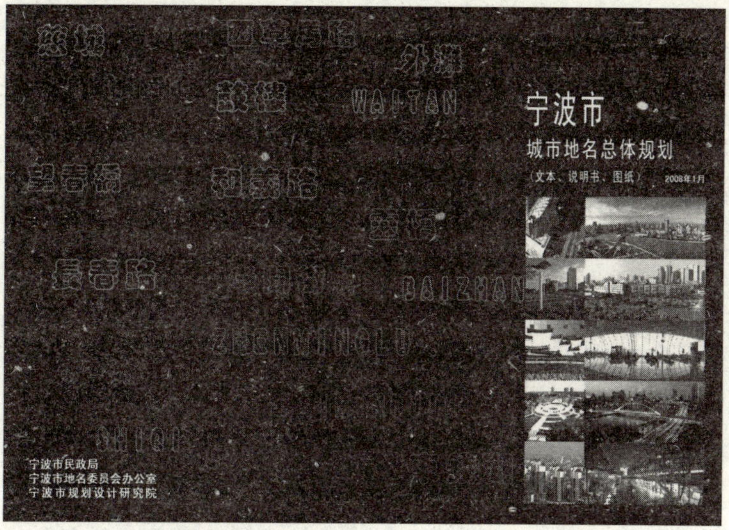

《宁波市城市地名总体规划》封面（横排式）

二、地名规划方案的体例

地名规划方案的编写体例，不是简单的格式、排列问题，而是关乎整个地名规划方案的章节设置、逻辑关系、整体效果等。在研读各个地名规划方案时，我们惊奇地发现，主要有两种稍显不同的体例。而且，更让人惊异的是：大多数由民政局编制的地名规划方案，其体例多为章节式；凡是由科研单位编制的地名规划方案，其体例多为题号式。

1. 地名规划方案编排格式之一（章节式）

章节式的地名规划方案编排格式，之所以大量地涌现出来，有一个比较显见的原因，多数地名行政主管部门，将其视为一种规范性文件，以地方性出台的规定对待之。故此，采用章、节、条来分层、分段，或者用相应级别且书写不同的汉字数字来表示，其文件整体上较短，一望而知为机关常见的正式文件。进而，将本可以列入地名规划方案的大量内容归拢在其说明内（参见示例 9-4）。

示例 9-4：章节式地名规划方案编制体例

章节式地名规划方案编制体例

第二章　地名系列区块及其采词的总体框架

第一节　构建与城市发展相适应的地名体系

第10条　地名体系的构建必须适应城市空间发展的需要

某某市城市发展经历了以某某为中心的一个中心城镇，到以某某、某某某为中心的两点式城市结构，再到目前以新城区（新城）、某某城区和某某区为中心的三组团城市空间布局。未来本市将向沿某某岛西岸、南岸直到某某某发展成三组团二点带状城市组群。市区地名文化的发展及其空间布局，要求以城市的未来发展为基础，构建与之协调的地名体系。

第11条　各城市组团和发展点的特征、职能与地名定位

某某城区：省级历史文化名城，本市历史上的政治中心，近期经济和文化中心，现代化的海岛港口旅游城区。地名文化应具有较深历史文化内涵和港城特色，着重反映海洋文化名城和海上花园城市的内涵。

新城区（新城）：历史文化的发源地之一，当前的本市政治中心，远期的文化、教育、服务中心，现代化的海岛生态新城。地名文化主要体现本市海岛特色和现代化新城景观及最适宜人居的海上花园城市特征。

第12条　城市各组团和发展点的地名网络建设，要求在总体上围绕全面建设海洋经济强市，海洋文化名城、海上花园城市和海岛和谐社会，城乡发展一体化，构建海洋、海岛地名文化，展示海岛地名的特色。具体可以根据各组团和发展点原已形成的地名特征，逐步强化其个性特点，维持不同的专名与通名命名原则，但在总体上必须围绕主线，做到既各有特色，又协调统一，形成整体。

第二节　规划地名系列区块的基本原则

第13条　划分地名系列区块应考虑的主要因素

1. 以城市总体规划中“三组团二点带状城市组群”的空间布局结构，作为地名系列区块划分的宏观框架。

2. 地名自身的特殊性是系列区块划分的着眼点。

3. 原地名网络中存在共性特征的小区块，是具体划分和发展地名系列区块范围的基础。

4. 现行政区境界及主干道路、河渠和自然地理实体的分布状况，是选择划分系列区块边界的重要因素。

5. 区域的功能定位，是影响地名系列区块划分和命名采词选择的内在要素。

第14条 不同区域地名系列化采词的重点

各老城区以加强新旧地名的协调和提升地名网络的条理性为重点；新建区以全面层次化、系列化为目标；小城镇和渔农村以提高地名的文化品位、反映本地特点、消除重名为主。

2. 地名规划方案编排格式之二（题号式）

采用题号式编排的地名规划方案，其文本类似于可以在全国检索的论文格式，使之更像一个科学研究的成果。俗语称：理科式编排。对此，我们特意查阅了很多相似的规划，如城市建设详细规划、风景名胜旅游规划、社会事业发展规划等，其体例及其编排格式均为题号式。另外说一句，这种题号式的文本编排方式，与国家标准及其相关规定、规范是相吻合的。所以，我们给出的建议是，地名规划方案的编写，尽量采取题号式的编排方式。不过，应当尽量做到有题号者均有标题。这样做的好处是，行文流畅、版面美观、便于阅览（参见示例9-5）。

示例9-5：题号式地名规划方案编制体例

题号式地名规划方案编制体例

4　专名规定

4.1　专名命名的基本原则

4.1.1　合法性原则。专名的命名须按国家、省、市有关地名管理的相关法律、法规、规章执行。

4.1.2　指位性原则。应充分发挥地名专名准确指位的首要功能属性。

4.1.3　文化继承性原则。专名还有彰显文化和传承历史的特殊功能。专名既应积极宣扬现代先进文化，也应反映当地历史文化精髓，使文化通过地名得以传承、延续和发展。

4.1.4　社会认同性原则。专名的命名和更名，应考虑公众的理解接受能力，以社会认同为前提。

4.1.5　标准化原则。须按国家的语言文字标准，规范专名用字和读音，明确其使用条件和范围。严禁自造字，不用异体字，杜绝二简字（即1977年12月20日《第二次汉字简化方案（草案）》），避免生僻字，一般情况不用繁体字，特殊情况例外。

4.2　道路专名的命名指引

4.2.1　属于高速公路、国道、省道、跨市道路的，按国家、省相关行政主管部门的命名执行。该类道路与城镇道路叠合时，如有必要，叠合段可按城镇道路命名。

4.2.2　属于市内跨区快速路、跨区主干道的，其命名应由市或相关区域协调确定。该类道路专名应突出指位性。首选方案应取道路起止点所在地方的专名选字，作派生式命名形成联称名称；地方专名的选择顺序，宜先区级的，后镇（街道）级的，最后村/居委会级的；选字顺序，宜按道路走向和起止点所在地方的区位，先北后南、先东后西；组合后的联称名称，应注意词组的含义和读音不违背地名规划管理相关规定和地方习惯。

该类道路不宜用寓意式、借用式命名。该类道路与城镇道路叠合时，如有必要，叠合段可按城镇道路命名。

4.2.3　属于区内快速路（起止点均在本区行政区域内）的，专名宜首选区的专名。如有多条区内快速路，可以序数词或方位词进行序列化辅助命名；也可取道路起止点所在地方的专名组合形成，作派生式命名。

4.2.4　属于区内主干道（起止点均在本区行政区域内）的，专名首先应按区的城市规划发展定位选字组词，突出时代性。命名形式可多样化，但应注意与周边主干道（包括现状的）协调与衔接。其次，可按道路所在区域特色命名。

如该类主干道用同一专名但需要分段的，宜根据该路的具体走向，一般选“东”“西”“南”“北”“中”等的方位词辅助并置于通名“大道”之后，构成序列，如××大道南路、××大道中路、××大道北路等。

通过上述列举的两种地名规划方案的编排格式，我们可以得出如下结论：无论是章节式，还是题号式，二者并不影响其正文的正常表述，可以说各具特色、各有千秋。不过，在此提出一个尚不成熟的建议：如果文本采用章节式，则其版式以竖排为佳；假若文本采用题号式，则其版式以横排为宜。

三、地名规划方案的介质

既然名其为编制地名规划方案，就离不开编写地名规划方案的介质，这些通用的介质性工具包括：文字、表格、地图等。

1. 地名规划方案中的文字

地名规划方案中使用的文字是编制文本的重要工具，充分利用好这些普普通通的文字，是完成地名规划方案编制工作的切实保障。鉴于这里的文字较多，为了有效利用文字的表意功能，切实介绍好文本中的内容，可以充分使用文字的字体、字号、色彩等。

2. 地名规划方案中的表格

在地名规划方案中采用一定数量的表格，可以起到辅助文字书写的作用，使该文本中的同类内容相对集中，便于人们阅读、查找、使用。由于在相关示例中已经有了表格，所以在此不予复述。

3. 地名规划方案中的地图

地图出现于地名规划方案之中，通常起辅助性的作用，一般是与相关文字进行对照，进而更清楚地介绍或表达地名规划的内容。不管这些地图是以

图件的形式置身于地名规划方案中，还是本身就错落在该文本内，它都可以分为 4 种彼此类似的形式。(参阅第五章的相关内容)

(1) 地名规划方案中的基础性地图。如城市建设规划详图等。

(2) 地名规划方案中的位置图。如地名规划区所在政区的位置、某个地名规划板块的位置、某些地理实体的位置等。

(3) 地名规划方案中的规划地名图。

(4) 地名规划方案中的插图。

4. 地名规划方案中的图片

地名规划方案中的图片资料，虽然看似与地图相近，但其地位不如地图，大都只是起到装饰的作用。

第二节　地名规划方案的成果内容

地名规划方案的成果内容是重中之重，如果某项内容缺如或者错误，都会使地名规划方案成为次品，甚至是不愿接受的废品。为了使大家能够比较详尽地了解这些庞杂、多元的内容，我们按照各项内容的性质和特点，将其分为若干个段落和层级，并通过实例的方式一一呈现出来，使之不仅脉络清晰、层次清楚，而且展示相互之间的逻辑关系。更为重要的是，当这些内容陆续表述完成之际，即是呈现地名规划方案成果的全貌之时。补充一句，限于本章的篇幅并避免重复，有些实例可能不在下述相应的段落中举出，而是请读者参照前面相关章节的叙述和实例。还有，鉴于所举示例内容多种多样、章节长短不一、段落“参差不齐”，为便于对其阅读和认知，在举例时采取了两种方式：一种是经过整合的整体举例；一种是通过分拆的分项举例。通过这种实例的有效展示，如果读者感兴趣的话，将它们经过适当的整合之后，统一编排为一个整体，则自然形成一篇不错的地名规划方案的文本，虽然其有部分的缺项或遗漏，但大体上已经可以窥见全貌，并为大家提供可资借鉴和参照的范本。

一、地名规划方案中的引导性内容

在地名规划方案中，有一部分内容被置于该文本的前列，属于引导性的内容。虽然这些内容不是地名规划方案中的重点，但其之所以最先出现，是起着提示、告知的作用，从而引导出后面的诸多事项。通常为 3 部分：一是地名规划的任务来源；二是地名规划的规划背景；三是地名规划的相关规划。从此以后，地名规划方案的编制工作正式进入研制的轨道。鉴于地名规划编制方的主体不一，因而这部分被列为“总则”的引导性内容，也就是“任务来源”“规划背景”“相关规划”等，可能会合三为一地进行综述，且以“规划背景”为主导性的内容。

1. 地名规划方案中的规划背景之一

在某些地名规划的文本中，可能将地名规划方案中的规划背景放置在其“前言（绪言）”中阐述。这，应当说是一个不错的行文方式（参见示例9-6）。

示例9-6：前言（节录）

前言（节录）

某某市作为某某江流域国际合作开发示范区和某某与某某开发开放先导区，经过改革开放30年开发建设，已成为东北亚经济圈中心城市，为促进某某城市建设发展，适应某某城市建设日新月异变化需要，命名城市发展总体规划应运而生。随着城市建设的陆续展开，海内外客商也纷至沓来。某某城区规模不断扩大，逐渐形成位于某某河河北侧城市西部的老城区；位于珲春河河南侧中某某口岸、某某圈河口岸的某某边境经济合作区为核心的工业、物流、边贸城区；位于某某市区东关路以东至骆驼河子、涌泉路以东的哈达门公园，北自高铁火车站，南至某某河的某某生态新城区三个区域。由此，伴随着某某地区经济文化的快速发展，城区规模不断扩大，某某城区各种地理实体的命名便成为当务之急。

2. 地名规划方案中的规划背景之二

可以说，在地名规划方案中直接写明“规划背景”，是商家的选择和做法，它简单、清晰、明了，让人一目了然（参见示例9-7）。

示例9-7：规划背景（综述）

规划背景（综述）

第1条　规划背景

为适应某某市未来发展成为湘粤桂省际区域性中心城市的需要，保护和传承历史地名文化，创新和发展当代地名文化，提升某某市地名命名、更名和管理的标准化、科学化、法制化水平，实现地名管理与城市建设的协调发展，更好地为某某市经济社会发展服务，根据国家、省有关法规、规章和《某某市城市总体规划（2001—2020）》（2010年修订），以及本市2011年3

月16日第10次市委常委会会议精神和2011年4月20日第20次市长办公会会议决定，结合本市实际，制定本规划。

另外，学习相关地名规划的事项也属于引导性内容，亦可差强人意地置于此处。

二、地名规划方案中的技术性内容

在整个地名规划的成果中，最为重要的部分是该方案中的技术性内容。所谓技术性的内容，就是最切题的规划内容，是今后必须按照其规划的内容执行的事项。因此，这些处于核心地位的规划要求，所占篇幅通常较长，且成彼此呼应、前后递进、互相关联的关系，从而体现出它的作用和地位。主要事项包括：总体思路；指导思想；基本原则；主要依据；技术路线；规划区域；板块划分及其导引；地理实体种类和层级；规划地名；规划地名图；规划地名的汉语拼音字母拼写；中长期地名规划中的专名备选词库。下面，我们分别对它们进行必要的阐述。

1. 地名规划方案中的总体思路

在本书第三章第一节的“一”中，我们叙述了“地名规划的总体思路”，在此不再赘言。鉴于本章和本节的中心议题是“地名规划方案的成果”，故此我们只把其中的“总体思路”实例呈现给大家。请注意，地名规划方案中的“总体思路”，有时是以标题“规划目标”中的内容来展示的，或者二者经过类似的“合并同类项”之后混合书写（参见示例9-8）。

示例9-8：某某城区地名规划的总体思路

某某城区地名规划的总体思路

第三条　总体思路

1. 根据某某城区总体发展目标，确定符合发展方向的地名规划思路和原则。

2. 力求使某某城区的地名步入层次化、规范化、系列化、科学化的轨道。

3. 规范全市各类地名的通名层次及相应的通名用词。

4. 划分地名系列化命名的框架、板块，确定命名采词的中心思想和采词导向。

5. 制定某某城区道路名称规划的技术路线和规划方案。

7. 确定地名文化遗产的保护对象及措施。

8. 就规划的实施，提出原则性建议和保障性措施。

9. 提出规划区内地名标志设置办法。

2. 地名规划方案中的指导思想

如果地名规划方案中没有单独地列出“总体思路”，或者“总体思路”过于具体化后，就只能称之为“规划目标”，则“指导思想”排在“规划目标”之前。需要特别说明，示例中的题号或条款，只是引用文章的原文，其表达的位置关系和前后排序，不代表原作现有或读者将来编制地名规划方案文本中的顺序（下同）（参见示例9-9）。

示例9-9：地名规划的指导思想

地名规划的指导思想

第四条　指导思想

1. 以科学发展观为指导，有利于珲春城区城市管理，提高地名为经济发展的服务功能，适应城市未来发展需要。

2. 体现城市总体规划的要求，反映城市性质和功能定位，深化城市规划主题思想。

3. 坚持以人为本，积极推进珲春城区地名的规范化、序列化、科学化，增强指位功能。

4. 立足珲春城区实际，充分考虑珲春城区和珲春市的大环境特征，体现大珲春市街路名称的衔接和过渡。

5. 体现地域特色和历史文化，形成融历史文化和现代文明为一体的城市地名风格。

3. 地名规划方案中的规划目标

对于地名规划方案中的规划目标来说，由于规划的类型不同、预期不一，导致规划的目标差异较大。面对千差万别的地名规划目标，我们应当有一个清醒的认识。下面的示例虽然简单，但相信诸位读者依旧可以管中窥豹般地略有收获（参见示例9-10）。

示例9-10：预设的规划目标

预设的规划目标

第6条　规划目标

近期目标：

规范通名标准，优化专名采词，初步建立起能够体现“国家历史文化名城和现代化生态旅游宜居城市”的地名网络系统，建立健全地名数据库和地名查询系统，进一步完善城乡地名标志建设，达到指位清晰准确的目标。

理顺地名管理体制，完善地名申报、审核、论证、公示、公告制度，建立地名标志的长效管理机制，完成符合调整条件的地名调整工作，解决地名同城重名、一路多名问题，对不规范的地名进行纠正，达到地名工作全面进入规范有序管理的目标。

中长期目标：

准确把握区域历史、地理、经济、文化特色，循序渐进地推行各类地名的层次化与系列化，形成地名区块结构布局有序，地名特点清晰，群众使用方便，空间覆盖完整，与历史文化名城、风景旅游城市、生态宜居城市相适应的地名体系。

深入挖掘区域历史文化内涵，开展古旧地名的挖掘、考证与整理工作，切实保护和继承具有历史文化价值的古旧地名，尽可能体现古旧地名文化遗产的原真性，通过保留、移植、派生等方法，传承地名历史文化，创造具有历史文化特色的新地名，使新老地名相辅共生，相得益彰。

4. 地名规划方案中的基本原则

为慎重起见，读者朋友可以在阅读本书第三章第一节中第三款“地名规划的基本原则”之后，再对照这里给出的示例。在阐述“基本原则”时，也可以将其简单地列为“规划原则”（参见示例 9–11）。

示例 9–11：地名规划的基本原则

地名规划的基本原则

第五条　规划原则

1. 系统性。从某某某城区城市总体规划出发，统筹规划，整体把握，做到地名网络的科学性和布局的合理性。

2. 连续性。在空间上，时间上，实现历史、现实、未来的连续。

3. 前瞻性。地名规划还必须具有前瞻性，将现实与长远结合，更好地为城市建设和社会未来发展服务。

4. 地域性。传承某某某市的历史文化，突出地域特色。

5. 目的性。地名规划服务于招商引资和社会发展的需要。

6. 实用性。照顾使用习惯，好找易记，方便人们出行。

5. 地名规划方案中的主要依据

在第三章的有关段落里，对于地名规划方案中的规划依据已然阐述足够详细，此处所列举的示例只是为了大家有一个更加感性的认识，从而强化对这一内容的学习和掌握（参见示例9-12）。

示例9-12：《合肥市政务文化新区地名规划》中的主要依据

《合肥市政务文化新区地名规划》中的主要依据

3.3　规划地名的主要依据

3.3.1　相关法规

《中华人民共和国城乡规划法》（中华人民共和国主席令第74号）

《中华人民共和国国家通用语言文字法》（2000年10月31日第9届全国人民代表大会常务委员会第18次会议通过）。

《地名管理条例》（国务院1986年1月23日发布）。

《地名管理条例实施细则》（民政部1996年6月18日颁发）。

《安徽省地名管理办法》（安徽省人民政府2001年8月21日发布）。

《合肥市地名管理办法》（合肥市人民政府2004年3月30日发布）。

3.3.2　规范性文件

《关于开展城市地名规划工作的通知》（民政部、建设部2005年5月17日颁发）。

《关于我同外国结为友好的城市不以对方地名、人名命名街道或建筑物的通知》（国务院办公厅1987年5月13日印发）。

《中国地名汉语拼音字母拼写规则（汉语地名部分）》（中国地名委员会、中国文字改革委员会、国家测绘局1984年12月25日颁发）。

《国务院批转关于改用汉语拼音方案作为我国人名地名罗马字母拼写法的统一规范的报告》（国务院1978年9月26日印发）。

《中文罗马字母拼写法国际标准》ISO-7098（国际标准化组织文献工作技术委员会制订，1982年）。

国家标准《地名标牌　城乡》（GB17733.1-1999，1999年10月1日实施）。

3.3.3　其他

《合肥市政务文化新区城市总体规划》。

《〈合肥市政务文化新区地名规划〉委托合同》（合同编号：ZWHT-2005-09-13）。

6. 地名规划方案中的技术路线

由于地名规划方案中的技术路线有点类似规划的环节，因而很容易与地名规划的步骤相混淆。所以在此明确告知，这里的技术路线是指，如何采用好的规划方式和方法，对地理实体进行卓有成效规划命名，它属于纯粹的微观范畴，不涉及“前期准备”“中期实施”和“后期落实”等行政上的事务。如果将其写作为“规划地名的技术路线”，相信大家就会一清二楚了（参见示例9-13）。

示例9-13：某某地名规划的技术路线

某某地名规划的技术路线

3.5　规划地名的路线及程序

为了抓住规划地名的本质特征，把握规划地名的总体构架，梳理规划地名之间的相互关系，方便规划地名的有序展开，我们经反复讨论、研究，确定了规划地名的运行顺序，其工作进程是：先大地名、后小地名；先主要地名、后次要地名。

3.5.1　主要干道名称

我们考虑到：一是主要的几条干道，全部是由市区道路延伸进规划区的，涉及对它们的更名问题；二是这些道路形成新区的道路骨架，是所有地名中的主体和灵魂，在命名上有一定的难度；三是本市的专家和群众对它们非常关注，已经提出了几十套命名方案，这些意见必须充分予以考虑。所以，将其列为重中之重。

3.5.2　水域名称

水域名称包括中心湖及其湖心小岛，以及环城的河流，其在城市地名规划中的作用却不容忽视：湖泊和河流分别位于新区的中心部位和周边，是区域内景观设计的重点和亮点名称；在城市规划和现实生活中，已经具有一个为人们所熟知的名称，是否需要予以更名，必须慎重行事；无论是湖泊还是河流，地理位置的特殊性，导致其与周边环境构成密不可分的联系，名称的选取均影响着其他地名的合理走向。所以，将其列为重点。

3.5.3　政务主中心板块地名

政务主中心板块位于本市规划区的正北部，处于视觉效果的最佳部位。规划区的规划与建设，均围绕着这一板块的功能而展开，使之处于新区内的核心地位。在功能配置上，是政务、文化并重，文化衬托政务。在对这一区域道路命名时，其定位是否准确、内涵是否丰富、名称是否标准，都将直接决定着新区地名规划的成败，也间接影响了其他地名的合理走向。因此，对该板块地理实体的命名，理应排在重要的位置。

3.5.4　政务副中心板块地名

政务副中心板块坐落于中心湖泊的南岸，与政务主中心板块隔岸相对，二者有主有次、相互呼应。本区域内的规划、建设格局，以政务为主、商贸为辅。基于此，规划名称的顺序亦应处于前列。

3.5.5　体育运动中心板块地名

本市体育运动中心位于新区的最南端，其建筑功能、道路结构、地名作用等，与其他建设项目相比，不仅自成一体，而且功能单一，具有自身的特殊性。因而，需要命名的地理实体关联性不够紧密，导致可以对其进行单独处理。

3.5.6　较重要的次干道名称

在本规划中，有部分道路虽属次干道，但其道路较长，与其他板块之间关系紧密，因此需要将它们单独提取出来，进行综合考虑，实行特殊的命名规划。

3.5.7　东部板块次干道及支路名称

3.5.8　西部板块次干道及支路名称

3.5.9　桥梁名称

桥梁不仅是道路交通中的重要设施，而且数量较多，其名称又分为主要桥梁名称和一般桥梁名称两种。必须说明的是，有少量桥梁的位置、形态、作用比较特殊，必须区别对待。因此，在对其规划名称时，按照主要桥梁和次要桥梁的先后顺序进行。

3.5.10　其他道路交通附属设施名称

其他道路交通附属设施包括隧道和环岛。

在某些地名规划方案中，当涉及地名规划的技术路线时，不仅采用文字进行叙述，为了更加明晰、清晰之需要，还可能以图示的形式加入该地名规划文本之中。应当承认，这种别出心裁的做法确实起到了一目了然、一清二楚的效果，值得在此郑重地推荐给大家（参见示例9-14）。

示例9-14：地名规划技术要求示意图

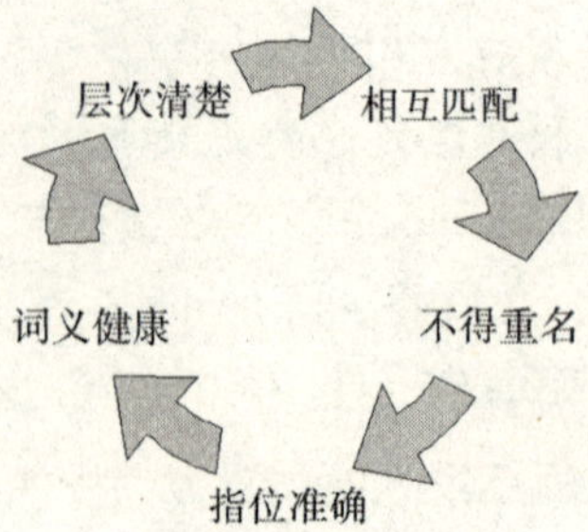

地名规划技术要求示意图

相对而言，以上技术性内容趋于柔性，而接下来的事项则是硬性的规定。

7. 地名规划方案中的规划区域

这项内容不言自明，故省略。

8. 地名规划方案中的板块划分及其导引

请参阅第四章中的示例4-3和示例4-4。

9. 地名规划方案中的地理实体种类和层级

所谓地理实体的种类是指规划地名的具体对象，其等级大都分为二级或三级。读者可以在阅读本书第四章第一节“二、地名规划的地理实体”的基础上，再行浏览这里给出的示例（参见示例9-15）。

示例9-15：地理实体通名的规定

第三章 通名规定

第16条 地名的通名应规范化。通名规范化要求地名指类必须科学（应符合相关行业的国家技术标准或规定）、准确（分类专用）、客观（名实相符），并得到公众普遍认可和接受。

第17条 道路、桥梁、隧道、公园、广场的类型与等级划分，应根据《地名要素分类技术标准》（详见附录二）确定，也可按法定批准的城市规划规定执行。

第18条 一个地名中，同类别的通名不得重叠使用，即一个地名不能使用两个以上（含）通名；也不得单独使用通名组词。

第19条 道路通名的规定

（一）属于高速公路的，通名为“高速公路”，简称“高速”。

（二）属于公路（含国道、省道、县道）的，通名为“公路”。

（三）属于快速路的，通名为“快速干线”，简称“快线”。

（四）属于主干道的，通名为“大道”。

（五）属于次干道的，通名为“路”；如有必要，可为“街”。

（六）属于支路的，通名为“街”；如有必要，可为“路”。

（七）属于生活性使用的、支路以下等级的，通名为“巷”或“里”。

第20条 桥梁通名的规定

（一）桥梁长度在100米以上（含）的，通名为“大桥”。

（二）桥梁长度在8—100米之间的，通名为“桥”。

（三）道路立体交叉的，通名为“立交”。道路立体交叉为分离式的，也可将上跨的称“跨线桥”，下穿的称“隧道”。

（四）人行天桥，通名为“天桥”。

第21条 隧道通名的规定

（一）穿过道路或过河隧道，通名为“隧道”。

（二）人行过街隧道或地道，通名为“人行隧道”。

第22条 公园通名的规定

（一）儿童公园、烈士陵园、动物园、植物园作为通名使用。

（二）具有古典园林特色的公园，通名可以称“园”。

（三）除以上所列情况之外，其余的通名都为“公园”。

（四）公园以外的城市公共绿地和绿色空间控制区等类型地名，其通名由其相应的行政主管部门另行提出，经区地名行政主管部门报市地名行政主管部门核准或备案。但国家、省、市对此类通名另有规定的，按国家、省、市的规定执行。

第23条 广场通名的规定

属于广场类型的各种场所，通名为“广场”。

第24条 住宅区、商住建筑物通名的规定

属于新建住宅区、商住建筑物需要命名的，通名应按省、市、区现行地名管理规章执行。但国家、省、市、区对此类通名另有新规定的，按国家、省、市、区的新规定执行。

10. 地名规划方案中的规划地名

关于地名规划方案中的规划地名，在上面已经确定通名要求的前提下，此处的规划地名叙述的重点则变身为规划的专名。在本书的第六章中，我们专门论述了“地名规划的专名设计”，其中也包含了一些必要的规划地名实例，甚至在其他相关章节中亦摆列了这样的规划专名，故在此不再举例。

11. 地名规划方案中的规划地名图

地名规划方案中的规划地名图，与规划地名共进退，彼此相互照应、互相映衬，是缺一不可的功能性介质。而且，规划地名图还有其独到的“本领”，除了展示规划中的各种地名外，还能为地名规划文本起到画龙点睛的作用，以及出任地名规划方案“美工”的职责（参见示例9-16）。

示例 9-16：克拉玛依中心城区地名规划图

1、保留并完善“星辰”系列。
2、保留并继承反映创业时代朝气蓬勃和建设边疆的精神风貌的词汇系列。
3、居住区完善以从“花、木、草”为主，以从“水”系列为辅的地名系列。
4、居住区完善以从“水”为主，以从“花、木、草”系列为辅的地名系列。

第3与第4区块道路统一命名。侧重选择“河、湖”系列。

克拉玛依中心城区地名规划图

克拉玛依中心城区地名规划图

12. 地名规划方案中的规划地名汉语拼音字母拼写

地名规划方案中的规划地名汉语拼音字母拼写，在参见示例 5-1 的同时，请仔细阅读本书第五章第四节“规划地名的汉语拼音”，尤其是该节“二、汉语拼音字母拼写地名的主要规则”和“三、汉语拼音字母拼写规划地名的举例”的内容。

13. 地名规划方案中的专名备选词库

请参阅第十三章“地名规划的候选专名”。

三、地名规划方案中的建议性内容

严格意义上说，所谓地名规划方案中的建议性内容，不完全属于地名规划的范畴。但是，随着综合性地名规划的逐渐普及，某些建议性的内容亦被列入地名规划方案之中，并成为其重要的组成部分。不过，在某些地名规划方案中，这部分规划事项并不刻意将其区分开来，而是使其与其他规划事项融为一体，一并一板一眼地予以规划。

1. 地名规划方案中的地名规划管理

在前述各个章节中，我们业已反复强调，地名规划各项事务的有效开展，是需要与地名规划有关的规定或规范性文件予以支撑的。在通常的情况下，特别是法制化建设比较完备的地方，这些事项早已建立健全。然而，不能排除的是，有的地方尚有改进之处。因此，为了较好地完成地名规划的规划要求，需要对此提出建设性的意见。也就是说，亟须出台一些现实生活中所需的配套性规定、办法等。例如：

（1）某某市地名管理规定。

（2）某某县门牌编制办法。

（3）某某市地名文化保护的措施。

（4）某某县地名信息系统建设的意见。

（5）某某市地名标志设置实施方案。

然而，上述诸多好的规定不一定能够解燃眉之急，在“远水不解近渴”的情况下，为了可以实现地名规划方案中的既定目标，尽可能地起到立竿见影的效果，往往在该地名规划中增加一章内容，常用的题目为“实施规划的保障措施”（参见示例 9-17）。

示例 9-17：实施地名规划的保障措施

实施地名规划的保障措施

第二十八条　建立贯彻规划的工作机制、管理体制和规章制度。

依托《信阳城市地名总体规划》的实施，不断巩固和加强“政府主管、民政牵头、部门协作、社会参与”的地名工作机制，建立贯彻执行规划的规章制度，按规划所确定的原则进行地名的命名和更名。

规范地名命名、更名的操作程序；完善地名标志的设置；加强对地名拼写的国家（国际）标准化的管理；加强有偿命名的管理；加强地名档案和地名信息公共发布系统的建设与服务工作；加强地名宣传和使用的社会监督、检查，提高管理的权威性。

第二十九条　进一步加大对具有历史文化内涵地名的保护力度。

高度重视历史文化地名的保护挖掘工作，正确处理好“建设”和“保护”的关系。对重要的历史文化地名，要有选择地为其“树碑立传”，以传承历史，昭示后人，使其成为信阳市新的文化景观。对已消失的历史文化地名要采取多种措施进行保护、挖掘和恢复。同时，要广泛搜集，充分征求社会各界意见，列出保护清单，建立必要的档案，努力探索老地名保护和恢复的新办法。

第三十条　加强对地名工作的社会宣传，向社会公开地名工作的内容，公开办事程序和办理时限，接受社会各界监督。

第三十一条　强化对建筑物名称的管理规范。

建筑物（群）名称审批应先由地名办审定建筑物标准名称，由房地产市场管理部门按标准名称使用，对于尚未进入房地产市场的建筑物以及已进入房地产市场但还未办理房地产证的建筑物，应使用标准地名。

住宅区、大型建筑物、道路、桥梁（含立交桥、人行天桥）、广场等各类地理实体的命名、更名和注销，均需按规定的程序向地名办申报，经市政府审定批准后方可使用。

第三十二条　建立健全地名命名、更名的审批制度。

新地名在申报之前都要先查询，确定没有重名之后才能批准。未经批准，任何单位和个人不得擅自对地名进行命名、更名。

2. 地名规划方案中的地名标志设置

在现势地名规划得以确立之际，紧随其后者就是地名标志的设置。这既是一个由纸上落实到地上的工作，也是一个真正完成一项地名规划工作的必然过程。对此，不能中途半端地形成“胡子工程”，需要做到有始有终。为此，其自然成为地名规划方案中必备的事项（参见示例 9-18）。

示例 9-18：地名标志及其设置

地名标志及其设置

二十一、指位导向系统

指位导向系统由以下各类地名标志构成：

（一）自然地理实体

1. 包括河流、湖泊等水系地名标志。

2. 地形地名标志，包括平原、盆地、沙漠、草原、戈壁、绿洲、山脉、丘陵、山口、山谷、山峰、火山、森林等。

（二）人文地理实体

1. 居民地地名标志，包括街、巷、片区、小区、门、楼、楼单元、楼层和村等。

2. 行政区域地名标志，包括地级市、区、乡（镇）街道办事处等。

3. 专业区地名标志，包括矿区、农业区、牧区、渔区、工业区、开发区、自然保护区等。

4. 设施地名标志，包括火车站、汽车站、飞机场、桥梁（例如公路桥梁、铁路桥梁、城镇内的立交桥和过街桥等）地名标志，水库、灌溉渠等具有地名意义的水利设施地名标志，发电站、输变电站等具有地名意义的电力设施地名标志。

5. 纪念地和旅游地地名标志，包括风景区、公园、人物纪念地（例如陵园、人物纪念地、纪念堂等）、事件纪念地（例如古战场等）、宗教纪念地（例如寺、庙、教堂等）等的地名标志。

二十二、地名标志

1. 按照《地名　标志》（GB17733-2008）的规定，地名标牌分为：街牌、巷牌、楼牌、门牌四种，其中门牌包括小门牌和大门牌两种。根据实际情况，楼牌之下增设单元牌和户牌两种，其中户牌可以只标明数序号码。

2. 地名标志所包含的所有形式和内容要素，以及生产、流通和使用的各个环节，都必须符合《地名　标志》（GB17733-2008）的规定。

3. 对于其他地理实体的地名标志，国家和各级地方政府有法规和规章做出规定的，按相关规定设置；没有相关规定的，由地名主管部门根据具体情况按法定程序确定和设置。

二十三、地名标志设置

地名标志的设置、版面内容、版面布局、颜色、尺寸规格、外观、基本性能、特殊性能、地名标志支撑装置、地名导向标志、外置照明器材等，均应符合《地名　标志》（GB17733-2008）的规定。

3. 地名规划方案中的地名文化保护

针对地名文化的保护，主要体现在3个层次：一是地名文化的挖掘：将那些隐性的地名文化发掘出来，使之成为显性的地名文化；二是地名文化遗产的保护：将现有的地名文化作为非物质文化遗产，通过各种有力措施加以保护；三是地名文化的弘扬：除了保护地名文化以外，还要使其发扬光大，甚至合理、有效地利用起来。对此，地名规划方案中都应很好地予以体现（参见示例9-19）。

示例9-19：地名文化保护规则

第七章　地名文化保护规则

一、地名文化保护的目的和意义

地名文化保护在于加强地名文化资源保护，使人们有迹可循地绵延传承历史变迁与文化特征，保护好老地名是加强地名文化资源开发的必要手段。地名文化保护是塑造城市文化氛围的有效途径，有利于激发人们热爱家乡的感情，鼓励人们献身家乡建设，是进行爱国主义教育的乡土教材。

二、地名文化保护的指导方针、基本原则和要求

地名文化保护的指导方针是：保护为主，合理利用，深入发掘，传承发展。坚持政府主导、社会参与、明确责任、讲究实效的思想，提高全社会对地名文化遗产的认知度。要求在全面保护的基础上，依据区域功能定位，突出保护重点。结合烟台市城市总体规划，做好历史文化遗产，街区、文物等

保护规划。做到保护和发展相结合，以保护促发展，根据保护对象的类别和性质，保护措施要多元化，灵活得力。

三、地名文化保护的范围和措施

地名文化保护的范围是指具有丰富历史文化内涵的各类地名。包括：城区、古村镇历史文化街区、文物古迹、各级文物保护单位名称、手工作坊名称、老字号名称、名人故居、亭台楼阁、古寺院、庙宇等古旧地名。

按照国家关于加强地名文化保护的要求，对在保护范围内的地名，应从保存和开发利用方面进行保护。

1. 加强地名文化保护的规划与研究。整理考证，挖掘当地的古旧地名，编辑古旧地名保护名录，保持其原真性。

2. 慎重对待地名更名。对可改可不改的地名一般不改，尽量利用老地名，确实需要更名的经专家和有关部门研究论证后，予以向社会公示。

3. 对已消失地名的处理。具有历史文化价值的地名，应尽量移植派生使用，体现老地名的历史、文化利用价值。

4. 抵制不符合民族文化特征的地名。对含义低俗，不健康，不符合实际的“大、洋、怪、空”地名，进行雅化处理或更名。

5. 利用各种形式广泛对群众进行宣传。在全社会达成共识，营造保护地名文化遗产的良好氛围。

鉴于上述示例的保护措施相对比较空泛，只是提出了保护地名文化的方式，没有针对某个或某些具体的地名，因而有过于笼统、宽泛之嫌。为此，我们再列举一个具体的样本。需要说明一下，下列附表具有一个前提条件，所有列入表中的各类地名，都是被保护的地名文化对象，均属于不得更名的范畴。而且，在表中所列的栏目“保护措施”中，即可以省略其大前提已经肯定的内容，只需要点明不得更名之外的其他保护性措施的事项（参见示例9-20）。

示例 9-20：延庆历史地名保护名录表

延庆历史地名保护名录表

地名	属性	形成年代	位置	现存状况	保护方式
延庆	县城名	明	今延庆县	新城名	原名保护
妫水河	河流名	远古	今延庆县	道路名	原名保护
三里河湿地	河流名	远古	今延庆县	道路名	原名保护
儒林	道路名	明	儒林片区	道路名	原名保护
香水园	地域名	元	香水园片区	未利用	原名保护
东杏园 西杏园	村庄名	金	杏园片区	道路名	原名保护
玉皇阁	已消失文物	明	儒林片区	道路名	原名保护
莲花池	文物名 村庄名	辽	莲花池片区	未利用	原名保护
西顺城街	城墙名	1970	儒林片区	道路名	原名保护
北顺城街	城墙名	1980	儒林片区	道路名	原名保护
东顺城街	城墙名	1950	儒林片区	道路名	原名保护
东外大街	道路名	1969	儒林片区	道路名	原名保护
西街 （宣化街）	道路名	明	儒林片区	道路名	原名保护
东街 （和睦街）	道路名	明	儒林片区	道路名	原名保护
南街 （阜城街）	道路名	明	儒林片区	道路名	原名保护
北街 （雍顺街）	道路名	明	儒林片区	道路名	原名保护
杨家胡同 （崇文街）	道路街巷名	明	儒林片区	道路名	原名保护
药王庙街 （延寿街）	道路街巷名	明	儒林片区	道路名	原名保护
小尹街 （小隐街）	道路街巷名	明	儒林片区	道路名	原名保护
皂君庙街	道路街巷名	明	儒林片区	道路名	原名保护
孟子街 （纯化街）	道路街巷名	明	儒林片区	道路名	原名保护

续表

地名	属性	形成年代	位置	现存状况	保护方式
东岳庙街（怀仁街）	道路街巷名	明	儒林片区	道路名	原名保护
般子街（里仁街、全仁街）	道路街巷名	明	儒林片区	道路名	原名保护
苏子街（澄清街）	道路街巷名	明	儒林片区	道路名	原名保护
城隍庙街（育秀街）	道路街巷名	明	儒林片区	道路名	原名保护
草场街（武定街）	道路街巷名	明	儒林片区	道路名	原名保护
三义庙街	道路街巷名	明	儒林片区	道路名	原名保护
下湾子	道路街巷名	明	儒林片区	道路名	原名保护
三里河	村庄名	明	儒林片区	道路名	原名保护
西屯	村庄名	明	儒林片区	未利用	原名保护
中屯	村庄名	明	儒林片区	未利用	原名保护
东屯	村庄名	明	儒林片区	未利用	原名保护
新白庙	村庄名	1954 年	儒林片区	未利用	原名保护
石河营	村庄名	明	香水园片区	道路名	原名保护
南辛堡	村庄名	明	杏园片区	未利用	原名保护
簸箕营	村庄名	明	杏园片区	未利用	原名保护
司家营	村庄名	明	杏园片区	未利用	原名保护
百眼泉村	村庄名	明	杏园片区	道路名	变通利用
姜家台	村庄名	清	杏园片区	道路名	变通保护
海坨飞雨	延庆八景之一	明	今延庆县	未利用	变通保护
远塞飞鸿	延庆八景之一	明	今延庆县	未利用	变通保护
冠帽山	景观名	远古	今延庆县	未利用	变通保护
冠山书院	书院名	明	儒林片区	未利用	变通保护
火神庙	已消失文物	明	儒林片区	未利用	选择性保护
崇阜屯	已消失村庄名	明	儒林片区	未利用	选择性保护

4. 地名规划方案中的地名信息系统建设

由于地名信息系统建设是一项庞大、复杂、系统、繁重的工程，因而将其完整地列入地名规划文本之中显然有不逮、不周、不妥之处，故而只是在地名规划方案中泛泛提起，并没有、也没必要展开论述。事实上，地名规划方案之所以将其简单地列入文本中，只是怀揣着这样一个目的，当综合性的地名规划方案获得批准之后，业已置身于地名规划方案中的地名信息系统建设的建议自然也就得到了“恩准”，从而为当地后续的地名信息系统建设工作领到了“尚方宝剑”。所以说，我们在任何地名规划方案中，都不可能看见完备的地名信息系统建设的最终成果。

5. 地名规划方案中的门户编码与门牌安装

面对门户编码和门牌安装，仿佛我们司空见惯、习以为常，似乎不必在此对其“置喙”。其实，秉持此种观点之人显然差矣。因为，表面上看只是在门上钉几块牌牌，但其背后蕴藏着许多严谨、科学的工作内容。对此，在本书第十二章“地名规划方案的实施”中，我们在第四节里专题性地叙述了“贯彻地名规划方案的门户编码”。然而，鉴于其属于落实地名规划方案中的内容，因此其在某项的地名规划中自然占有一席之地，以规范当地人民政府的行政行为和服务工作（参见示例9-21）。

示例9-21：街路分段和门牌编码

街路分段和门牌编码

城区所有大道、大街、路、街名称以魏州路和魏都大街为界，魏都大街以东的路、大道称为东路、大道东段，魏都大街以西的路、大道称为西路、大道西段，如魏州东路、洹水大道东段；魏州路以南的街、大街称为南街、南大街，魏州路以北的街、大街称为北街、北大街，如龙乡北大街、龙乡南大街，依此类推。三级路（胡同、巷）不再分段。

门牌编号以魏州路和魏都大街为界，以其交叉点为始点，分别向东西南北编排，如魏州东路1号、2号、3号……，魏州西路1号、2号、3号……，魏都北大街1号、2号、3号……，魏都南大街1号、2号、3号……，其他依此类推。

大道、路、胡同和大街、街、巷两侧门牌号大致对称，阳面（北侧、东侧）编单号，阴面（南侧、西侧）编双号，两侧如有空地，则预留号码。

门牌规格按规定标准设计造型，内容为街（路）名称和门号，单位门牌还要标明邮政编码。

各种门牌均为铝板材烤漆夜（反）光字，其规格：楼牌为55cm×95cm、单位门牌为 43cm×63cm、单元牌为 15cm×35cm，临街门牌为 20cm×30cm、院户门牌为 11cm×17cm、楼户牌为 5cm×12.5cm。

对于楼牌、（楼门）单元牌、户牌的规格、颜色、字体、样式等，也一定要符合国家标准《地名　标志》（GB 17733-2008）中规定的要求（参见示例 9-22）。

示例 9-22：楼地名标志牌的标准样式

楼地名标志牌的标准样式

四、地名规划方案中的说明性内容

所谓地名规划方案中的说明性内容，是指针对其各项有关地名的规划要求，进行言简意赅、恰如其分、突出重点的介绍。这部分内容一般放在“地名规划方案说明”之中，或者融入小型的地名规划文本里。其主要说明的内容包括 3 个方面：一是地名规划工作进程；二是地名规划方案特色；三是规划地名综合分析。当这些事项一一呈现给大家的时候，无疑可以使人茅塞顿开。一般而言，无论是在地名规划的专家评审会上，还是在当地人民政府办公会上，汇报者汇报的主旨和内容都是以其为基础的，甚至其本身就可以当仁不让地担任该汇报自身的角色。为更加清楚起见，请参阅本书第十章第二节“二、地名规划方案评审会的情况说明”。

1. 地名规划工作进程的介绍

按理说，当地人民政府与地名规划方案评审专家组需要的是最终的成果，而非漫长、繁杂的地名规划工作过程。然而，也不尽然。因为，透过地名规划工作进程的介绍，可以获取一些有用的信息。例如：地名规划工作是否合乎规矩，地名规划编制单位是否足够重视，地名规划团队是否“兵强马壮”，地名规划步骤是否环环相扣，地名规划编制是否精益求精等。正所谓，“透过现象看本质”，于地名规划过程的种种表象，可以间接地审视地名规划方案，进而得出符合现实的价值判断。通常，这段文字给出的标题为“地名规划的步骤”或“地名规划的进程”（参见示例 9-23）。

示例 9-23：地名规划的步骤与环节

地名规划的步骤与环节

八、编制步骤

(1) 2012 年 7 月，某某县人民政府办公室发文：《某某县人民政府办公室关于印发〈某某县县域地名规划工作实施方案〉的通知》（贺政办发[2012] 108 号），详见附件一。

(2) 2012 年 10 月—2013 年 3 月，利用某某县地名库数据对各类地名进行统计分析。收集相关地方史志、规划、考察报告、相关档案资料和相关图件，全面准确地掌握县域自然条件、历史沿革、政治经济、文化、民俗民情等方面的基础资料。

(3) 2013 年 4—7 月，开展某某县地名库补漏调查（调查表见附件二)。同时编制县域地名规划大纲。由于本县现有地名库中地名漏错等问题非常突出，研究工作一度受阻。为此，县民政局聘请本县文史专家，对本县地名——尤其是聚落地名，做了系统订正，并根据研究需要，进行了实地数据采集。在此基础上，研究了本县地名数量、构成、分布等方面的特点和规律，总结了其地名文化特征，分析了地名变化趋势，提出了地名文化保护和挖掘的重点方向。

(4) 2013 年 7—11 月，研究确定地名规划的指导思想和原则，依据县域总体规划、土地利用规划等，制订地名规划方案。首先，对县域各类地名按其性质进行类型划分，确定各类地名的合理层次，提出地名通名及其内涵；其次，按照国家、自治区和市县相关文件精神，从现状地名特色出发，制订了各类地名专名、通名的规划方案；再次，并从现状地名特点出发，建构县域地名文化体系，强化地名保护管理和立标设标工作规范。最后，完成了地名规划文本和研究报告初稿，以便提交自治区地名办公室。

(5) 2013 年 12 月迄今，进行本县地名研究报告和规划报告的修改完善；开展新建广场、道路等公共设施和移民新村的名称征询工作。

2. 地名规划方案特色的说明

就一个具体的地名规划方案来讲，其特色主要包括两点：一是地名规划方案的特色；二是地名规划文本的特点。而对于地名规划方案的特色，需要面对审查者重点强调的是，本地名规划方案在文化上的本地化。通常，除了本土化的地名规划思路、地名规划原则、地名规划采词等外，它与下述的“规划地理实体名称的分析”结合在一起。若稍加思索就可以得知，由于是独具特色的说明文字，因而每一个地名规划方案中的这一内容都不尽相同。所以，基于上述两个原因，笔者不再举例。

3. 规划地理实体名称的分析

为了说明规划地理实体名称的来龙去脉、“色彩斑斓”，将地名规划方案中的“重头戏”以“亮相”的形式展示给大家，需要不遗余力地对规划地名进行有理有据的分析，并将分析结果公之于众（参见示例 9-24）。

示例 9-24：规划地名的基本情况及其分析

5 规划地名的基本情况及其分析

为全面说明规划地名的基本情况，本章对规划的全部地名进行了统计、分析，得出了令人信服的统计数据和真实结论。

5.1　按地理实体名称统计的规划地名数量

某某市政务文化新区规划的地理实体名称总数为 92 个。

5.1.1　道路名称

道路名称是本地名规划的主体，其形态、等级的多样性，导致子项目多，共有道路名称 62 个，占全部地名的 70.7%。其中，大道 4 个，占 4.3%；道 3 个，占 3.3%；路 26 个，占 29.3%；环路 2 个，占 2.3%；街 24 个，占 28.3%；斜街 3 个，占 3.3%。

5.1.2　水域名称

水域名称数量较少，只有 3 个地名，占全部地名的 3.3%。其中，湖 1 个，占 1.1%；岛 1 个，占 1.1%；河 1 个，占 1.1%。

5.1.3　道路交通附属设施名称

由于在城市规划中，设计了中心湖和环城河，因而产生了众多的道路交通附属设施，这类名称共有 27 个，占全部地名的 29.3%。其中，桥 24 个，占 26.1%；隧道 1 个，占 1.1%；环岛 2 个，占 2.2%。

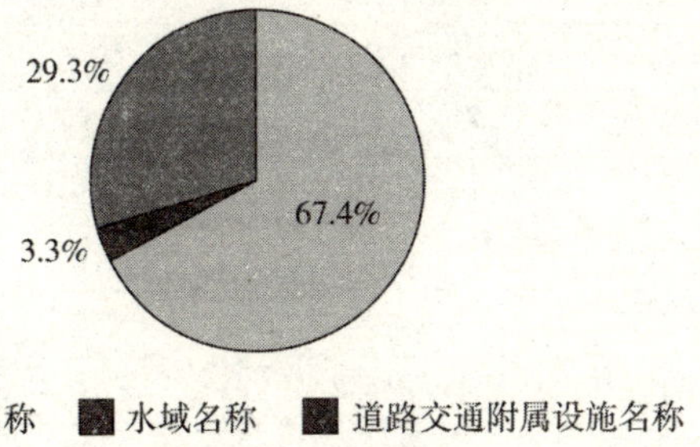

命名数量饼状图（总）

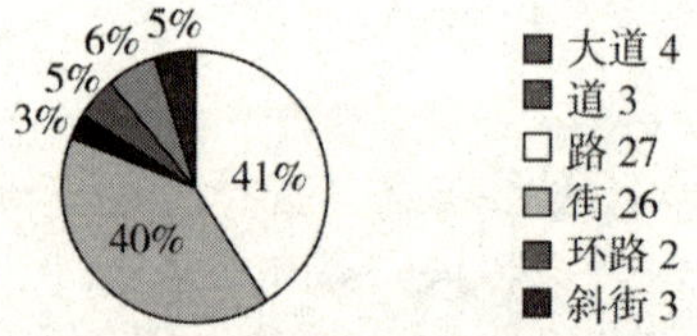

命名数量饼状图（道路）

5.2 按每个地名用字数量统计

本地名规划中各类拟定的地名，在保障不影响自身多重需要的前提下，力求简洁、明快、实用。因而，无论是通名个体的用字数量，还是专名个体的用字数量，都分别控制在两三个汉字之内（专名最多三个字，通名最多两个字），即全称地名不超过五个汉字。

5.2.1 依照全称地名的用字数量统计地名

全称地名用字分布在三个字与五个字之间，其中又以三个字地名最多，五个字地名最少，其具体情况是：全称为五个字的地名 1 个，占全部地名的 1.1%；全称为四个字的地名 28 个，占全部地名的 30.4%；全称为三个字的地名 63 个，占全部地名的 68.5%；全称为两个字的地名 1 个，占全部地名的 1.1%。

5.2.2 依照地名专名的用字数量统计地名

专名为三个字的地名 7 个，占全部地名的 7.6%；专名为两个字的地名 84 个，占全部地名的 91.3%；专名为一个字的地名 1 个，占全部地名的 1.1%。

5.2.3 依照地名通名的用字数量统计地名

通名为两个字的地名 11 个，占全部通名的 12.0%；通名为一个字的地名 81 个，占全部通名的 88.0%。

		地名全称	地名专名	地名通名
一个字	数量	0	1	81
	比例（%）	0	1.1	88
两个字	数量	0	84	11
	比例（%）	0	91.3	12
三个字	数量	63	7	0
	比例（%）	68.5	7.6	0
四个字	数量	28	0	0
	比例（%）	30.4	0	0
五个字	数量	1	0	0
	比例（%）	1.1	0	0
总计	数量	92	92	92
	比例（%）	100	100	100

5.3 专名采用常用汉字、次常用汉字及通用汉字的情况

为了适应语文教学及其他方面的需要，国家语言文字工作委员会、国家教育委员会，制定了《现代汉语常用字表》，并于1988年1月26日，发出《关于发布〈现代汉语常用字表〉的联合通知》。该常用字表包括常用字（2500字）和次常用字（1000字）两个部分。为了促进我国语言文字规范化，满足出版印刷、信息处理及其他方面的需要，国家语言工作委员会、中华人民共和国新闻出版署，又制订了《现代汉语通用字表》（收7000字），并于1988年3月25日，发出《关于发布〈现代汉语通用字表〉的联合通知》。需要说明的是，该通用字表包括上述《现代汉语常用字表》中的3500字。与之相关联的是，地名作为语言文字的载体，其使用汉字的难易程度、数量多寡，标志着地名导向作用的优劣。为方便群众、贴近生活，满足不同知识层次、不同文化程度民众的现实需要，我们在为地理实体名称选择用字时，重点考虑了这个问题，绝大部分专名为简单、好认、易懂的汉字。本地名规划全部92个地名的专名部分，共使用汉字187个。其中，由于派生地名及隐性排序列的需要，有少量专名重复使用了汉字，即实际使用汉字113个。

5.3.1 使用常用汉字情况

有91个汉字选自2500个常用字中，占全部地名专名用字的80.5%。

5.3.2 使用次常用汉字情况

有10个汉字选自1000个次常用字中，占全部地名专名用字的8.8%。使用《现代汉语常用字表》（常用字和次常用字之和）的汉字101个，占全部地名专名用字的89.3%。

5.3.3 使用通用汉字情况

有11个汉字选自7000个通用字内（不包括常用字和次常用字的3500个汉字中），占全部地名专名用字的9.8%。有112个汉字选自《现代汉语通用字表》（上述三项之和）中，占全部地名专名用字的99.1%。

5.3.4 使用通用汉字以外的汉字情况

只有1个汉字不属于上述范围，为“郢居街”中的“郢”字。然而，该字来源于当地众多的村落名称，从本地居民的角度看，也不属于生僻字的范畴。

5.4 专名部分合成词分析

为切合某某市政务文化新区的规划主题，弘扬当地优秀的传统文化，保证规划地名的技术要求，我们在规划地名时，没有采取为地理实体简单选词的做法，而是巧妙地运用了汉字的构词方法，形成了现在的地名规划成果。

5.4.1 复合词

地名专名中的复合词汇共计78个，占全部地名的84.8%。其中，联合类38个，偏正类25个，动宾类10个，主谓类5个。

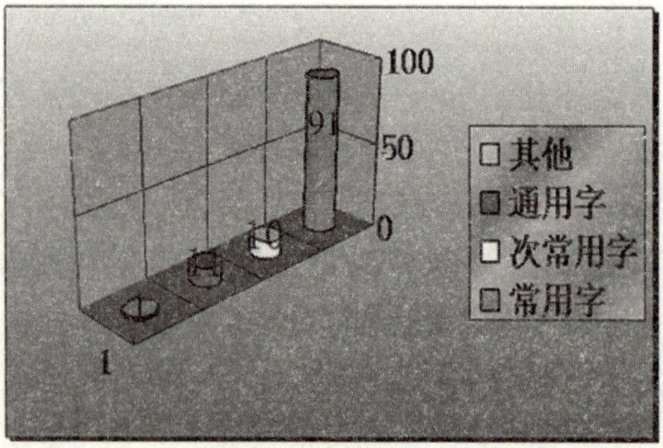

专名常用字统计图示

5.4.2　派生词

地名专名中的派生词汇（附加类）共计14个，占全部地名的15.2%。

5.5　综合地采取了多种命名方法

对地理实体的命名，主要有六种命名方法：白描式、寓意式、纪念式、派生式、借用式、祈望式。根据地理实体的不同形态、特点、种类、作用等，在规划各类地名时，我们综合地采取了多种行之有效的命名方式。鉴于本地名规划中的地名，有部分地名是一词两用，因而下列统计数据超出了百分之百的范畴。

5.5.1　白描式命名

白描式命名地理实体有一定的优越性，主要是针对地理实体的特点和作用进行命名，好处是直截了当、便于识别。然而，白描式命名地名的方法过于直白，无法体现地名内在的文化内涵，因此只有在特殊需要的前提下，才对个别的地理实体加以运用。据统计，共有11个地名是直接命名的，其中，以地理实体的作用命名的有4个地名，以地理实体的形态命名的有7个地名。

5.5.2　寓意式命名

尽管地名专名部分仅仅两三个汉字，但其所表达的内容却可以是丰富多彩的，其中的寓意功能就是令人欣慰的事项。在本规划地名的用字、选词上，有37个地名是寓意美好愿望的，其中，寓意进步的12个地名，寓意发展的16个地名，寓意幸福的9个地名。

5.5.3　纪念式命名

在当地丰富多彩的历史上，有许多值得纪念的人物、事件和成就。为此，本地名规划充分利用命名手段，规划了许多纪念性的地名，共有纪念类地名26个，其中，纪念人物的地名11个，纪念事件的地名4个，纪念成就的地名11个。

5.5.4　派生式命名

派生式命名是地名命名的重要方法之一，主要用于由彼地名派生出此地名，以使地名之间形成相互关联的内在联系。这类地名共有50个，其中，现有地名派生出新地名的6个，此类地名派生出彼类地名的23个，历史地名派生出现实地名7个，甲地名派生出乙地名的14个。

5.5.5　借用式命名

通过借用其他词汇，来产生新的地名，也是地名命名方法中行之有效的途径之一。本地名规划共有借用式地名50个，其中，借用原有的、域外的、历史的地名14个，借用诗歌、词句、名言的地名9个，借用物产的地名7个，借用名人的地名12个，借用典故的地名8个。

5.5.6　祈望式命名

渴望未来幸福、美好是人之常情，通过给地理实体取名，以期达到好之又好的愿望，是中国历史上为地理实体命名的传统方法之一。本地名规划亦采用了这种方法，共有该类地名39个，其中，祈望经济发展的地名14个，祈望生活幸福的地名11个，祈望事业发达的地名14个。

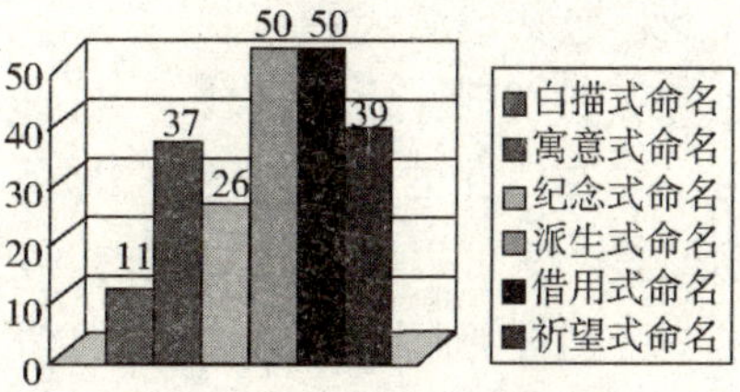

命名方式及数量柱状图

5.6　地名专名中的形、音、义

地名是由专名和通名共同构成的，其专名部分的汉字，不仅在形、音、义上体现其价值，也给专名的用字、读音、义项提供了特殊的要求。对此，本规划地名中的全部汉字，在符合相关规定的基础上，还达到了更高的层次。

5.6.1　地名使用规范汉字

地名特别是专名，一律使用规范汉字：一是不用异体字。二是杜绝繁体字。三是避免生僻字。四是不用自造字。五是不使用废弃的简化字。

5.6.2　地名语音规范、合理

地名中的专名用字在使用规范汉字的基础上，还要做到语音规范、合理：一是合肥市市区内的同类地名以及政务文化新区内的各类地名不同音；二是合肥市市区内的各类地名用字避免近似读音；三是地名读音朗朗上口，动听、悦耳；四是不会引起歧义，同时避免地名方言读音的误读。

5.6.3　地名用字、组词简洁、明确、雅致

为使地名达到最佳使用效果，在本地名规划中的地名，尽力挖掘了汉语

的内在价值：一是充分利用汉语字词义项多的功能，以期一词两用，如间接指明方位，构成彼此之间的对应关系等。二是巧妙使用同音汉字的语音效果，如形成地名序列，获得很好的指位效果等。三是使用通俗易懂的汉字，真正做到俗不“下里巴人”、雅非“阳春白雪”，使之达到雅俗共赏的境界。

五、地名规划方案中的资料性内容

虽然地名规划方案中的资料内容不构成规划的主体，但由于涉及地名规划文本之外的承担单位和责任人，以及予以肯定的相关资料等，因此也需要将其罗列在适当的位置。这是因为，虽然这些资料不提出任何地名规划方面的要求，但其间接地告知该要求的来源、出处等。故此，不能将它们遗漏。

说句题外话，在某些地名规划方案中，将地名规划文本、地名规划说明、地名规划图件分别开来，使三者各自单独成为一个文稿。在这种情况下，有时地名规划说明更加详细，包括地名规划背景、地名规划思路、地名规划目标、地名规划范围、地名规划原则、地名规划要求、地名规划方式、地名规划采词等，导致其成为一本专门性的厚厚文本。因此，为达到这一效果，有此意愿的地名规划方案编制者，可以将上述有关内容进行重新编排，使之符合地名规划的文本、说明、图件各自独立的样式和体例。不过，由于其与下述事项略有区别，故而其他内容不在此叙述。并且，请专注于此的读者另行翻阅相关章节。

1. 地名规划方案中的承担机构名称

地名规划方案中的承担机构，不仅仅是指实际的编制单位，还包括与地名规划这项工作有关的其他机构。在正常的情况下，这些机构都是与其派员参与地名规划工作的各方面有着直接或者间接的关系。为了体现其应有的价值，应当对其予以肯定，并一一标注出来。不过，这些机构在被展示之际，均是与相关的人员一并列出的，从而诠释出彼此之间的连带关系（参见示例9-25）。

2. 地名规划方案中的有关人员名单

为了展示每位参与地名规划工作的作用和地位，有必要将他们的姓名集中起来，然后列于地名规划文本的合适位置。在实际的地名规划工作中，这些人的姓名有时列于正式文本之前，有时又将他们放置文本的末尾。但有一点是肯定的，他们不是独立存在的，而是与其供职机构联系在一起（参见示例9-25）。

示例 9-25：地名规划相关机构与人员

地名规划相关机构与人员

项目名称：某某某市城区地名总体规划（2009-2020 年）
组织单位：某某某市人民政府
编制单位：民政部地名研究所
协调单位：某某某市民政局
协作单位：某某某市规划局
编制单位法定代表人：王某某
课题组成员
组　长：肇某某　民政部地名研究所 副所长/教授
副组长：章某某　民政部地名研究所理论应用研究室　主任/研究员
成　员：伍某某　全国地名标准化技术委员会秘书处　研究员
　　　　汪某某　民政部地名研究所理论应用研究室　副研究员
　　　　成某某　民政部地名研究所理论应用研究室　助理研究员
　　　　韦某某　全国地名标准化技术委员会秘书处　助理研究员
　　　　程　某　全国地名标准化技术委员会秘书处　助理研究员
　　　　吕　某　全国地名标准化技术委员会秘书处　研究实习员
审稿人：钱某某　某某某市民政局　副局长
终审人：孙　某　某某某市民政局　局长
专家评审组成员
组　长：刘保全　中国地名文化遗产促进会　理事长/研究员
副组长：商伟凡　中国地名学会　副会长/研究员
成　员：华林甫　中国人民大学某某研究所　教授
　　　　牛汝辰　中国测绘研究院　研究员
　　　　赵某某　某某市地名专家咨询委员会　主席/研究员
　　　　李　某　某某市文史馆　副馆长/馆员
　　　　周某某　某某市报社集团　副主编/高级记者
　　　　武某某　某某高等职业学院　副教授
　　　　郑某某　某某某某城乡规划设计研究院　高级规划师

3. 地名规划方案中的规划地名一览表

地名规划方案编制完成以后，为了给读者一个规划地名的全貌，可以将全部的规划地名制作一个整齐的表格，在篇末将其完整地列出。

4. 地名规划方案中的景观照片

景观照片与地图不同，虽然都属于图像的范畴，但当地的景观照片置身其中，只是起到装饰的作用。注意，这些好看的各类照片，应当与相应的文字匹配。否则，就有“画虎不成反类犬”之感。

另外，对于有关地名规划工作的照片，基于记录地名规划进程的考虑，在不影响地名规划文本美观、不对地名规划方案喧宾夺主的基础上，也可以将其适当地、少量地编排到该成果之中。

5. 地名规划方案中的参考文献

既然地名规划方案属于科研成果，且在整个的科学研究过程中，参考、吸收了部分与之有关的文献，因此为严格尊重知识产权，且让有兴趣的读者知晓其来源，应当将借鉴、引用的文章、观点的原作作为参考文献列于“书”后。记住，如果有可能的话，可按照相关国家标准规定的格式、体例、要求等予以著录。相对而言，本处所列的参考文献比较空泛，最好的参考文献应该是有针对性的，可以为一个具体的地名规划方案的正文提供很多有用的帮助。譬如，如果研究、编制“保定市地名规划”，则该参考文献中必然有一些与直隶省及其驻地有关的资料（参见示例 9-26）。

示例 9-26：参考文献

参 考 文 献

1. 辞海编辑委员会：《辞海》，世纪出版集团、上海辞书出版社，2002 年 1 月。

2. 广东、广西、湖南、河南辞源修订组和商务印书馆编辑部：《辞源》（全两册），商务印书馆，2004 年 3 月。

3. 熊文钊主编：《中国行政区划通览》，中国城市出版社，1998 年 1 月。

4. 中华人民共和国民政部、中国人民解放军总参谋部测绘局编：《中华人民共和国政区标准地名图集》，星球地图出版社，1999 年 8 月。

5. 中华人民共和国民政部、中华人民共和国建设部编：《中国县情大全》（华东卷），中国社会出版社，1992 年。

6. 徐颂陶主编：《资政通览》，中国社会出版社，2003 年 1 月。

7. 常秉义著：《易经图典精华》（修订珍藏版），光明日报出版社，2005 年 9 月。

8. 汪忠长著：《周易六十四卦浅解》，当代世界出版社，2005 年 3 月。

9. 殷品、殷珍泉著：《易经的智慧》（彩图版），九州出版社，2005 年 8 月。

10. 李伯钦编著：《全本周易》（上、中、下），万卷出版公司，2005 年 1 月。

11. 高定彝著:《老子道德经研究》，北京广播学院出版社，1999年6月。

12. 熊礼汇著：《中国古代散文艺术史论》，湖北人民出版社，2005年6月。

13. 朱万曙、卞利主编:《戏曲·民俗·徽文化论集》，安徽大学出版社，2004年12月。

14. 朱万曙主编:《论徽学》，安徽大学出版社，2004年12月。

15. 民政部区划地名司:《行政区划与地名文件选编》(1949—2003)，铅印本，2003年6月。

16. 语文出版社编辑：《语文文字规范手册》，语文出版社，1997年重排本。

17. 全国人大教科文卫委员会教育室、教育部语言文字应用管理司编写:《〈中华人民共和国国家通用语言文字法〉学习读本》，语文出版社，2001年1月。

18. 高秀静主编:《安徽省地图册》，中国地图出版社，2005年1月。

19. 刘占峰主编:《中国辞赋词曲名句通检》，河南大学出版社，2002年1月。

20. 李行健主编:《现代汉语规范字典》，语文出版社，1998年1月。

21. 刘占峰主编:《中国名诗句通检》，河南大学出版社，2002年1月。

还有，一定不要忘记写明：地名规划方案的完成时间。其提供的确切信息是，在某个时间点上如期编制完成了某个最终的地名规划方案。

通过上述不厌其烦的叙述，相信每一名阅读到本章的读者，都可以获得很大的收获，特别是对于地名规划方案的编写，可以说掌握得“八九不离十”了。至此，从地名规划方案编制的角度看，已经完美地完成了工作任务。它标志着，我们可以昂首挺胸地进入下一个工作环节。

但是，最后笔者还要强调一句，地名规划与同类规划一样，都具有前瞻性、技术性、实用性、操作性、法规性。如果脱离了上列5要素，哪怕是其中一个要素的缺失，都会对地名规划方案产生毁灭性的打击。所以再次告诫大家，地名规划方案不是撰写出来的长篇大论，而是多次调研、反复研究、多方论证、几易其稿、通过评定、获得批准的研制成果和规范文件。这一点，请谨记。

第十章　地名规划方案的评审

笼统地说，地名规划方案的评审也可以归为管理的范畴，但由于其是第三方的行为，是科研活动的终结，故此将其单独列为一章叙述。那么，于一项公共服务产品来说，是否可以被当地人民政府所接受，首要的任务是评价它的质量。其质量的好坏、品质的高低，不是看其如何“高、大、上”，而是确定其是否适宜这块土地。对此，无论是地名规划的委托方，还是地名规划的受托方，都对其抱有殷殷的期待。于是，地名规划方案的评审工作被提到议事日程上来。这，既是乙方的工作目标，也是甲方的工作环节。对此，组织开展地名规划方案编制工作的地名行政主管部门，或者地名规划方案的编制单位，抑或当地地名行政主管部门的上级机关，需要抓紧的事项是做好该评审会的筹备工作。常见的做法是：如果是在地名规划地召开相关的会议，则组织、协调、保障等项工作由甲方负责；如果是在地名规划方案编制单位所在地召开该会议，则由乙方负责上述工作。而且，将评审会的会议地址设在何处，也是双方友好协商的结果。因为，只有最终确定了具体的会议地址及其相关事务，后续的评审工作才能随之展开。不过，由于存在以人民政府任务书的性质和形式下达的地名规划编制方案，则该地名规划方案的评审会会议呈现为另一种形态，最典型的特征是没有了该规划的委托方。于是，面对几易其稿的地名规划方案（送审稿），为了通过专业化的评审，又有哪些事项需要把握、必须完成呢？

第一节　地名规划方案评审组的人员构成

一个科研项目是否被认可，不仅需要参与其中的科研人员的百倍努力，也需要一个结题的环节，并在结题的过程中获得权威的评价。为此，面对地名规划方案这一公共产品，必须有一个真正的专家“验收团”，由委托方和受托方之外的第三方进行评定。如此一来，必然要组成一个地名规划方案评审组，并通过召开评审会的形式，由该专家评审组给出合适的评审结论。在这个郑重的评审过程中，与会专家是当然的主体，地名规划方案成为被审查的对象，是受专家这一主体评判的客体，其最终的命运此时确实掌握在这些专家的手中。于是，产生了这样几个问题：由谁组成专家组？与会专家如何产生？专家人数多少合适？专家专业背景怎样？专家组组长何人为佳？这些一连串的问题，均需要在下面做一些简要的回答。

一、地名规划方案评审组的组成机构

对于地名规划的评审或评定，首先面对的不是如何进行评审，也不是由谁来评审的问题，而是这个与甲乙双方没有利益瓜葛的第三方专家评审组，是由哪个组织机构予以组织并组建的。在具体的实践（评审与被评审）中发现，在实际的地名规划组织评定工作中，有关方面并未“亦步亦趋”地与有关规定保持一致。于是，产生了4个不同层面的地名规划成果评审组织者。

1. 上级主管地名业务专业部门组织评审

2005年5月17日，民政部、建设部联合下发了《关于开展城市地名规划工作的通知》（民发〔2005〕65号）。该通知除了规定有关的其他事项外，还专门在其中的第六款中对地名规划成果的评审提出了明确要求：“六、为保证城市地名规划的科学性和权威性，要建立地名规划方案评定、审批制度。地级市的地名规划应由省（自治区、直辖市）地名专业部门组织评定，县级市和县城的地名规划应由地级市（地区、自治州、盟）地名专业部门组织评定。通过后报本级人民政府审批。”即，县级政区（包括县城）的地名规划应由其上级地名主管部门组织评定。之所以做出这样的要求，是沿用了城市地名规划的基本做法。然而，据我们了解到的情况是，尚未发生省级地名专业部门组织评定地级市地名规划方案的案例，即使是地名专业部门组织评定其下级的地名规划方案亦非常罕见。这是为什么？上述引言中的最后一句已经说明问题：“通过后报本级人民政府审批”，这意味着，地名规划的整个工作（包括地名规划方案本身）都是当地人民政府的职责，如果其把关者为上级的某个专业部门，而本级人民政府又依据其评定结果进行审批，显然于理于情都非顺畅，违反了行政管理中权、责、利设置及其运行的本质和规律。

2. 当地地名行政主管部门组织评审

由当地地名行政管理部门组织评审地名规划方案，是最常见、最合适的组织形式。它的法理依据是，由于地名规划方案属于公共产品，当地人民政府委托该地名专业主管部门具体负责，使其在这个特殊的市场中购买服务，因而为了得到好的产品或服务，它有权、有责对这一服务产品进行验收。况且，当地地名行政主管部门只是地名规划方案评审的组织者，而不是实际的评定人，没有将自己甲方的身份置于乙方之上，并不存在直接侵害乙方权益的事项。所以，从另外的角度讲，此时的当地地名行政主管部门，只不过是一名置身其外且负责协调某些关系的“局外人”。

3. 当地人民政府组织评审

与当地地名行政管理部门组织评审地名规划方案的区别在于，当地人民政府没有进行委托的事项，而是亲力亲为地直接组织“验收”。一般而言，无论是何种地名规划方案（村落地名规划除外），出资购买服务的都是当地的人民政府，其是“如假包换”的最终受益方。对于这一明白无误的身份，使其必须负起与其身份相应的责任。此时，如果由当地人民政府组织评审地名规划方案，就是履行职责的政府行为，也是其责、权、利统一的高度体现。尤其是，在当地设置有专门的地名办公室，其人员编制不在某某民政局，而是属于该人民政府的编制及其职能序列。鉴于此处的地名办公室为当地人民政府的办事机构，而非通常意义上的行政职能机构，因而虽然具体的工作由它来做，但实际的主角和责任人是当仁不让的当地人民政府。不过，对于地名规划方案的组织评审，当地人民政府由幕后走到前台，却并不是时有发生的多概率事件。所以，到底采取哪种形式，请相关读者根据情况自行选择。

4. 地名规划编制工作领导小组组织评审

有时，为了抓紧抓好地名规划工作，当地人民政府会组建一个临时性的专门班子，称作“某某地名规划工作领导小组”，直接负责地名规划工作的所有事项。该领导小组是一个综合性的工作班子，其成员一般包括政府、民政局、规划局、文化局、交通局、建设局、公安局等职能部门的主要领导或分管领导。而且，在其下面还设有领导小组办公室，该办公室一般设在地名行政管理部门之内，具体负责地名规划工作的日常工作。这样一来，该领导小组就应该也能够负责组织地名规划方案的评审工作。

二、地名规划方案评审组的专家产生

上文说过，即将莅临地名规划方案评审会的各位专家，在身份上必须具备排他性：既不属于地名公共产品的购买者，也与地名规划方案的售卖者没有利益关系。这样，在地名规划方案评审组的与会专家人选陷入进退维谷的两难境地时，就需要由地名规划的委托方或当地地名行政管理部门与地名规划的受托方共同协商，然后予以邀请相关的专业人士，组成由地名规划的委托方和地名规划的受托方之外的第三方且共同认可的专家评审组。其方式宜为：

1. 甲乙双方共同推荐拟任专家

何人充任地名规划方案评审会的专家，不仅表明甲方抑或乙方对地名规划编制工作的重视程度，也间接地说明该地名规划成果的真实水准。换言之，地名规划方案评审会的专家人选，是一个甲乙双方均特别重视的问题，甚至当地的地名行政管理部门的上级机关亦非常关注于此。但是，由于这些专家为第三方中人，甲方或乙方都没有支配权，故此需要两方面的人员“坐在一起”，为了一个现实的共同目标和工作实际，找到一个可以化解这一问题的渠道和办法。从一定意义上讲，无论是委托方，还是受托方，均为地名规划工作的“当事人”，都需要一个对地名规划方案好的评审结果。这一点，双方没有任何分歧。问题是，在相关地名专业队伍中专家资源有限的情况下，而且是站在各自的立场上之时，如何推荐专业的、合适的专家。我们的建议是，甲方和乙方分别来推荐这些专家。当然，在没有受托方（乙方）的前提下，地名行政管理部门自行编制了地名规划方案，则其只能就其地名规划方案自己寻找相关的评审专家。

2. 甲乙双方共同遴选与会专家

由于是甲乙双方各自推荐与会专家，因而会出现这样两种情景：一是某个专业的专家人选缺如；二是某个专业的专家重叠。另外，还可能是人数未能很好地加以控制，超出了预期的与会专家人数。这时，除了适当地补充相关专业的人选外，还需要两家一起共同遴选属意的专家。

鉴于挑选专家的工作还直接关系到专家本人，因此不仅自认为该专家是合适的人选，还应征询专家本人的意见。如果该拟邀请的专家没有时间，或者遇到其他无法分身的事情，导致不能按时莅会时，则需要另谋、另请他人。

在此插入一句题外话，地名规划方案评审会的召开，与会人员均要发生一些必要的费用，其中也包括专家的差旅费、住宿费、劳务费等。这些金钱上的小问题，不仅需要在前述的委托合同中予以明确支出来源，而且应当告诉与会专家，所有的相关费用无须其自理。在通常的情况下，甲方可以将这笔费用给付乙方，由乙方自行支配用于评审会的开支之中，且以某某会的会议费列支。

3. 甲乙双方共同确认评审专家

经过反复磋商和核实，双方可以最终确认参加评审会的专家。于是，按照以往行之有效的做法和惯例，向即将参会的各位专家发出邀请函。虽然专家们是甲乙双方联合推荐、遴选的，但发出邀请函的单位只有一个，一般是由组织召开会议的一方来承办。即，由地名规划方案成果的受益方——主管地名工作的机关正式签发这一函件。当然，如果是在受托方的驻地召开评审会，则由其邀请也未尝不可。在某些地方，该邀请者甚至是当地地名行政主管部门的上级对口机关。发送该邀请函的目的有二：一是体现主办方对专家的重视；二是告知专家有关会议的事项。另外，如果受邀专家需要向其任职单位请假，该邀请函可以起到告假凭据的作用。故此，发出邀请参会函的时间应略微提前几天，以便与会者提早准备（参见示例 10-1）。

示例 10-1：地名规划方案评审会邀请函

地名规划方案评审会邀请函

____________教授：

根据本市政府第 123 次会议的统一部署，我局组织开展了地名规划的编制工作。目前，经过受托单位某某地名研究所历时 5 个月的辛勤工作，《某某市地名总体规划（2015—2025）》（送审稿）业已完成。现在，为继续做好地名规划的后续工作，我局经研究决定，于近期召开地名规划成果评审会，特邀请您作为评审会的专家参加会议。您若能届时莅会，请回复我局。现将有关情况函告如下：

会议议题：对《某某市地名总体规划》进行评审

会议时间：××××年××月××日上午 9 时召开（会期 1 天）

报到时间：××××年××月××日全天（外埠专家）

会议地址：某某市某某区某某街 18 号某某宾馆第 3 会议室

联 系 人：张三、李四

联系电话：12345678901、（000）7654321（传真）

E - mail：324567@ 23@ com

某某市民政局

××××年××月××日

此外，有些部门会要求参会专家通过回执确认自己的到会时间等。这样，评审会的组织者还需要打印、制作一份回执，作为邀请函中的附件，一并发送给拟定中的与会专家。对于回执样式，我们作为以键盘敲字的“键人”，不想于此再行冗言、啰唆。

不要忘记，对于专家出席地名规划方案评审会所发生的各项费用，如住宿费、交通费等，也应通过有效的方式，提前告知对方承担该款项的责任单位和具体方式。

三、地名规划方案评审组的专家构成

在地名规划方案评审会中，参加会议的人员分为 3 种：一种是地名规划的委托方，俗称第一方；一种是地名规划的受托方，人称第二方；一种是地

名规划方案的评审方，正式称谓为第三方。其中，甲方为“旁观者”，乙方为“被审者”，第三方为“审判者”。换言之，由“各路”专家组成的第三方，必须是真正、真实的第三方，其唯一的先决条件和要求是，不与甲方或乙方存在任何形式上的利益关系。从一定意义上讲，第三方是评审会中当然的主角，决定着地名规划方案的生与死、好与坏。因此，由这些“大小判官”组成的评审集体，其人员构成及其身份就成为非常重要的事项。为此，对他们的“安排”必需有一定的标准和要求。

1. 地名规划方案评审组的专家人数

参加地名规划成果评审会的专家，应当组成一个正式的评审组。因为，对地名规划方案的评审结论不是某个人的，而是由会上成立的评审组给出的结果。鉴于在某个方案评审的过程中，可能涉及投票表决的事项，因而评审组内部的专家人数应为单数。然而，到底评审组有几个人为好呢？似乎没有标准的答案。不过，有一点是清楚的：凡是大型的地名规划项目，或者涉及规划事项较多的课题，均需要较多的专家予以评审；凡是比较小的地名规划项目，或者规划事项相对单一的课题，由较少的专家进行评审即可。针对地名规划成果的客观实际，我们给出的建议是，专家组优选专家人数依次宜为：7人、5人、9人、11人。

（1）专家为7人的地名规划成果评审组。对于大众化的地名规划成果，邀请7位专家组成评审组，是在现实生活中比较常见的做法。这一人数组成的地名规划方案评审专家组，既不会形成所谓的“一言堂”，也不会使众人的意见趋于“发散”，从而使其评审结果更公正、更合理、更科学。

（2）专家为5人的地名规划成果评审组。对于小型的地名规划，特别是规划事项单一的成果，如规划区域较小者、规划名称较少者，有5位专家参与评审已然“绰绰有余”。而且，还有3样好处：一是节约会议开支；二是便于召集“各色人等”；三是利于专家统一意见。

（3）专家为9人的地名规划成果评审组。对于大型的、综合的地名规划成果，以9人作为评委为宜。其理由是：一方面，体现组织者的重视程度；另一方面，展示评审意见的权威性。

（4）专家为11人的地名规划成果评审组。这种组织构架相对少见。

另外，不赞成组成13人以上的专家评审组。原因是：会务组织繁重；会议开支较大；专业背景重叠、专家意见繁杂；意见统一较难。

2. 地名规划方案评审组专家的专业构成

地名规划成果专家组的人数确定之后，紧随其后要考虑的是与会专家的专业背景。尽管地名规划方案可能涉及多个领域，但其归根结底是地名的规划。因此，参与评审地名规划的专家，其专业最好是当仁不让的地名。然而，从国家分类学科的角度看，地名不属于大类中的一级学科，甚至也不是二级学科的成员。即，专门学习、讲授、研究地名专业的专家凤毛麟角。为此，需要从地名以外专业寻找合适者、相关者、近似者。也就是说，较佳者的专业背景应为与地名相近、相似的专业。因此而然，地名规划方案评审组与会专家的专业构成宜为：

（1）地名。

（2）地理。

（3）历史。

（4）中文。

（5）测绘。

（6）城乡规划。

必须补充一句，这里所说的专家专业背景，不是指其所学的专业课程，而是指其从事研究、教学、管理等的专业工作。

不过，这里还有一个特别的要求：在地名规划方案评审组的与会专家中，必须有一名以上从事地名工作的专家。如果参会者是两名或三名以上从事地名的专家，则不会有“美中不足”之憾。

3. 地名规划方案评审组人员的构成比例

在地名规划成果评审的专家组中，有两个话题需要引起重视：一是本地专家与外地专家的比例；二是官员型专家与学者型专家的比例。通过实践中的观察，可以得出这样的印象：本地专家不宜太多；学者型专家不宜太少。之所以如此考虑，是基于以下两方面的原因：一是本地的专家与当地行政管理机关有着千丝万缕、盘根错节的关系，加之本地专家或多或少都有一些家乡情结，因而这些专家如果数量过多的话，有可能对地名规划方案的评审产生一定的偏差；二是专家型的专家是“真正”的专家，其对地名规划方案进行评审时，着眼点更多的是该规划方案的技术层面、学术水准。因此建议，地名规划方案评审组与会专家的构成比例应为如下所述：

（1）本地专家不应超过二分之一，外地专家不应少于三分之一。这一适宜的构成比例，可以有效地遏制本位主义的频繁发生。从上文可以看出，本地专家与外地专家人数之和没有达到百分之百，从逻辑关系上讲似乎没有道理，其实这并非是作者的疏忽，而是笔者深思熟虑后给出的答案。因为，在通常的情况下，市、县的地名规划方案成果的评审，一般要邀请其上级地名行政管理部门的领导或者相关地名科研单位的专业人士，作为与会评审专家的一员，参与到该方案的评审工作之中。此时，以该专家的服务机构或就职单位论，从大的地域上看可能属于“本地人”，从小的地域上讲也许是“外地人”。

（2）官员型专家不应超过三分之一，学者型专家不应少于三分之一。学者型专家在评审组中人数越多，越能体现专家评审会固有的特质。在这里，为了区分莅临地名规划方案评审会的专家工作性质，我们提出了一个新概念，将莅会专家分为两种类型：官员型专家和学者型专家。一言以蔽之：官员型专家是指从事有关地名行政管理的人士，一般为相关机关或部门的领导；学者型专家是指从事有关地名科研、教学的研究人员，大多数具有技术职称的较高头衔者。考虑到某些专家可能具有双重身份，因此这里给出的专家比例有些许余量，二者相加不是严格意义上的百分之百。

4. 地名规划方案评审组成员的资质条件

声明一点，地名规划方案属于科研成果的范畴，对其进行必要的评审、审核，是专业技术层面上的工作。因此，这一工作必须由专业人士来承担。为此，提出如下可行的要求，地名规划方案评审组与会专家中的学者型专家应具有的资质条件，它们是：

（1）副高级以上的专业技术职称。

（2）10 年以上本专业的从业经历。

还需聊上一句，上述被邀请参加地名规划成果评审会的专家，最好不是出自一个机构。因为，尽管他们的专业并不相同，但由于是来自于一个单位，无疑缩小了专家的代表面，甚至会影响彼此对地名规划成果的独立判断。

还有，如果地名规划采取了征集方案的方式，而且当地的专家也踊跃地参与其中，并提交了自己的地名规划方案，哪怕是部分甚至是少量的规划地名，由于这名专家变身为地名规划方案编制的参加者，因而也就自动失去了作为评审专家的资格。即，评审者不能评审自己的作品。唯如此，才能避免存在个人的私心和偏见，才可及时地予以杜绝之。

四、地名规划方案评审组的其他人选

在地名规划方案评审组中，还有个别其他身份的人，也同样需要提出倡导性的条件或要求。这是因为，该评审组的成员们不可能整齐划一，在特殊的场合、情况下，或者实际情况的需求下，会出现部分不一般的另选人员。

1. 地名规划方案评审组的组长人选

既然成立了地名规划成果评审会的专家组，为了使该小组能够正常运转，需要有一名专家担任专家组的组长之职。虽然专家组组长是一个临时性的职务，但因其是专家组其他成员的“领导”，因而不能小视其存在。其职责有二：一是专家评审会的召集人和主持者；二是地名规划方案形成评审结论的协调者和最后的“拍板者”。基于此，要求该专家组组长必须具备一定的专业素养，否则难以胜任众专家“领头人”的角色。所以，地名规划方案评审组组长宜由学者型专家担任。值得注意的是，上述对评审组组长的要求只是最低标准。在现实地名规划成果的评审活动中，尚希望该组长应当具备以下两点：

（1）从事地名管理、地名教学、地名研究者。切记，评审的地名规划方案成果，虽然美其名曰“规划”，但归根结底是地名的规划，其所包含的专项业务也是以地名事项为主体。因此，只有地名管理、地名教学、地名研究的从业者，尤其是从事后两者的专家，才能更了解地名规划工作的各个层面，并在评审地名规划方案时把控全局。即，地名规划方案评审会的组长，最好是地名领域的学者。注意，这里所说的地名专业不是局限、不是拘泥，而是一种指向性很强的“说辞”，专指该专家组组长的学术领域涉猎跨学科的“地名”。

（2）在地名领域取得了被业界认可的成绩。不可否认，地名规划方案的评审组组长只是一个“临时工”。但是，就是这样一个临时性的工作角色，却给“扮演者”提出了较高的要求，其主要的一点是，在地名专业上有所造诣、有所成就，且被业内人士（包括与会的专家）所认可。

此外，对于由 11 人以上组成的地名规划方案专家评审组，也可以设置一名副组长，以便协助专家组组长开展工作。

2. 地名规划方案评审组中的少数民族专家

我国是一个多民族的国家，在 960 万平方千米的土地上，建立了许多少数民族区域自治地方，还有众多的少数民族聚集区。如果在这些地方开展地名规划工作，其地名规划方案必然呈现出当地少数民族的特色，甚至有些地名采用了当地少数民族的语言文字。因此，对少数民族聚集区域的地名规划方案进行评审，地名规划方案评审组中的与会专家应有当地少数民族的专家代表。只有熟谙少数民族语的专家，以及了解少数民族文化的学者，才能真正做到内行评审熟悉的专业成果，从而保证地名规划方案的实际质量。

3. 地名规划方案评审组的列席群众代表

地名规划方案的评审在必要时，也可以邀请当地群众代表，作为该评审组中非正式的一员列席评审会。但该群众代表应具备如下条件：

（1）热心当地地名事业。

（2）具有一定社会威望。

第二节　地名规划方案评审会的评审程序

从法理上讲，程序公正才能到达结果正确的彼岸。地名规划方案作为一项科研成果，邀请相关专家组成专家评审组，以第三方的合适身份和公正形象，对该成果进行严苛的评审，从道理上看是正确的选择。但是，这种规避利益关系的做法远远不够，还需要在程序上体现其正确性。为此，本节专门叙述评审会的评审程序，以引导诸君走上正确的轨道。对于一个普通的会议，会议的程序无外乎就那平常几项，似乎早已耳熟能详，不必“大惊小怪”地“搬弄”出来。其实，如果细细推敲，就会消除这不正确的看法。我们之所以将其重复有加，确实是因为科研成果的评审会与普通的会议不同，它本身具有其独到之处，需要人们认真对待、妥善安排。

一、地名规划方案评审会的前期准备

地名规划方案成果评审会，与其他会议略有不同，它在召开会议之前，还有一项会议议题之外的活动，这一活动与后面的评审会紧密相关，却又看似游离其外。对此，我们姑且将其称为“地名规划方案评审会的前期准备”。更令人惊诧的是，该项前期且为会议的准备，有两项关联程度不高的事项：一项是提供汇报材料；一项是认定专家组组长。

1. 地名规划方案评审会的材料提供

每一种会议都有相当可观的会议材料，地名规划方案的评审会也概莫能外。但是，这些材料除了共性的要求外，还有一些这类会议的特殊要求。只有完成了这些有针对性的会议材料，才能真正进入到专家的评审阶段。否则，与会的专家们只能“望洋兴叹”，自认“无可奈何花落去”。即，这种直观的地名规划方案材料，随着它的有效提供和质量保证，才是开好地名规划方案评审会的有力保障。

（1）地名规划方案评审材料应当齐整规范。在地名规划方案的成果评审会上，是对地名规划方案（送审稿）的评审。因此，与之相关的所有材料，包括地名规划方案（送审稿）的文本、说明、图件等（如果是综合性的文本则已经包含前述三项材料），都要完整地准备齐全。而且，这些供评审会使用的材料一定要规范，符合专家评审的会议要求。另外，如果确实需要，可以再在会场上布置一些关键性的地图，以便使其在评审会中增加视觉效果，并发挥其辅助性的作用。

（2）地名规划方案评审材料应该提前送达。对于一些比较大型的地名规

划项目，或者是综合性的地名规划方案，由于所涉猎的内容繁杂、多样，加之个别专家对当地不甚了了，因此为了高质量地召开地名规划方案评审会，保证该成果的评审效果，可以提前将上述地名规划方案的材料送达与会专家手中，以便诸位“判官”能够提早阅读、审阅有关材料，在开会之前就做好相应的准备工作。这里所说的材料送达，不一定是递交纯粹的纸质文本，采用简便易行的电子文档发送亦可。

还有，如果地名规划方案评审会的组织方，也就是当地的地名行政主管部门，或者是其上级地名管理机关等，同意并委托地名规划方案的编制方，起草一份《地名规划方案评审意见（代拟稿）》，“受审”的乙方人员可以帮助甲方准备好这一材料，以备评审会最后的实际之需。

2. 地名规划方案评审会的组长认定

尽管我们已经在前面交代了地名规划方案评审会之评审组长的“任职”条件，但那只是必备的先决条件和基本素质，当其需要面对一个个体的人时，还需要“走一个过场”，以最终确定这一人选。通常的做法是，由组织召开评审会的甲方或其上级单位，经过与各位专家的协商，通过比较各位专家的学养之后，在会上提出该组长的建议人选。之后，这件事情成为专家组成员的内部事务，并由与会的专家组成员自行推举或选举出他们中意的、信任的合适组长。

地名规划方案评审会的专家组长“上任”以后，受与会专家组成员的委托，随即开始行使自己的权利和义务。其职责主要有以下三项：

（1）主持地名规划方案成果评审会。

（2）协调各位与会专家的评审意见。

（3）签字确认评审小组的评审结论。

另外，对于由11人以上组成的专家评审组，且设置了副组长的职位，可由评审会会上当选的专家组组长直接提名并确认副组长。

至此，地名规划方案评审会实质性的准备工作才刚刚结束，当地行政主管部门或其上级单位的领导履行完成了自己的职责，将会议的主持身份传递给评审会的评审组长，自己成为实际的“看客”。这时，可以进入真正的评审阶段了。

二、地名规划方案评审会的情况说明

对于地名规划方案的编制方来说，研制地名规划方案固然是重要的课题，但当其面临收尾之时，也就是进入项目的评审阶段之际，为通过地名规划方案评审会的专家评审，准备好该地名规划方案的情况说明，就成为此时的重中之重。因为，再好的地名规划方案，没有合适、合理的“包装”，不向与会的专家阐述清楚，都是不明智、非现实之举。所以，对于这一现实的问题和实际的需要，作为地名规划方案的售卖方，必须在思想上、行动上引起高度重视，以毕其功于一役，使地名规划方案获得评审会专家们的一致认可。

1. 地名规划方案评审会的说明介质

在社会生活现代化的今天，电脑的应用已经深入到社会生活中的每一个方面。其中，在地名规划方案评审会上，充分利用这一电子信息技术，展示地名规划方案的编制成果，是一个合理的、必然的选择。即，通过“Power Point”等类似文件的使用，借助投影仪的信息输出，逐章逐节地介绍地名规划方案的研究成果。利用这种简称为“ppt”文件格式的好处是，介绍者应评审者的即时要求，可以随意切换、凸显、点击、铺陈需要介绍的各项内容，使与会者能够对被介绍的事项一目了然（参见示例 10-2）。

示例 10-2：《武夷新区地名专项规划说明》幻灯片首页截图

《武夷新区地名专项规划说明》幻灯片首页截图

2. 地名规划方案评审会的说明内容

就一个地名规划方案而言，由于地名规划的具体对象存在差异，导致该规划的内容也各不相同。这样一来，地名规划方案的文本体量较大，如果地名规划评审会的会期较短，在有限的时间内尽述全部说明性内容，显然是不可能做到的事情。同时，有些内容也是不必叙述的。为此，需要择其要者列入说明事项，然后向各位评委专家进行言简意赅的说明。即，地名规划的受托方及其地名规划编制课题组，应当借助合适的介质，如巧妙地利用“Power Point”文件，以及制作它的电脑和投影仪等设备，向地名规划方案评审组及其与会专家进行有关地名规划方案成果的说明。在综合性地名规划方案的文本中，该说明的事项包含在整体的地名规划方案之内，在介绍本地名规划方案时，可以请与会者参阅这一章节的内容。可见的做法是，专门起草一个《〈某某地名规划〉编制说明》。该说明事项宜包括：

（1）地名规划方案的整体情况。对于地名规划方案的委托方和受托方来讲，地名规划方案的整体情况可谓“烂熟于胸”，不需要“画蛇添足”般地相互告知。然而，从地名规划方案的评审专家组的角度看，他们都属于这个项目的“陌生人”，不了解它的来龙去脉、“因为所以”“上下左右”等。因此，为了展示地名规划方案的全貌，可以简明扼要地介绍它的概况。

（2）地名规划方案的编制过程。尽管地名规划成果专家评审组评审的对象不是某个地名规划方案的编制过程，但该漫长的编制过程仍然有予以说明的必要。因为，简要叙述地名规划方案的编制过程，可以使评审专家们在获知地名规划的程序、环节的同时，从另外的一个侧面了解该地名规划方案。实际上，向人们呈现地名规划方案的整个研制步骤等，间接地告诉评审的“把关者”，对于本项地名规划方案的研制，本课题组花费了大量精力、人力。换言之，该地名规划方案不是敷衍塞责之物，而是科研人员认真对待、严谨研究、努力工作的产物。

（3）地名规划方案中确定的规划原则。在地名规划方案的文本中，首先映入眼帘的就是地名规划确定的基本原则。只有地名规划的原则确定好了，后续的地名工作才能做到思路明确、方向正确，才可以“不打无准备之仗”，进而有的放矢地完成各项地名规划事项。是的，地名规划方案的灵魂是规划原则：没有原则的地名规划是不成型、不系统、不规范、不实际、不可行的地名规划方案；原则错误的地名规划是偏颇的、缺项的、有错的地名规划成果。因此，这一地名规划原则性的内容，是地名规划的指导思想和工作基础，有必要进行适当的强调。只有这样，评审专家们的脑海里才易留下深刻的印象。

（4）地名规划方案中的预期目标。开展地名规划工作不是只图一个文本、一份文件，而是当其被很好地完成以后，一步一个脚印地去执行它、落实它。正因为如此，地名规划方案中必然包含着规划目标的内容。事实上，地名规划方案中的规划目标，不仅仅是一个美好的愿景，而是一个可以实施、实现的具象。如果这个规划目标不具备可操作性，即使通过有关部门及其相关人员的努力依然没有实现的可能，那就确切、鲜明的说明，该地名规划方案是一个失败的废品。在对其评审并给出结论审定时，只能是不予通过。

（5）地名规划方案中技术路线的科学性、合理性。地名规划方案的好与坏，很大程度上是由该方案中的技术路线决定的。所谓“一着不慎满盘皆输”“差之毫厘，谬以千里”，就是这个道理。所以说，“万事开头难”“好的开始是成功的一半”，只要地名规划的技术路线正确了、可行了，其他的问题就迎刃而解了，就能达到省心、省力的效果。即，科学、合理的地名规划技术路线，是地名规划方案得以成功的有力保障。所以，面对会议桌对面的“学究”

们，必须将这项内容阐述清楚，使之得到共鸣。

（6）地名规划内容的前瞻性、可行性。地名规划与其他类似的规划一样，都是对以后的事项、未做的工作进行科学的安排。既然是远望未来、指导明天，就一定是具有真实的行动对象，因此其前瞻性、可行性就成为实实在在的题中之意。这就要求，地名规划方案应当具有预见性，而且可以有效地进行操作。斯如是，该地名规划方案才能在今后的社会生活中被奉为地名工作的圭臬。

（7）规划地名的规范性、独特性。无论是什么样的地名规划方案，包括长期地名规划和综合性的地名规划成果，规划的地名都是该方案的主体。之所以通过规划的形式给出地理实体名称，其基本的作用在于，使规划的地名具有规范性、独特性、文化性、系列性。规范的地名说明其符合标准化的要求；独特的地名说明其具有本地化的特点；文化的地名说明其能够长久地存在下去；系列的地名说明其业已构成一个彼此呼应的整体。况且，这些规划地名是这里的重点，当然要花大量笔墨叙述之。注意，这些规划的地名是一个群体，单个或部分的地名很好，不代表其他的地名也很好。所以，要综合地把握它们的存在和关系，并将这些内容“禀告”给在座的诸位专家。

（8）地名规划方案中的合理化建议。在综合性的地名规划方案中，或者在长期的地名规划方案里，由于涉及的规划事项较多，除了规划的现势地名外，还包括其他一些必需的事项。但是，这里的规划内容还远远不够，还有一些内容是通过规划建议的形式提出来的。需要指出的是，虽然它们属于建议性的事项，但仍然可以归为规划的内容。如果当地人民政府批准了该地名规划方案，这些居于其中的建议事项同样获得了批复，也一样被划为必须执行和落实的地名业务工作。所以，在进行地名规划方案的说明时，不可以将其弃之不顾，一定要略表一二。

总的来看，地名规划方案中需要说明的事项，应当注重两点：一是重点突出，以显示本规划方案独有的优势；二是不要丢项，以避免给人留下“缺衣少食”的印象。同时，不要拘泥于细枝末节，更不要无意义地面面俱到。

另外，如果地名规划方案编制单位的主要介绍人未能尽述完备，如缺漏、错误等，在专家评审会主持人的同意下，其“副将”可以作补充性发言，以避免给介绍该地名规划项目留下“遗珠”、微瑕的遗憾。

三、地名规划方案评审会的专家评审

从地名规划方案评审过程上讲，评审组的专家对地名规划方案的评审，是整个进程中的中心环节和关键步骤。作为地名规划项目的接受方或提交方，都期待着这一至关重要的时刻。此时，地名规划方案评审会中的专家评审组，成为地名规划方案命运的“主宰者”。专家们的每一句提问、每一句质询、每一句评述、每一句评语，都可能左右或者影响该地名规划方案的走势。要知道，专家们责任在肩、公正在心。所以，无论是地名规划的委托方，还是编制地名规划方案的受托方，抑或评审地名规划成果的第三方，均需要对此加以重视。基于此，请有关地名规划者认真阅读以下文字构成的内容。

1. 地名规划方案评审会的专家质询

经常有人会提出这样的疑问：专家是干什么的？我们的回答是：专家是挑错的！在一个特定的专业领域，或者是面对一个特殊的项目，作为一名被邀请参加评审会的专家，可能并不完全精通此道，但也不排除其作为专家评审会成员的资格。因为，俗话说得好：“术业有专攻”。这就告诉我们，为了保证地名规划方案的整体质量，体现专家们的业务（包括地名专业）水准，与会专家必定以负责的态度、严谨的作风、扎实的工作、较高的学养来投身于地名规划方案的评审之中。其中，在评审会上的质询环节中，正好可以展现他们的这些风貌。于是，专家们会结合后面的评审事项，在研读地名规划方案的基础上，有针对性、有选择性地进行质询、质疑、质证。其相对集中的问题主要是以下几种：

（1）地名规划方案编制方的资质条件。其目的是确认乙方的资质，以及其所属人员的学术水平和研究能力。于是乎，直接地知晓了该地名规划课题组的团队力量，间接了解了该课题的技术支撑情况和完成状况。

（2）地名规划方案的研制过程。从整个地名规划方案的研制过程中，能够比较好地看清该课题组的工作步骤，以及课题组成员们的敬业精神，由此可以预判其编制的地名规划方案的实际水准。

（3）地名规划方案编制的资料来源。询问地名规划方案的资料来源，有两个方面的意图：一是对地名规划方案编制课题组的调研情况有所感知；二是对这些资料的可信度有些许认知。

（4）地名规划方案编制课题组的过往同类研究成果。事实上，在甲方与乙方签署地名规划编制的委托合同之前，委托方一般都检索过受托方以前编制的地名规划方案的应用情况，只是与会专家无此印象而已。

（5）地名规划方案确定规划原则的依据。鉴于规划原则是整个地名规划方案的基础和灵魂，对此专家自然极为重视，并与该地名规划方案的课题组进行探寻，以便准确地把握对这一成果的评价思路。

（6）地名规划方案吸收相关部门意见的情况。刨根问底地名规划方案编制过程中与相关部门的沟通情况，专家们内心的意思是说，该地名规划方案是否具有广泛性、包容性，是否吸收了众家之长。

（7）地名规划方案中地名体系建立的基本思路。对于一个群体的地名来说，建立一个像样的体系并非难事。但是，该地名体系是否与当地的环境、文化等相适宜，才是该问题的关键所在。对此，必然引起各位评审专家的高度重视和特别注意。所以，需要该方案的编制方亮出自己的“底牌”。

（8）规划地名与相关地理实体或地名的关系。当地地名规划方案的评审专家，对于家乡的一草一木都很熟悉，出于热爱家乡、关注家乡、建设家乡的情怀，必然会提出上述非常专业、特别内行的问题。

对于地名规划方案评审组专家的质询，无论是自行编研的课题组，还是接受委托编制的课题组，其负责解答者必须如实地回答这些问题，如解释、说明、补充、释疑、强调等，以便让专家们得到比较满意的答复，从而为后续的评审做好铺垫。

2. 地名规划方案评审会的评议重点

当地名规划方案的编制组或受托方介绍完该方案，并且比较圆满地回答了专家们的质询以后，该评审会正式进入专家“唱主角”的评审阶段。此时，按照地名规划方案评审会的惯常做法，无论是委托方的有关领导，还是受托方的相关人员，应当适时地离开会场，甲方和乙方共同回避第三方的评审工作。对于是否离席回避，虽然没有硬性的规定，但作为关联利益者应该自觉遵守之。如果切实不便回避，或者专家评审会的主持人不予要求如此，众人依旧可以忝列会场之内，只是不得随意插话、发言，如评论、建议、解释、辩驳等，以试图影响甚至左右评审组的评审意见。即，地名规划方案评审组在组长的主持下，应该在不受外界干扰的基础上，独立、自主地进行该成果的评议、审查工作。其评议、审查的重点应为以下事项：

（1）地名规划方案中指导思想是否正确。专家们开门见山、直奔主题，不仅表现出各位“评委”的专业素养，也展示出各位专家能够抓住主要矛盾的本领。因为，地名规划的指导思想是这项工作最为关键的第一步，如果它出现了些许的偏差，则有可能“差之毫厘谬以千里”，地名规划方案甚至会走向事物的反面。从另外的角度说，指导思想的不正确，必然导致地名规划方案的“陈陈相因”“随波逐流”，与实际要求背道而驰。这样，对于下面的诸多事项可以置之不理了。

（2）地名规划方案中规划依据是否合理。地名规划方案中的规划依据，是地名规划各个环节和步骤的基础，没有规划依据的规划方案是空中楼阁，不仅不能脚踏实地，而且还会成为“没头的苍蝇”，与真正的要求相矛盾、相抵牾。故此，评审组的专家们聚焦于此，确实是找到了事物的要害。试想，任何没有筑牢根基的事情，都不会结出胜利的果实，即使有一个貌似好看的“花架子”，也会“随风飘去”般地消失得无影无踪。所以，大家不免对这一问题评议一番。

（3）地名规划方案中技术路线是否科学。在科学领域，技术路线的确立是科研项目可以顺利完成的有力保障。俗话说："一着不慎满盘皆输"，就是这个道理。同样道理，地名规划方案中的技术路线，不仅决定了地名规划方案的走向，也关系到地名规划方案的质量。对此，地名规划方案的评审人员当然要把目光落在其上，并对它的科学性、合理性、可行性、适宜性等提出质疑，进而讨论其对地名规划方案的真实影响以及所造成的最终结果。确实，这是地名规划方案中的核心内容之一。

（4）地名规划方案中板块划分是否恰当。在大型的现势地名规划方案中，规划板块的划分尤其重要，它不仅按照规划区的功能分成若干个区域，而且在对它们进行详细的地名规划时，也可以据此加以科学的定位。这表明，没有适当的板块划分，则地名规划所给出的地名会形成一盘散沙，完全变成了不切合实际之举。基于此，诸位专家不会放过任何关键之处、重点事项，自然而然地将其列入详细讨论的对象之一。

（5）地名规划方案中地名体系是否规范。之所以开展地名规划工作，其中之一的目的是，建立不是"生拉硬拽"的地名体系。面对一个小的地名群体，即使是一般的地名命名者，也可以勾勒出一组相对联合的地名群。虽然都可以称之为地名的组团，但若建立一个比较完备的体系却是很难的工作，需要具备一定的学术功力和业务素养。为此，地名规划方案中地名体系的有效建立，不仅标志着该方案的实际水平，也关系着其地名是否好找易记、方便使用。面对地名规划方案的目标之一，地名规划方案评审组当然不能无动于衷，必定使出浑身解数，共同议论、评价这一根本性的事项。

（6）地名规划方案中规划地名是否可行。现势地名规划方案中的规划地名，是整个地名规划方案中的主体，这些规划地名的质量好坏、可行与否，直接决定了该方案的成败。虽然它们数量众多，且散落在不同的规划区域之内，但其无论置身于何处，都不会逃脱地名规划方案评审专家的眼睛，特别是那些重要地理实体名称，或者较大地理实体的名称，更是成为"学者"们关注的焦点。而且，可能是旁观者清的缘故，专家们往往能够一针见血，抑或提出非常有见地的意见。说句公道话，即使是改正了个别的规划地名，专家们也会获赞"功德无量"。

（7）地名规划方案中文化地名是否弘扬。弘扬传统文化、光大历史文化，是人类发展、进步永恒的主题。更为重要的是，地名既可以承载各种先进的文化，其本身也蕴含着丰富的文化内涵。所以说，在一个地名规划方案中，如果能够巧妙地将规划地名融入文化之中，并使其在地名的使用中得以延续，甚至是将文化大力地宣扬、拓展开来，则该地名规划方案就会成为一个高品质、高性能的服务产品。如此而然，被邀请莅会的地名学养深厚者们，定当对其“目不转睛”，并试图通过自己的努力（如建议、修正等），使其昂首步入“高大上”的行列。

（8）地名规划方案中备选专名是否实用。在长期地名规划方案中，虽然罗列了许多备选的专名语词，但其何时被安置在地理实体上，仍然是一个未知数。尽管学者们在学术上有过人之处，但其面对如此复杂的局面，尤其是直面那些看似很好的词汇，也不好妄加评论了。但有一点是肯定的，这些编制者精挑细选的固定词，如果存在不妥的地方，或者与先前的规划地名格格不入，则会被地名战线上的“老师”们看出来、指出来、改出来。

（9）地名规划方案中规划建议是否到位。在某些地名规划方案中，这些建议性的内容亦列入规划事项。其最基本的特点是，当地名规划方案获得批准执行之后，这些方方面面的内容能否落实。因此，它涉及两个方面：一是保障措施是否得力；二是建议内容是否可行。对此，端坐在评审会上的“审判员”们非常重视，特别是本地邀请来的专家，更是将它们作为本规划方案的重点。因为，当该方案按部就班地执行以后，这些问题就会逐步显现出来，并成为后续工作的日常活动。故此，专家们会对其提出更高的要求。

3. 地名规划方案评审会的个人意见

地名规划方案评审会的评审组，是一个由地名专业和与地名业务关联紧密的专家组成的集体，这些专家在参加评审会时具有双重身份：一方面其是评审组中的一员；另一方面又是独立的个体。而且，那些以地名官员身份的与会者，很可能还带有部门利益的色彩。在这一背景下，特别是在尚未形成对地名规划方案的评审结论之前，专家们既可以以“评委会”成员的身份发表意见，又能够以个人身份直抒己见。

作为地名规划评审组的组长，虽然角色与他人不同，但在地名规划方案评审意见没有定论的前提下，依然可以像其他评审组的专家那样，从个人从事的专业角度出发，针对地名规划成果的各个方面，郑重其事地点评该地名规划方案，以便为后面形成地名规划方案最终的评审意见做好铺垫工作。通常，该专家组组长借助会议主持人的便利条件，给自己安排了合适的时机“亮相”，一般在其他专家评述结束之后才进入角色，在最后的时刻阐述自己的看法、叙说自己的意见。这样做的优点是：可以很好地综合大家的意见，全面评议地名规划方案的得失；结尾之时且为组长的发言，具有一定的总结性质。

假如地名规划方案评审会中有列席的群众代表，在获得地名规划方案评审组组长允许的前提下，该群众代表也可以阐述个人的观点。值得注意的是，该群众代表毕竟是列席会议，其个人的发言不可喧宾夺主，以“点到为止”为宜。不过，令人欣慰的是，地名规划方案评审组及与会专家在形成评审结论的过程中，可以参考地名规划方案评审会中列席群众代表的合理化建议。

这样，地名规划方案评审组应在地名规划方案的基础上，根据说明事项、质询情况、评议结果等，在该评审会的会议上形成对地名规划方案的正式评审结论。

第三节　地名规划方案评审会的评审结论

我们在前面已经说过，地名规划方案获得最终的认可，需要迈过三道有形或者无形的关卡：一是专家评审会上的评审结论；二是人民政府审议后的批复；三是当地民众使用中的口碑。现在，地名规划方案恰恰处于第一个肯綮的路口上。地名规划方案如果没有通过专家的评审，该方案等于是没有丝毫价值的一堆废纸，其前期工作亦是无用之功。所以，此时的地名规划方案编制方，多数处于忐忑不安的状态，期盼着获得一个好的评审结论。同时，地名规划方案的委托方或者任务下达者，也在打着心中的“小九九”，同样希望购买到物有所值的地名规划产品。那么，通过前面所述的专家评审，以及本节讲述的相关各种受到约束的行为，评审组或专家们能够得出怎样的评审结论呢？

一、地名规划方案评审结论的形成

众所周知，地名规划方案评审结论的形成，是评审组参会专家议论、评论、讨论的结果。话虽如此说，但在现实生活中，当遇到具体的问题时，却会出现令人意想不到的事情，影响甚至左右了该评审意见的产生，或者使该评审结论出现意外的偏差。为何会如此而然呢？原因是多方面的，其中最主要的问题是，与会的各方没有确定好自身的位置，自觉或不自觉地“置喙”于评审意见之中。对此，为做好地名规划方案评审工作，得出令人信服的评审结论，有必要在此做一些解释。其目的在于，让参与地名规划工作的各方各就各位、各司其职。特别是身为评审组成员的专家，以及其所在的评审“委员会”，发挥应有的职能作用和效能，并最终完成公平、公正的评审工作，旋即“拿出”具有权威性的评审结论。

1. 地名规划委托方不得影响专家的评审

在整个地名规划工作中，无论是在编制阶段，还是在评审阶段，抑或是落实阶段，地名规划方案编制的委托方，或者称之为当地地名行政主管部门，作为购买公共服务产品的代理人，都是处于主导地位、起到支配作用的甲方。原因在于：一是掌握着购买地名规划方案的资金；二是扮演着当地人民政府“代言人”的角色；三是承担着当地地名行政管理的职责；四是部分当地的专家是由其所邀请。在这种非常特殊的情景下，如果硬性地不让其发挥影响力，是一件比较困难的选择和不切实际的做法。然而，当地名规划方案进入“终局”之时，既然决定并组织召开了针对该方案的评审会，且通过聘请、邀请专家组成了评审组，那么一直呈强势者的委托方，虽然在会前、会上、会后充当组织者的义务，也应在专家评审会进行之际，暂时退出这一“高光”的舞台，将自己地名行政管理者的身影置于其外，让位于第三方的评审组及其专家们。因之，地名规划方案编制工作的委托方，不应采取任何有悖于公平、公正的行为方式。同理，如果是当地地名行政主管部门自行编制的地名规划方案，在该地名规划方案进行评审时，则该机关具有有趣的双重身份：既是业务主管；又是受审一方。此时，其唯一可做、必须要做的事情是，收敛自己所拥有的行政职能行为，老老实实做一回普通的“受审人”。

（1）不得左右地名规划方案评审会与会专家的评审。作为地名规划方案评审会议的组织者之一，尤其是“兼任”东道主的时候，地名规划方案的委托方在评审会正式召开之际，有可能其参会者以“旁观者”的身份位列其中。在这种情形下，由于甲方的代表人物身临其境，在诸位专家评议地名规划方案时，有时不能很好地“屏蔽”自己，不由自主地插话、议论。这种非常规的参与其中，在其特殊身份的光照之下，与会专家不了解其意见的来龙去脉、代表何人、是否定论等，会给会议带来可能引起误导的信息，导致部分参会专家形成误判，进而在讨论过程中出现分神，或者不能直抒胸臆，甚至言辞闪烁地环顾左右而言他。显然，在整个地名规划方案评审会中的评议进程中，占据有利位置的委托方不允许置身其中，随意发表与己无关的议论，即使身在评审会的会场之内，也应当将自己设定为“局外人”，以便让那些专家们尽情、尽责、尽力地各抒己见、各表高见。

（2）不应干预地名规划方案评审组得出的评审结论。同样道理，当地名规划方案评审会专家组在讨论评审结论时，或者正在起草评审意见之际，无论是高评价、低评价，还是好评定、差评定，地名规划委托方的参会者都应该当本分人、做本分事，其泰然处之的回报是，使专家们挣脱了“心魔”的羁绊，出以公心地拟就地名规划方案的评审意见，使该评审结论具有公正性、权威性、合规性。

事实上，地名规划方案编制的委托方，或者执行地名规划编制任务的地名行政单位，在召开地名规划方案评审会之前，就能够接触到即将莅会的专家。如果计划、打算对其中的专家施加影响，此时应该说是一个好的时机。不过，诚如前面所言，“公道自在人心”，甲方仍旧需要自我约束，做到真正意义上的袖手旁观。这，才是“王道”。

2. 评审会得出评审结论时评审组的专家比例

我们知道，地名规划方案“过堂”专家评审会，都会形成 3 种不同的评审结论。那么，既然是3种差异化的评审结论，它们又是怎样确定的呢？这里关键的因素为“大写”的人，是由评审会专家组中的各位专家来决定的。然而，基于地名规划方案的千差万别，以及对其做出的评审结论的差异性，甚至是专家固有的学究气质使然，导致在得出相应的评审结论时，不可能全部是一致通过，或者是对形成文字的评审结论不存在异议。对此，必须设定一个衡量的标准。也就是说，在这个界定标准之下，无论该评审结论为何，都是“说一不二”“板上钉钉”的定论。为此，我们给出的答案是，地名规划方案得出的评审结论，必须获得地名规划方案评审组三分之二以上专家的同意。但是，鉴于专家组成员的不确定性，这里所说的三分之二以上的专家比例，应当根据不同情况而确定，在争执不下的必要之时，经评审专家组组长提议，专家们以举手投票表决的方式决定最终的结果。

（1）7人组成的专家评审组，应达到5人及以上专家同意该评审结论。

（2）5人组成的专家评审组，应达到4人及以上专家同意该评审结论。

（3）9人组成的专家评审组，应达到6人及以上专家同意该评审结论。

（4）11人组成的专家评审组，应达到8人及以上专家同意该评审结论。

不得不承认，某个地名规划方案的评审结论，会出现莫衷一是者。此时，面对斯情斯景，地名规划方案评审组组长应当当仁不让地挺身而出，在评审会中承担起组长应尽的职责，行使专家评审会会前赋予的职权。其解决这一难题的方式有二：一是做好必要的协调工作，通过有理有据的阐述、说明、力争，说服某位专家改变、修正自己的意见，或者接受大家的建议；二是适当修改评审结论，对评审意见进行比较柔和的处理，使大家都能够共同接受这一新的评审结论。

3. 个别专家不同评审意见的处理方式

必须明白，在地名规划方案专家评审组中，所有专家都是认真参与评审工作的。但是，并不排除个别专家对待该项评审工作过于认真，甚至是无端地固持己见，导致其意见与大家相左，即使是众人的解释、劝说也无济于事。为了达成相互之间的谅解，且使会议取得圆满的结果，在这种特殊的情况下，也就是地名规划方案评审组中的个别专家意见，与其他评审组三分之二以上专家意见不同时，且该专家执意坚持己见，可在该评审结论中进行简单说明。这样做的好处有：一是不应影响地名规划方案评审组最终的评审结论；二是可以巧妙地平复个别专家心中的“怨气”并保留其不同意见。

二、地名规划方案评审结论的种类

地名规划方案的评审结论，不仅有质量评价的高下之别、好坏之分，也有成型的形制、样式之别。对此，付出很大心血的地名规划方案编制课题组，无疑期待着一个令人满意的结果。然而，各种各样的地名规划评审结论，不仅仅是由评审组的专家决定的，而是由该地名规划方案所确定的。因此，能够得到什么样的评审结论，采取何种评审结论的形式，就成为世人翘首以盼的事项。下面，笔者据此略说两点。

1. 地名规划方案不同质量的评审结论

在本书的第二章中，我们给出了各种各样的地名规划方案。事实上，地名规划方案还有一种特别甚至另类的分类方式，按照这些地名规划方案的质量分出个“子丑寅卯”。地名规划方案在质量上之所以有“甲乙丙丁”之别，除了规划区域的大小、规划主题的难易、规划对象的多寡等因素外，还有以下主要原因：一是地名规划方案编制者的业务素养有不逮之处；二是地名规划方案编制课题组调查研究不足；三是地名规划编写人员掌握资料稍显欠缺；四是与当地包括地名行政主管部门在内的行政管理机构沟通不够；五是未能深刻领会、理解当地主政者的真实意图；六是对当地优秀的传统文化、地域文化等挖掘不深……其实，这些都是可以克服、避免的客观因素。古语讲：“只要功夫深，铁杵磨成针”。不管怎么说，现在业已成型的地名规划方案，不可能再行“回炉”进行反复修改，只好以其本真的面目面对严肃的“考官”们。于是乎，地名规划方案评审组根据地名规划方案的编制质量，自然而然地得出了不同的评审结论。这些呈现差异化的评审结论，一般分为好、中、差3个档次。

（1）地名规划方案通过专家评审。当地名规划方案编制组“功夫做到家”，地名规划方案几乎达到尽善尽美的时候，地名规划方案评审组的专家们，会以该专家评审组的名义给出通过评审的结论。这种专家组完全肯定的情况虽然比较少见，但获得了双方皆大欢喜的结果。提醒一下，这时的地名规划方案在内容上也存在微小的不足，只是专家评审组可以忽略不计，但在评审结论的措辞上略微有点差异。

（2）地名规划方案原则上通过专家评审。在大多数的情形下，受地名专业素养等的限制，地名规划方案或多或少地都存在某种瑕疵。因此，当专家组面对这类地名规划方案时，通常给定的评审结论是原则上通过评审，但建议对少部分内容进行修改。值得特别注意的是，地名规划方案专家评审组给出原则上通过的评审结论，是基于这方面的考虑：一是地名规划方案总的规划思路、总的规划构架、总的规划原则、总的规划路线、总的规划地名、总的规划文本等都是不错的、可行的；二是在该方案的个别内容（规划地名、书写方式等）尚存在可以提高、改进的事项。于是，专家评审组会在该地名规划方案的评审结论中一一列出需要改进的事项，且要求编制单位在会后对其修正，并尽快形成“地名规划方案（报批稿）”。

（3）地名规划方案未通过专家评审。地名规划方案未通过专家组的评审，意味着该地名规划方案质量较差，需要彻底地查找原因，通过分析问题、寻找不足，找到一条通往成功的渠道。这一评审结果，是所有参与地名规划工作的各方人士不愿见到的情景。这样一来，由于“当事人”未能履行好规定的义务和责任，因此需要其抖擞精神，重新开始新一轮的地名规划方案的编制工作，包括实地调研、补充资料、征求意见、专家咨询、确定原则、规划地名、建立体系等。然后，在完成新的“地名规划方案（送审稿）”时，再由相关责任人再行组织并邀请有关专家对其评审。

2. 地名规划方案不同形式的评审结论

方才已经说过，对地名规划方案进行专家评审，专家评审组应当给出最后的评审结论。至于以什么形式出具评审意见，应当视地名规划方案的具体情况而定。即，地名规划方案评审组可采取两种不同的方式给出评审结论，分别为评审意见和会议纪要。

（1）地名规划方案评审会的评审意见。一般来说，将地名规划方案视同为一个结题的科研成果，则其结论性的评价意见会采取专家组评审意见的方式。

（2）地名规划方案评审会的会议纪要。如果将地名规划方案的编制完成看作是一项地名业务工作的完结，尤其是由当地地名行政管理部门直接编制完成的地名规划方案，则其工作的“验收”结果会采用会议纪要的方式（参见示例10-3）。

示例10-3：某某地名规划方案验收工作会议纪要

某某地名规划方案验收工作会议纪要

根据市政府办公会第28次会议部署，市民政局组织完成了《某某市地名总体规划（2016—2025）》的编制工作。为保证该地名规划方案的质量，推动开展下一步的相关工作，市民政局于2015年12月26日，组织召开了《某某市地名总体规划（2016—2025）》专家验收会。某某省地名办公室、某某省地名研究所、某某大学城市管理学院、某某大学历史系、某某大学地理研究中心、某某市方志办公室、某某市文史馆、某某市文化局的专家、学者出席了会议。会上，与会专家听取了某某市民政局张三局长就《某某市地名总体规划（2016—2025）》的说明，并对该方案进行了严肃、认真的讨论。现纪要如下：

一、根据市政府的统一部署，市民政局迅速组建了《某某市地名总体规划（2016—2025）》编制工作组，通过实地调研、资料分析、专家咨询、意见征求、修改完善等，如期完成了该规划方案的编制工作。

二、与会同志一致认为，该规划方案的规划思路合理、规划基础牢固、规划原则正确、规划路线科学、规划名称实用、规划方案可行，是一个切合本地实际的地名工作规划。

三、验收组确定，该规划方案符合并达到相关要求，予以验收。

会议建议，尽快将该规划方案上报市政府，批准后抓紧落实。

《某某市地名总体规划（2016—2025）》验收工作会议

二〇一五年十二月二十六日

三、地名规划方案评审结论的内容

正如刚才所说，地名规划方案的评审结论有3个层次，分别是“通过”“原则通过”“不通过”。事实上，即使是无条件地通过专家评审会的评审，其评审结论的内容也是千差万别的。对此，需要引起我们的格外注意。

1. 地名规划方案评审结论出具的文书

地名规划方案评审结论是后续工作中的前进钥匙，其内容的良莠直接关系到之后的执行与落实，哪怕是评语中的微小差别，也可能会影响当事单位或者当事人的业务工作，更何况其本身就有3个档次的区别。为此，无论是组织评审方，还是评审方，抑或是被评方，都对此极为重视，希望有一个完满的结果。但是，地名规划方案专家评审会的评审结论，是依据地名规划方案的质量得出的。故此，外在的人为因素无伤大雅，我们只有通过其固有的内容及其表述的实例，才能对其略知一二。这就是说，地名规划方案评审组根据地名规划方案的不同质量，应当义不容辞出具3项文书内容（参见示例10-4）。

（1）地名规划方案评审组的评审结论。

（2）地名规划方案评审组评审结论中建议修改的事项。

（3）地名规划方案评审组全体专家签名表。

示例10-4：《某某市地名专项规划（2016—2025）》评审意见

《某某市新城区地名专项规划（2016—2025）》

评审意见

2016年1月26日，某某省某某市民政局就《某某市新城区地名专项规划（2016—2025）》项目在某某省某某市某某区召开专家评审会。专家评审组（见附件一）听取了规划编制单位中国某某研究所的汇报，经过认真评议，最终形成如下评审意见：

一、中国某某研究所作为《某某市新城区地名专项规划（2016—2025）》的承担单位，在某某市民政局等单位的大力协助下，在实地调研、资料查阅、调查论证的基础上，通过召开座谈会、协商会、评议会等形式，充分吸纳当地专家、有关部门、新区管委会、社会各界以及当地群众的建议和意见，经过反复研究、几易其稿，完成了《某某市新城区地名专项规划（2016—2025）》。

二、该规划依据充分、技术路线合理，既充分体现了当地历史文化、地域特色，又具有时代特点，做到了主题突出、层次分明、方位明确、名称规范，使地名规划与城市的功能、形态、布局、作用等紧密结合，符合某某市新城区的功能定位和未来发展趋势。同时，该规划还专门建立了某某市新城区地名的专名词库，为以后的地名命名奠定了坚实的基础。

三、专家组认为，《某某市新城区地名专项规划（2016—2025）》符合国务院、民政部、某某省的相关规定，切合实际，可操作性强，在同类地名规划中处于领先水平，一致通过评审。

四、专家组建议，《某某市新城区地名专项规划（2016—2025）》的承担单位，应根据专家组的修改建议（见附件二）对本规划进行完善，尽快将《某某市新城区地名专项规划（2016—2025）》（报批稿）呈报某某市人民政府审批。

《某某市新城区地名专项规划（2016—2025）》专家评审组

专家评审组组长：（签名）

2016 年 1 月 26 日

附件一：

《某某市新城区地名专项规划（2016—2025）》专家评审组名单

姓名	工作单位	职务/职称	签名
刘保全	中国地名文化遗产保护促进会	理事长、研究员	
商伟凡	中国地名学会	副会长、研究员	
宋久成	民政部地名研究所	副所长、副研究员	
庞森权	全国地名标准化技术委员会	副秘书长、研究员	
华林甫	中国人民大学清史研究所	主任、教授	
牛汝辰	中国测绘科学研究院	研究员	
许居银	福建省民政厅区划地名处	副处长	
某某某	某某市地名专家咨询委员会	主任、研究员	
某某某	某某市文化馆	馆长、研究馆员	

附件二：

《某某市新城区地名专项规划（2016—2025）》修改建议

经专家评审组认真讨论，提出如下修改建议：

一、介绍规划名称的来源、寓意等应再精练一些。

二、将“成功路”改为“功成路”，“事业路”改为“勋业路”。

三、鉴于城市规划稍有微调，对于新增的一条道路，建议命名为“通达路”，以便与原有的“通顺路”衔接。

四、备选专名词库再增添100个语词。

2. 地名规划方案评审结论组长的签字

当地名规划方案评审意见或会议纪要完结以后，地名规划方案评审组组长应在该打印文件上签名确认。如果该组长携带了自己的人名章，除了签上个人姓名之外，还可以加盖其专用的人名章。

如果地名规划方案专家评审组有副组长，作为该评审意见的副署人，也应在组长之后签上自己的大名。

四、地名规划方案评审结论的把握

此时，尽管地名规划方案的评审工作已经结束，仿佛该评审会一经结束就可“万事大吉”，其实并不尽然。因为，在得出地名规划方案的评审结论之际，就会迎来与之紧密相关的新工作。

1. 确认地名规划方案评审通过为课题结束

对于以什么方式确定为地名规划方案课题研究的结束点，笔者在本书的不同章节中都有描述。其最基本的思路是，地名规划方案评审组评审通过的地名规划方案，地名规划的委托方应确定为，地名规划的受托方完成了地名规划方案的全部编制工作。这是因为，尽管在《地名规划方案》（送审稿）之后还有其报批稿，后面可能还有一些零星的善后工作，但这并不排除专家评审组以第三方的名义给出的最终结论。这就意味着，地名规划的买卖双方完成了彼此之间的交换，乙方可以交付地名规划这个服务产品，甲方应该给付购买服务的“货款”。其实，即使是关于地名规划的课题业已结束，该规划的编制方仍然可以继续做好“售后服务”工作。

2. 提供少数民族语的地名规划方案评审结论

对于少数民族自治地方的地名规划方案的专家评审，该专家评审组在得出评审结论之后，除了出具该评审结论汉字书写的文件外，还可提供用当地主体少数民族语言文字书写的评审结论及其附件等。因为，在当地的社会事务和行政管理中，主体少数民族的语言文字与通用语言文字一样，都是具有同等法律地位的官方语言文字。采用双语言文字书写地名规划方案的评审意见，有两个明显的好处：

（1）既尊重少数民族，也体现民族平等。

（2）既服务地名科研，也利于地名管理。

3. 保守有关地名规划方案专家评审会的秘密

换一个角度说，召开关于“地名规划方案（送审稿）”的评审会，对该地名规划进行专家评审，是这一地名业务工作中的一个环节。即，虽然该规划进行了专家评审，但获得当地人民政府的批准还有一段时间。也就是说，出席专家评审会的各方人员，包括当地地名行政管理部门的工作人员、地名规划方案研制的科研人员、评审该规划方案的专家、有关部门旁听会议者以及特邀莅会的群众代表，在当地人民政府批准地名规划方案之前，或者尚未对社会公示之前，不应公开或披露与之相关的信息。理由是，虽然在现代社会的行政管理事务中，大力提倡政务公开，但信息公开的前提是，不能影响当地人民政府的决策。其实，只要该地名规划方案的公示期一过，这些信息自然会进入百姓的目光。为此，在此仅仅设定以下注意保守的重要事项：

（1）地名规划方案的具体内容。

（2）地名规划方案评审组的评审结论。

第十一章　地名规划方案的保障

“地名规划方案（送审稿）”通过地名规划方案评审会的专家评审后，或者原则上通过评审会的评审并按照评审意见完善后，形成了待望已久的“地名规划方案（报批稿）”。至此，地名规划方案的科研活动告一段落。而且，正式进入地名规划的行政管理进程之中。此时，“地名规划方案（报批稿）”面临的任务是，由具有审批权限的政府机关进行行政审批。从整个地名规划工作的角度看，原来的地名规划方案的编制单位，逐步退出其科学研究的舞台，并让位于当地的地名行政主管部门。然而，地名规划方案编制的完成，不是这一包含科研活动与行政管理工作的结束，而是一项新的工作的开始。这，正是本章所书写的重要内容。

第一节　地名规划方案的报批

在地名规划工作的众多环节中，地名规划方案的审议最为关键，它是纯粹的行政管理行为，是当地人民政府在购买地名公共服务产品中，或者下达工作任务书之后，以行政机关特有的行政管理权限，代表当地的广大民众和社会各界，在最后交付产品的关口，实施检查、验收的公益性活动。因为，前期专家评审会给出通过评审的结论，只是代表与会专家及其专家评审会的意见，属于地名规划委托方与地名规划受托方都认可的把关。事实上，专家评审会在把关中得出的结论，仅仅是整个核验工作的第一个工序，不代表最终的查验和验收。所以，必须在该台阶或基石的基础上，由当地人民政府对其进行后续的审议。通常，这种行政管理必不可少的程序与步骤，我们将其称之为地名规划方案的报批。

一、地名规划方案的审议

地名规划方案的审议工作，是完完全全的行政管理工作事项。这一行政工作的“亮点”是，从这时候开始，地名规划方案即将由科研成果转化为当地人民政府的行政性文件。对此，作为公共服务产品的最终需求方，以及该项工作的组织者，都高度重视这一多年不遇的大事。因为，如果这个运转时间较长的“挂号”工程出现纰漏，尽管甲方可以运用法律手段或者经济措施减少自身的损失，但时间成本的无谓丧失，以及人民政府的承诺及其信誉的损毁，是无法用任何措施予以弥补的。故而，为了下一步地名规划方案的有效实施，将该方案“羽化”为色彩斑斓的亮丽工程，有关各方都将行动起来，特别是地名规划方案编制的组织者，更是对此不遗余力地进行运转！

1. 地名规划方案的文件准备

虽然存在着各种不同类型的会议，但会议有一点是千篇一律的，均需要由会议材料进行支撑。作为某地人民政府办公会议讨论的事项，地名规划方案为了能够获得审议通过，自然也需要准备相应的会议文件材料。提请注意的是，此时的地名规划方案已经交到当地的地名主管部门。换言之，此后的行政管理工作与科研活动基本没有关联，在与当地人民政府交涉的任何事项中，都是下级地名行政主管部门的分内职责，其工作态度、办事效率、严谨程度、质量保证等，都直接关乎上级对其业务工作的评价。这样一来，当地地名行政主管部门必然尽职尽责，全身心地投入到这一工作中来。它的工作重点是：准备好与地名规划方案有关的各种文件材料，以便在人民政府办公会会议上做好汇报或说明。

（1）地名规划方案文本。根据当地人民政府办公会的参会人数，准备好相应数量的“地名规划方案（报批稿）”及其附属（配套）文件，在召开当地人民政府办公会之前提交（发放）给与会者。

（2）排队“上会”的请示。在地名规划方案的行政审议之前，首先要做的是，由当地地名行政主管部门向上级机关提交一份关于排队“上会”的请示。所谓排队“上会”的请示，是一种在机关行政活动中的俗称，其正式的文件名称大概为：《关于呈报批复〈某某地名规划〉的请示》。通过提交该文件，使地名规划方案的审议工作列入当地人民政府办公会的议事日程（参见示例11-1）。

示例11-1：关于批准执行《某某地名专项规划》的请示

关于批准执行《某某地名专项规划》的请示

某某副市长并某某某市长：

根据市人民政府第123次办公会的部署，我局组织开展了《某某地名专项规划》的编制工作，经过历时4个月的规划工作，目前已经完成了《某某地名专项规划（报批稿）》。为了抓紧落实该地名规划方案，如期完成该规划中的各项任务，现将《某某地名专项规划（报批稿）》呈上，请市政府办公会议审议并批复该规划。

特此，请示。

附：《某某地名专项规划（报批稿）》

《<某某地名专项规划（报批稿）>编制说明》

某某市民政局

二〇一六年八月八日

（3）地名规划方案的编制说明。此处的地名规划方案的编制说明，与面对专家评审会的地名规划方案编制说明略有区别，其差异性的表现有三：一是汇报的对象不同；二是本说明是“地名规划方案（报批稿）”的汇报材料；三是由于汇报对象的不一致，导致该说明更有针对性，主要是必须加上“地名规划方案（送审稿）”之后的内容，以使汇报的事项完美无缺。

（4）地名规划方案的编制说明（Power Point 版）。使用俗称的“幻灯片”，是现代办公自动化的一种形式之一。而且，它与纸质版的地名规划方案编制说明趋于一致，在会上具体汇报时可以相互印证、相互补充。

另外，为了增强审议者的视觉效果，加深与会者的认识程度，对于重心的、核心的、中心的规划内容，还可以印制大幅地图，届时悬挂在政府办公会的会场上。这样一来，纸质文件、幻灯片与地图可以相互支持、相互印证，进而达到彼此烘托、彼此映衬的作用。

对于地名规划方案能否“上会”，由当地人民政府办公会对其审议，关键因素除了该方案质量过硬外，最主要的是这些材料准备的是否充分、“入眼”。因为，当分管领导签发建议“上会”后，需要送达当地人民政府的主要负责人。至此，当地人民政府的市长或县长等，成为决定该地名规划方案“上会”审议的关键责任人。换言之，此时提交的地名规划方案及其编制说明，必须能够真正进入这位领导同志的“法眼”。

当然，如果是小型的地名规划方案，则不一定必须由当地人民政府常务办公会审议，而有可能是由该地人民政府的分管领导召开相应的办公会讨论之。

2. 地名规划方案的编制说明

当召开当地人民政府办公会议时，作为地方地名行政主管部门的民政局（也可能是地方人民政府直属的地名办公室），需要在会上切实履行自己的职责，由该地名行政主管部门的主管领导，借助上述的地名规划方案的编制说明（Power Point 版）等工具，向与会的各位领导进行有关地名规划方案的汇报或说明。如果该地名规划方案分为文本、说明、图件 3 部分，则汇报的内容完全是其说明中的事项；如果该地名规划方案为综合性文本，则汇报的内容主要集中在引导性和说明性的内容。其汇报或说明的内容主要有（参见示例 11-2）：

（1）地名规划方案的编制过程。言简意赅地说明地名规划方案的编制过程，使与会者知晓整个地名规划方案的编制环节和具体步骤，特别强调已经征求过在座有关部门的意见且予以采纳，以体现出这项工作是在克服重重困难的基础上，经过严谨的、认真的、艰难的工作才完成的。

（2）地名规划的基本原则。此段文字的介绍力求有所侧重，具有一定的说服力，其目的是告诉与会者，本地名规划依据充分、原则准确，适宜本地的实际情况，甚至据此所做的地名规划能够提升当地的文化品位。

（3）地名规划的主要事项。相对而言，这部分内容比较庞杂，需要视地名规划方案的种类和规划的事项来决定。因此，在当地最高级别的人民政府办公会上，不可能面面俱到，一定要突出重点，将地名规划方案中的核心内容展示给大家。以现势地名规划方案为例，虽然规划的地名众多，但诸位领导关心的是那些重要的规划地名，如构成框架的道路名称、中心区域的地理实体名称、展示当地特色的“窗口”地名等。对于那些小的地名，可以一带而过，不必拘泥于所谓的全面。因为，对于细节的、具体的问题，如果领导们对它们感兴趣，可以参阅手中的地名规划文本或编制说明。另外，对于这类人民政府办公会，一般有多个议题需要讨论，所以汇报的时间限制要把握好，切不可以因为自己的说明过于冗长而影响下一个议题（参见示例 11-2）。

示例 11-2：某某新区地名专项规划方案说明

某某新区地名专项规划方案说明

各位领导：

很高兴向大家汇报《某某新区地名专项规划》的编制情况。

根据市政府的统一部署，我局立即着手组织这一工作，并按照招投标的程序和要求，于××××年××月正式委托某某某某地名研究所，开始编制某某新区地名规划。××××年××月，该地名规划进行了初审。现在，已经完成地名规划的报批稿。根据会议安排，我现在就该规划做具体的说明。

首先，确定了地名规划的原则

一是体现闽北文化和展现新区风貌的原则。某某新区地名专项规划既要体现闽北特有的历史文化，也要具有时代特点，展现新区风貌。

二是确立整体性和层次性的原则。主城区的地名规划主题突出，层次明显，方位明确，各片区的地名显示当地特点和功能特点。

三是尊重当地群众意愿和体现规划并举的原则。在规划中适当保留当地地名，充分尊重当地群众和社会各界的意见。

四是地名规划与城市功能、形态、布局相结合的原则。某某新区城市规划主体的功能、形态、布局、作用等，应当同该地理实体的名称相匹配。

其次，确认了地名规划的对象

《某某新区地名专项规划》确定的规划范围包括：南林—赤岸片区、芹口—将口片区、某某东站片区和新岭工业片区。

在这4个片区内，涉及规划的地理实体总数为101个，即：95个街路名称和6个桥梁名称。其中，大道7条、大街7条、漫道1条、路51条、街29条。

再次，规划了某某新区的地名

一、主要道路规划地名

某某新区主要道路或者重要道路共计17条，其道路名称重点展示的是闽北的历史文化、地域文化和理学文化，从而勾勒出一个立体的新武夷。例如：

东西走向且主要路段经过主城区的“南林大街”“林后大街”“建安大街”“童游大街”，均以当地固有地名或者历史上的地名命名，从而保留了本地的地名文化。其中，“建安大街”名称来源于本地东汉年间的建安县名。

南北走向且主要路段经过主城区的“武夷大道”“武夷漫道”“闽越大道”“朱熹大道”“云谷大道”“红袍大道”“嘉禾大道”，既与原有城区道路相衔接，还贯穿整个规划区，不仅简述了闽北与武夷的历史，也直接或者间接叙述了理学代表人物朱熹及程朱理学，还介绍了武夷岩茶名品大红袍。

另外，还有一些主要道路，像“将新大道”“站西大街”“芹溪大街”“新岭大街”“东泽路”“古建路”，除了站西大街是以相对于火车站的方位命名外，其他均由当地原有地名派生而来，保留了固有地名的文化记忆。

二、南林—赤岸片区规划地名

南林—赤岸片区是某某新区中最为重要的片区，本规划区内共有规划地名47条，其中街路名称43条、桥梁名称4条。为突出南林片区是武夷新区核心区的地位，地名规划主要阐释武夷新区是未来整个闽北政治、文化、金融、经济、交通中心，是闽北“大武夷”在新区的缩影。

A. 南林片区市府与市民广场周边支路规划地名

本片区为未来市府及市民广场所在地，因此通过地名的画龙点睛，在历史与现实结合之中，展示出新型的某某地。

南北走向的“彭武路”与“彭夷路”，位于市民广场东西两侧，其名称源于武夷开山鼻祖彭祖二子之名，并共同构成“武夷”，不仅说明了闽北名山地名的由来，也诠释了本地悠久的历史。

还有，在市府两侧及其前面，3 条道路分别命名为“立德街”“政善街”和“民主街”，以彰显人民政府为人民的执政理念。

B. 南林片区西南部支路规划地名

本片区主要聚集了文化教育设施和居民住宅等，因此在规划地名时，着重体现文化教育的功能定位，并兼顾弘扬武夷的茶文化。例如：

“博学路”“知学街”“竞秀路”“求知路”“实践路”，在体现勇于竞争、积极进取精神的同时，还冀望学子脚踏实地，践行社会。而且，与朱熹的教育理念相吻合。

“金圃街”源于武夷岩茶茶号，“金骏街”源于武夷岩茶名品金骏眉。

C. 南林片区北部支路规划地名

本片区是经贸区，地名主要寓意新区发展的光明前景，例如：

“兴盛路”与“兴来路”。

D. 南林片区崇阳溪东部与铁路西部支路规划地名

本片区是住宅密集区，因而在兼顾老地名的同时，主要以突出安居乐业的主题。例如：

老地名有“赤岸路”“渡头路”“童子山街”等。

“居胜街”“乐园街”等。

E. 赤岸工业片区支路规划地名

本片区为工业区，在命名地理实体时，着重以组合的形式，体现工业区的未来发展，预示经济取得丰硕成果。例如：

“业成路”与“功成路”“万辉路”与“万象路”等。

三、将口—芹口片区规划地名

将口—芹口片区为仓储物流区，涉及地理实体 24 个。本片区专名采词在与片区功能定位吻合的同时，也注重使用派生法命名，以此弘扬老地名的传统文化。

A. 将口—芹口片区西部支路规划地名

本片区新规划的地理实体，与原有的地理实体及其名称密切相关，因此规划地名以延续历史地名文化为主旨。例如：

“将口路”“芹口街”等。

B. 将口—芹口片区东部支路规划地名

本片区为仓储物流区，在规划地名时，着重体现物流区的特点和功能，同时展示对新区发展的憧憬。例如：

“跃动街”“乘风路”“远航路”“通达街”等，均为动态词组成的地名，与本规划区的物流功能定位相吻合，这些具有励志作用的语词还具有不畏艰难、积极向上、勇往直前的意蕴。

四、东站片区规划地名

某某东站是武夷未来中心城市的铁路枢纽，也是人流、物流的中转站，还是展示某某新貌的窗口和平台。本片区涉及8条支路地名、2个桥梁地名，重点叙述本片区的功能和定位。在命名这些支路时，我们结合本区功能和作用，主要体现汇聚八方之友、迎接四海之客的主题。例如：

"宾兴路"与"聚友路"等。

五、新岭片区道路规划地名

新岭片区是新兴的工业生产区，涉及3个支路地理实体。在规划本片区的地名时，重点展示地名文化和未来新气象、新发展。例如：

"日欣路"与"方欣路"皆为南北走向，寓意本地日新月异、欣欣向荣。

六、主要桥梁规划地名

桥梁通常为其他主要地理实体的附属设施，为使两种类型的地理实体保持统一，方便人们的出行，达到好找易记的效果，本规划对6座桥梁采用派生法及使用方位词予以命名。例如：

"林后大桥""南林大桥""建安大桥"分别由同名大街派生而命名，便于人们出行。

"崇阳溪大桥"横跨"崇阳溪"，"崇阳溪"为本地最重要的河流，为此将其命名为"崇阳溪大桥"。

"站西大桥"、"站南大桥"分别位于武夷东站西部和南部，方位明确。

最后，遴选了500条备用专名

此外，某某新区城市规划将分步实施，并将产生新的地理实体，这些地理实体也需要进行规划。基于此，我们还选取了500条与某某山水、朱熹理学、岩茶等有关闽北历史文化的语词，作为未来地理实体名称规划的备选专名。

我的汇报完了。谢谢大家！

另外，如果当地地名行政主管部门的领导在汇报之后，其参会（列席）的助手可以在主持人同意的前提下，进行适当的、简短的补充。

在特殊的情况下，如果当地地名行政主管部门盛情邀请，或者在相关的委托合同中业已明确规定，地名规划方案的编制单位可以派员参加当地的人民政府办公会，甚至受当地民政局的委托，在正式审议该地名规划方案之前，代替甲方向地方主要行政负责人等进行该地名规划方案的说明。这样做的优势是，如果在会上确定有个别或部分修改的事项，甲乙双方在会后可以进一步地通力合作，最终完善地名规划方案的文本。

3. 地名规划方案的会议审议

对于地名规划方案来说，或者从地名规划工作的角度看，当地人民政府对地名规划方案进行最后的会议审议，是整个地名规划工作环节中最为重要的一步。虽然该会议一般不决定其生死，但会改变它的命运，尤其是对执行时间、落实走向等更是事关重大。

按照会议的议程，常见的会议情景是，当地名行政主管部门汇报完之后，在会议主持人（通常为人民政府主要负责人）的提示下，有关人员（如当地政府领导副职、相关部门主管等）会向汇报者进行询问。由于各位领导分管的业务不同，虽然均涉及地名规划方案中的一些内容，但并非有关地名的主管领导人，因而所询问的问题大都是站在各自的立场，可能存在些许的偏差，却又有着一定的关联。

对于诸位领导的提问，汇报地名规划方案编制情况的人，应当一一进行必要的解答，以消除各位的疑问。事实上，如果地名规划在编制过程中，极大地吸收了各相关部门的意见和建议，则此时参会的主要领导们会持支持的态度。还有，在不长的会议审议中，上述这些负责任的领导干部，也许会提出有针对性的中肯建议，甚至其所述事项可以为地名规划方案起到画龙点睛的作用。

之后，当地人民政府的主官，会依据大家对地名规划方案的建议和意见，结合自己的看法和认识，做最后的总结性发言，并以“拍板”的形式给出决定性的意见。其代表当地人民政府办公会的最终意见，主要有两种：一是地名规划方案通过人民政府的审议，可以继续下一步的相关工作；二是地名规划方案“暂时”没有通过人民政府的审议，要求对其继续完善，然后择机“上会”再行审议。

至此，当地地名行政主管部门需要做两件事：一是如果当地人民政府批准了地名规划方案，且在会议的审议过程中，提出有部分修改的事项，则应在做好记录的基础上，准备下一步的完善工作；二是如果当地人民政府未批准该地名规划方案，则不得不根据本次的会议意见和会议精神，重新编制地名规划方案。

二、地名规划方案的公告

在现行的行政管理机制中，特别是在新的形势下，上至中央、下至地方都有明确的规定，以及为了响应社会各界的迫切呼声与满足民众参政、议政的需求，要求人民政府的各项为民事务必须公开、公正、公平。据此，在当地人民政府办公会审定地名规划方案之后，还应当增加一个必然的工作程序，向全社会公开地名规划方案。在公示期限过去之后，当地人民政府才能正式下达批复地名规划方案的有关文件。为此，我们专门就这一事件做一点说明。同时，也将与该公告有关或者相近的事务性工作罗列于此，以使读者在整体上有一个更加清晰的概念。

1. 地名规划方案的公示

本级人民政府在正式批准地名规划方案（报批稿）之前，可通过本地的各类媒体向社会公示。公示期应在7—10天之内。之所以建议将公示期确定为7—10天，有这样如下的考虑：7天为一个星期，10天为一旬，期间至少可以覆盖5个左右的工作日，方便民众参与的同时，也利于处理相关事宜，还不会将这一工作时间拖得过长。注意，即将向社会公示的地名规划方案，如果在公示期内群众没有特别的意见，则该方案是迄今为止最为完善的方案。因为，它在当地人民政府办公会之后，已经根据会议的具体要求，进一步进行了精益求精的修改和完善（参见示例11-3）。

示例11-3：关于某某地名规划方案的公示

关于某某地名规划方案的公示

根据市政府的统一部署，市民政局组织完成了《某某市地名总体规划（2015—2020）》，并于××××年××月××日市政府第××次办公会审议通过了《某某市地名总体规划（2015—2020）》。为体现公开、公正的原则，鼓励广大民众参政议政，吸收群众的宝贵意见，现予以公示。

一、公示期：7—10天（××××年××月××日—××月××日）。

二、公示内容：见附件。（略）

在公示期内，市民可通过市政府官方网站、市长热线等，将自己的意见或建议予以反馈，市政府在吸纳市民好的建议基础上，在公示期满之后正式批复该地名规划方案。

某某市人民政府办公室（章）

××××年××月××日

2. 地名规划方案的批复

地名规划方案公示期满之后，当地人民政府应下发文件，正式批复该地名规划方案（参见示例11-4）。

示例 11-4：关于同意《某某地名总体规划》的批复

关于同意《某某地名总体规划》的批复

民政局：

你局上报的《关于呈请批复〈某某地名专项规划〉的请示》收悉。经市政府办公会第×××次会议研究决定，同意《某某地名总体规划》，现批复如下：

一、抓紧落实现势地名的命名工作。

二、涉及地名调整的，应及时予以更名，同时做好社会稳定工作。

三、已经命名的街路等，应尽快编制门牌号码。

四、已经命名的地理实体，均应设置地名标志。所需经费另行申报。

五、编制地名文化保护名录。

此复。

某某市人民政府（章）

××××年××月××日

为了强调地名规划方案的重要性、可行性、法规性等，并且表明该地名规划方案可以实施了，有的地名规划方案编制者，特意将地方人民政府关于地名规划方案的批准文件，置于该地名规划方案最后一稿的前列（参见示例 11-5）。

示例 11-5：朝阳市人民政府关于批准朝阳市城市地名规划的批复

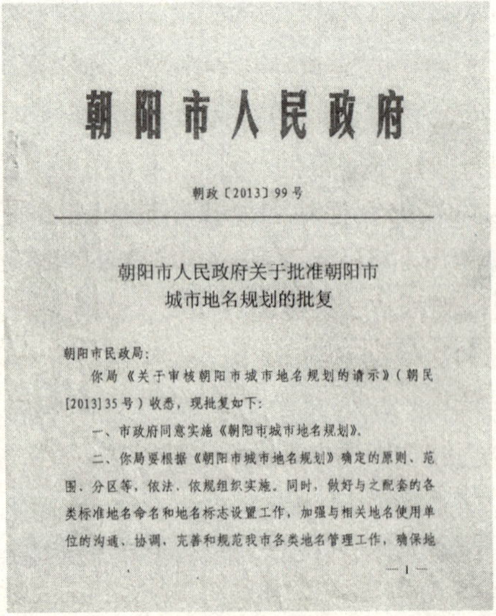

朝阳市人民政府

朝政〔2013〕99号

朝阳市人民政府关于批准朝阳市城市地名规划的批复

朝阳市民政局：

你局《关于审核朝阳市城市地名规划的请示》（朝民[2013]35号）收悉，现批复如下：

一、市政府同意实施《朝阳市城市地名规划》。

二、你局要根据《朝阳市城市地名规划》确定的原则、范围、分区等，依法、依规组织实施。同时，做好与之配套的各类标准地名命名和地名标志设置工作，加强与相关地名使用单位的沟通、协调，完善和规范我市各类地名管理工作，确保地

—1—

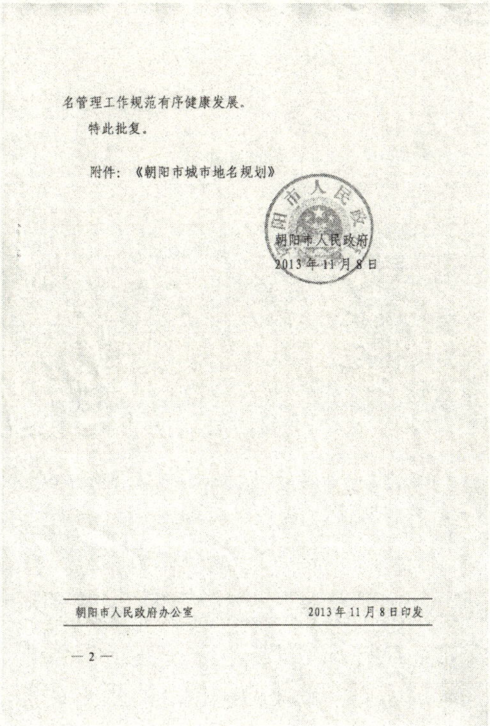

名管理工作规范有序健康发展。

特此批复。

附件：《朝阳市城市地名规划》

朝阳市人民政府

2013年11月8日

朝阳市人民政府办公室　　2013年11月8日印发

—2—

地名规划方案经本级人民政府批准后，应成为当地人民政府正式发布且须及时贯彻的行政性管理文件。该文件具有的属性和功能是：

（1）法规性。虽然地名规划不是地方性法规，但其经过当地人民政府审核、批复之后，就成为本地最高行政机关下发的正式文件，需要人民政府及其所属部门必须逐项予以落实，因而其具有了地方性法规的属性。

（2）技术性。鉴于地名规划方案本身是科研人员研究的成果，其所涵盖的内容或事项具有很高的技术要求，且为地名的行政管理提供了必要的技术支撑，因此它又位列科研技术的范畴。

（3）专题性。与以往的其他地名工作不同，地名规划工作针对性很强，只是就地名规划而规划，尽管其工作的边界与相关事务有所重叠，但其仍然表现为特有的单一性，继而成为专题性工作中一种典型的形式。

（4）规范性。之所以不遗余力地开展地名规划方案的编制，其终极目标是，通过这一工作方式实现地名工作的规范化。毋庸赘言，在这些地名规划方案及其文本中的各个角落，都以不同的面貌体现着规范化、标准化的光辉。

（5）指导性。基于地名规划系规划中的一种，且地名规划越来越趋向于综合性的规划，它的作用日益凸显出来，其具体的表现是，全面指导、完善地名的相关工作。

（6）时效性。规划的特点之一是，具有一定的时间要求。对此，地名规划及其规划方案也概莫能外。只有在一定的时限之内，实现地名规划中的诸多事项，地名规划方案才具有实际意义。否则，如果将其束之高阁或者延期执行的话，无疑将成为“中途半端”的“半成品”，甚至是“英雄无用武之地”的“废品”。

另外，当地人民政府批准该地名规划方案之后，根据当地的实际情况，可向社会发布地名规划方案。

3. 地名规划方案批复后的告知

对于委托的地名规划项目，在地名规划方案获得当地人民政府的正式批准后的5个工作日内，该地名规划的委托方（也就是甲方），假若乙方没有参加当地人民政府的办公会或相关审议会议的话，应将这一确切的事项通报给地名规划的受托方。其作用是：甲乙双方工作关系至此发生变化，肯定乙方地名规划的工作成绩。该告知的方式主要有以下3种：

（1）书面通报。为郑重起见，地名规划方案编制的委托方，应当以正式文书信函的形式告知乙方。一般而言，可以将当地人民政府的批复作为附件，一并发送给受托方。如果确实需要，甚至可以将该批复文件作为附属性文件，编入、排印在《某某地名总体规划文本》之中。

（2）复制传输。此时，地名规划方案的政府批文有3种复制的文本形式，它们分别为：一是对批复的文件予以照相，形成照片形式，然后可以通过网络进行传送；二是复印批复文件，之后通过电话传真或者网络告知乙方；三是形成批复文件的扫描文本，然后利用邮递、传真、网络向原作者尽告知义务。上述3种“二手”文件的作用类似于该文件的原件，但其性能弱化于批复文件本身。

（3）电话通知。这种通告方式不够正规，但聊胜于无。

4. 地名规划方案的备案

地名规划方案获得当地人民政府批复后，地名行政管理部门应将该地名规划方案报上级地名行政管理部门备案。理由有二：

（1）向上级地名行政管理部门报告完成了其工作的部署。开展地名规划工作不仅是地名服务工程的组成部分，也是上级地名行政管理部门部署的任务之一。因此，作为下级的地名行政主管部门，需要不折不扣地将本地地名规划工作的完成情况如实地、及时地向上级报告。

（2）充分体现地名具有的社会服务属性。虽然每一个地名都是一个个体，但又都是地名群体中的一员，因而必须将它们置身于更大的“族群”之中，并通过向上级备案的形式，使之在整个地名系统中融为一体，且被录入、添加到更大（更高）一级的地名数据库中，从而可以为更多的人服务。

5. 地名规划方案的宣传

在地名规划方案批复之后，除了上述延续下来的工作之外，还有一些与之关联的非硬性事项需要去做。如果这些事情置之不理，或者听之任之地成“过眼烟云”，可能会带来不利的影响。只不过，这些不利的影响是缓慢发生的、是局部产生的。尽管如此，也应当引起有关部门的高度重视，并切实地予以办理。所以，地名规划方案在执行过程中，当地人民政府宜通过各种媒体（如报纸、广播、电视、网站、微信公众号等）进行广泛宣传。这样做的好处是：

（1）着力体现当地人民政府政务公开原则。

（2）使地名规划方案的方方面面深入人心。

（3）为民众提前熟知新的地名等提供帮助。

6. 地名规划方案征集地名的处理

对于从社会上征集到的地名，在地名规划方案中一经采用，征集部门根据其在地名规划方案中采用的具体情况，可给予拟名者适当的奖励。

第二节　地名规划的保障措施

从纯粹的公文报批的角度看，通过上述一节的叙述，似乎地名规划方案已然走完行政管理的程序。但是，地名规划及其相关的地名行政管理工作是一个大的系统工程，不仅仅是一个批复的文件就可以完全涵盖的，从文件走向文件的做法是无用之功，必须在其后续的行政行为中具有切实可行的保障措施。事实上，对于一个下级机关请示的批复，只是一项工作的正式开始，且需要走的路径还很长。至少从行政管理的角度讲，还需要处理好两方面的问题：一是横向的协调问题——在整个地名规划的贯彻和落实阶段，地名规划方案虽然是当地地名行政主管部门主持完成的，但当其步入具体的实施阶段时，如果只由其一家来执行的话，势必有其行政职能不逮之处，必须与相关职能部门协调，在“各行其道”、各司其职的前提下，才能事半而功倍、成效显著，顺利完成这项全方位的大型工作。二是纵向的保障问题——保障措施虽然不涉及兄弟部门，但与上级机关密切相关，且地名行政主管部门为主办的主体，属于地名规划方案落实过程中的跟进步骤，如果这一环节缺失的话，则会造成无以为继的局面，因此其仍然是重中之重的必备工作。这，正是本节所要阐述的内容。

一、地名规划方案的制度保障

古语云：“没有规矩，不成方圆”。在现行的行政管理体制下，任何行政管理事务都不是任性为之，必须建立在各项规章制度的基础上，特别是关系到当地民众切身利益的工作，更需要完备的法规性制度作保障。在我国，有立法权的地方行政区域是由相应的机构赋予的，在省、自治区、直辖市、特别行政区之外，还有称之为“较大的市”。然而，在多数情况下，开展地名规划方案编制工作的地方人民政府并非可以单独立法的“较大的市”。但这并不是说，这些地方人民政府能够不按法规的要求办事，而是意味着，需要在本行政区域管辖的范围内，制定一些有一定法律效率的规定，如地名管理办法、地名管理规定等，以此作为包括地名规划方案在内的地名行政管理的制度保障，从而体现出依法行政、据规办事的正确理念和规矩行为。

1. 地名规划方案综合性制度保障

在整个地名管理系统中，地名规划工作只是其中的一部分，而且是阶段性的地名行政工作。因此，在地方的地名行政管理事务中，不一定单独为其出台专门的管理规定，特别是在一个地方的地名法规管理系统内，一般是颁布综合性的地名管理办法，其中的内容亦涵盖了与地名规划有关的事项。事实上，鉴于地名规划的变化趋势——由地理实体命名规划转化为地名管理规划，由专项地名规划转化为综合性地名规划，由现势地名规划转化为长期地名规划，导致地名规划的内容越来越多、越来越全。其结果是，如果没有相应的保障措施、规章制度，地名规划方案及其执行有落空之虞。所以说，建立健全相关的地名管理规定是落实地名规划方案的制度保障（参见示例11-6）。

示例 11-6：某某市地名管理办法

某某市人民政府令

第 123 号

《某某市地名管理办法》已经××××年××月××日市人民政府第 54 次常务会议通过，现予发布，自××××年××月××日起施行。

市长张某某

2013 年 1 月 28 日

某某市地名管理办法

第一章　总则

第一条　为了加强地名管理，实现地名标准化、规范化，适应经济社会发展和人民生产生活需要，根据国务院《地名管理条例》及相关法律、法规，结合本市实际，制定本办法。

第二条　本市行政区域内地名的管理，适用本办法。

第三条　本办法所称地名，是指用作标示方位、地域范围的地理实体名称，包括：

（一）山、河、湖、岛、泉、洞、洲、湿地、水道、滩涂、地形区等自然地理实体名称；

（二）区县（市）、乡镇、街道等行政区划名称；

（三）村、社区、矿区、农林牧渔场等名称；

（四）小区、大厦、大楼、公寓、商厦、别墅等住宅区、建筑物名称；

（五）公路、港口、车站、机场、水库、闸坝、电站等专业设施名称；

（六）城市道路（含桥梁、隧道）等市政交通设施名称；

（七）广场、公园、纪念地、游览地、风景名胜、文物古迹、自然保护区、公共文化体育场馆等公共场所、设施名称；

（八）其他具有地名意义的名称。

第四条　市、区县（市）人民政府应当加强对地名管理工作的领导。

市民政部门负责全市地名管理工作，区县（市）民政部门具体负责辖区内的地名管理工作。

规划、住房城乡建设、公安、国土资源、交通运输、文化广电新闻出版、城管执法、工商、旅游、邮政等部门应当按照各自职责做好地名管理相关工作。

乡镇人民政府、街道办事处应当配合做好辖区内的地名管理工作。

第五条　地名管理工作经费和由政府有关部门负责设置、维护的地名标志管理经费列入同级财政预算，实行专款专用。

第二章　地名命名、更名与销名

第六条　地名的命名和更名，应当按照国家、省和本办法的规定办理。未经批准，任何单位和个人不得擅自对地名进行命名和更名。

对社会经济生活有重大影响的地名，一般不得更名。

第七条　地名的命名和更名应当符合下列规定：

（一）不得损害国家主权、领土完整、民族尊严和人民团结；

（二）符合城乡规划，反映当地历史、地理、文化和经济特征，尊重当地居民意愿，名实相符，含义健康；

（三）一般不以人名作地名，禁止用国家领导人的名字和外国人名、地名及其同音字、近音字作地名；

（四）用字规范，通俗易懂，避免使用生僻字。同类地名不得重名或者使用同音字、近音字以及形似字；

（五）专业设施的专名一般应当与所在地地名一致；

（六）符合有关法律、法规、规章和地名行政主管部门制定的规范。

第八条　自然地理实体的名称，除依法应当由国家、省或者上级有关部门批准的外，只涉及一个区县（市）的，由所在地乡镇人民政府、街道办事处提出申请，经区县（市）地名行政主管部门审核后，报同级人民政府批准；涉及两个以上区县（市）的，由有关区县（市）人民政府协商后共同提出申请，经市地名行政主管部门审核后，报市人民政府批准。

第九条　区县（市）、乡镇、街道的名称，按照国家、省有关规定报请批准。

第十条　村、社区的名称，由乡镇人民政府或者街道办事处向区、县（市）地名行政主管部门提出命名申请，经市地名行政主管部门核查后，由区县（市）地名行政主管部门批准。

矿区、农林牧渔场的名称，除依法应当由国家、省或者上级有关部门批准的外，由有关单位向其专业主管部门提出命名申请，经同级地名行政主管部门同意后，由专业主管部门审批。

第十一条　住宅区、建筑物的名称，管理单位或者建设单位在申请办理建设工程规划许可证或者乡村建设规划许可证前，应当向地名行政主管部门提出命名申请。市区范围内的，由市地名行政主管部门审核；县（市）范围内的，由县（市）地名行政主管部门审核。地名行政主管部门可以委托规划行政主管部门在办理相关证件时一并进行审核。

第十二条　专业设施和公共场所、设施的名称，除依法应当由国家、省或者上级有关部门批准的外，由有关单位向其专业主管部门提出命名申请，经同级地名行政主管部门同意后，由专业主管部门审批。

第十三条　城市道路（含桥梁、隧道）等市政交通设施的名称，除依法应当由国家、省或者上级有关部门批准的外，管理单位或者建设单位应当在办理建设工程规划许可证之前，向地名行政主管部门提出命名申请，经审核后报同级人民政府批准。市区范围内的，向市地名行政主管部门申请；县（市）范围内的，向县（市）地名行政主管部门申请。

第十四条　住宅区、建筑物的更名，由管理单位、建设单位或者业主向地名行政主管部门提出更名申请，其中有两户以上业主的，应当征得全体业主的同意。市区范围内的，由市地名行政主管部门审批；县（市）范围内的，由县（市）地名行政主管部门审批。

市政交通设施的更名，由管理单位或者建设单位向地名行政主管部门提出更名申请，经审核后报同级人民政府批准。市区范围内的，由市地名行政主管部门审批；县（市）范围内的，由县（市）地名行政主管部门审批。

其他地名的更名，按照地名命名的权限和程序办理。

第十五条 申请地名命名、更名的，应当提出书面申请，并填写地名命名、更名申请表。申请住宅区、建筑物命名、更名的，还应当提交建设用地规划许可证和经批准的规划总平面图。

地名的命名、更名，受理机关应当自受理申请之日起二十日内作出书面决定。市政交通设施影响重大的地名命名、更名，受理机关应当向社会公开征求意见或者组织专家论证，并在六十日内作出书面决定。

第十六条 因行政区划变更、城乡建设、自然变化、地名更名等原因，原地名无存在必要的，由原地名命名、更名的批准机关予以注销。

第十七条 经批准命名、更名和予以注销的地名，批准机关应当自批准之日起十日内向社会公布。

第十八条 经专业主管部门、县（市）人民政府和区县（市）地名行政主管部门批准命名、更名和予以注销的地名，批准机关应当自批准之日起十五日内报市地名行政主管部门备案。

第十九条 市、县（市）地名行政主管部门应当建立地名档案和地名数据库，及时更新、公布地名信息。

地名行政主管部门与住房城乡建设、公安、规划、国土资源等部门应当及时互通基础信息，实现资源共享。

第二十条 地名一般不得有偿冠名，确需有偿冠名的，市、县（市）地名行政主管部门应当向社会公开征求意见，组织听证会、专家论证会，报市、县（市）人民政府批准。地名有偿冠名费纳入同级财政管理。

地名有偿冠名的具体办法，由市地名行政主管部门制定，报市人民政府批准后实施。

第三章 标准地名使用

第二十一条 符合地名管理规定，并依法批准的地名为标准地名。

本办法实施前已由市、县（市）地名行政主管部门编入地名工具书、仍在使用的地名，视为标准地名。

第二十二条 下列事项涉及地名的，应当使用标准地名：

（一）机关、部队、团体、企业、事业单位制发的公告、文件、文书、证照；

（二）公共场所、公共设施的地名标识；

（三）公交站点、轨道交通站点；

（四）报刊、广播、影视、互联网中的新闻用语；

（五）公开发行的地图和地名出版物；

（六）广告。

第二十三条 标准地名应当按照国家规范汉字书写。地名的罗马字母拼写，以国家规定的汉语拼音方案和拼写规则为标准。

第二十四条　市、区县（市）地名行政主管部门负责编纂本行政区域的标准地名出版物，向社会提供标准地名。

第四章　地名标志设置与管理

第二十五条　本办法第三条第（三）项至第（七）项所列地名，应当设置地名标志。其他地名，可以根据实际需要和环境条件设置地名标志。

地名标志的制作和设置应当符合国家标准及有关技术规范。地名标志上的地名，应当使用标准地名，并按规范书写汉字、标准汉语拼音。

建筑物地名确定后，应当编制门牌、楼牌号码。具体编排办法由市地名行政主管部门另行制定。

第二十六条　地名标志按照下列分工设置和管理：

（一）村、社区地名标志由乡镇人民政府、街道办事处负责；

（二）城市道路（含桥梁、隧道）等市政交通设施的地名标志由市、县（市）人民政府确定的部门负责；

（三）其他地名标志按照管理权限由管理单位、建设单位或者产权人负责。

地名标志的设置或者管理单位应当及时修缮、更新地名标志，保持地名标志的完好。

第二十七条　本办法第三条第（四）项至第（六）项和第（七）项中广场、公园、公共文化体育场馆的地名标志，应当在工程竣工时设置完成，并纳入建设工程综合验收。

其他地名标志应当自地名批准之日起六十日内设置完成。

第二十八条　地名行政主管部门发现有下列情形之一的，应当及时通知地名标志的设置或者管理单位，设置或者管理单位应当自接到通知之日起六十日内完成地名标志的设置、维护或者更换：

（一）应当设置而未设置地名标志的；

（二）不符合国家标准及有关技术规范的；

（三）已更名和予以注销的地名，地名标志未改变的；

（四）地名标志破损、字迹不清或者残缺不全的；

（五）设置位置不当的。

第二十九条　任何单位和个人不得涂改、污损、遮挡、覆盖地名标志。

需要移动、拆除地名标志的，应当经地名标志管理单位同意，并按管理权限报地名行政主管部门备案。

第五章　历史地名保护

第三十条　区县（市）地名行政主管部门应当对辖区内的历史地名进行

普查，建立历史地名档案。

市地名行政主管部门应当建立历史地名评价体系，制定历史地名保护名录，报市人民政府批准后公布。

第三十一条　历史地名保护应当坚持使用为主、注重传承的原则，与历史文化名城保护规划相结合。

第三十二条　列入历史地名保护名录且仍在使用的地名不得更名。

列入历史地名保护名录且未使用的地名，应当采取挂牌、立碑等措施加以保护。

第三十三条　对列入历史地名保护名录的地名涉及的地理实体，需要进行拆除或者迁移的，除依法办理有关手续外，市、县（市）建设行政主管部门还应当会同同级地名行政主管部门制定地名保护方案。

第六章　法律责任

第三十四条　违反本办法第二十二条规定，未使用标准地名的，由地名行政主管部门责令限期改正，并可处以五百元以上一千元以下罚款。

第三十五条　违反本办法第二十三条规定，未按规定书写、拼写标准地名的，由地名行政主管部门责令限期改正，并可处以五百元以上一千元以下罚款。

第三十六条　违反本办法第二十九条规定，涂改、污损、遮挡、覆盖和未经地名标志管理单位同意移动、拆除地名标志的，由地名行政主管部门责令限期恢复原状，并可处以五百元以上一千元以下罚款；造成损失的，依法予以赔偿。

第三十七条　地名行政主管部门和其他有关行政主管部门的工作人员在地名管理工作中玩忽职守、滥用职权、徇私舞弊的，依法给予行政处分。

第七章　附则

第三十八条 本办法自××××年××月××日起施行。

2. 地名规划方案专题性制度保障

对于面面俱到的综合性地名管理规定，由于其具有的全面性，使其在地名行政管理事务中发挥着重要的作用。然而，正是因其万全的考虑，导致其条款规定不可能过于细化，尤其是面对地名事务中的子项目，更是有挂万漏一之感。在上述示例 11-6 所列的《某某市地名管理办法》，就地级市的地名管理规定而言，可谓规定翔实、质量上乘，但仍然存在诸多缺憾，特别是与地名规划相关的事项，竟然令人遗憾地缺如。何以至此？主要原因为：一是从传统意义上讲，地名规划工作是阶段性的任务，不属于日常管理的事项；二是地名规划方案的编制已然列入地名行政管理之中，可以将其划入地理实体的命名范畴；三是已然将地名规划定性为简单的命名地理实体，不是全方位地约束地名工作，从而没有真切地把握地名规划的实际属性；四是地名规划涉及面较宽，与其他部门的业务具有交叉关系，不便将它用具体的条款规定出来。由此可见，为了弥补综合性地名管理规定的先天不足，保证地名规划的有效执行、有序落实，很有必要针对地名规划的特点和实际，制定并发布切实可行的专项地名管理规定。那么，以什么内容为主题的专项地名管理规定对地名规划方案的贯彻最为有利（有力）呢？答案竟然是不甚了了。其实，当地名规划方案中承载了过多的内容时，任何专题性地名管理规定或者规则都是对其有益的。下面，我们试举几个常规性的例子，以便答疑解惑。

（1）地名文化遗产保护规定。令人遗憾的是，虽然我们尽力而为，但因孤陋寡闻或资料欠缺，没有搜集到地方性的关于地名文化遗产保护的有关规定。不过，对于某地的地名文化遗产保护，只需要确定以下几点就可“万事大吉”：一是范围；二是层级；三是种类；四是时间；五是方式。同时，在组织机构健全、保护措施得力、专项资金到位的基础上，这一工作就能“更上一层楼”。而且，为了有助于各地开展这项工作，因地制宜地制定相关规定，我们将《全国地名文化遗产保护工作实施方案》粘贴于此，请同志们借此“就近”学习、参考、模拟（参见示例 11-7）。

示例 11-7：全国地名文化遗产保护工作实施方案

民政部关于印发《全国地名文化遗产保护工作实施方案》的通知

各省、自治区、直辖市民政厅（局），北京、天津、上海地名工作主管部门，新疆生产建设兵团民政局：

地名文化遗产是重要的中华民族文化遗产，是宝贵的文化财富。为贯彻落实党的十七届六中全会推进社会主义文化大发展大繁荣的重大部署，根据《民政部关于加强地名文化建设的意见》（民发〔2012〕106 号）要求，民政部决定在全国全面开展地名文化遗产保护工作，并制定了《全国地名文化遗产保护工作实施方案》。现印发给你们，请认真组织实施。

二〇一二年七月四日

全国地名文化遗产保护工作实施方案

根据《民政部关于加强地名文化建设的意见》（民发〔2012〕106 号），

为深入开展地名文化遗产保护工作，制订本方案。

一、地名文化遗产保护工作的重要意义

联合国地名标准化大会多次做出决议，强调地名是国家重要的历史和文化遗产，要求各国采取行动予以保护。在联合国地名组织的推动下，许多国家开展了地名文化遗产保护工作。我国幅员辽阔，历史悠久，地名浩如烟海。这些地名记载着中华民族对自然环境和人文环境特有的认识和思考方式，记录着中华民族在漫长的历史进程中创造的物质文明与精神文明成果，是中华民族悠久历史的见证，是中华文化形成、发展和传承的载体，是宝贵的文化遗产。近年来，我国地名文化遗产保护理论研究不断深化，“千年古县”等保护活动扎实开展，地名文化遗产保护工作取得显著成效。但是，随着城镇化、工业化的快速发展，大量有重要历史和文化价值的地名不断消失，破坏严重，亟须进行抢救和保护。深入开展地名文化遗产保护工作，对保护我国独特地名文化资源、促进地名文化繁荣发展、推动地名事业科学发展、弘扬中华优秀文化、促进社会主义文化建设具有重要意义。

二、总体目标和基本原则

（一）总体目标。按照“统筹规划、全面保护、突出重点、分类实施、逐步推进”的要求，全面开展地名文化遗产保护工作，对各类地名进行系统挖掘整理，重点做好千年古城（都）、千年古县、千年古镇、千年古村落、甲骨文和金文地名、少数民族语、著名山川、近现代重要地名等8类地名文化遗产的保护工作。制定地名文化遗产保护规划，建立完善管理与保护的长效机制，将我国地名文化遗产的保护与世界文化遗产保护相衔接，使各类地名文化遗产得到有效保护、传承和弘扬。

（二）基本原则。抢救第一，保护为主，弘扬传承，合理利用。坚持全面保护与重点保护相结合，保护研究与保护实践相结合，传承弘扬与宣传教育相结合。正确处理每个“结合”的相互关系，防止只顾重点保护，忽略一般性、全面性保护工作，防止不经深入研究和考证而盲目武断认定保护对象，防止只重认定确认不重传承弘扬和宣传教育的倾向。

三、重点保护对象

（一）千年古城（都）地名文化遗产。我国古代城市始于先秦时期，并与古国都城相融合，为一定区域乃至全国政治、经济、文化中心。千年古城（都）不仅是中华民族历史与文化的见证，也是古代都城建设发展和古代建筑艺术的活化石，其主地名和派生地名群系统地承载着古城（都）文化信息。

（二）千年古县地名文化遗产。我国县治始于春秋战国，自秦汉定制后历代传承至今。千年古县积淀了深厚的历史文化、地理文化和乡土文化，是中华传统文化的基本单元，其历史悠久的地名承载着深厚的地域文化信息。

（三）千年古镇地名文化遗产。我国古镇（自然镇）源于古代中心聚落，为一定区域经贸、文化、交通中心，有些逐渐发展为建制镇。千年古镇地名是我国古代小城镇传统文化的历史见证。

（四）千年古村落地名文化遗产。我国有着7000年的农耕文明史，不同历史时代和不同地域、不同民族所形成的古村落，在世界文化遗产中有着重要的地位。千年古村落名称承载着大量文化信息，是我国古代聚落历史与文化的活化石。

（五）甲骨文、金文地名文化遗产。甲骨文、金文中记载的地名，有些传承沿用至今，成为我国古代地名中最具代表性的活化石，是中国和世界地名文化遗产中极珍贵、极濒危、极具保护传承价值的文化遗产。

（六）少数民族语地名文化遗产。少数民族语地名是民族语言和历史、文化的重要载体，是中华民族多元文化的见证。特别是使用人口很少的少数民族文字地名和一些没有民族文字只靠口耳相传的少数民族语地名，处于濒危状态，亟须保护。

（七）著名山川地名文化遗产。著名山、河、湖及洞、泉、瀑布等自然地理实体名称，不仅积淀了丰厚的地质、地貌、景观和古建、石刻、人物、事件等文化内涵，而且是自然环境变迁和先民利用自然、改造自然的历史见证。

（八）近现代重要地名文化遗产。近现代形成的地名虽历史不够久远，但有些是近现代形成的国内外闻名的独特文化发祥地或弘扬中华民族精神的纪念地，有深远的历史意义和现实意义，具有重要的传承保护价值。

四、管理机制和申报程序

按照“统一领导、分级负责”的原则，民政部统一组织指导全国地名文化遗产保护工作，负责中国地名文化遗产的认定确认、记录公示、颁证授牌和宣传保护等工作；各省（区、市）地名主管部门组织指导本省（区、市）地名文化遗产保护工作，负责全省地名文化遗产的申报、审查、推荐和宣传、保护等工作。地级和县级地名主管部门指派专（兼）职地名文化遗产管理干部，负责本市、县地名文化遗产的普查、登记、申报、宣传、保护等工作。

列入重点保护对象的8类地名可申报中国地名文化遗产，相关标准条件按照《地名文化遗产鉴定》行业标准执行。地名文化遗产申报按照以下程序进行：

（一）组织申报。地名文化遗产所在地政府决定申报后，由当地地名主管部门负责承办具体申报工作。申报中国地名文化遗产，应经省级地名主管部门审查后向民政部推荐。申报单位应提交《中国地名文化遗产申报鉴定表》

和地名文化调查材料等相关资料。

（二）调研评估。民政部组织专家调研组到实地通过座谈、寻访、踏勘和考证等多种途径，挖掘、核定地名文化遗产的历史沿革、文化内涵和保存现状，并写出调研评估报告。

（三）鉴定确认。民政部根据有关申报材料和调研组提供的调研评估报告，依据《地名文化遗产鉴定》标准，组织专家进行认真、公正地评审鉴定，并确认是否列为中国地名文化遗产。

（四）记录公示。经民政部确认为中国地名文化遗产的，列入《中国地名文化遗产重点保护名录》，由民政部、联合国地名专家组中国分部联合颁发“中国地名文化遗产”证书和牌匾，并向社会公示。

（五）宣传弘扬。加大对地名文化遗产的保护力度，民政部组织摄制中国地名文化遗产专题宣传片，通过中央电视台等媒体广泛宣传。各级地名主管部门要通过影视、报刊、图书、会展等多种传媒大力宣传地名文化遗产，提高地名文化遗产的社会认知度、知名度，传播地域特色文化，弘扬中华优秀传统文化，为地方经济社会发展和文化旅游建设打造知名品牌。

（六）管理保护。各级地名主管部门要积极制定地名文化遗产保护、传承的政策文件，切实加强地名文化遗产的管理与保护。民政部和省级人民政府地名主管部门，分别建立地名文化遗产管理信息系统，对列入《地名文化遗产重点保护名录》的地名文化遗产实行跟踪监管，对管理保护中存在的问题及时解决。

五、保障措施

（一）加强业务培训，提高专业水平。地名文化遗产保护是全新的地名文化工作。各级地名主管部门要加强培训，努力学习国际组织和国家有关法规规定，学习相关专业知识，不断提高地名文化遗产保护的工作水平。

（二）开展理论研究，提供技术支撑。各级地名主管部门要努力调动社会学术力量，充分发挥各相关科研部门专家学者的作用，针对保护工作中出现的新情况、新问题，开展理论研讨。通过设立专项课题、召开研讨会和组织联合攻关，不断深化地名文化遗产理论研究，逐步完善中国地名文化遗产理论体系，为开展中国地名文化遗产保护工作提供技术支撑。

（三）健全保护机制，加强科学管理。逐步健全地名文化遗产普查登记、申报调研、鉴定确认、记录公示、宣传弘扬、跟踪监管、保护传承等一系列保护机制，不断完善国家与地方地名文化遗产保护法规和政策文件，将全国地名文化遗产管理与保护逐步纳入法制轨道。

（四）搞好宣传教育，增强保护意识。各级地名主管部门要努力协调有关宣传部门积极支持地名文化宣传弘扬工作，通过多种媒体大力宣传，普及地名文化遗产知识，提高社会各界对地名文化遗产保护工作的认知度，增强全社会对地名文化遗产的珍爱意识和保护的自觉性，为加强地名文化遗产保护奠定坚实的社会基础。

（五）开展国际合作，形成强大合力。要主动与联合国地名组织、教科文组织和国外相关组织开展交流与合作，学习借鉴国际地名文化遗产保护的研究成果和经验，开展地名文化理论交流合作，主动展示我国地名文化遗产保护成果，增强中华民族优秀传统文化的影响力、认同感，推动我国和世界地名文化遗产保护工作的融合发展。

然而，手握“尚方宝剑”还远远不够。最需要、最迫切的是，负责任的地方人民政府，根据国家有关法律、规定、文件的精神，制定并出台本地的地名文化保护规定，然后严格地遵照执行。

（2）地名信息服务指导意见。在地名规划方案的具体内容中，有的规划方案包含了这方面的事项。因此，如果某个地方出台了关于地名信息化服务的指导意见，则对该地的地名规划落实大有裨益。通常，这类地方性的规范文件包括以下内容：一是地名网站的建立与维护；二是地名数据库中的地名信息共享；三是地名数字化之后的问询系统。这 3 种借助现代电子信息的数字地名工作，是一个事务的 3 个方面，它们相互依存、相互帮助、相互支撑，共同构筑起现代化的便民服务措施和机制。同时，也为地名管理（如地名档案管理、地名信息交换等）奠定了扎实的基础。

（3）地名门牌号码编制导则。按照常理，全国地名标准化技术委员会应当组织人力、物力，编制全国通行的《门牌编码规则》国家标准。但是，由于我国地域广阔、民族众多、文化多元、地物多样，导致统一门牌编码规则成为一件困难的事情。在这种情形下，即使是公益性的推荐国家标准，或者是指南类国家标准，也是不便操作的事项。甚至以省级行政区域单位为主体，出台在全省（自治区、直辖市）范围内执行的地方标准，同样趋向于困难的境地。事实上，民政部区划地名司曾经启动过这一工作，但结果却是没见下文。为此，地方人民政府只能根据自身的实际，针对地名类别中最小的元素，在因地制宜的基础上，编制当地的门牌编码导则。即，在贴近本地实际的前提下，颁布有关门牌编码的基本规则，以地方规范性文件的形式，指导、规范各类门牌编码的社会行为。因而，我们举出某地顺序数字形式的门牌编码方案，以利于其他地方可以借助他山之石（参见示例 11-8）。

示例 11-8：某某市地名地址门牌编码方案

某某市地名地址门牌编码方案

第一条 目的

为做好我市地名地址的门牌编码工作，规范地名地址门牌号码的使用，根据国务院《地名管理条例》、民政部《地名管理条例实施细则》，并依照国际惯例和社会习惯的编码方法，制订本方案。

第二条 总体要求

全面勘查摸底，统一制定门牌，做到一门（户）一号，有门（户）有号，有号有牌，使全县城镇院、楼栋，门牌的编码科学化、门牌序列化、规格标准化，确保全市城镇、院、楼栋、门牌的整齐和统一。

第三条 安装范围

全市城区（含县城、建制镇，下同）范围内所有路、街、巷、机关、团体、企事业单位、商店、居民住户，都要统一编码，使用规范的标准新门牌。

第四条 编码原则

1. 名称标准化的原则。全市所编门牌号码，必须按地名行政主管部门正式命名的地名实施，未经地名部门批准随意命名的路、街、巷、小区名一律无效。符合地名命名原则而未正式命名的道路，要补办命名手续，统一公布使用。

2. 编码一体化的原则。在全市城区内，门牌编码必须做到“全市一盘棋”，无论其建筑物的用途如何，凡是人们居住、办公、活动的场所，都要实行统一有序、科学标准的门牌编码。

3. 确定编码起点的原则。编码起点是路、街、巷的端点。为了使编码有序，我市原则确定起点为由东往西、由南往北（个别路段可作特殊情况处理）；弄及胡同、巷以主干道为起点向内延伸。

4. 实行奇偶数双轨的原则。为了使整个城区的门牌号码不重复，原则从道路起点开始设置，左侧为单号，右侧为双号，道路两侧号码基本对称。个别道路（即沿河或铁路的道路或单侧具备地名者等）可混合编码。

5. 保持相对稳定的原则。为了保持门牌号码的相对稳定，门牌编码时必须适当预留空号。对商业性街道有空地的每 5 米留一个空号，交通性或离中心城区较远的道路每 10 米留一个空号（已定型的，不会再开门面的单位、院子不留空号）。农村户牌以办理建房证或准备办建房证适当留足空号。

6. 全市统一组织、统一实施的原则。全市城镇楼栋、门牌的编码工作，在市地名委员会的统一指导下，县、县级市为组织者，以乡、镇为单位，由居民委员会、村民委员会（社区委员会）具体实施。实行按社区分组，管辖范围分组包干负责。对于跨街跨社区的道路，可不受行政区划的限制，在搞好协调的基础上统一组织，一编到底。

第五条　编码的具体方法

从道路的起点开始，不论单位大小，门面多少，做到一门（户）一号。编码从街、路、巷的端点开始，向延伸方向逐门逐户进行，边登记、边编码、边绘制草图，做到方位准确，示意图与实地相符，号码与户主（单位）不重、不错、不漏，并填写登记表一式三份。具体编码方法如下：

1. 临街修建的楼（平）房逐门编号，一门（户）一号。后墙及侧墙临街的同样编号。

2. 临街建筑物有两个以上临街且属于独家使用的只编一个牌号，其余的门留作空号。

3. 大型建筑物有两面以上临街的，各门按所临街路编号。

4. 位于两街路交叉点建筑物，其楼门也位于交叉点上，门牌编号可用其较大的街来编。

5. 对于临街的楼房，楼下是商店或者独立门面，楼上是办公场所的，楼下是临街门面者逐门编号（楼梯入口处即楼上所用门牌号）。

6. 临街楼房的楼下是单位或门面，而楼上是住宅的，楼下门面逐户编号，楼上住宅编楼牌号（先编楼牌号，后编门牌号）。

7. 形成院落的单位或住户，以临街院门编门牌号。院内有数栋住宅房的，要按顺序编排栋号，每栋分单元编单元号和户号。以建筑物为界形成院落并且此建筑物临街开门的，无论面临几条街，各门按所临街路编门牌号。

8. 独立院落不管并立（指几个门在同一街道上）有几个院门，只编一个门牌号，其余的门留作空号；几个门在不同街路上，各门按所临街路均编门牌号。根据预留空号原则，将院墙部分留足空号。

9. 对正在施工的建筑物、空地及正在拆迁的建筑，根据范围大小，适当留足空号（参照相对稳定的编码原则）。

10. 属临时性建筑物和近期内拆除的建筑物，原则上不予编号。属于商业性质的临时性建筑物如用户确实需要，也可编临时门牌号。

11. 沿河流的街路及仅一侧有建筑物的街路，按门牌顺序编号（即 1、2、3……）；若另一侧有少量建筑物，两侧门牌号码要相对应。

12. 奇偶数双轨编号的街道，相对应的两个号码不能相距太远，若相距超过 20 米，应适当预留空号以保持奇偶数的匹配。

13. 对于没有地名且不贯通的死胡同，应在先行命名的前提下，然后依主干道顺序进行编码。

14. 街路两边有商业区，则每个商业区给一个门牌号，然后由商业区再给每个门面编号。

15. 居民住宅区的门牌号码编制规则是：

——小区楼群呈块状排列的，按住宅小区名称编楼栋号，每栋楼单独编单元号、户号。

——住宅小区楼群呈条状排列的，按街、路名称编号，单元号、户号同（1）。

——大型住宅区（住宅楼达10栋以上），可以命名其中的街、巷名称，将住宅区分割成若干片，先命名区片名，然后按区片名编楼栋号、单元号、户号。

第六条　门牌的制作与安装

1. 制作楼栋门牌标志的内容、规格和材料，应严格按照国家标准《地名——标志》（GB17733-2008）的规定执行。

2. 楼栋牌、单元牌、户牌的制作、安装按市场价格。

3. 楼栋门牌编码工作县、县级市牵头，及镇、乡为单位，对其所编楼栋门牌进行核查、验收无误后逐级上报市地名委员会办公室。楼栋门牌由县、县级市民政局地名办统一定样制作。

4. 楼栋门牌编号按顺序依次编排，任何单位和个人不得挑选号码或拒绝安装。

5. 楼栋门牌属地名标志物，使用单位和个人要妥善保护；门牌损坏、遗失的要及时到地名行政主管部门申办补牌手续。对擅自更改、移动和毁坏楼栋门牌的单位或个人，按有关规定给予处罚。

第七条　绘制示意图

1. 编好街、巷范围平面图。在编号之前，一定要绘制每一条街、巷所属范围的平面示意图。平面图可以是非比例尺的。在实际编号绘图中，防止建筑物的遗漏。

2. 街、巷门牌编号在图上试编时，要在平面图上将单位名（或住户名称）与编码结合起来草编，建筑物、平面图要与门牌登记表核对，做到准确无误。

第八条　材质及规格

全市门牌号码根据门面大小、道路宽窄分为特号、中号、小号门牌共三种规格，均采用新型铝材冲压抛光制作。

第九条　门牌的安装

1. 安装位置：

——特、中号门牌一律安装在大门上方或右上方，离地面高度不低于2米。

——小号门牌一律安装在门户正上方处。

2. 安装方法：在安装门牌的同时，拆除原自制门牌及旧门牌，由社区居委会组织人员按规定进行统一装钉，不得自行乱装乱钉，不得损毁门牌。

第十条　门牌的管理

门牌统一编号、更新安装后，具有相对稳定和法定使用效能作用，各机关、企事业单位、住户都应树立门牌意识，妥善爱护、保管。

1. 现有房屋门牌的管理：

——门牌编制安装完毕后，执行谁使用谁保护、谁使用谁管理的原则。

——门牌使用时间过长而损坏或遗失，门牌使用者应及时到县或县级市地名办公室申报，经批准后补发新门牌，其费用由门牌使用者负责。

——如使用人损坏门牌，按门牌费用给予赔偿；对偷窃、故意损毁或者擅自移动门牌的，依据《中华人民共和国治安处罚法》的规定处罚。

2. 新建、扩建、改建房屋门牌的管理：

——新建房屋在办理施工手续的同时，需持相关手续，到县或县级市民政局地名办公室办理申报门牌有关手续。待房屋竣工使用时，门牌编制应安装齐备。为户籍管理、邮电投递、供电、供水、供气等方面提供便利。

——扩建、改建、拆建房屋的门牌在办理施工手续的同时，需要向县或县级市民政局地名办公室先申报作废旧门牌，并及时补办更换新门牌。

——新建、扩建、改建、拆建房屋的门牌，经县或县级市民政局地名办公室统一编制安装后，其安装办法与现有房屋门牌管理办法相同。

第十一条　实施步骤

1. 由各县、县级市召开各乡镇（办事处）、县工业园、县建设局、财政局、民政局、城管大队、公安局、工商局、规划局、邮电局、电力局、房产局、物价局等单位负责人会议，形成会议纪要并附地图草稿。

2. 收集地名资料、地名图、道路、城镇街道、小区规划图等有关资料，设计印制表格。

3. 落实地名标志设置经费。经费由各县、县级市财政和乡镇（办事处）以及受益户共同负担。

第十二条　组织领导

为了确保全市门牌管理、编码工作保质保量完成，在市地名委员会的组织领导下，各县（县级市）成立由常务副县长（副市长）、地名委员会主任为组长、分管民政副县长（副市长）为副组长，县建设局、财政局、民政局、城管大队、公安局、工商局、规划局、邮电局、电力局、房产局、物价局等部门为成员单位的组织领导机构，按照国家地名标准化的要求，负责门牌整顿工作期间的人员培训、标志设计、编码制作、更新安装和归档立卷等项工作，各县、县级市民政局地名办具体负责工作实施，各部门积极配合，共同完成这项便民利民工程。

门牌设置工作关系到千家万户，需要各方面的配合，门牌更新设置完成后，自安装之日起开始使用，其余门牌一律作废。公安、工商、房产及城建等部门均按县、县级市民政局地名办统一发放的门牌号码颁发有关证件和执照。

第十三条　其他事项

1. 按物价部门核定的收费标准，向有关开发建设单位或产权所有人（使用单位）收取标准门牌楼牌费用，县、县级市民政局地名办负责标牌制作。

2. 机关、企事业单位和居民，编制门牌号码、变更或确认地址等，到县、县级市民政局地名办办理。

3. 新建的住宅小区、楼宇等建筑物，申报标准名称和编制门牌号码，由开发建设公司（单位）直接向县、县级市民政局地名办申报，并随带建设项目立项批文、总平面图、红线图复印件等材料，填写《某某市建筑物（住宅区）门牌号码申报表》，在该标准名称核定后，组织现场勘察，给予编码。

二、地名规划方案的资金保障

随着各地社会、经济的迅猛发展，地方行政事务的管理日趋完善，地方人民政府由“一门心思”主抓经济建设，逐渐过渡到“下好”整个所属行政区各项工作的“一盘棋”上来。特别是对于公共服务的行政管理，不再是以往简单的、硬性的摊派，而是采用现代社会的先进管理机制，实行为了民众而开展的购买服务。令人欣喜的是，地名规划方案的全面落实，恰恰属于人民政府购买服务的范畴。事实上，前面所说的委托乙方编制地名规划方案正是如此。因此，为了很好地执行地名规划方案中的规划事项，贯彻当地人民政府审议后的批复，除了上文所说的制度保障外，还必须跟进资金的保障。否则，会形成“竹篮打水一场空”的局面。而且，即使是地方人民政府的财政资金充盈，也存在着何时拨款、拨款多少、给谁拨付的问题。

1. 地名规划方案保障资金的拨付时间

上回说到，从地名的规划角度看，既然不是称之为地名的计划，显然其在时间上有一个延展期。为此，对于现势的地名规划和长期的地名规划，在拨付相应的保障资金时，可以不在一个财政年度的预算之内，而是根据落实地名规划方案的进度安排和实际需要，在履行了相关的财政报批手续之后，分期分批地予以下拨。

2. 地名规划方案保障资金的拨付项目

综合性地名规划方案的最大特点是，有多种关于地名的事项进行了必要的规划。这就是说，当其被审议并批准以后，需要开展多项的地名工作。因此，在给付地名规划方案的保证性资金时，可以采取专款专用的原则，依据地名规划方案中不同的规划地名项目，实行有针对性的专项拨款。主要有：

（1）地名标志设置的经费。

（2）门牌安装的经费。

（3）建立地名数据库的经费。

（4）设立地名问询系统的经费。

（5）编制地名文化保护名录的经费。

（6）征集地名的奖励经费。

3. 地名规划方案保障资金的拨付对象

虽然本小标题为“资金的拨付”，但在实际地名规划工作中，这些掌握在当地人民政府手中的经费，不一定都是以拨付的形式出现的。这是因为，为保障地名规划执行到位的项目具有不同的属性，而落实这些项目的主体对象是不同的，导致其拨付资金的行为也随之发生变化。

（1）行政机关的工作经费。从前几章的叙述可以得知，有些与地名有关的工作是由相关的行政机关直接完成的，只不过与以往的日常工作相比增加了临时性的工作任务，因此需要额外的资金给予保障。

（2）事业机构的事业经费。在地名规划的具体运作过程中，市县所属的相关事业单位可能参与其中，因为该事业单位正常的运行经费是在其财政的“总盘子”之内，故需要增加或追加相关经费。

（3）企业单位的采购经费。这里所说的企业是一个宽泛的概念，其中也包括独立的地名或规划的科研单位。也就是说，它们是独立的法人单位。这样一来，“交易”双方为甲和乙的关系，甲方需要向乙方支付政府采购的相关款项。

（4）针对个人的奖励经费。若地名规划方案编制采用了征集者的意见，从通常的道理上讲，对于普通个人的付出及其贡献，特别是当地的父老乡亲，应当给予资金上的适当奖励和道义上的无限鼓励。

4. 地名规划方案保障资金的拨付金额

对于地名规划方案保障资金的拨付金额来说，是一个不能一概而论的事项，需要根据上述实际工作的具体需要来确定。为此，作者不再赘言。

另外，如果是在一定的时间内集中落实地名规划方案中的某个事项，对于相关人员的配备和安排也属于保障的范畴，同样需要通过相应的政府行政行为予以确立。

总之，地名规划方案中的报批以及后续的保障措施，是地名规划所有工作中最为重要的一环，没有了这项实打实的内容，可以毫不夸张地说，地名规划工作及其方案一无是处。因为，没有获得批准的地名规划方案，其作用趋于零；没有保障措施的地名规划方案，其效果只是一堆成为“摆设”的废纸。

第十二章　地名规划方案的实施

从目前已有的地名规划成果看，许多地名规划方案是综合性的规划，内中包括多项地名规划的事项。这些经过研究、审议、确定的地名规划方案中的事项，至此真切地进入该方案的落实阶段。如果将地名规划工作的过程人为地划分成若干个环节的话，此时恰巧来到最后的落实阶段。即，前述所有案头工作均为“纸上谈兵”，只有到了现阶段的实际操作，才是从“图纸”进而“真枪实弹”地步入“建筑施工”和“建筑安装”的工程中。事实上，地名规划方案的具体实行，还有很多有趣的重要工作要做：从项目的分类上看，有地名命名与更名、地名文化保护与宣传、地名标志设置、地名门户编码与安装门牌、地名信息系统建设等；从落实的时间上看，有现势的地名命名、近期的地名标志设置、长期的地名文化保护和地名信息系统建设等。所以说，对于地名规划方案的后续工作，既要分门别类、“各个击破”，也要按部就班、长短结合，还要“萧规曹随”、远近相宜。

第一节　落实地名规划方案的地名命名

地名规划方案中的规划地名，虽然业已经过了当地人民政府的整体批复，但从严格意义上讲，或者从实际应用的角度来说，它们还不是真正“落地”的地名。到目前为止，这些可用地名的规划地名，还没有完成最后的“蜕变”，仍然处于“待字闺中”的状态。为此，需要将地名规划（方案）文本上的规划地名进行“位移”，使其切实地附着在地理实体上。这样，自然引出本节的话题。

一、地名规划后的地名命名

在完成地名规划方案并获得批准后，将规划的地名转到地理实体上，是一个纯粹的地名行政管理过程。在这一貌似普通的行政事务中，似乎有地名规划作为依托，好像可以简单地照搬即可。其实，脑海中有这样想法者，是不足为内行人道的。为什么如此断言呢？对此，在本书第四章第三节“掌握地名规划的路径”已有相似的叙述，可以从中看见一点端倪。而在下面的论述中，亦可真实地感受到其中的奥妙。

1. 地名规划后的命名方式

从常识性看，对于地名规划方案彻底完成后的地理实体命名，采用分别命名的方式是唯一的选择。但归根结底的问题是，怎样的分别命名才是合适的、科学的。于是，我们就要在此明确定位，根据地名规划的性质，依据当地的实际需求，按照它们的轻重缓急来考虑这一事项。具体说来就是，分时、分地、分类予以命名。

（1）地名规划后分时间命名地理实体。前面已经多次说过，在地名规划的种类中，有现势地名规划和长远地名规划等。对于现势的地名规划成果，首当其冲的是加紧落实。因为，在编制地名规划方案之初，这部分的地理实体业已“急不可耐”，处于“嗷嗷待哺”的状态，面临着道路通行、楼盘开工、商户入驻、居民落户等紧迫的实际需求，当然要想群众之所想、急群众之所急、做群众之所做，使地名及时落实到位。

（2）地名规划后分区片命名地理实体。在城乡规划或者在地名规划中，其规划的范围不一定只是一个区域，有可能是多个区域组成的一个整体规划。这样一来，在不同的规划区域之间，就会出现某个规划区先行规划、建设完成的情况。因此，为适应规划进度和建设要求，也需要对其进行及时的跟进，并提早对该地名规划区域内的地理实体予以命名。

（3）地名规划后分种类命名地理实体。紧随地名规划之后的地理实体命名，比较通行的做法是，先重点考虑大的地理实体。原因在于，一是大的地理实体可能最先出现；二是小的地理实体名称大都由大的地理实体名称派生而来；三是大的地理实体有可能跨越规划区而与外界发生联系；四是大的地理实体往往更早地“投身”于或服务于社会生活之中。

2. 地名规划后的地名公告

地名规划后的地理实体命名，不能仅仅停留在地名行政的办公室内，而是要“走出”地名管理的行政办公大楼，将其公之于众、广而告之，使当地民众以及域外群众了解这些地名的真实状况。其惯常的做法是，向社会进行必要的公告（参见示例 12-1）。

示例 12-1：某某市城市主要道路命名公告

某某市城市主要道路命名公告

根据市政府《关于〈某某市城市地名规划（2015—2020）〉的批复》（政字〔2015〕28 号），经研究，对我市部分主要道路进行命名。为方便各界使用，现公告如下：

某某市城市主要道路命名一览表

序号	规划名称	汉语拼音	起讫点	走向	长度/宽度（米）	命名理由
3	北鹫洲路	Běijiùzhōu Lù	东起滨江东路，西至跃进路	东西	846/22	该路通过“北鹫洲理想家园”，故名。
15	马鹿山路	Mǎlùshān Lù	西起高新三路，东至龙船山路	东西	1400/40	该区为高新技术开发区，寓意科技创新。
24	千峰路	Qiānfēng Lù	西起唐家大桥，东至东环大道	东西	1008/31	路直指柳州最美丽的群山。古人笔下“千峰环野立，一水抱城流”，为城市形象的写照。
31	航程路	Hángchéng Lù	东起柳邕路，西至永前路	东西	2748/37	此路位于旧机场一带，取名航程路，既与原命名体系一致，也寓意发展前景越来越好。
36	益泰路	Yìtài Lù	东起规划中的广通路，西至规划中的瑞龙路	东西	3735/22	主干路位于新兴工业区，取名益泰，寓意该新兴工业区日益泰达。
38	瑞龙路	Ruìlóng Lù	南起规划中的锦程大道，北至柳太路	南北	10617/36	此路位于柳南区最西面，贯穿南北，如同一条瑞龙包围整个新兴工业区和连通新旧工业区，命名寓意新兴工业区瑞杰康泰。

续表

序号	规划名称	汉语拼音	起讫点	走向	长度/宽度（米）	命名理由
40	白龙路	Bāilóng Lù	西起规划中的白西路，东至胜利西路	东西	5803/36	道路连接柳州新兴工业区、白露工业区和城中片，其中城中片又称龙城，故有此命名，寓意工业区的兴盛。
41	马厂路	Mǎchǎng Lù	西起白西路，东至前锋路	东西	5965/38	道路途经马厂地方，故有此命名。
43	北外环路	Běiwài Huánlù	南起白露大桥北端，鹧鸪江大桥北端	南北	9000/52	以方位命名。
44	东流路	Dōngliú Lù	西起北外环路，东至规划中的新北路	东西	3950/52	道路经过当地有名的香兰新村。
46	香兰大道	Xiānglán Dàdào	南起柳长路，北至规划中的新北路	南北	3800/41	道路与原有的跃进路直接相连。
47	君武路	Jūnwǔ Lù	东起龙卜村委会，西至209国道	南北	6664/36	道路原名为君武路，道路命名原名沿用。表达对马君武先生的怀念。

续表

序号	规划名称	汉语拼音	起讫点	走向	长度/宽度（米）	命名理由
48	沙东路	Shādōng Lù	南起沙香路，北至君武路	南北	5739/36	道路位于沙塘片东边，位置明显。
49	新达路	Xīndá Lù	南起中兴路，北至江湾路	南北	2823/36	为新建道路，取通达顺畅之意。
51	沙塘路	Shātáng Lù	西起新达路，东至君武路	东西	2850/36	位于沙塘片中央部位。
52	宾贤路	Bīnxián Lù	东起沙东路，西至中旺路	东西	4290/36	取各方宾客都来崇尚君武贤能之意。
53	中旺路	Zhōngwàng Lù	南起北环城高速，北至宾贤路	南北	1248/36	道路命名与中兴路呼应，取“兴旺”之意。
58	新柳大道	Xīnliǔ Dàdào	东起盘古大道北端，西接古亭大道北端（三门江大桥东头）	东西	14513/70	是柳东新区重要轴线道路，寓意一个新的柳州在成长，故名。
59	飞凌大道	Fēilíng Dàdào	东起福成大道，西至博园大道	东西	3263/45	寓意所在路段的企业腾飞发展，故名。
60	官塘大道	Guāntáng Dàdào	南起新柳大道西段，北至雒洛公路	东西	7042/54	该路横穿整个官塘片区，故名。

续表

序号	规划名称	汉语拼音	起讫点	走向	长度/宽度（米）	命名理由
61	新雒大道	Xīnluò Dàdào	东起康裕大道，西接新柳大道南端	东西	14557/54	“新雒”与“心乐”谐音，取义心乐，故名。
62	荷塘大道	Hétáng Dàdào	西起宏塘大道，东至康裕大道	东西	8178/54	取义朱自清《荷塘月色》。
63	环岭大道	Huánlǐng Dàdào	北起屏山大道，南至燎原路和柳石路交接点	南北	7277/54	路名由大道环绕花岭而得名。
64	花岭大道	Huālǐng Dàdào	北起环岭大道西侧，南至新雒大道	南北	8017/54	横穿花岭，延伸至雒容镇，道路取名以记。
65	长乐大道	Chánglè Dàdào	西起福城大道，东接通联大道	东西	5545/54	大道周边民居甚多，故取命“长乐”，意愿居民安居乐业。
66	通联大道	Tōnglián Dàdào	西起福城大道，东至新埠大道	东西	5333/54	道路与铁路并行，通往雒容，取名通联，强调的是两地的联系
67	新埠大道	Xīnbù Dàdào	北起通联大道，南至新柳大道	南北	1661/54	新建道路，纪念水运，故取名新埠。
68	康裕大道	Kāngyù Dàdào	西起福城大道，东至新柳大道	东西	8623/54	寓意人民健康富裕，生活美好。

续表

序号	规划名称	汉语拼音	起讫点	走向	长度/宽度（米）	命名理由
69	江山大道	Jiāngshān Dàdào	北起江东，南至官塘大道	南北	3520/54	临江穿山，取名江山；另寓指新区大好河山。
70	宏塘大道	Hóngtáng Dàdào	北起新柳大道，南至荷塘大道	南北	3699/54	宏塘寓指官塘新区宏伟大业，蒸蒸日上。
71	育新大道	YùxīnDàdào	北起博园大道，南至荷塘大道	南北	8014/54	周边为职教园区，大学新城坐落于此。
72	冠东路	Guāndōng Lù	北起官塘大道，南至荷塘大道	南北	7287/54	寓意柳东未来发展之领先地位，故名。
73	新儒大道	Xīnrú Dàdào	北起冠东路，南至荷塘大道	南北	4656/84	取贴近学府之义。
74	博园大道	Bóyuán Dàdào	北起官塘大道，南至荷塘大道	南北	8442/54	道路途经广西园林园艺博览园，故名。
75	绿柳路	Lǜliǔ Lù	南起绿源路，北至柳太路	南北	2609/24	连接园区与柳太路，寓意园区绿色、生机。

某某市人民政府
2015 年 8 月 28 日

二、地名规划后的地名更名

地名更名也是地名命名的一种形式，其与地名命名最大的区别是，由于地理实体已经存在一个地名，需要将这一地名予以注销，然后再为该地理实体命名一个新的名称。同理，对原有地名进行更名也应予以公告，且该更名地名表与命名地名表类似。所不同的是，在该公告的更名附表中，应当增加一个新的栏目，名为“原有地名”，且将栏目中的“命名理由”改为“更名理由”。当然，这时的“更名理由”栏目中的内容，与“命名理由”栏目中的内容略有差异，它应当表述清楚两件事情：一是原有地名废弃不用的原因；二是新命名地名启用的理由。记住，这些内容在其母本《某某地名规划》方案中都已尽述，此时只是移植到政府行文上来即可。

对于更名之前的原有地名，其被更名意味着注销，且今后与该地理实体脱离关系。但是，必须提请注意的是，其功能并未损失殆尽，其瞬间变成历史地名，故还应保留在地名信息系统之中，以方便有关人士的备查，以及以后出于某种目的的研究之用。

第二节　执行地名规划方案的地名文化保护

前面已经说过，地名文化之所以要进行保护，是因为地名文化属于非物质文化遗产的范畴。而且，对其不只是单纯意义上的保护，而是一个综合性的业务工作，它包含着3个层次：挖掘、保护、利用。

一、地名规划之后的挖掘地名文化

在小型的地名规划方案中，或者是为了规划地名的需要，某些地名规划方案的编制者，开展了少量的地名文化挖掘工作，且将其体现在地名规划文本中。然而，这一做法获得称赞的同时，不得不遗憾地告诉大家，这种做法还远远不够，还需要在地名规划方案完成并批准执行之后，进一步做好这项利家乡、利邻里、利后代的工作。因为，地名文化的挖掘工作是一个漫长的科研活动，地名规划本身的侧重点不在于此，地名规划编制者也没有能力和时间等，去撇开地名规划本身而从事专门的地名文化挖掘研究。即，地名文化的挖掘工作必须派专人、给专款、立专项，斯如是才能见到成效，否则无以为继。

1. 地名规划后的地名文化发掘

在资金、时间、人员充分保障的前提下，地名文化的发掘工作可以正常、有序地开展起来。在该项工作的初始阶段，由于并不掌握地名文化的基本情况，因此地名文化的发掘工作不知道如何下手，或者出现杂乱无章的情况。但是，随着地名发掘工作时间的推移，从业者会走上“由乱到治”的轨道。一般而言，挖掘地名文化的渠道有：当地官修的各种志书、原著居民的族谱、文人骚客的诗词歌赋等。我们以为，重点发掘的地名文化应当涵盖如下3个方面：

（1）探寻地名的语词文化。我们必须打破一个误区，发掘地名文化的内涵和外延，不只是针对历史地名，也包括现势的、在用的地名。其内容为：地名的来源，如美丽的传说、经典的诗词，动人的故事，名家的字号等；地名的含义，如美好的愿望，诚挚的祝福等。当这些地名遍布当地各个角落之际，特别是人们知晓其承载的历史文化后，定然给人以文化享受、文化自信之感。

（2）搜集地名的应用文化。虽然很多好的地名业已应用于当地的各种地理实体上，但不可否认的是，尚有许多未曾利用的资源仍旧"养在深山人未识"，需要我们勉力为之，发掘它们自身的文化价值。一是尚未"谋面"的历史地名（老地名），可以在以后的生活中为我所用，展示身后的历史文化和历史印记；二是在历史的记录中寻求可能的未来地名，以便通过转化、移植、变通、标记等方式，使之现身于当地地理实体之上，并逐渐成为地名历史文化的重要组成部分。

（3）挖掘地名的实体文化。所有发生在历史上的事件及其参与者，都离不开遍布在每一寸土地上的地理实体，因而也就与地名息息相关。为此，对于那些值得纪念、铭记、回忆、宣传的历史事件、历史人物等，应当尽快地将其从"故纸堆"中请出来，并透彻地了解、掌握其中的故事、人物、内涵、著述、影响、作用等，然后使其成为现代文化、民众生活中的一部分。

2. 地名规划后的地名文化整理

通过各种方式的深入挖掘，与地名及其地理实体有关的历史文化呈现在我们的眼前。此时，我们需要做的是，对地名文化进行有效的整理。其目的在于，深入了解这些地名文化的内涵和外延，以便在今后的实践中采取更好的措施——保护和利用。其地名文化整理的具体事项包括：

（1）记录。

（2）分类。

（3）归档。

二、地名规划之后的保护地名文化

关于地名文化遗产的保护工作，作为全国地名行政主管部门——民政部非常重视，早在几年前就已经付之行动，责成民政部区划地名司、民政部地名研究所，研究、编制相关的行业标准。2012 年 6 月 21 日，民政部发布《地名文化遗产鉴定（Appraisal for historic - cultural heritage of geographical names）》（MZ/T 033-2012）行业标准，且于 2012 年 7 月 1 日实施。尽管该标准是首次发布，而且是地名文化方面的第一个行业标准，存在这样或那样的不足，但通过该标准的条文可以看出，它给我们指明了开展这项地名文化工作的方向和准则（参见示例 12-2）。

示例 12-2：《地名文化遗产鉴定》（节录）

《地名文化遗产鉴定》（节录）

3 基本原则

地名文化遗产应符合下列特征：

a）历史悠久，具有重要的传承价值；

b）地名语词文化内涵丰富，或具有重要的研究价值，处于濒危状态；

c）地名实体文化内涵丰富，具有突出的普遍价值；

d）知名度高，长期稳定，或需要长期保持稳定。

4 要求

4.1 千年古城（都）

4.2 千年古县

4.3 千年古镇

4.3.1 集镇或中心聚落形成至今达 1000 年以上，且今为建制镇。

4.3.2 专名历代传承，沿用至今达 1000 年以上，有重要传承价值，知名度高。

4.3.3 地名实体文化内涵较丰富，独具特色。

4.3.4 古建筑保存良好，传统风貌尚存，名称内涵丰富。

4.3.5 历史上为区域范围内政治、经济、文化、交通中心或军事重地。

4.4 千年古村落

4.4.1 村落形成至今达 1000 年以上。

4.4.2 地名沿用至今达 1000 年以上，文化内涵丰富，有重要传承价值，知名度高。

4.4.3 传统聚落形态和典型建筑保存尚好，具有鲜明的地域特色。

4.5 甲骨文、金文地名

4.6 少数民族语地名

地名应具备下列一项以上条件（含一项）：

a）世代口耳相传，至今仍在使用的少数民族语地名；

b）少数民族文字记载的处于濒危状态的地名；

c）地名语词文化内涵丰富，见证了多民族国家的形成、本民族的历史与文化，对国家与本民族文化的研究、传承有重要价值。

4.7 著名山川

地名及其指代的地理实体应具备下列一项以上条件（含一项）：

a）地名文化内涵丰富，具有重要传承价值，在国内外有较高知名度；

b）地理实体具有特殊的人文地理特征；

c）地理实体具有典型地质、自然地理特征；

d）地理实体与重大历史事件或重要历史人物等相关联。

4.8　近现代重要地名

地名及其指代的地理实体应具备下列一项以上条件（含一）：

a）具有突出的传承价值，在全国范围内知名度高；

b）近现代有较大影响的重大事件的发生地（纪念地）；

c）近现代国内知名人物出生地或重要活动场所；

d）具有独特的文化内涵，且影响深远。

透过上述《地名文化遗产鉴定》（MZ/T 033-2012）的部分条款，我们获知了这样一些事实：一是该标准的对象系面向全国；二是该标准对地名文化进行了分类；三是该标准提出了地名文化遗产的条件。于是，我们从中获得了一些非常有价值的启示，为本地开展地名文化遗产的保护找到了可行的方法。

1. 地名规划后的地名文化审定

与落实地名规划中的其他事项不同，由于在编制地名规划方案的进程中，重点放在地名规划区域内地名的实用上，以及地名文化事务本身具有的复杂性，导致地名规划后的地名文化遗产审定工作不可能一蹴而就，需要进行长时间的潜心研究，然后才能得出科学的论断或结论。而且，在没有地域性的地名文化标准的前提下，还要结合本地地名文化的实际情况，“拿出”可以操作的地名文化评价体系。这，不能不说是一件艰难的科研工作。为此，应该在地名规划方案的大框架之内，同时又不受其限制地开展这一工作。

（1）地名规划后的地名文化鉴定。在一定的区域内，就地名文化遗产及其价值而言，符合《地名文化遗产鉴定》（MZ/T 033-2012）中规定的条款不一定很多。因此，除了做好国家或者省级政区层面上的地名文化挖掘、推荐、评审工作外，重点是做好本地的地名文化工作。即，尽力厘清所有地名的文化价值。

（2）地名规划后的地名文化分类。地名文化的分类分为两种：一种是地名文化的类型，让各种地名文化各居其位；一种是地名文化的分级，令各级地名文化“长幼有序”。只有如此而然，才能分门别类地一一各就各位、“各行其道”，并体现它们各具特色的文化价值。事实上，对地名文化的分级和分类，可以为地名文化的后续工作奠定坚实的基础。

2. 地名规划后的地名文化目录

地名文化的审定只是地名文化工作程序中的一环，紧随其后的就是，将所有经过地名文化遗产价值鉴定的地名，按照其所呈现的文化价值、遗产位置，纳入到当地《地名文化遗产目录》之中。请注意，之所以一些地名可以进入本目录，最终的目的只有一个，将它们从文化的层面上保护起来。通俗地讲就是，对于那些承载了丰富多彩文化的地名，任何组织和个人都不得对其更名。

三、地名规划之后的光大地名文化

如何在地名规划之后扩大地名文化的影响，是摆在每一位地名（文化）工作者面前的课题。我们认为，这里面包含了三个层次：一是宣传；二是弘扬；三是利用。它们彼此在呈递进关系的同时，又有少量的包容性，而且出现了“你中有我、我中有你”的现象（参见示例 12-3）。

示例 12-3：八卦城石刻标识

八卦城石刻标识

1. 地名规划后的地名文化宣传

在已知地名文化精髓的前提下，地名文化除了郑重其事地进入《地名文化遗产目录》中外，还要把它们热情地请出书籍，对其进行广泛地、深入地宣传，使之在地名指位的专门属性之上，发扬光大其附加的文化属性。在笔者看来，宣传地名文化的方式有以下几种：

（1）利用媒体的地名文化宣传。在现代社会中，媒体是最主要、最重要的信息传播平台。因此，必须充分利用其普遍性、及时性，在广播、电视、报纸、期刊、网络（包括网站、微信公众号）等上，以讲故事、授知识等形式，适时、深入、广泛地宣传地名文化。

（2）利用标牌的地名文化宣传。在某些地方，为了更好地宣传本地的地名文化，不仅充分利用地名标志牌上标识地名之外的剩余部分，还在该地理实体的合适位置竖立碑碣，其碑碣上的文字即为大书特书的地名文化宣传内容（参见示例12-4）。

示例12-4：寄畅园地名文化介绍标牌

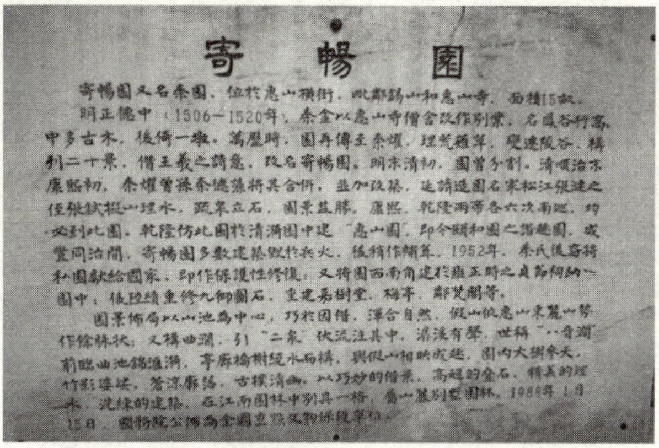

寄畅园地名文化介绍标牌

2. 地名规划后的地名文化弘扬

在叙述弘扬地名文化时，我们采取就事论事的方式，只将其限定在地名及其地名文化本身，不予发散地进行扩散性思维。这一点，可以在上述的《地名文化保护目录》中得以体现。即，针对每一个文化的地名，给出其在地名领域的另一种形态：

（1）文化地名的派生。为了扩大文化地名的影响力，不仅对该地名实行不得更名的保护措施，而且还要以该地名为主体，实施有针对性的派生命名，以便形成一个个同一专名、不同通名的地名群体。

（2）文化地名的移植。某些具有文化特色的地名，其专名的主体部分是可以分离的，而且这种分离出来的专名部分仍然可以承载一定的地名文化。在这种情形下，这部分专名可能被移植出去，且与其他专名的部分结合在一起。这样，在产生新地名的同时，既避免了不必要的重名，也以另外的方式弘扬了地名文化。

（3）文化地名的启用。某些有文化的历史地名，在漫漫的历史长河中，遗憾且硬性地被更名了，进入非现势地名的不利行列。为改变这一颓势，展示其“内外兼修”的本来面目，需要将其从故纸堆中寻找出来，并在合适的时机、恰当的地点予以利用，令其在故土上重新焕发出勃勃的生机。

（4）文化地名的重用。尽管某个文化地名属于现势的地名，在某个地理实体上发挥着地名应有的作用，但令人稍显遗憾的是，其所附着的地理实体与其专名蕴含的文化不相匹配。这种矛盾的表现形式有三：一是地理实体太小；二是地理实体位移；三是地理实体不对。基于此，为了尽情地展现地名文化，可以考虑为其改变角色、变换身份，在适当的时候用于适当的地物。

3. 地名规划后的地名文化利用

尽管地名文化属于非物质文化遗产，没有固化的物质主体，但这并不是说，地名文化遗产的利用及其价值仅仅停留在精神的层面。事实上，在现实的社会生活中，依然拥有了正常的“精神产品”。这间接告诉我们，地名文化的利用可以呈现为多层次、多种类的。注意，这里所说的地名文化利用，与上面的叙述并非为一项内容，而是在其基础上的另行活动，是“跳出”地名之外的社会和市场行为。

（1）开发旅游景点。地名及其文化总是与历史上的掌故、典故联系在一起。因此，可以充分利用文化地名的这一特性，在该文化地名指代的地理实体之上（周边、附近），建立能够吸引游人的旅游景点。例如：遍地开花的“中山公园”、蜚声中外的“紫阳书院”、历史悠久的“鹿回头”等。其实，某些地名及其指代的地理实体本身就是著名的景观。只不过，我们需要将那些“隐在深山人未识”的地物发掘出来，并令其“焕发青春”罢了。

（2）建立公共场所。毋庸置疑的是，地名及其地理实体几乎都具有公共属性，但这并没有排斥某些地理实体具有更加开放的“个性”，如广场、公园等。为此，对于那些“文质彬彬”的地名，除了需要将其安置在合适的地物上外，甚至还要为其专门地建设相应的地理实体。这样，人们在其中活动时，自然加深了对它的了解和认知。更有意思的是，由于该地名指代的地理实体是公用地物，因此在其以后的社会活动中，可能还会发生更多、更好的文化事件，导致其承载的地名文化越来越丰富多彩、深入人心。

第三节　实施地名规划方案的地名标志设置

本级人民政府批准、发布地名规划方案之后，应及时开展地名标志的设置工作。而且，根据以往的做法和经验，地名规划方案批复之后的最重要一环，就是抓紧设置亟须的地名标志。可以说，规划地理实体名称与地名标志设置，是一对非常要好的“亲兄弟（好姐妹）”：地理实体获得规划地名之后，使地名标志设置成为可能；地名标志设置完成以后，让地理实体名称得以彰显。从目前的情况看，规范地名标志的设置工作，有两个标准需要严格、认真地执行：一是（GB 17733-2008）《地名　标志》国家标准；二是（MZ/T 054-2014）《地名　标志设置规范　居民地和行政区域》民政行业标准。

一、执行《地名　标志》的要求

在地名规划工作的全过程中，国家标准《地名　标志》(GB 17733-2008)是除了未来颁布的地名规划国家标准之外最重要的规范性文件。它的存在及其规定的各项要求，为地名规划方案的具体落实，主要是地名标志的设置到位，提供了最好的工作依据和操作工具。还有，必须强调一点的是，（GB 17733-2008)《地名　标志》为强制性国家标准，其强制性条款是 5.2.1.1、5.2.1.2、5.2.1.3、5.2.1.4、5.7.7、5.8.3.3。这六项强制性条款内容分别为：地名标志上的汉字应使用规范性汉字书写。少数民族自治地区的地名标志应标识当地政府规定的一种少数民族文字，其使用的字体按照国家有关规定执行。汉语拼音拼写方法按照《中国地名汉语拼音字母拼写规则（汉语地名部分）》的规定执行。少数民族语地名汉语拼音拼写按照《少数民族语地名汉语拼音字母音译转写法》拼写。辐射性能按照 6.8 规定的方法试验，α、β、γ 辐射值不应高于本底读数两倍。电气安全性能应符合：a）保护接地端子：按照 6.11.2 规定的方法试验，标志应有保护接地端子及其标记；b）绝缘电阻性能：按照 6.11.3 规定的方法试验，测得标志两个电极表面之间的绝缘电阻不应低于 20MΩ；c）安全耐压性能：按照 6.11.4 规定的方法试验后，不应出现击穿的现象。对此，为了更好地执行这一标准，我们将其中最为重要的第 5 章“要求”的内容附录于后，以便利相关人士的紧要之需（参见示例 12-5）。

示例 12-5：《地名　标志》(节录)

《地名　标志》(节录)

5　要求

5.1　设置

5.1.1　安全要求

设置的地名标志不应存在：

a）对人身造成任何伤害的潜在危险；

b）对环境造成任何污染的潜在危险。

5.1.2　设置方式

地名标志一般可采用：立柱式（安装在一根或一根以上的立柱上）、悬臂式、附着式（如钉挂、粘贴、镶嵌等）、碑碣式，以及其他方式设置。

5.1.3　设置高度

一般情况下，立柱式、悬臂式和附着式地名标志的下边缘距地面的高度不宜小于2m。小于2 m时，地名标志的边角应为圆弧形。

5.1.4 设置密度

5.1.4.1 应因地制宜地确定地名标志的设置密度，以确保能够充分发挥其指位导向功能。

5.1.4.2 一般情况下，街、巷的交叉口均应设置街、巷地名标志。当两交叉口间隔大于300 m时，可适当增加街、巷地名标志的数量。

5.2 版面内容

5.2.1 文字

5.2.1.1 地名标志上的汉字应使用规范汉字书写。

5.2.1.2 少数民族自治地区的地名标志应标示当地政府规定的一种少数民族文字，其使用的字体按照国家有关规定执行。

5.2.1.3 汉语拼音拼写方法按照《中国地名汉语拼音字母拼写规则（汉语地名部分）》的规定执行。

5.2.1.4 少数民族语地名汉语拼音拼写按照《少数民族语地名汉语拼音字母音译转写法》拼写。

5.2.1.5 地名标志的文字应使用黑体字。汉语拼音字母字样和阿拉伯数字字样见附录A。

5.2.1.6 地名标志的文字端正，笔画清楚，排列整齐，间隔均匀，整体位置适中。

5.2.2 图形符号

5.2.2.1 下列地名标志可增加图形符号：

a）专业区地名标志；

b）设施地名标志；

c）纪念地和旅游地地名标志。

5.2.2.2 图形符号及其绘制等应符合GB/T 10001中的相关规定。

5.2.3 指示方向信息

街、巷地名标志可增加标明街、巷走向的指示方向信息。

5.2.4 邮政编码

大门地名标志可增加所在区域的邮政编码。

5.3 版面布局

5.3.1 文字

5.3.1.1 海域、水系、地形、行政区域、专业区、设施、纪念地和旅游地地名标志，以及街、巷、区片、小区、村等居民地名标志，上部五分之三的区域标示地理实体的汉字名称，下部五分之二的区域标示地理实体名称的汉语拼音。版面示例分别见图B.1~图B.15。

5.3.1.2　楼地名标志左边五分之三的区域标示所在街区、村的汉字名称和汉语拼音，其中汉字名称标示在上部五分之三的区域，汉语拼音标示在下部五分之二的区域。右边五分之二的区域标示楼宇编号，编号用阿拉伯数字书写，高度不小于350mm。版面示例见图B.16。

5.3.1.3　门地名标志上部五分之二的区域标示院落、独立门户所在街区、村的汉字名称，下部五分之三的区域标示该门的编号，编号用阿拉伯数字书写。版面示例见图B.17。

5.3.1.4　楼单元地名标志宽度的中部五分之三区域标示楼单元名称。第一单元用“一单元”表示，依次类推。版面示例见图B.18。

5.3.1.5　楼层地名标志直径的中部五分之三区域标示楼层编号。地上第一层用“1”表示，依次类推；地下第一层用“B1”表示，依次类推。版面示例见图B.19。

5.3.1.6　碑碣式地名标志竖置时，上部五分之四的区域标示地理实体的汉字名称，下部五分之一的区域标示地理实体名称的汉语拼音，汉字名称竖写，汉语拼音横写。版面示例见图B.20。标示少数民族文字时，少数民族文字标示在汉字名称之下，其中上部五分之三的区域标示地理实体的汉字名称，中部五分之一的区域标示少数民族文字，下部五分之一的区域标示汉语拼音，少数民族文字横写。

碑碣式地名标志横置时，上部五分之三的区域标示地理实体的汉字名称，下部五分之二的区域标示地理实体名称的汉语拼音，汉字名称和汉语拼音横写。版面示例见图B.21。

5.3.1.7　除竖置的碑碣式地名标志外，一般情况下，标示少数民族文字时，少数民族文字标示在汉字名称之上，原汉字名称书写区域的上部三分之一的区域标示少数民族文字，下部三分之二区域标示汉字名称，其他部分比例不变。

5.3.2　图形符号

设置图形符号时，地名标志左边五分之二的区域标示图形符号，右边五分之三的区域标示地理实体的汉字名称和汉语拼音，其中汉字名称标示在上部五分之三的区域，汉语拼音标示在下部五分之二的区域。版面示例见图B.22。

5.3.3　指示方向信息

指示方向信息标示在汉语拼音两侧，并与汉语拼音保持一定间距。指示方向信息的汉字高度与汉语拼音的高度相同。版面示例见图B.23。

5.3.4　邮政编码

大门地名标志标示邮政编码时，上部五分之一的区域标示院落、独立门户所在街区、村的汉字名称。中部五分之三的区域标示该门的编号，编号用阿拉伯数字书写。下部五分之一的区域标示该门所在区域的邮政编码，在“邮政编码”四个字后空一格标示编码，编码用阿拉伯数字书写。版面示例见图 B.24。

5.4 颜色

地名标志的颜色要求见表 1。表中的白色，采用长余辉蓄光材料制作时可为黄绿色或蓝绿色。

除以基板颜色和棕色作为背景颜色外，地名标志应采用 GB 2893 规定的安全色。

碑碣式地名标志的背景颜色可采用基板颜色，文字颜色应采用黑色或红色。

地名标志上图形符号的颜色应符合 GB/T 10001 中的相关规定，并与标志材质、背景颜色以及标志上文字的颜色保持相互协调。

表 1 颜色要求

<table>
<tr><th colspan="2">类型</th><th>背景颜色</th><th>文字颜色</th></tr>
<tr><td rowspan="5">居民地地名标志</td><td>街、巷地名标志</td><td>蓝色（东西走向，包括东西向的斜街）、绿色（南北走向，包括南北向的斜街）</td><td>白色</td></tr>
<tr><td rowspan="2">区片、小区、门、楼单元、楼层、村地名标志</td><td>蓝色</td><td>白色</td></tr>
<tr><td>基板颜色（金属腐蚀地名标志）</td><td>黑色或红色</td></tr>
<tr><td rowspan="2">楼地名标志</td><td>左边书写名称区域为蓝色，右边书写楼号区域为白色</td><td>左边书写的文字为白色，右边书写的楼号为红色</td></tr>
<tr><td>基板颜色（金属腐蚀地名标志）</td><td>黑色或红色</td></tr>
<tr><td colspan="2">行政区域、设施地名标志</td><td>蓝色</td><td rowspan="3">白色</td></tr>
<tr><td colspan="2">专业区、海域、水系、地形地名标志</td><td>绿色</td></tr>
<tr><td colspan="2">纪念地和旅游地地名标志</td><td>棕色</td></tr>
</table>

5.5 尺寸规格

5.5.1 地名标志图文书写平面的尺寸规格要求见表 2。

表2　尺寸规格要求

单位为毫米

类型			图文书写平面尺寸		外沿宽度
			长	宽	
居民地地名标志	街地名标志		1 200~1 700	300~700	≤25
	巷地名标志		460	160	≤20
	区片、小区、村地名标志		800~1 700	300~700	≤25
	门地名标志	大	570	370	≤15
		中	270	170	≤15
		小	150	90	≤12
	楼地名标志		900	500	≤25
	楼单元地名标志		300~400	150~200	≤15
	楼层地名标志		直径200~400		≤15
行政区域地名标志			2 000~7 000	900~2 500	≤25
专业区地名标志			1 500~3 000	600~1 200	≤25
设施、纪念地和旅游地地名标志			1 500~3 000	800~1 500	≤25
海域、水系、地形地名标志			1 500~5 700	600~1 800	≤25

5.5.2　碑碣式地名标志竖置时，图文书写平面的宽为（300~1 000）mm，高为（600~2 000）mm；碑碣式地名标志横置时，图文书写平面的宽为（1 000~2 000）mm，高为（600~1 200）mm。

5.6　外观①

5.6.1　地名标志的外观应平滑、整齐。

5.6.2　按照6.2规定的方法试验后，地名标志不应存在以下缺陷：

a）明显的毛刺、裂纹；

b）明显的划痕、损伤和颜色不均匀；

c）面积大于$20mm^2$的气泡；

d）发光、反光性能明显不均匀。

---

①　如无特殊说明，本标准中5.6和5.7所提出的要求，只适用于立柱式、悬壁式地名标志，不适用于碑碣式地名标准。

5.7 基本性能

5.7.1 基板

5.7.1.7 基板可采用下列材料：

a）金属材料；

b）无机非金属材料；

c）高分子材料。

5.7.1.2 基板应具有一定的硬度、抗冲击性能、耐弯曲性能和抗拉伸性。

5.7.1.3 基板表面应光滑、平整，没有伤痕、裂纹、污垢。

5.7.1.4 必要时，金属材料应做好表面防锈处理。

5.7.2 耐盐雾腐蚀性能

按照6.3规定的方法试验120 h后，试样表面不应出现变色、起泡和侵蚀等现象。

5.7.3 耐湿热性能

按照6.4规定的方法试验48 h后，试样表面不应出现起泡、生锈和脱落等现象。

5.7.4 耐高温性能

按照6.5规定的方法试验24 h后，试样表面不应出现裂缝、软化、剥离、皱纹、起泡、翘曲和外观不均匀等现象。

5.7.5 耐低温性能

按照6.6规定的方法试验72 h后，试样表面不应出现裂缝、软化、剥离、皱纹、起泡、翘曲和外观不均匀等现象。

5.7.6 耐候性能

按照6.7规定的方法试验1 200 h后，试样表面不应出现变色、裂缝、长霉、生锈、凹陷、起泡、侵蚀、剥离、粉化、变形和脱落等现象。

5.7.7 辐射性能

按照6.8规定的方法试验，α、β、γ辐射值不应高于本底读数两倍。

5.7.8 抗冲击性能

使用漆膜作底面的地名标志，其抗冲击性能应符合5.8.2.3中b）列项的要求；其他地名标志按照6.9规定的方法试验后，试样不应破损。

5.8 特殊性能

5.8.1 反光地名标志

5.8.1.1 色度性能按照GB/T 18833-2002中7.3规定的方法试验，试样表面的各种颜色的色品坐标和亮度因数应在GB/T 18833-2002中的表1的范围内，各种颜色色品图见GB/T 18833-2002中的图3。

5.8.1.2　逆反射性能按照GB/T 18833-2002中7.4规定的方法试验，试样表面的逆反射系数值不应低于GB/T 18833-2002中规定的四级反光膜的要求。

5.8.2　长余辉蓄光地名标志

5.8.2.1　按照6.10规定的方法试验，试样初始亮度应高于10 000mcd/m^2，激发结束10h的亮度不应低于3 mcd/m^2。

5.8.2.2　使用的长余辉蓄光粉的性能要求应符合附录C的相应规定。

5.8.2.3　使用漆膜作底面时，漆膜的性能应符合：

a）耐水性能：除试样可按照6.1制备外，按照GB/T 1733规定的方法试验5min后，不应出现失光、变色、起泡、起皱、脱落、生锈等现象；

b）抗冲击性能：除试样可按照6.1制备外，按照GB/T 1732规定的方法试验后，不应出现裂纹、皱纹及剥落等现象；

c）耐弯曲性能：除试样可按照6.1制备外，按照GB/T 11185规定的方法试验后，不应出现裂纹、剥落等现象；

d）附着力性能：除试样可按照6.1制备外，按照GB/T 1720规定的方法试验，附着力的级别不应低于二级。

5.8.2.4　使用长余辉蓄光膜制作地名标志时，长余辉蓄光膜的性能要求应符合附录D的相应规定。

5.8.3　LED（发光二极管）地名标志

5.8.3.1　亮度性能按照6.11.1规定的方法试验后，发光部分的亮度不应低于15 000 mcd/m^2。

5.8.3.2　耐机械振动性能应符合：标志正常通电情况下，在振动频率1Hz~150 Hz的范围内按照GB/T 2423.10规定的方法进行试验。在1 Hz~9 Hz时按加速度控制，位移3.5 mm；在9 Hz~150 Hz时按加速度控制，加速度为10 m/s^2。1 Hz→9 Hz→150 Hz→9 Hz→1 Hz为一个循环，共试验20个循环后，产品功能正常，结构不受影响，零部件无松动。

5.8.3.3　电气安全性能应符合：

a）保护接地端子：按照6.11.2规定的方法试验，标志应有保护接地端子及其标记；

b）绝缘电阻性能：按照6.11.3规定的方法试验，测得标志两个电极与表面之间的绝缘电阻不应低于20 MΩ；

c）安全耐压性能：按照6.11.4规定的方法试验后，不应出现击穿的现象。

5.8.3.4　使用太阳能电池供电时，太阳能电池应符合国家相关标准的规定。使用的其他电源也应符合国家相关标准的规定。

5.8.4　金属腐蚀地名标志

表面、接缝应平整光滑。使用的漆膜应符合5.8.2.3中的要求。

5.8.5　碑碣式地名标志

其建构筑物应牢固可靠，且具有一定的刚性。

5.9　地名标志的支撑装置

5.9.1　立柱式和悬臂式地名标志，立柱和悬臂应采用耐腐蚀、抗冲击性能好的金属材料和其他新型材料。材料表面光滑，没有污垢、伤痕、裂纹、折叠、轧折、离层和结疤。立柱管顶端应加柱帽。

立柱和悬臂的尺寸，标志与立柱、悬臂的连接方式，立柱的基础大小等，应根据设置地点的风力、标志尺寸规格等因素确定。

必要时，立柱和悬臂等制作完成后，应进行防腐和防锈处理。

5.9.2　附着式地名标志的固定应牢固可靠，其附着的建构筑物应具有一定的刚性。

5.9.3　碑碣式地名标志的固定应牢固可靠。

5.10　地名导向标志

5.10.1　地名导向标志标示地名标志所示地理实体周围的平面图、单位指向等指示信息，用于引导人们方便地到达目的地，通常附着在地名标志的支撑装置上。

5.10.2　区片、小区、街、村、行政区域等地名标志宜附设该区片、小区、街、村、行政区域周围的平面图、单位指向牌等地名导向标志。必要时，其他地名标志可附设地名标志所示地理实体周围的平面图、单位指向牌等地名导向标志。

5.10.3　地名导向标志的安装应牢固可靠。

5.11　外置照明器材

外置照明器材应符合GB 7000.1中的相关规定。

二、执行《地名　标志设置规范　居民地和行政区域》的要求

国家标准《地名　标志》（GB 17733-2008）的标准化对象是地名标志本身，对于将各类地名标志设置何处、怎样设置并未做具体的规定。为弥补《地名　标志》（GB 17733-2008）国家标准的不逮、不足之处，民政部地名研究所专门组织人力、提供财力，研究、编制并由民政部发布了（MZ/T 054-2014）《地名　标志设置规范　居民地和行政区域》民政行业标准。该“补充性”标准的出台，为地名标志设置、安装指明了方向。为很好地说明这一点，我们将其与地名规划的后续工作有关的第5章“基本要求”中的部分内容节录于此，供各位同人参照执行（参见示例12-6）。

示例 12-6：《地名 标志设置规范 居民地和行政区域》（节录）

《地名 标志设置规范 居民地和行政区域》（节录）

5.1 基本要求

居民地和行政区域地名标志的设置应符合 GB 17733-2008 中 5.1.1、5.1.2、5.1.3、5.1.4 的规定。

5.2 安装方式及方向要求

（1）5.2.1 安装方式

综合考虑环境、标志特性等因素选择设置方式，同一路段，同类地名标志设置方式应保持一致。地名标志设置宜采取以下几种方式：

a）立柱式（安装在一根或一根以上的立柱上）；

b）悬臂式；

c）附着式（如钉挂、粘贴、镶嵌等）；

d）碑碣式。

（2）5.2.2 方向要求

街、巷地名标志应与所标示的街、巷平行；行政区域地名标志应与通过行政区域的道路垂直。

5.3 位置要求

（3）5.3.1 居民地地名标志

（4）5.3.1.1 街地名标志

5.3.1.1.1 地名标志应设置在街的起止点、中间主要岔路口；无交叉路段宜每隔 500m 设置 1 个地名标志；城市繁华的无交叉路段宜每隔 300m 设置 1 个地名标志。

（6）5.3.1.1.2 交叉路口地名标志设置应符合以下条件：

a）至少设置 2 个地名标志；

e）采取立柱式设置时，设置位置不应在转角处，而应设置在距离转角沿道路方向 5m 以上适当位置；

f）采取交叉悬臂式设置时，设置位置宜在道路转角处，且地名标志与所标示道路平行。

g）弧线形路口的设置位置不应在弧线处，而应设置在直线道路旁。

（7）5.3.1.1.3 地名标志不应与其他标志相互遮挡。

（8）5.3.1.1.4 地名标志设置应避开以下设施：

a）斑马线；

h）人行道的斜坡；

i）盲道。

(9) 5.3.1.1.5　具有隔离带的街，应在道路两侧同时设置地名标志。

(10) 5.3.1.2　巷地名标志

(11) 5.3.1.2.1　地名标志应设置在巷的起止点、交叉口。

(12) 5.3.1.2.2　300m 以上非直线形的巷，转折点距离起止点、交叉点 50m 以上的，在转折点处应设置地名标志。

(13) 5.3.1.3　区片地名标志

地名标志应设置在所标示区片面向主要道路的一侧。

(14) 5.3.1.4　小区地名标志

地名标志应设置在小区出入口。宜在小区面向道路的明显位置增设地名标志。

(15) 5.3.1.5　门地名标志

地名标志应设置在主要出入口。

(16) 5.3.1.6　楼地名标志

地名标志应设置在面向主要道路的楼墙上，高度位于第 2 层至第 3 层或距离地面约 6m 处。

(17) 5.3.1.7　楼单元地名标志

地名标志应设置在楼单元出入口正上方。

(18) 5.3.1.8　楼层地名标志

地名标志应设置在：

a) 位于楼梯与每层连接处的正上方；

j) 位于电梯出口上方和出口对面墙上不低于 2m 高处。

(19) 5.3.1.9　村地名标志

地名标志应设置在通向村的道路的显著位置；若国道靠近村，在国道靠近村的一侧应设立地名标志。

第四节　贯彻地名规划方案的楼门编码

在地名规划方案中，由于主要涉及道路类地理实体的规划名称，且该道路两侧必然牵扯到院、楼、门、户的编码，因此可以这样讲，地名规划方案编制完成以后，只是完成了部分阶段性的工作，其后续的楼、门、户、院的编码及其标牌的安装，才真正开始进入地名规划方案实施的攻坚阶段。从另一层意义上说，之所开展地名规划工作，其目的之一是，在规划好道路名称后，更好对街路两侧的建筑物进行相应的编码，并对这些编码之后的标牌进行安装。同样道理，某些需要编码且安装标牌的院、楼、门、户，虽然并不一定在道路的两侧，但这不是不予为其编码和安装标牌的理由。因为，为了业主居住、出行方便、邮路畅通、管理便捷等，不临街的院、楼、门、户同样不可或缺编制号码和安装标牌。

一、编制门牌号码

之所以必须给每一处院、楼、门、户编制唯一的号码，从地名的角度看，其根本的原因在于，与其他类别的地名相比，这些院、楼、门、户系小型的地理实体，其名称属于微地名的范畴，是不可分割的最小地名。由于是小地物、微地名，导致其“比肩接踵”般的数量众多，且遍布在较大（上级）地理实体的各个角落。这样一来，假如将每一个低级的、极小的地理实体都给定一个文字性的名称，显然不利于人们的有效使用。因此，我们需要抓住它们排列有序的特征，以及其附着在大地理实体上的形态，以数字编码的形式为其命名，使地名与地址趋于合二为一。

目前，我国城镇道路两侧及其延伸的门牌编码方式主要有两种：一是“自然编码法”；二是“坐标量化法”。

1. 自然编码法

自然编码法，是沿着城镇道路的走向，在确定起止点的基础上，将自然数由小到大排列的传统编码方法。一般情况下，街道的一侧均为双号，另一侧均为单号。这种编码方法是传统编码，应用普遍，规律简明，容易查询。缺点是，当道路两侧的建筑物增加、减少时，难以调整原有编码，出现插号难加、断号难补等问题；由于建筑物的规模大小不一，导致道路两侧的单双号不能一一对称，容易误导行人。一般说来，自然编码法适宜老城区，但在城区改造时，会出现插号、断号现象，而且会在建筑物逐步到位的情况下更加突出。解决这些问题的做法是：断号任其断号，以备今后之需；重号稍加处理，变身甲或乙某某号（参见示例 12-7）。

示例 12-7：门地名标志版面示例

图 B.17　门地名标志版面示例

2. 坐标量化法

坐标量化法是近年来出现的一种新型编码方法，也叫“米”字编码法。其原理是：在城市中心选择一个固定的参照物为“坐标原点”（也称起点、端点），按道路走向或经纬线确定坐标轴；在坐标横轴的前后、纵轴的左右，以“米”为单位向外分别延伸（道路一端固定的，也可由固定端向不固定端编排）；道路两侧分单双号排列、并行，如道路两侧建筑物到坐标轴的距离为同一数字，进行局部措置、微调。从现实的角度看，坐标量化法适宜新建城区，特别是新区规划建设项目逐步到位的情况。因此建议，为不影响新区规划、建设的梯度展开，利于新区的长远发展，保持本区域内“新”的特征，可以考虑采用坐标量化法（参见示例 12-8）。

示例 12-8：坐标量化法示意图

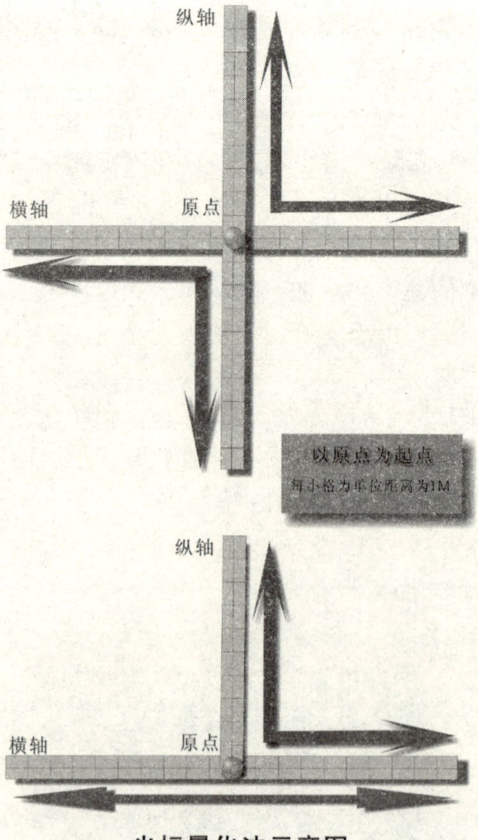

坐标量化法示意图

二、安装门牌标志

完成院、楼、门、户的编码之后，不能仅仅停留在案头工作上，还应紧随其后地安装它们的地名标志（标牌）。这些地名标志（标牌）上的文字和数字，无论是自然编码所形成，还是坐标量化而得到，都应具体地体现在相应的地名标志（标牌）上。不过，有一个问题需要提前澄清，虽然我们将院、楼、门、户及其编码名称作为一类，但在社会生活的实际情况中，它们的产权并非为同一者、同类者。如此一来，为其安装相应的地名标志（标牌）时，就要区别对待、合理施工。例如，是否对户牌收取一定的成本费，虽然只是区区数元之事，但却关系到千家万户，需要审慎考虑。尽管下述示例仅为楼单元地名标志的版面示例，我们却从一个侧面对其有了大概的了解（参见示例 12-9）。

示例 12-9：楼单元地名标志版面示例

图 B.18　楼单元地名标志版面示例

第五节　施行地名规划方案的数据库建设

随着科学技术的迅猛发展，不仅电子信息成为未来的发展趋势，而且电子产品必将占有主导地位。在这一背景下，众多传统的地名形态，都要以新的面貌步入信息化的轨道，并演化为新兴的数字地名。为此，需要建立地名地址信息系统，在将地名中的有用信息全部填充进数据库中的前提下，促进并规范地名的各类电子信息，使其在社会生活中发挥越来越重要的作用。基于此，地方人民政府或者地名行政主管部门，为了进一步搞好本地的地名工作，建立技术先进、数据齐全、运行良好、拓展有序的地名信息系统，就成为众多“智者”的不二之选。

一、强调地名信息的系统性

对于地名的管理者和地名的研究者来说，研究并建立规范的地名信息系统，是一个全新的工作课题。那么，如何扎实、深入、有效地开展这一工作呢？我们认为，基础和主要的工作是，了解地名在信息领域中的运行轨迹，掌握地名信息的真实形态，抓住数字地名的本质特征，建立合乎现代化要求的地名信息平台。因此，地名信息系统最重要的基点是全面性、系统性、包容性。

1. 地名信息繁多

从微观的角度看，尽管地名部分信息已然应运而生；但从宏观的层面讲，地名信息所包含的数量和内容还远远不够。这是因为，现代地名和电子信息都处于不断发展、壮大和持续进步、完善的状态。这样，面对地名本身汗牛充栋般的数量，加上其种类多、层级多、形态多、作用多、对象多的特点，使地名必然与电子信息结合起来，进而地名信息系统呈现“水涨船高”的状态。

（1）地名信息档案。在现代社会生活中，电子信息技术之所以受到广泛的欢迎和应用，根本的原因在于，电子信息技术甫一出现，立即显示出其强大的优势。其中，最先让人们接受的是，它可以优化甚至取代传统的档案。在这一点上，地名作为档案的“大户”，成为当然的受益者。进一步说，此时数以万计的地名档案，正步入到一个全新的领域，由以纸质为主的档案，蜕变为先进的电子信息。因此，由于档案的工作手段、管理工具发生变化，导致针对档案的运作方式亦随之而动，并出现新的苗头和势头。在这种情况下，地名信息系统平台的适时建设，将成为左右地名信息档案建设和管理的重要法宝。即，有关地名信息档案的内容，应当包含传统档案管理的全部内容，如分类、录入、存储、交换、使用、保质、更新等的具体事项。

（2）地名信息管理。当地名信息档案建立起来以后，如何很好地使用这些资料，就成为地名信息管理的一个重要课题。因此，地名信息系统的管理任重而道远：一是利用地名信息系统固有的约束力，通过电子通信的有效手段，建立地名信息全方位的收集渠道；二是发挥地名信息系统的能动作用，运用信息网络平台，规范地名信息更新系统；三是借助地名信息系统的显性功能，以及地名管理的原有途径，整合各类地名信息的优质资源。

（3）地名信息服务。随着地名数据库的建设和完善，除了地名信息管理成为最大的受益者外，地名信息服务也旋即提上议事日程。在拥有强大的地名信息之时，特别是这些地名信息又是以电子信息化的形式尽情地展现出来，其直接或间接的结果是，转化为无形的服务或者有形的产品。而且，这种有别于传统商品形式的服务性产品，在保持原来数量众多特性的同时，也展示出其规范、有序的形式。更重要的是，该地名信息的电子化产品，在转化为地名信息服务的过程中，既可以主动提供地名信息产品，又能够由服务对象自助地获取地名信息服务，甚至对原有地名信息中的地名信息进行必要的纠错、更新等。

（4）地名信息科研。与其他地名业务略有区别的是，地名信息除了为地名层面提供技术支撑外，也为非地名领域提供技术支持。这种地名信息的科研活动，是建立在信息化、电子化、数字化的基础之上的。其有别于其他传统地名的社会形态，导致地名信息更加科学、严谨、现代、系统。因为，只有通过建立科学、规范的地名信息系统，其所储存在数据库中的地名信息，才能处于开放的、广域的、高效的环境中，才可以收集与扩散、调入与调出、比较与归纳、转化与更新、学习与利用，才真正具备应有的科研价值。

2. 地名内容全面

现代社会的信息系统，之所以具有强大的生命力和“战斗力”，归结一点就是，它所涵盖的内容非常全面。这种全新意义上的包罗万象，不存在顾此失彼、挂一漏万的现象。地名信息系统作为其中的一分子，也继承、汲取了这一显而易见的优点。原则上说来，地名信息系统的确立，借鉴了地理信息系统的方法和体系，以及运行、运转的工作模式。其显著的特点有：一是工作方法周到；二是信息内容全面。

（1）手段全。建立地名信息系统的主要工具是电子计算机，而计算机又被称之为电脑。随着现代科技的迅猛发展，电脑的功能不断扩大，不仅完全具备了快速的计算能力，也在向更精密、更便捷、更神奇的领域进军，如触觉功能、感觉功能、思维功能等，以目前已经开发出来的学习功能为例，就可以看到计算机“进化”的过程是如此超出人们的想象。对此，在建立地名信息系统之初，特别是为了规范地名信息之际，就应当充分认识和利用计算机世界的这一特点，挖掘计算机自身的所有优势和潜能，用综合的手段、先进的技术、科学的方法、立体的方式“武装”地名信息系统，并以此来完善、发展地名信息系统。

（2）信息全。地名信息系统完全不同于传统的地名档案，再大的地名档案馆或者档案库，也不如一台小小的电子计算机储存的地名信息量。过去的档案受场地、工具、介质等的限制，在地名信息的数量上、种类上不能全盘照收，只能迫不得已地进行精选，这样做的不利结果是，有些附加信息、参考事项、补充元素等被人为过滤出去，导致某些在必要时需要的信息遗憾缺失。令人欣喜的是，计算机登上社会生活的舞台之后，对于地名信息的处理和保存，我们完全没有任何信息爆炸的担忧，可以尽情地将有用的地名信息纳入电脑之中，如文字信息、地图信息、视频信息等。基于此，建立相应的地名信息系统，当然应该审慎考虑这些特有的事宜。

二、强化地名信息的通行功能

当今世界已经进入电子化的时代，各种电子产品的高速发展，使电子本身不仅成为一个存储的介质，而且也摇身一变成为运载的工具。更为重要的是，它升华了传统意义上的传输工具，将可以触摸的实物“进化”为无形的信号，并且其传输的内容更保真、更快捷。那么，如何充分利用电脑世界的这些特点，怎样在地名信息系统内把握它的资源，就成为地名信息系统建设中特别需要认真对待的课题。

1. 接口通

地名信息系统或地名数据库的筹备、建设、更新，不仅是一个长期的过程，而且是一个不断优化的举措。在世界地名数据库的总体框架内，包含着多个、多层、多种的子地名库。这些不同种类、级别的地名数据库，都不是孤立存在的，而是一个相互关联的网络，均需要彼此之间的正常转换。于是，为搞好这项工作，在具体研究、建立地名信息系统之际，特别是在设置具体的运行模式时，应重点思考、设计相互之间的接口是否通行无阻的问题。

（1）不同区域的地名数据库之间应畅通。地名数据库的建设是各个（各类）地名数据集成的结果，没有各地区分地名数据库的建设，也就没有总的地名数据库。在我国，各地的地理实体千差万别。如果各个分地名数据库各行其是，没有一定之规，只考虑本区域的地名情况，忽略了友邻区域的相关问题，则在建立地名数据库的过程中，会出现各自为战的事件，其结果也会五花八门、参差不齐，造成不同区域地名数据库之间的阻隔。因此，需要由国家级的权威机构在编制专门的标准时，统一规范有关的要求。然后，由各地遵照执行。即使是一个地级市的地名信息系统建设，也存在县级政区分别建立，还是由它们共同的上级政府或职能部门统一建立的问题。即，地名规划方案受益的当地政府机构，在考虑本地的地名信息系统时，不能以邻为壑，应与上下左右均建立良好的联系。

（2）不同属性的地名数据库之间应通连。地名所具有的不同属性，也决定了需要建立不同属性的地名数据库。以冰川和居民地为例，二者显然存在着很大区别。但是在地名数据库中，这种明显的差异性，可以利用模糊数学的原理将其消失殆尽。亦即，各个专门化的地名数据库，不得影响彼此之间的有效融合，使之在保持个性化的同时，也必须兼顾全局共性的要求。

（3）不同级别的地名数据库之间应通畅。地名数据库本身是存在着级别的，这是由地名本身以及建立地名数据库的组织决定的。理由有二：在地名分类与代码中，地名自身也被分为若干个等级；各个地名数据库的建设者，是由不同等级的机构分头来完成的。面对于此，如何将这些“高低错落”的地名数据结合在一起，就成为大的地名信息系统的重要课题之一。这样，就要求开展地名信息系统建设的单位，不能“独树一帜”地另起炉灶，一定要保持正确的全局意识。

（4）不同时间的地名数据库之间应连通。由于各个地名数据库建设单位的条件（包括人员、设备、资金、技能、规范等）存在很大差异，导致各种级别、类型、地区的地名数据库不可能同时建成。迥异的现实状况不能成为各自为政、闭门造车的理由，否则南辕北辙在所难免。据此，完成地名规划方案的地方，也需要未雨绸缪、放眼未来，将以后可能出现的地名信息、地名信息系统及其运行方式融入到相关的地名信息系统或地名数据库的建设工作中。

2. 运转实

地名信息系统及其地名数据库的建设依赖于电子计算机系统，而电脑只是众多工具中的一种，它之所以可以服务于社会生活，是由于人类在对其进行操作，其运行的好坏、快慢、便捷等，都需要技术力量予以支持，以期达到在运转中增强实效性的终极目的。

（1）平台稳。地名信息系统或地名数据库所依托的电子计算机系统，是一个超级的工作平台，在各项地名数据连接稳妥的情形下，必须保证运转的平稳。鉴于计算机具有一定的学习功能，在规定有关地名的技术指标时，应当充分认识并利用这一特色，使之能够真正为人所用。特别是在增加了原来没有的要求之际，还可以不发生异常情况，并按照人们的设想进行合理化的作业。

（2）运行畅。保证计算机中的地名信息系统（地名数据库）的平稳运行，只是我们的初始意愿。在这之后的高标准要求是，尽量保持各个方面的运行畅通。这里所述的畅通内容是：在所有数据相互替代、相互交错、相互干扰、相互吸收、相互干预时，它都可以正常进行计算，包括比较、归纳、筛选、提纯等，以尽最大限度的代替人脑工作。而要做到这一点，假如没有很好的规范地名信息的技术指标作为技术支撑的话，其工作自然难以达到运转通畅的预期值。

3. 实用强

正如上文所述，电子计算机不单单是一个简单的仓库，它在存储地名数据的同时，还可以进行发散性或收敛性思维，并以超乎寻常的方式进行工作。这一性能的屹立不倒，决定了计算机系统具有超强的实用性。我们认为，其可资利用的资源主要表现在 3 个方面：一是行政管理；二是服务社会；三是科学研究。

（1）支持行政管理。事实上，电子信息技术的广泛应用，首先“落户”于政府部门的行政管理之中。然而，对于地名信息技术的有效利用而言，与实际要求还相距甚远。原因在于，某些地名行政管理部门未能与时俱进，只是将地名数据库理解为电子化的档案馆，以电脑中的电子文件替代了有两千年历史的纸质文档。说白了，就是把地名数据库当作一个新型的仓库，根本没有上升到地名信息系统的层面上来。为摆脱这种陈腐、落后的窘境，就必须深入挖掘地名信息系统中超然的功能，将地名管理的事项纳入其中。否则，地名行政管理工作的电子化、信息化、规范化就成为一种幻影。

（2）便于服务社会。地名成为电子信息之后，除了为我所用的行政管理外，更多面对的是广大民众，该群体所需要的内容绝大部分是接受地名信息的服务。基于此，地名信息系统中的技术要求，必须具有明确的指向性，进而为群众的迫切需求提供方便。例如，道路问询系统、地名短信服务等。

（3）支撑科学研究。借助计算机信息系统进行科研活动，是现代科学研究的重要标志。地名研究列于社会科学与自然科学之中，无疑也需要电子信息技术的鼎力帮助。为此，虽然地名信息系统是地名科研的一部分，但该地名信息系统不是终端性的成果，而是基础性、阶段性的任务。其重要地位是，可以继续推动地名信息以及地名信息之外的其他关于地名的研究工作。需要明晰的是，此处的地名信息数据库，并不是一个完整的地名信息系统，关于上述支撑科研活动的要求，散落于各种数字化的地名信息之中。

三、控制地名信息的安全性能

地名信息具有公共属性，在其进入地名信息系统之后，似乎每个组织或个人都有权从中获取有用的地名信息。其实，并不尽然。请记住：地名信息公共属性的前提是，在部分人群获取地名信息的同时，不得影响另一部分人群的有效使用；一些地名信息存在着等级上的差异，其预期的结果是，部分地名信息无须满足全体“消费者”。于是，地名信息系统的运转是否安全的问题，正式摆在了我们的面前。

1. 保密要求

地名数据库的组织建设者，不是该地名信息的拥有者，它的真实定位是维护人，是代表国家、地方和民众运行地名信息系统的权威机构。如何有效地管理地名信息系统，自然成为一个亟待解决的课题。鉴于该类机构具有半官方的色彩，扮演好“看门人”的角色则为其义不容辞的责任。因此，在建立地名信息系统及其运行平台之时，设定必要的保密性功能亦成为必不可少的研究内容。

（1）地名分类。某些类别的地名信息，与普通百姓没有直接关系，其中军事设施名称及其相关信息最为明显，如军港、边防站、哨所等，都属于对外保密的单位，如果泄露给敌对势力或者别有用心者，则危及军事行动、国家安全、边防建设等。因此，在庞大的地名数据库中，为了安全、机密的特殊性要求，应当将这些类别的地名信息分离出来，采取技术措施进行屏蔽，并通过“防火墙”的方式为其加装保护层，使非公共信息的地名数据不被泄露于外。

（2）人员分层。还有一种安全保护措施，即对浏览、使用地名信息者，给予有效地分级或分类。某些地名信息可以对其中的人群完全开放，一些地名信息则需要筛选公布。从目前的技术水平和实际情况看，通过编制地方性地名信息规范文件的方式，对其进行处理可能还有一些困难。但不可否认的是，这毕竟是未来的发展方向。如果采取进入地名信息系统的入口来检验用户，进而达到过滤并分流人群的目的，似乎是一个不错的选择。

（3）保密分级。地名信息系统中的地名信息，不是完全具有同等的价值，无须采取“一刀切”的做法，应当对其进行梯度看待，实行切实可行的分级策略，将它们分为“三六九等”，如完全公开、部分公开、不能公开等，使地名信息真正物尽其用。实践证明，对地名信息的分级与保护，是地名信息系统建立的难点所在。

2. 纯正表现

地名信息系统及其地名数据库，除了上述安全性能的要求外，还需要地名信息系统在运转时，或者在展现地名信息之际，具有纯正、纯洁、优化的表现，能够恰到好处地尽如人意，其标准是社会生活的共同准则。它应当把握两点：严格约束自身的行为；尽力排除外界的干扰。

（1）内容健康。在建立地名信息系统时，应当重点考虑地名数据库的内容是否保持健康的问题。这种地名信息系统中的地名信息是指两个方面：一是自身建立的地名数据库，本身应当为社会道德所认同；二是地名数据库的“围墙”一定要牢不可破，不受外界的干扰和侵蚀，具有一定的“免疫”功能。

（2）信息纯洁。在地名信息健康的基础上，地名信息系统中的任何内容，都应与地名存在关联性。如果无限度地拓展地名以外的信息量，则加大了地名信息的外延，也就失去了地名数据库的本来面目。所以，要确定好地名及其相关信息源，界定好与地名有关信息的界限，使地名信息系统不与类似的系统（如地理信息系统、测绘信息系统）相雷同，从而保持地名信息系统的纯洁性和正统性。注意，这里所说的地名信息重合，并非是指地名信息系统中的地名信息完全排斥其他相邻或相关的信息，而是说地名信息系统要有自己的个性，且不能为其他类似的系统所取代。

还有，地名信息库不是商业化的网站，不必追求所谓的浏览量。因之，那些不健康的信息不可以杂陈其中。

四、扩大地名数据的内涵和外延

传统意义上的地名资料只是地名本身，附加的信息量少之又少，一般以地名录、地名图、地名志、地名词典的形式公之于众。这是因为，在没有进入电子化、信息化的年代，记录地名信息的介质为普通的纸张，其所容纳的信息自然非常有限。而今，信息时代的到来，改变了原有记载能力的不足，致使一张不起眼的电子磁卡就能取代一座大型的书库。存储工具革命式的变化，在为地名信息的摄取创造便利条件的同时，也为地名信息的收集提供了新的挑战和要求。

1. 增加地名本身的信息量

以地名志为例，其所录入的地名信息非常之少，甚至称之为“少得可怜”也不为过，难以满足今天人们对地名信息的需要。所以，地名信息以卡片为记载工具，必然退出历史的舞台。那么，我们应当在地名信息系统中选取地名数据项时，增添哪些可以乐见拓展的好内容呢？

（1）地名空间。地名的主要作用是指域、指位、指向、指类。这里，无论是点状地名、还是线状地名、或者面状地名，都存在着一个空间的问题。但不可否认的是，此时、此处的地名们是模糊的，其作用是相当有限的，并未真正、真实、真切地标明地理实体的确切位置、大小、形状等。因而，在地名数据库中，这些必需的内容可以通过地图及文字的形式予以一一明示出来，如经纬度、相对位置、海拔高度、区域范围、物理形态、历史状况等。那么，要做到这一点，就要采取“步步为营”的策略，应以地名的标准信息形式将其规定清楚，并最终纳入地名信息系统之中。

（2）地名时间。以往的地名档案一般以二维来表示，无法适应今日社会、经济发展的需要。为此，还需拓展它们的信息量，增加地名信息的入库时间、修改时间、标准化时间等，以及地名产生或来源的时间。这是因为，地名不再是单一的地理实体符号，而是多元的信息组合。只有将这些内容融入到地名标准的条文之中，才能获得三维甚至四维的地名形态。

（3）地名事件。前面已经阐述，地名是非物质文化遗产。说实话，地名本身只是一个简单的符号，没有特别的重要意义。之所以可以将其列入地名文化遗产的保护范畴之内，根本原因在于，地名所指代的地理实体与其名称一道，共同承载着值得纪念的历史事件。这些大大小小的历史事件，主要包括两部分：一是地名的来源，如构词形式、命名意愿、由谁命名等；二是地名的实体文化，即该地理实体之上实际发生且需纪念的点点滴滴，如文化现象、人物事迹、政治走向、自然变化等。这些方方面面的内容，都应在地名信息系统中享受其应有的“待遇”。

（4）地名人物。无论是历史上的杰出人物，还是现在的精英模范，其生活的场所均离不开地理实体，都与指代地理实体的地名息息相关。而且，为了全方位地展示地名的文化资源，记录历史上的文化事件，保护地名的文化遗产，有必要在地名条目之下，将相关的人物及其事迹罗列其中，进而拓展地名的内涵和外延，使地名真正成为记录历史、再现历史的“纪念碑”。

（5）地名机关。鉴于地名信息库的构成是多渠道、多部门来完成的，因此为说明地名信息的权威性、可靠性，在地名数据发布之前，应当给出地名信息的责任人，以此来告知地名信息的使用者和消费者，包括地名的来源、地名的集成、地名的标准化处理、地名的行政属性等。这一点在地名信息系统中，并不是多此一举或画蛇添足之事，而是地名数据信息化的成果使然。

另外，与地名有关的其他有用信息也应列入其中。这里的其他地名信息不是一个抽象的概念，而是具体的、实在的内容，均须量力而行、适度选取、统一规定。例如：标志类的界碑、导向标牌；政区类的人口、经济情况等。如其不然的话，即使正式发布的地名信息，也无法切实地体现在地名信息系统之内。

2. 添加地名之外的名称群

在国务院《地名管理条例》中，对于无法确定是否为地理实体名称的地物，采取了模糊的处理方式。之所以如此表述，是与如何进行管理紧密地联系在一起的。但是，在地名信息系统中，这个问题完全可以忽略不计。因为，地名数据库中的地名，不仅仅是为行政管理服务的。从服务的角度讲，地名数据库中的有用信息越多越好。换言之，进入电脑终端的地名种群，应当增添更多的相关内容。那么，什么名称可以堂而皇之地步入地名信息系统的大雅之堂呢？

（1）单位。此处的单位不是数量单位，而是占有一点区域面积、与所在地物紧密相连的企业、事业单位。用《地名管理条例》的语言进行表述，它们是具有地名意义的组织。这些未能跻身地名系列的“非地物”名称，无论是自身呈现的地理形态，还是机构名称的批准机关，都与纯粹意义上的地理实体及其地名存在较大的距离。按理说，它们忝列地名序列之中，有名不副实、“忝列门墙”之感。然而，地名数据库中的地名之于管理序列中的地名是存在差异的，这种差异性表现在不同的用户上，大容量的地名数据库不仅不会影响地名管理，甚至还可以为其提供辅助的作用。因而，在此可以适当地扩大地名种群的外延，将相对固定的单位、组织名称录入到地名数据库中，并成为地名信息系统之内的一个种群，以满足不同人群的“另类”需求。

这里所说的单位、组织具有地域的属性，它们与纯正、纯粹的地名一样，都占有一定的地域空间，其主要包括：一是行政组织，如地区行政公署、街道办事处等；二是经济组织，如开发区、保税区等；三是生产组织，如盐场、渔场、养殖场、林场、发电站等。

(2) 建筑物。人工建造的建筑物往往构成地标，只此一点就说明，这类寿命超过70年的建筑物本身，不能游离于地名信息系统之外。其实，该建筑物所在的地段或者它的门牌号码，已然失去部分指位功能，而让位于该建筑物（群）的名称。此时，如果过于拘泥于地名本身，将它们置身于地名信息系统之外，则显然是严重的失职行为。

这里所说的建筑物（群）主要包括：一是社会事务事业单位所属的建筑物（群），如医院、博物馆、剧场、电视塔等；二是商贸机构所属的建筑物（群），如宾馆、写字楼、百货商店等；三是交通设施，如飞机场、火车站、港口、渡口等。

五、促进地名信息的可持续发展

纸质的地名档案是固化的产品，如果需要将其转化为新的商品，则需要重新进行整理，整个运作过程可谓繁杂多多、困难重重。幸好，现在的地名档案为电子产品，其转化过程如“探囊取物”般简单、快捷。这说明，地名信息系统中的地名，已经变身为活的地名档案。为此，充分利用信息化、电子化的存储、运行、转化工具，以促进地名信息的可持续发展，不仅是地名信息系统的必然选择，也是其可持续发展的必由之路。

1. 容易更新

在上世纪的80年代，地名行政管理机关和地名工作者，曾经花费大量的人力、物力、财力，进行了规模宏大的地名普查。以现在的眼光看，虽然当时的成果可谓丰硕，但由于近30年没有更新资料，导致国家不得不开展新的地名普查（第二次地名普查）工作。之所以产生如此状况，其深层次的原因在于，以往地名资料的存储手段、管理方式过于落后，无法实施有效的适时更新。所以，在目前的技术条件下，必须根据地名数据库的特点，以及地名信息系统的运行规律，无条件地增加可以更新地名信息的功能。

(1) 时间上。建立完善的地名数据库，主要包含两项内容：一是将前期的地名数据纳入地名信息库之中；二是对建库之后发生的地名信息进行紧密跟踪。这项工作的难点和重点均在后者。虽然更新地名数据库者为操作电脑的人，但地名数据的传输却是计算机，因此在研究、设计地名信息系统时，就要严格把握相关的技术要素、技术参数，使地名的各个分数据库可以通过网络渠道，及时、准确地将有关更新内容稳妥地转入到上级直至国家地名信息中心的终端处理器上。

(2) 内容上。尽管地名应当保持相对稳定，但并非是说其必须一成不变。其变化的方式有 3 种：一是地名所依附的地理实体发生变化，导致指代地理实体的专有名词也随之变化；二是新产生了人文地理实体，需要为其命名一个名称；三是地理实体部分发生异动，其地名的相关信息需要修改。这些未来可能产生的地名变更事项，均应在地名信息系统中予以考量，并设定其处理方式和结果，以便地名信息持续成为非垃圾且有用的信息。

另外，鉴于更新地名信息的工作是由有关的地名组织和工作人员来操作的，因此为了赋予计算机以生命力，还需要制定相关配套的地名管理标准，用以约束有关组织和人员的工作行为，进而达到规范地维护、更新地名数据的目的。

2. 便于扩容

地名数据库建成以后，地名信息系统的运行必然提到议事日程。除了维护地名数据库中的原有内容外，还需要考虑扩大其容量的问题。传统意义上的系统扩容，是指地名数据库本身的容量加大，包括地名数量、种类、信息等的增多，但此处的扩容却不尽相同，不仅指计算机存储结果上的加大、运行速度的加快，还指其运行功能上的提高。因为，随着电子科技的长足进步，需要开发出一些新的“计算”方式。对此，地名信息系统在建立之时就要有预见性。

还有，地名信息系统与其他地理信息系统有很多相似之处，如果需要将兄弟系统中的要件转化为自己数据库中的资料，采取人工转化的方式来进行，显然是比较费周折的事情。这样，在建立地名数据库之初，就应当考虑与外界的兼容问题。其好处是：可以将外界有关地名的信息进行直接转化，以节约人工成本和提高转化速度，进而丰富地名信息系统的库存量；本地名信息系统之内有价值的资料，也可以方便社会直接或间接地使用。

3. 方便转化

必须强调一点，地名数据库的建立及其地名信息系统的形成，不是地名在电子信息化中的最终产品，而只是利用科技手段建立的一个业务平台，它还有许多未完成的工作要做。概言之，该地名信息系统仅仅是一个初级的产品，尚需要进行深度的加工，并以此生产出更多的衍生品，如电子图书等。因此，地名信息系统应当具有前瞻性，以便推动相关附加产品的生成。

4. 易于纠错

存储在电脑中的地名信息，不可能经常性地采取普查的形式来获取，即使是本地小规模的调查来收集资料，也是一项比较烦琐、不定期的行为，其所获的结果显然是不能满足地名信息系统的时时更新的。为此，就需要扩大地名信息的来源渠道，利用数以万计的消费者，由广大使用者提供相应的信息。但是，由普通民众提供的地名信息有两个问题：一是信息不够准确；二是地名及其信息未进行标准化处理。这样一来，就需要地名信息系统自身具有纠错功能，以此保证地名信息的正确性。

另外，必需强调一点，随着科学技术的进步，特别是电子信息化的迅猛发展，其应用功能越来越广泛，甚至超出普通人的一般想象，其用于地名领域也有进一步扩大的趋势。如果是经济比较发达的城市，可以与相关机构共同合作，研制更多高新技术的地名产品。例如：设置新型的电子地名标志，其最大的特点是，以电子信息存储技术为支撑，通过电子显示屏的方式“充任”地名标志牌；为地名标志设置二维码等，人们可以利用手机扫描该二维码，进而了解更多的地名信息。

至此，地名规划方案的落实才可称之为真正落地。

第十三章　地名规划的候选专名

诚如前述，在地名规划方案中的多个规划事项内，最为重要的是规划地名的专名，它的现实特点是数量众多，而且亟须落实在地理实体上。换言之，对于地理实体名称中的专名，不能等闲视之，而是要“另眼相看”。如此引出一个话题，我们应当再次重申有关的地名专名。其实，我们已经说了很多专名的技术问题，但对于它们的文化事项似乎所言甚少。为弥补这一缺憾，笔者特意在本书的最后一章花点笔墨，重点列出部分“地名规划的候选专名”。请注意，这里的“地名规划的候选专名”，还没有蜕化为地理学意义上的地名专名，只是一种归类后的语词举要。但是，它们足以说明一些需要心中解惑的问题。所以，请读者朋友在阅读下面的语词时，自行揣摩其所蕴含的韵味。

第一节　来源于固定词组的候选专名

在我国的汉语文字文化中，某些语词已经形成固定的词组。这些黏合在一起的词组，或为成语，或为名言，或为警句，或为对联，以不同的面目跻身于文化大家庭之中。因此，如果以此为切入点，则会为规划地名的专名候选者找到很多很好的词汇。故此，本节展示的是这些候选的专名。另外，为了与地名规划的要求相一致，便于人们选取、认读这些语词，我们在每个语词之后还给出了该词的汉语拼音。

一、来源于成语的候选专名

成语是我国汉语言文字特有的文化现象，它出现的形式往往为 4 个汉字组成的词汇。虽然大部分成语字数不多，但在 4 个汉字之下蕴含了无尽的中华文化。而且，有许多成语是由两个并列关系的词所组成，假若将二者单独提取出来，也可以表达很深的文化内涵。举例来说，若成语之乡邯郸市开展地名规划，其规划地名的专名必定以成语为既定的取词宝库。例如：

标新（biāo xīn）："标新立异"语出南朝·宋·刘义庆《世说新语·文学》："支道林在白马寺中，将冯太常共语，因及《逍遥》，支卓然标新理于二家之表，立异于众贤之外。"相关语词：立异。

晨钟（chén zhōng）："暮鼓晨钟"语出唐·李咸中《山中》：比喻可以使人警觉醒悟。相关语词：暮鼓。

春华（chūn huá）："春华秋实"语出《三国志·魏志·刑颙传》："而桢礼遇殊荣，颙反疏简，私惧观者将谓君侯习近不肖，礼贤不足，采庶子之春华，忘家丞之秋实。"比喻人的文采和德行。现也比喻学习有成果。相关语词：秋实。

芙蓉（fú róng）："出水芙蓉"语出南朝·梁·钟嵘《诗品》卷中："谢诗如芙蓉出水，颜如错彩镂金。"芙蓉：荷花，也指刚开放的荷花。比喻诗文清新不俗。也形容天然艳丽的女子。

风华（fēng huá）："风华正茂"语出毛泽东词《沁园春·长沙》："恰同学年少，风华正茂；书生意气，挥斥方遒。"意为正是青春焕发、风采动人和才华横溢的时候。形容青年朝气蓬勃、奋发有为的精神面貌。相关语词：正茂。

甘霖（gān lín）："沛雨甘霖"语出明·无名氏《四贤记》第二十八出："情浓意长，情浓意长，沛雨甘霖，憔悴生香。"充足而甘美的雨水。比喻恩泽深厚。相关语词：沛雨。

和衷（hé zhōng）："和衷共济"语出《尚书·皋陶谟》："同寅协恭和衷哉。"《国语·鲁语下》"夫苦匏不材于人，共济而已。"衷：内心；济：渡。大家一条心，共同渡过江河。比喻同心协力，克服困难。相关语词：共济。

虹霓（hóng ní）："气吐虹霓"语出明·无名氏《聚兽牌》："气吐虹霓兴宇宙，赤心忠孝保江山。"虹霓：彩虹。吐气能成为天上的彩虹。形容气魄宏大。

惊鸿（jīng hóng）："翩若惊鸿"语出三国魏·曹植《洛神赋》："（洛神）其形也，翩若惊鸿，婉若游龙。"比喻美女的体态轻盈。

凌云（líng yún）："壮志凌云"语出《汉书·扬雄传下》："往时武帝好神仙，相如上《大人赋》，欲以风，帝反缥缥有凌云之志。"壮志：宏大的志愿；凌云：直上云霄。形容理想宏伟、远大。相关语词：壮志。

凌霄（líng xiāo）："凌霄之志"语出《晋书·慕容垂载记》："遇风尘之会，必有凌霄之志。"凌霄：高入云霄的志气。形容远大的志向。

明镜（míng jìng）："明镜高悬"语出《西京杂记》卷三："有方镜，广四尺，高五尺九寸，表里有明，人直来照之，影则倒见。以手扪心而来，则见肠胃五脏，历然无碍。”比喻官员判案公正廉明。

沐雨（mù yǔ）：“栉风沐雨”语出《庄子·天下》：“沐甚雨，栉疾风。”栉：梳头发；沐：洗头发。风梳发，雨洗头。形容人经常在外面不顾风雨地辛苦奔波。相关语词：栉风。

鹏程（péng chéng）：“鹏程万里”语出《庄子·逍遥游》：“鹏之徙于南冥也，水击三千里，抟扶摇而上者九万里。”相传鹏鸟能飞万里路程。比喻前程远大。

琪瑶（qí yáo）：“琪花瑶草”语出王毂《梦仙谣》：“前程渐觉风光好，琪花片片粘瑶草。”琪、瑶：美玉。原为古人想象中仙境的花草。后也形容晶莹美丽的花草。相关语词：琪花、瑶草。

青史（qīng shǐ）：“青史留名”语出汉·赵晔《吴越春秋·勾践伐吴外传》：“声可托于弦管，名可留于竹帛。”青史：书写于竹简或白绢上的典籍、史册。名字被载入史册，流传后世。

秋水（qiū shuǐ）：“望穿秋水”语出《诗·秦风·蒹葭》：“蒹葭苍苍，白露为霜；所谓伊人，在水一方。”指思念中的那个人。相关语词：伊人。

桑榆（sāng yú）：“失之东隅，收之桑榆”语出《后汉书·冯异传》：“始虽垂翅回奚，终能奋翼黾池，可谓失之东隅，收之桑榆。”东隅：东方日出处，指早晨；桑、榆：指日落处，也指日暮。比喻开始在这一方面失败了，最后在另一方面取得胜利。相关语词：东隅。

疏影（shū yǐng）：“暗香疏影”语出宋·林逋《林和靖集·卷二·山园小梅》诗：“疏影横斜水清浅，暗香浮动月黄昏”。

水秀（shuǐ xiù）：“山清水秀”语出宋·黄庭坚《蓦山溪·赠衡阳陈湘》：“眉黛敛秋波，尽湖南，山明水秀。”比喻有新意的文章。相关语词：山清、清秀。

托月（tuō yuè）：“烘云托月”语出元·王实甫《西厢记》第一本第一折金圣叹批：“而先写张生者，所谓画家烘云托月之秘法。”

蔚然（wèi rán）：“蔚然成风”语出范文澜《中国通史》第三编第七章第八节：“日本国内，自望族以至一般文士，摹仿唐诗蔚然成风。”蔚然：草木茂盛的样子。指一件事情逐渐发展盛行，形成一种良好风气。

未央（wèi yāng）：“长乐未央”语出《金石索·汉长乐宫瓦》：“‘长乐未央’，此长东宫瓦。”未央：未尽。长久欢乐，永不结束。相关语词：长乐。

夕秀（xī xiù）：“朝华夕秀”语出晋·陆机《文赋》：“谢朝华于已披，启夕秀于未振。”相关语词：朝华。

萧何（xiāo hé）：语出《警世通言·王娇鸾百年长恨》：“始终一幅香罗帕，成也萧何败萧何。”萧何：汉高祖刘邦的丞相。

学富（xué fù）：“学富五车”语出《庄子·天下》：“惠施多方，其书五车。”五车：指五车书。形容读书多，学识丰富。

阳秋（yáng qiū）：“皮里阳秋”语出《晋书·褚裒传》：“谯国桓彝见而目之曰：‘季野有皮里阳秋。’言其外无臧否，而内有所褒贬也。”

怡然（yí rán）：“怡然自得”语出晋·陶渊明《桃花源记》：“其中往来种作，男女衣着，悉如外人。黄发垂髫，并怡然自乐。”怡然：喜悦的样子，形容高兴而满足。相关语词：自得。

一清（yì qīng）：“区宇一清”语出《元史·伯颜传》：“始干戈于爰及，迄文轨之会同，区宇一清，普天均庆。”区宇：疆土境域。天下一统，国家太平。

月夕（yuè xī）：“花晨月夕”语出清·汪汝谦《画舫约》：“花晨月夕，如乘彩云而登碧落。”有鲜花的早晨，有明月的夜晚。指美好的时光和景物。相关语词：花晨。

昭彰（zhāo zhāng）：“耳目昭彰”语出清·名教中人《好逑传》第十七回：“说刑部审问过，见耳目昭彰，料难隐瞒十分为过学士不安，只得会同礼臣复奏一本。”昭彰：十分明显，人所共见。

知秋（zhī qiū）：“落叶知秋”语出《淮南子·说山训》：“见一叶落而知岁之将暮。”宋·唐庚《文录》引唐人诗：“山僧不解数甲子，一叶落知天下秋。”从一片树叶的凋落，知道秋天的到来。比喻通过个别的细微的迹象，可以看到整个形势的发展趋向与结果。

钟灵（zhōng líng）：“钟灵毓秀”语出清·曹雪芹《红楼梦》第三十六回：“亦且琼闺绣阁中亦染此风，真真有负天地钟灵毓秀之德了！”凝聚了天地间的灵气，孕育着优秀的人物。指山川秀美，人才辈出。相关语词：毓秀。

醉翁（zuì wēng ）：“醉瓮之意”语出宋·欧阳修《醉瓮亭记》：“醉瓮之意不在酒，在乎山水之间也。”用来表示本意不在此而在别的方面。

二、来源于名言的候选专名

在我国的各类典籍、文献中，名言、警句、箴语可谓比比皆是。而且，警句、箴语可以归入名言之中。也就是说，仅仅单独地从名言中挑选相关语词，就会收获颇丰。但为了简化起见，笔者将名言、警句、箴语等一并看待。对此，为了让其适应于规划的地名专名，我们将其予以洗练、提炼、凝练，组成与其意境统一的新语词，然后罗列于此。不知读者是否注意到，我们在这里给出了每一个语词的汉语拼音，且其语词排列顺序是按照其汉语拼音的排序而来。例如：

成仁（chéng rén）：语出《论语》，有“杀身以成仁”句。能牺牲生命来成全仁德。

重临（chóng lín）：语出谚语：一日无二晨，时间不重临。相关语词：二晨。

高远（gāo yuǎn）：语出《诸葛亮集·诫外甥书》："夫志当存高远，慕先贤，绝情欲，弃疑滞，使庶几之志，揭然有所存，恻然有所感"。志当存高远，是指人应当怀抱高远的志向。

光阴（guāng yīn）：语出《增广贤文》："一寸光阴一寸金，寸金难买寸光阴"。比喻一寸光阴和一寸长的金子一样宝贵，而一寸长的黄金却不能买到一寸光阴。说明了时间的宝贵。应珍惜时间。

汉青（hàn qīng）：语出宋·文天祥《过零丁洋》："人生自古谁无死，留取丹心照汉青"。自古以来，谁都难免会死的，那就把一片爱国的赤胆忠心留在史册上吧！相关语词：丹心、丹青。

近思（jìn sī）：语出《论语》："博学而笃志，切问而近思，仁在其中矣"。释义：广泛地学习，专心致志，恳切地求教，多思考当前的实际问题，仁德就在其中了。相关语词：博学、笃志。

精诚（jīng chéng）：语出《庄子·渔父》："真者，精诚之至也，不精不诚，不能动人"。汉·王充《论衡·感虚篇》："精诚所至，金石为开"。南朝·宋·范晔《后汉书·广陵思王荆传》："精诚所至，金石为开"。精诚：至诚，诚心诚意。指人的诚心所到，能感动天地，使金石为之开裂。相关语词：金石。

敬义（jìng yì）：语出《坤·文言传》："敬以直内，义以方外，敬义立而德不孤"。意为用严肃恭敬的态度来保持内心的正直和真诚，用合乎道义的方式来规范自己的言行，这样兼具"敬"和"义"的有德行的人是不会孤单的，他必定得到人们的亲近和支持。相关语词：方外。

居安（jū ān）：语出《左传·襄公十一年》："居安思危，思则有备，有备无患"。

乐之（lè zhī）：《论语·雍也》子曰："知之者不如好之者，好之者不如乐之者"。乐之：以学习为乐的人。比喻学习知识或本领，知道它的人不如爱好它的人接受得快，爱好它的人不如以此为乐的人接受得快。相关语词：好之。

里仁（lǐ rén）：语出《论语》："里仁为美，择不处仁，焉得知？"里仁：达到仁的境界为最好。

落花（luò huā）：语出宋朝晏几道《临江仙·梦后楼台高锁》："落花人独立，微雨燕双飞"。相关语词：微雨。

蒙尘（méng chén）：语出刘博："镜不蒙尘可照人，人无贪贿可正气"。

木秀（mù xiù）：木秀于林，风必摧之。比喻才能或品行出众的人，容易受到嫉妒、指责。出自三国时魏国文学家李康的《运命论》："故木秀于林，风必摧之；堆出于岸，流必湍之；行高于人，众必非之。前鉴不远，覆车继轨。"相关语词：秀林。

宁静（níng jìng）："淡泊以明志，宁静而致远。"——诸葛亮。不追求名利，生活简单朴素，才能显示出自己的志趣；不追求热闹，心境安宁清静，才能达到远大目标。相关语词：淡泊、明志、致远。

清风（qīng fēng）：语出杨明干："荡两袖清风，拂去心尘坦然，树一身正气，留下口碑伟岸"。相关语词：伟岸。

求索（qiú suǒ）：屈原《离骚》句："路漫漫其修远兮，吾将上下而求索"。到达目的的路虽然模糊不清，但我要不失时机探索而行。相关语词：修远。

青云志（qīng yún zhì）：语出王勃："老当益壮，宁知白首之心；穷且益坚，不坠青云之志"。青云志：直凌青云的志向。

日新（rì xīn）：语出《尚书》道德名言："德日新，万邦惟怀；志自满，九族乃离"。

思齐（sī qí）：语出《论语》："见贤思齐焉，见不贤而内自省也"。见到有人在某一方面有超过自己的长处和优点，就虚心请教，认真学习，想办法赶上他，和他达到同一水平；见有人存在某种缺点或不足，就要冷静反省，看自己是不是也有他那样的缺点或不足。相关语词：思齐。

思温（sī wēn）：语出《论语》：君子有九思：视思明，听思聪，色思温。思温：要考虑是否温和。相关语词：思明、思聪。

同心（tóng xīn）：语出《周易·系辞上》："二人同心，其利断金。同心之言，其臭如兰"。意为两人心意相同，行动一致的力量犹如利刃可以截断金属；在语言上谈得来，说出话来像兰草那样芬芳、高雅。

韦编（wéi biān ）：语出《史记》：韦编三绝。韦编：用熟牛皮绳把竹简编联起来；三：概数，表示多次；绝：断。编连竹简的皮绳断了三次。比喻读书勤奋。

向阳（xiàng yáng）：语出宋朝苏麟《断句》："近水楼台先得月，向阳花木易为春"。释义：看似咏楼台亭榭、花草树木，实则暗示：好处都被别人占了，而自己却得不到恩泽。

心清（xīn qīng）：语出宋朝林逋："心不清则无以见道，志不确则无以定功"。心里不清静就没法明白事理，志向没有明确就没法取得成果！真是如此呀！

学优（xué yōu）：语出《论语》："仕而优则学，学而优则仕"。意为做好了官，有余力就要学习，学习好了，有余力就去做官。相关语词：优学。

张弛（zhāng chí）：语出《礼记·杂记下》：“一张一弛，文武之道”。现用来比喻生活的松紧和工作的劳逸要合理安排。相关语词：文武。

正心（zhèng xīn）：语出《大学》第二章：“欲修其身者，先正其心；欲正其心者，先诚其意”。相关语词：修身、诚意。

至诚（zhì chéng）：语出《中庸》：“唯天下至诚，为能尽其性；能尽其性，则能尽人之性”。

知己（zhī jǐ）：语出唐王勃《送杜少府之任蜀州》：“海内存知己，天涯若比邻”。释义：四海之内思念着自己的知己朋友，即使远在天边，也感觉像邻居一样近。此诗一洗往昔送别中悲苦送别缠绵之态，体现出高远的志趣和旷达的胸怀。相关语词：比邻。

忠言（zhōng yán）：语出司马迁《史记·高祖本纪》：“忠言逆耳利于行，毒药苦口利于病”。

致远（zhì yuǎn）：语出诸葛亮 54 岁时写给他 8 岁儿子诸葛瞻的《诫子书》：“非淡泊无以明志，非宁静无以致远”。相关语词：明志。

自清（zì qīng）：语出宋朝教育家程颢：“寡欲心自清”。

三、来源于名联的候选专名

楹联也称对联，是华夏大地千百年来逐渐形成的语言文字文化形态，在世界的文化之林中独树一帜，是中华民族的文化瑰宝。在我国古代与现代，几乎逢年过节、每家每户都要张贴对联。这些不同韵味、不同风格、不同笔墨、不同年代的对联，展示出超乎寻常的文化“彩虹”。对于地名专名的候选语词而言，如果从中取词的话，人们会惊奇地发现，有时可以在一副对联中选取两个以上的相关语词。例如：

百福（bǎi fú）：语出对联：和顺一门有百福；平安二字值千金。横批：万象更新。相关语词：和顺、平安、千金。

洞明（dòng míng）：语出清梁书同自勉联：世事洞明皆学问；人情练达即文章 。相关语词：学问、练达、文章。

翰墨（hàn mò）：语出对联：春意犹融文明意；花香更带翰墨香。

含烟（hán yān）：语出李渔《笠翁对韵》：湘竹含烟，腰下轻纱笼玳瑁；海棠经雨，脸边清泪湿胭脂。相关语词：湘竹。

花影（huā yǐng）：语出清翁方纲题《北京陶然亭联》：风暖鸟声碎，日高花影重。

柳线（liǔ xiàn）：语出明代顾鼎臣对联：柳线莺梭，织就江南三月景；云笺雁字，传来塞北九秋书。上联是用柳树间黄莺在穿梭来写江南春天的景象，下联通过云雁在天空列队飞翔、南归的景象表达塞北已是深秋了。相关语词：九秋、织景、传书。

落霞（luò xiá）：语出对联：闲庭曲槛无余雪，流水空山有落霞。相关语词：闲庭。

明秀（míng xiù）：语出对联：水水山山，处处明明秀秀；晴晴雨雨，时时好好奇奇。相关语词：晴雨、时好。

浓荫（nóng yīn）：语出对联：幽柏玲珑浓荫送秋残；柔柳轻盈香茗贺春临。相关语词：香茗。相关语词：贺春。

萍水（píng shuǐ）：语出名联：万里南天鹏翼直上扶摇，那堪忧患余生萍水因缘成一梦；几年北地燕支自悲沦落，赢得英雄知己桃花颜色亦千秋。

丝飞（sī fēi）：语出对联：粟绽缝黄见，藕断露丝飞。

文情（wén qíng）：集王右军《兰亭序》字为楹联：文情生若春水；弦咏寄之天风。

新宇（xīn yǔ）：语出对联：江山聚秀归新宇；奎璧联辉映画堂。相关语词：聚秀、辉映、映画。

星子（xīng zǐ）：语出明代学士解缙的故事：天作棋盘星作子，谁人敢下？地当琵琶路当弦，哪个能弹！

烟水（yān shuǐ）：语出对联：烟水亭，吸水烟，烟从水起；风浪井，搏浪风，风自浪兴。

烟云（yān yún）：语出对联：蚕作茧，茧抽丝，织就绫罗绸缎暖人间；狼生毫，毫扎笔，写出锦绣文章传天下。相关语词：锦绣。

倚栏（yǐ lán）：语出清曹雪芹《红楼梦》人物香菱学诗第三篇：绿蓑江上秋闻笛；红袖楼头夜倚栏。指女子在楼头倚栏望月。

倚桐（yǐ tóng）：语出对联：移椅倚桐同赏月，点灯登阁各攻书。相关语词：登阁、攻书。

映雪（yìng xuě）：语出对联：风竹绿竹，风翻绿竹竹翻风；雪里白梅，雪映白梅梅映雪。相关语词：绿竹、映雪。

月朗（yuè lǎng）：语出名联：星稀月朗（郎），月朗星稀，今夜断然无雨（语）；天寒地冻（洞），地冻天寒，明朝必定成霜（双）。相关语词：成霜。

月影（yuè yǐng）：北斗七星，水底连天十四点；南天孤雁，月中带影一双飞。描写北斗星映入湖中，孤雁照影月下。

云舒（yún shū）：语出经典名联：去留无意，看庭前花开花落；宠辱不惊，望空中云卷云舒。

云树（yún shù）：语出李秀峰题庐山白鹿洞书院礼圣殿：云树千山，风泉万壑；洞门一扇，石屋半重。

云游（yún yóu）：语出对联：僧游云隐寺；寺隐云游僧。相关语词：云隐。

竹石（zhú shí）：语出名联：闲吟步竹石；长醉歌芳菲。相关语词：芳菲。

竹秀（zhú xiù）：语出对联：诗人与竹一样瘦；诗句与竹一样秀。

竹影（zhú yǐng）：语出对联：竹影徐摇，心影误疑云影过；杨花乱落，眼花错识雪花飞。

第二节　来源于诗词曲赋的候选专名

在中国的文化史上，蜚声中外的诗词曲赋散发着灿烂的光芒。在我国的历史长河中，历朝历代出现了许多脍炙人口的诗、词、曲、赋的佳作，成为世界文化中最灿烂的一抹霞光。尤其是唐诗、宋词、元曲、汉赋，更有很多名篇传咏至今，令世人所称道。其中，在这些大家的大作中，不仅出现了极多的名言、名句，而且内中众多的语词、词组亦为佳品，可以将它们提炼、摘录、把玩，并列入地名候选专名的行列。

一、来源于诗的候选专名

就诗歌而言，特别是古代的韵律诗，成就最高者为我国的唐朝诗。这一点已被史学界与文学界所公认。但是，这并不能以此排斥、低估宋诗、明诗等的艺术造诣。为此，在寻找古诗中的备选专名之际，我们在遴选唐诗的同时，也挑选了部分其他朝代的诗文。同时，还给出了该词汇的汉语拼音拼写。例如：

百丈清（bǎi zhàng qīng）：语出唐朝杜甫《越王楼歌》：“绵州州府何磊落，显庆年中越王作。孤城西北起高楼，碧瓦朱甍照城郭。楼下长江百丈清，山头落日半轮明。君王旧迹今人赏，转见千秋万古情”。相关语词：磊落、千秋。

崇光（chóng guāng）：语出宋朝苏轼《海棠》：“东风袅袅泛崇光，香雾空蒙月转廊。只恐夜深花睡去，故烧高烛照红妆”。

丹枫（dān fēng）：语出宋朝陆游诗句：“丹枫吹尽鸦声乐，又得霜天一日情”。

丹青（dān qīng）：语出唐朝杜甫《奉赠鲜于京兆二十韵》：“交合丹青地，恩倾雨露辰。有儒愁饿死，早晚报平津”。相关语词：雨露、平津。

芳辰（fāng chén）：语出宋朝丁宝臣《和永叔新晴独过东山》：“芳辰百

五前，选胜到林泉。万树绿初染，群花红未然”。相关语词：未然。

芳华（fāng huá）：语出唐朝韩愈《春雪》：“新年都未有芳华，二月初惊见草芽。白雪却嫌春色晚，故穿庭树作飞花”。芳华：芬芳的鲜花。

风摇（fēng yáo）：语出现代顾城《门前》：“草在结它的种子，风在摇它的叶子。我们站着，不说话，就十分美好”。相关语词：美好。

寒松（hán sōng）：语出晋朝顾恺之《四时》：“秋月扬明恽，冬岭秀寒松”。描写冬天的山岭，寒松出秀，独占风光。相关语词：岭秀。

红袖（hóng xiù）：语出唐朝王建《夜看扬州市》：“夜市千灯照碧云，高楼红袖客纷纷。如今不似时平日，犹自笙歌彻晓闻”。

花明（huā míng）：语出宋朝陆游《游山西村》：“莫笑农家腊酒浑，丰年留客足鸡豚。山重水复疑无路，柳暗花明又一村”。相关语词：留客。

霁光（jì guāng）：语出宋朝诗人秦观《春日》：“一夕轻雷落万丝，霁光浮瓦碧参差，有情芍药含春泪，无力蔷薇卧晓枝。”霁光：雨后的日光。

江涵（jiāng hán）：语出清朝韩疆《九日登鸡鸣山》：“雁带寒声归渚急，江涵秋水与天长。浮云遮尽登高眼，不许愁人望故乡”。相关语词：登高。

江汉（jiāng hàn）：语出唐朝刘长卿《送李中丞归汉阳别业》：“流落征南将，曾驱十万师。罢官无旧业，老去恋明时。独立三边静，轻生一剑知。茫茫江汉上，日暮欲何之”。相关语词：明时。

静好（jìng hǎo）：《诗经·国风·郑风》中的《女曰鸡鸣》：“终身所约，永结为好，琴瑟再御，岁月静好”。男女相约而定下的誓言或约定后，两人永结同心，恰似女的弹琴，男的鼓瑟，夫妇和美谐调，生活多么美好。相关语词：琴瑟、结好。

林交（lín jīao）：语出南北朝孔稚珪《游太平山诗》：“石险天貌分，林交日容缺。阴涧落春荣，寒岩留夏雪”。相关语词：春荣。

清波（qīng bō）：语出唐朝储光羲《洛中送人还江东》：“孤舟从此去，客思一何长。直望清波里，唯馀落日光”。

轻罗（qīng luó）：语出唐朝杜牧《秋夕》：“银烛秋光冷画屏，轻罗小扇扑流萤。天阶夜色凉如水，坐看牵牛织女星”。轻罗：柔软的丝织品。相关语词：流萤、画屏。

晴柔（qíng róu）：语出宋朝杨万里《小池》：“泉眼无声惜细流，树阴照水爱晴柔”。晴柔：晴天里柔和的风光。

青苔（qīng tái）：语出唐朝王维《鹿柴》：“空山不见人，但闻人语响。返影入深林，复照青苔上”。

清言（qīng yán）：语出唐朝诗人王昌龄《宿京江口期刘慎虚不至》：“故人何寂寞，久已乖清言。明发不能寐，徒盈江上尊”。清言：高雅的言论。

清和（qīng hé）：语出俞平伯《栋花》：“天气清和四月中，门前吹到栋花风。南来初识亭亭树，淡紫花开细叶浓”。

丝桐（sī tóng）：语出三国·魏王粲《七哀诗三首》（其二）：“独夜不能寐，摄衣起抚琴，丝桐感人情，为我发悲音”。丝桐：指琴。古人削桐为琴，练丝为弦，故称。

松韵（sōng yùn）：语出唐朝王勃《圣泉宴》：“披襟乘石磴，列籍俯春泉。兰气熏山酌，松声韵野弦。影飘垂叶外，香度落花前。兴洽林塘晚，重岩起夕烟”。

素秋（sù qiū）：语出唐朝李商隐《端居》：“远书归梦两悠悠，只有空床敌素秋。阶下青苔与红树，雨中寥落月中愁”。素秋：秋天的代称。相关语词：端居、远书。

同光（tóng guāng）：语出东周·战国屈原《九章·涉江》：“与天地兮比寿，与日月兮同光”。寿命与天地一般长久啊，名声像日月一样光辉。现多用于歌颂和赞美某些伟大的人物或伟大的功绩彪炳青史，永垂不朽。相关语词：比寿。

微凉（wēi liáng）：语出唐朝杜甫《夏夜叹》：“仲夏苦夜短，开轩纳微凉”。相关语词：开轩。

戏水（xì shuǐ）：语出唐朝王勃《仲春郊外》：“东园垂柳径，西堰落花津。物色连三月，风光绝四邻。鸟飞村觉曙，鱼戏水知春。初晴山院里，何处染嚣尘”。相关语词：风光、花津。

翔风（xiáng fēng）：语出魏晋阮籍《咏怀》：“翔风拂重霄，庆云招所晞”。飞翔的风拂过高高的天空，喜庆的云彩招来令人高兴的事情。

星汉（xīng hàn）：语出三国曹操《观沧海》：“日月之行，若出其中；星汉灿烂，若出其里”。日、月、星、汉（银河）都显得渺小了，它们的运行，似乎都由大海自由吐纳。

暄和（xuān hé）：语出宋朝刘永《黄莺儿·园林晴昼春谁主》：“幽谷暄和，黄鹂翩翩”。暄和：暖和。

阳关（yáng guān）：语出唐朝王维《渭城曲》：“渭城朝雨浥轻尘，客舍青青柳色新。劝君更尽一杯酒，西出阳关无故人”。相关语词：柳新。

瑶台（yáo tái）：语出宋朝文学家张孝祥《观月》：“阆风、瑶台、广寒之宫，虽未尝身至其地，当亦如是而止耳”。瑶台：传说在昆仑山上，以五色玉为台基。

英华（yīng huá）：语出宋朝丁宝臣《次韵十五日菊》：“秋香多日閟英华，霜脱离离抱砌斜。趁节不随时俗眼，近冬真是岁寒花”。

于飞（yú fēi）：周朝《诗经·大雅·卷阿》：“凤皇于飞，翙翙其羽，亦傅于天”。翙翙（huì 会）：鸟飞扇翅的声音。傅：通“附”，附着；这里有到达的意思。这几句大意是：凤与凰相伴着飞翔，拍动着它们的翅膀，高高地飞到九霄之上。后人常以“凤凰于飞”比喻夫妇相亲相爱，也可用为祝贺婚姻美满之辞。

月照（yuè zhào）：唐朝李颀《琴歌》：“主人有酒欢今夕，请奏鸣琴广陵客。月照城头乌半飞，霜凄万树风入衣”。相关语词：鸣琴、树风。

月白（yuè bái）：语出唐朝白居易《琵琶行》：“曲终收拨当心画，四弦一声如裂帛。东船西舫悄无言，唯见江心秋月白”。相关语词：秋月。

云锦（yún jǐn）：语出唐李白《庐山谣寄卢侍御虚舟》：“庐山秀出南斗傍，屏风九叠云锦张”。相关语词：山秀、云锦。

云开（yún kāi）：语出宋朝刘子寰七言律诗《玉隆宫》：“避地西山占一区，高风遥想列仙儒。云开异日人传见，天上如今宅在无。丹去一函空锁钥，柏枯千载尚支吾”。相关语词：高风。

云罗（yún luó）：出自唐朝李商隐的《春雨》：“怅卧新春白袷衣，白门寥落意多违。红楼隔雨相望冷，珠箔飘灯独自归。远路应悲春口晚，残宵犹得梦依稀。玉珰缄札何由达，万里云罗一雁飞”。云罗：像螺纹般的云片。相关语词：新春、远路。

云屏（yún píng）：语出唐朝李商隐《为有》：“为有云屏无限娇，凤城寒尽怕春宵。无端嫁得金龟婿，辜负香衾事早朝”。云屏：以云母饰制的屏风。

云生（yún shēng）：语出唐朝诗人王昌龄《谒焦炼师》：“中峰青苔壁，一点云生时。岂意石堂里，得逢焦炼师。炉香净琴案，松影闲瑶墀。拜受长年药，翩翻西海期”。相关语词：松影。

征鸿（zhēng hóng）：语出宋朝孙光宪《浣溪沙》：“蓼岸风多橘柚香，江边一望楚天长，片帆烟际闪孤光。目送征鸿飞杳杳，思随流水去茫茫”。相关语词：天长。

追忆（zhuī yì）：语出唐朝李商隐《锦瑟》：“此情可待成追忆，只是当时已惘然”。

二、来源于词的候选专名

我国独立于潮头的宋词，其艺术成就、文学价值，在诗歌领域可谓空前绝后、享誉世界，令人叹为观止。每当我们沉浸在宋词的意境中，定然会被古人的文学修养、艺术素养所折服。唐词、元词、明词、清词以及今人之词，虽然也多有佳作、上品面世，但与宋词的星光灿烂相比，则“稍逊风骚”矣。在这种情况下，我们为了备选地名的专名之需，从宋词等中采撷部分可用的候选专名，无疑找到了取之不尽、用之不竭的源泉。例如：

翠微（cuì weī）：语出宋朝潘阆《酒泉子（十之一）》：“长忆钱塘，不是人寰是天上。万家掩映翠微间。处处水潺潺。异花四季当窗放。出入分明在屏障。别来隋柳几经秋。何日得重游。”相关语词：映翠。

涵清（hán qīng）：语出宋朝谢逸《卜算子》：“烟雨冥横塘，绀色涵清浅。谁把并州快剪刀，剪取吴江半。隐几岸乌巾，细葛含风软。不见柴桑避俗翁，心共孤云远。”涵：包含。相关语词：云远。

花信（huā xìn）：语出宋朝著名词人吴文英《祝英台近·除夜立春》：“剪红情，裁绿意，花信上钗股。残日东风，不放岁华去。有人添烛西窗，不眠侵晓，笑声转、新年莺语。旧尊俎。玉纤曾擘黄柑，柔香系幽素。花信：花信风，应花期而来的风。”相关语词：绿意、东风、岁华。

临水（lín shuǐ）：语出宋朝王安石《菩萨蛮·数间茅屋闲临水》：“数间茅屋闲，窄衫短帽垂杨里。今日是何朝，看予度石桥。梢梢新月偃，午醉醒来晚。何物最关情，黄鹂三两声。”相关语词：新月。

落絮（luò xù）：语出元朝张翥《踏莎行·芳草平沙》：“芳草平沙，斜阳远树，无情桃叶江头渡。醉来扶上木兰舟，将愁不去将人去。薄劣东风，夭斜落絮，明朝重觅吹笙路。碧云红雨小楼空，春光已到销魂处。落花飞絮，东风薄劣。春光将尽，人去楼空。”全词凄婉缠绵，余意不尽。相关语词：芳草、远树、春光、东风。

梦回（mèng huí）：语出南宋诗人辛弃疾的《破阵子·为陈同甫赋壮词以寄》：“醉里挑灯看剑，梦回吹角连营。八百里分麾下炙，五十弦翻塞外声。”

暖晴（nuǎn qíng）：语出宋朝词人刘克庄《摸鱼儿·海棠》：“甚春来、冷烟凄雨，朝朝迟了芳信。蓦然作暖晴三日，又觉万姝娇困。”相关语词：春来。

青灯（qīng dēng）：语出南宋史达祖《秋霁》：“还又岁晚，瘦骨临风，夜闻秋声，吹动岑寂。露蛩悲，青灯冷屋，翻书愁上鬓毛白。”相关语词：临风。

清秋（qīng qiū）：语出宋朝李煜《望江南》：“闲梦远，南国正清秋。千里江山寒色远，芦花深处泊孤舟。笛在月明楼。”相关语词：梦远、月明。

清晓（qīng xiǎo）：语出宋朝叶梦得《水调歌头 九月望日》：“叠鼓闹清晓，飞骑引雕弓。岁将晚，客争笑，问衰翁。平生豪气安在，沈领为谁雄。何似当筵虎士，挥手弦声响处，双雁落遥空。老矣真堪愧，回首望云中。”相关语词：望云。

清影（qīng yǐng）：语出宋朝苏轼《水调歌头·丙辰中秋》：“明月几时有？把酒问青天。不知天上宫阙，今夕是何年。我欲乘风归去，又恐琼楼玉宇，高处不胜寒。起舞弄清影，何似在人间？”相关语词：明月、乘风。

韶华（sháo huá）：语出北宋诗人秦观的《江城子》：“韶华不为少年留。恨悠悠，几时休？飞絮落花时候一登楼。便作春江都是泪，流不尽，许多愁。”

疏雨（shū yǔ）：语出宋朝王之道《如梦令·一晌凝情无语》：“一晌凝情无语，手捻梅花何处。倚竹不胜愁，暗想江头归路。东去东去，短艇淡烟疏雨。”

霜凝（shuāng níng）：语出宋朝词人史达祖《齐天乐·中秋宿真定驿》：“西风来劝凉云去，天东放开金镜。照野霜凝，入河桂湿，一一冰壶相映。”相关语词：金镜。

探梅（tàn méi）：语出南宋词人刘过《沁园春·斗酒彘肩》：“斗酒彘肩，风雨渡江，岂不快哉！被香山居士，约林和靖，与坡仙老，驾勒吾回。坡谓西湖，正如西子，浓抹淡妆临镜台。二公者，皆掉头不顾，只管衔杯。白云天竺去来，图画里、峥嵘楼观开。爱东西双涧，纵横水绕；两峰南北，高下云堆。逋曰不然，暗香浮动，争似孤山先探梅。须晴去，访稼轩未晚，且此徘徊。”

望晴（wàng qíng）：语出南宋词人史达祖《三姝媚·烟光摇缥瓦》：“烟光摇缥瓦，望晴檐多风，柳花如洒。”

未鸣（wèi míng）：语出宋朝魏杞《送袁朝奉芳秩满趋朝》：“壮年鼓箧上神京，叹息惊人未一鸣。白发尚堪谈世事，青衫原不坠诗名。簿书堆案三年梦，风月张帆午夜程。去矣飞腾九霄上，莫忘瞻衮话平生。”相关语词：诗名、飞腾。

斜阳（xié yáng）：语出宋朝范仲淹《苏幕遮·怀旧》：“碧云天，黄叶地。秋色连波，波上寒烟翠。山映斜阳天接水。芳草无情，更在斜阳外。”相关语词：云天。

新绿（xīn lǜ）：语出宋朝黄庭坚《念奴娇》：“断虹霁雨，净秋空，山染修眉新绿。桂影扶疏，谁便道，今夕清辉不足？万里青天，姮娥何处，驾此一轮玉。寒光零乱，为谁偏照醽醁？”新绿：雨后新晴。相关语词：桂影。

星雨（xīng yǔ）：语出宋朝辛弃疾《青玉案·元夕》：“东风夜放花千树，更吹落，星如雨。星如雨：指焰火纷纷，乱落如雨。”星，指焰火。形容满天的烟花。

寻芳（xún fāng）：语出南宋词人史达祖《蝶恋花》：“几夜湖山生梦寐。评泊寻芳，只怕春寒里。今岁清明逢上巳，相思先到溅裙水。”相关语词：寻芳。

雁程（yàn chéng）：语出南宋史达祖《秋霁》：“江水苍苍，望倦柳愁荷，共感秋色。废阁先凉，古帘空暮，雁程最嫌风力。”雁程：雁飞的行程。

燕归（yàn guī）：语出宋朝晏殊《浣溪沙·一曲新词酒一杯》：“一曲新词酒一杯，去年天气旧亭台。夕阳西下几时回？无可奈何花落去，似曾相识燕归来。小园香径独徘徊。”相关语词：香径。

叶映（yè yìng）：语出宋朝柳永《黄莺儿·园林晴昼春谁主》：“观露湿缕金衣，叶映如簧语。晓来枝上绵蛮，似把芳心深意低诉。”叶映：黄鹂鸣叫震动树叶而反映的回音。相关语词：缕金。

盈袖（yíng xiù）：语出宋朝李清照《醉花阴·薄雾浓云愁永昼》：“东篱把酒黄昏后，有暗香盈袖。莫道不销魂，帘卷西风，人比黄花瘦。”

玉露（yù lù）：语出宋朝秦观《鹊桥仙》：“纤云弄巧，飞星传恨，银汉迢迢暗度。金风玉露一相逢，便胜却、人间无数。”相关语词：纤云。

月华（yuè huá）：语出北宋朝范仲淹《御街行》：“年年今夜，月华如练，长是人千里。”月华：明亮的月光。每年的这一天夜晚，月光都明亮得如同洁白的丝绸，可亲人总是远隔千里不能团聚。

云水（yún shuǐ）：语出宋朝李纲《水调歌头》：“幸有山林云水，造物端如有意，分付与吾侪。寄语旧猿鹤，不用苦相猜。”

征鸿（zhēng hóng）：语出宋朝词人王禹偁《点绛唇》：“雨恨云愁，江南依旧称佳丽。水村渔市，一缕孤烟细。天际征鸿，遥认行如缀。平生事，此时凝睇，谁会凭栏意！”天际征鸿：冲天远去的大雁。相关语词：天际。

知音（zhī yīn）：语出宋朝岳飞《小重山·昨夜寒蛩不住鸣》：“欲将心事付瑶琴。知音少，弦断有谁听？”

竹杖（zhú zhàng）：语出北宋苏轼《定风波》：“竹杖芒鞋轻胜马，谁怕？一蓑烟雨任平生。”释义：竹杖和轻捷的草鞋更胜过马，怕什么！身披一件蓑衣在濛濛烟雨中漫步，任凭雨水肆虐，我仍然能逍遥自在地度过一生。

三、来源于散曲的候选专名

此处所说的散曲一般而言是指元曲。元曲是在唐诗、宋词之后文化、文学领域中的又一高峰。它的特点是，与唐诗、宋词相比，更加朴实无华、更加朗朗上口、更加通俗易懂。即便如此，其名言、佳句仍旧屡见不鲜，充实了我国文学艺术的殿堂。对此，从事地名规划这应当感谢我们的先人们，是他们为大家留下了大量的语词财富，可以应用于备选的地名专名。而且，有时在一段散曲中，甚至可以出人意料地遴选出一组系列的备用专名。另外，下述举要语词也选用了少量元曲作家的诗句中的内容。例如：

傲霜（ào shuāng）：语出元朝文学家赵善庆《双调·沉醉东风》：“山对面兰堆翠岫，草齐腰绿染沙洲。傲霜橘柚青，濯雨蒹葭秀。”相关语词：翠岫、绿染。

斑管（bān guǎn）：语出元朝著名文学家白朴《阳春曲·题情》：“轻拈斑管书心事。细析银笺写恨词，可怜不惯害相思。”斑管：有斑纹的竹子做成的毛笔。

碧沙（bì shā）：语出金末元初杂剧代表人物关汉卿《仙吕·一半儿》：“碧沙窗外静无人，跪在床前心忙要亲。骂了个负心回转身。虽是我话儿嗔，一半儿推辞一半儿肯。”

冰丝（bīng sī）：语出元朝著名散曲作家徐再思《水仙子·弹唱佳人》：“玉纤流恨出冰丝，瓠齿和春吐怨辞。秋波送巧传心事。”相关语词：秋波。

苍苔（cāng tái）：语出元朝著名散曲作家徐再思《人月圆·甘露怀古》：“江皋楼观前朝寺，秋色入秦淮，败垣芳草，空廊落叶，深砌苍苔，远人南去。夕阳西下，江水东来，木兰花在，山僧试问，知为谁开。”苍，青也。苍苔，就是青苔。相关语词：芳草。

长流（cháng liú）：语出元朝杂剧代表人物关汉卿《窦娥冤》：“莫不是八字儿该载着一世忧？谁似我无尽头！须知道人心不似水长流。”

崇兰（chóng lán）：语出元朝文学家姚燧《木兰花慢·清明上已同日》：“畅光风袅袅，转幽蕙，泛崇兰。”相关语词：畅光。

初晴（chū qíng）：语出元朝著名政治家、文学家张养浩《寨儿令·四时闲适——春》：“水绕门，树围村，雨初晴满川花草新，鸡犬欣欣。鸥鹭纷纷，占断玉溪春。”相关语词：玉溪。

楚阳（chǔ yáng）：语出元朝著名散曲作家徐再思《梧叶儿·春思》：“芳草思南浦，行云梦楚阳。流水恨潇湘，花底春莺燕。”

穿云（chuān yún）：语出元朝散曲作家白朴双调《驻马听·吹篇》：“裂石穿云，玉管宜横清更洁。”

垂杨（chuí yáng）：语出元朝政治家、文学家张养浩《中吕·朝天曲·隐退》：“挂冠，弃官，偷走下连云栈。湖山佳处屋两间，掩映垂杨岸。满地白云，东风吹散，却遮了一半山。严子陵钓滩，韩元帅将坛，那一个无忧患。”相关语词：云栈、掩映。

春晴（chūn qíng）：语出元朝散曲作家薛昂夫《双调·楚天遥带清江引》：“屈指数春来，弹指惊春去，蛛丝网落花，也要留春住，几日喜春晴，几日愁春雨，六曲小山屏，题满伤春句。”相关语词：春来、春住、春晴、春雨。

翠烟（cuì yān）：语出元朝著名政治家、文学家张养浩《庆东原·无题》：“鹤立花边玉，莺啼树杪弦，喜沙鸥也解相留恋，一个冲开锦川，一个啼残翠烟，一个飞上青天，诗句欲成时，满地云撩乱。”相关语词：鹤立、锦川、翠烟、成时。

涵碧（hán bì）：语出元朝散曲作家徐再思《水仙子·惠山泉》："任松梢鹤避青烟，湿云亭上。涵碧洞前，自采茶煎。"

寒烟（hán yān）：语出元朝诗人、画家倪瓒《越调·小桃红》："一江秋水澹寒烟，水影明如练，眼底离愁数行雁。"相关语词：秋水、水影。

横秋（héng qiū）：语出与关汉卿、郑光祖、白朴并称为"元曲四大家"之一的马致远《汉宫秋》："投至两处凝眸，盼得一雁横秋。一雁横秋：鸿雁在秋空中飞来，古有鸿雁传书之说。"这两句大意是，双方两地相望，盼着对方的消息。这是写汉元帝与王昭君即将分别时的唱词。

梅韵（méi yùn）：语出金末元初杂剧代表人物关汉卿《大德歌·冬》："雪纷纷，掩重门，不由人不断魂。瘦损江梅韵，那里是清江江上村。香闺里冷落谁瞅问？好一个憔悴的凭阑人！"

品竹（pǐn zhú）：语出"元曲四大家"之一的关汉卿《一枝花·不伏老》："我也会吟诗，会篆籀，会弹丝，会品竹。我也会唱鹧鸪，舞垂手会打围会蹴。"

晴岚（qíng lán）：语出元朝著名政治家、文学家张养浩《水仙子·咏江南》："一江烟水照晴岚，两岸人家接画檐，芰荷丛一段秋光淡。"相关语词：秋光。

晴柳（qíng liǔ）：语出元朝杂剧家乔吉《折桂令》："晴柳纤柔，春葱细腻，秋藕匀圆。"像晴天的细柳那般纤柔。

青松（qīng sōng）：语出金末元初杂剧代表人物关汉卿《双调·沉醉东风》："红叶落火龙褪甲，青松枯怪蟒张牙。"相关语词：红叶。

思归（sī guī）：语出元朝文学家姚燧《贺新郎》："蜀道思归诚何有，便隔云山千叠。"

松径（sōng jìng）：语出金末元初杂剧代表人物关汉卿诗词《碧玉箫-九》："秋景堪题，红叶满山溪。松径偏宜，黄菊绕东篱。"相关语词：秋景。

松声（sōng shēng）：语出元曲作家徐再思《红绣鞋·道院》："一榻白云竹径，半窗明月松声。"相关语词：竹径。

万青（wàn qīng）：语出元朝文学家姚燧《感皇恩·捧读雪楼宪使岁寒亭记》："寻丈岁寒亭，何多环侍。烟节雪，万青士。"相关语词：岁寒亭。

相思店（xiāng sī diàn）：语出杂剧家乔吉散曲《水仙子》："搅柔肠离恨病相兼，重聚首佳期卦怎占？豫章城开了座相思店。"相关语词：佳期。

秀奇（xiù qí）：语出著名杂剧作家关汉卿《一枝花·杭州景》："水秀山奇，一到处堪游戏，这答儿忒富贵。满城中绣幕风帘，一哄地人烟凑集。"相关语词：绣幕。

寻梅（xún méi）：语出元曲作家薛昂夫《双调·蟾宫曲·雪》："天仙碧玉琼瑶，点点扬花，片片鹅毛。访戴归来，寻梅懒去，独钓无聊。"相关语词：碧玉、琼瑶。

淹留（yān liú）：语出元朝散曲作家白朴《中吕·阳春曲·知几（二首）》："诗书丛里淹留。"淹留：停留。

阳春（yáng chūn）：语出元朝元曲作家白朴双调《驻马听·歌篇》："白雪阳春，一曲西风几断肠。"

倚楼（yǐ lóu）：语出元朝文学家姚燧《越调·凭栏人》："两处相思无计留，君上孤舟妾倚楼。"

云窗（yún chuāng）：语出元朝散曲作家、诗人、散文家贯云石《中吕·红绣鞋·闺情》："挨著靠著云窗同坐，偎著抱著月枕双歌。"相关语词：月枕、双歌。

云娇（yún jiāo）：语出元朝杂剧家乔吉《折桂令》："雨弱云娇，水秀山明。箸点歌唇，葱枝纤手，好个卿卿。"相关语词：水秀、山明。

云衣（yún yī）：语出元朝画家、散曲作家曾瑞《南吕·骂玉郎过感皇恩采茶歌》："万顷沧波浮天地，烂银盘寒褪云衣。"

正清（zhèng qīng）：语出元朝著名杂剧家关汉卿《双调·碧玉箫》："正清樽斟泼醅，有白衣劝酒杯。官品极，到底成何济？归，学取渊明醉。"相关语词：渊明。

四、来源于赋的候选专名

除了诗、词、曲之外，历史上还存在过一种具有诗歌特点的文体，这就是赋。最初的诗、词、曲都能歌唱，而赋却能只能朗诵。它外形虽似散文，内部却又有诗的韵律，是一种介于诗歌和散文结合的文体，有点类似于今天的"散文诗"。赋是我国古代的一种文体，它讲究文采、韵律，兼具诗歌和散文的性质。其特点是"铺采摛文，体物写志"，侧重于写景，借景抒情。最早出现于诸子散文中，叫"短赋"；以屈原为代表的"骚体"是诗向赋的过渡，叫"骚赋"；汉代正式确立了赋的体例，称为"辞赋"；魏晋以后，日益向骈文方向发展，叫做"骈赋"；唐代又由骈体转入律体叫"律赋"；宋代以散文形式写赋，称为"文赋"。著名的赋有杜牧的《阿房宫赋》、欧阳修的《秋声赋》、苏轼的《前赤壁赋》等。在这些脍炙人口的大作、上品中，自然可以将部分语词加以凝练、洗炼，并形成后备的地名专名词。例如：

碧琳（bì lín）：语出西汉著名文学家司马相如《上林赋》："玫瑰碧琳，珊瑚丛生，瑉玉旁唐，玢豳文鳞，赤瑕驳荦，杂臿其间，晁采琬琰，和氏出焉"。碧琳：玉石名。相关语词：玫瑰。

碧树（bì shù）：语出南朝·宋鲍照《芜城赋》："璇渊碧树，弋林钓渚之馆。"相关语词：璇渊。

承宇（chéng yǔ）：语出西汉辞赋家庄忌《哀时命》："露蒙蒙其晨降兮，云依斐而承宇。描写大雾在早晨降临，层云遮蔽着天空的景象。"相关语词：云依。

德辉（dé huī）：语出西汉著名思想家、文学家贾谊《吊屈原赋》："凤凰翔于千仞兮，览德辉而下之。"相关语词：览德。

风清（fēng qīng）：语出宋朝著名文学家苏轼《后赤壁赋》："有客无酒，有酒无肴，月白风清，如此良夜何！"相关语词：月白。

鸿业（hóng yè）：语出东汉著名史学家、文学家班固《两都赋》："外兴乐府、协律之事，以兴废继绝，润色鸿业。"

华茂（huá mào）：语出三国·魏曹植《洛神赋》：余告之曰："其形也，翩若惊鸿，婉若游龙。荣曜秋菊，华茂春松。"华茂春松：青春华美，繁盛如春天，茂密的青松。相关语词：荣曜。

欢心（huān xīn）：语出西汉著名文学家司马相如《长门赋》："伊予志之慢愚兮，怀贞悫之欢心。"

回雪（huí xuě）：语出三国·魏"三曹"之一的曹植《洛神赋》："髣髴兮若轻云之蔽月，飘髣髴兮若流风之回雪。"释义：她时隐时现像轻云笼月，浮动飘忽似回风旋雪。相关语词：流风。

江蓠（jiāng lí）：语出西汉著名文学家司马相如《子虚赋》："蘅兰芷若，芎藭菖蒲，江蓠蘼芜，诸柘巴苴。"江蓠：一种香草名。相关语词：芷若。

落英（luò yīng）：语出西汉著名文学家司马相如《上林赋》："垂条扶疏，落英幡纚，纷溶萷蔘，猗狔从风。"落英：落花。相关语词：纷溶。

绿云（lǜ yún）：语出唐朝著名诗人杜牧《阿房宫赋》："明星荧荧，开妆镜也；绿云扰扰，梳晓鬟也。"明星荧荧：明亮的星星晶莹闪烁；绿云扰扰：乌青的云朵纷纷扰扰。

孟夏（mèng xià）：语出西汉著名思想家、文学家贾谊《鵩鸟赋》："单阏之岁兮，四月孟夏，庚子日斜兮，鵩集予舍。"

妙远（miào yuǎn）：语出西汉哲学家、文学家、语言学家扬雄《甘泉赋》："袭琁室与倾宫兮，若登高妙远，肃乎临渊。"相关语词：登高。

气清（qì qīng）：语出东汉时期伟大的天文学家、数学家、发明家、地理学家、制图学家、文学家张衡《归田赋》："于是仲春令月，时和气清，原隰郁茂，百草滋荣。"时和气清：气候温和，天气晴朗。相关语词：滋荣、时和。

千龄（qiān líng）：语出南朝·宋文学家鲍照《芜城赋》："天道如何，吞恨者多，抽琴命操，为芜城之歌。歌曰：边风急兮城上寒，井径灭兮丘陇残。千龄兮万代，共尽兮何言！”相关语词：天道。

青霜（qīng shuāng）：语出与杨炯、卢照邻、骆宾王齐名的“初唐四杰”之一的王勃《滕王阁序》：“腾蛟起凤，孟学士之词宗；紫电青霜，王将军之武库。”

清英（qīng yīng）：语出东汉史学家、文学家班固《西都赋》：“抗仙掌以承露，擢双立之金茎，轶埃壒之混浊，鲜颢气之清英。”相关语词：承露。

全盛（quán shèng）：语出南朝·宋文学家鲍照《芜城赋》：“当昔全盛之时，车挂轊，人驾肩。”

日夕（rì xī）：语出东汉伟大的科学家、文学家张衡《归田赋》：“极般游之至乐，虽日夕而忘劬，感者氏之遗诫，将迴驾乎蓬庐。”相关语词：蓬庐、至乐。

荣古（róng gǔ）：语出东汉著名科学家、文学家张衡《东京赋》：“苟有胸而无心，不能节之以礼，宜其今而荣古矣。”

胜镜（shèng jìng）：语出南北朝文学家庾信《春赋》：“池中水影悬胜镜，屋里衣香不如花。”

淑郁（shū yù）：语出西汉著名文学家司马相如《上林赋》：“与俗殊服，芬芳沤郁，酷烈淑郁。形容香气浓厚、美好。”相关语词：芬芳。

思古（sī gǔ）：语出东汉史学家、文学家班固《西都赋》：“愿宾摅怀旧之蓄念，发思古之幽情，博我以皇道，弘我以汉京。”相关语词：发思。

腾文（téng wén）：语出南朝著名文学家、散文家梁江淹《别赋》：“日出天而耀景，露下地而腾文。”腾文：指露水在阳光下反射出绚烂的色彩。相关语词：耀景。

雾凝（wù níng）：语出南朝·宋文学家鲍照《舞鹤赋》：“轻迹凌乱，浮影交横。众变繁姿，参差洊密。烟交雾凝，若无毛质。”相关语词：浮影。

新荷（xīn hé）：语出南朝梁武帝萧衍《晚春赋》：“望初篁之傍岭，爱新荷之发池。”

信美（xìn meǐ）：语出三国·魏朝名臣、著名文学家王粲《登楼赋》：“虽信美而非吾土兮，曾何足以少留。”信美：确实美。

星陈（xīng chén）：语出西汉哲学家、文学家、语言学家扬雄《甘泉赋》：“于是乃命群僚，历吉日，协灵辰，星陈而天行。”相关语词：天行。

星月（xīng yuè）：语出北宋政治家、文学家欧阳修《秋声赋》：“星月皎洁，明河在天，四无人声，声在树间。”

烟霏（yān fēi）：语出北宋政治家、文学家欧阳修《秋赋》：“胡为而来哉？盖夫秋之为状也，其色，惨淡，烟霏云敛。”烟霏：烟飞。

烟华（yān huá）：语出南朝·宋文学家鲍照《舞鹤赋》："精含丹而星曜，顶凝紫而烟华。"相关语词：星曜。

雁门（yàn mén）：语出南朝著名军事家、政治家、文学家江淹《恨赋》："情往上郡，心留雁门。裂帛系书，誓还汉恩。"相关语词：汉恩。

烟斜（yān xié）：语出晚唐朝杰出诗人杜牧《阿房宫赋》："渭流涨腻，弃脂水也；烟斜雾横，焚椒兰也。"烟斜雾横：烟霭斜斜上升，云雾横绕空际。相关语词：雾横。

瑶草（yáo cǎo）：语出元朝文学巨匠姚燧《摸鱼子·赋玉簪录呈赵太初兼与时中茂异》："更休寻、玉山瑶草，蓬莱知在何处。"瑶草：泛指珍美的草。相关语词：玉山。

一平（yī píng）：语出三国·魏朝名臣、著名文学家王粲《登楼赋》："冀王道之一平兮，假高衢而骋力。"冀王道之一平：希望国家统一安定。冀，希望。

宜笑（yí xiào）：语出西汉著名文学家司马相如《上林赋》："皓齿粲烂，宜笑的皪。"宜笑：微露牙齿的笑。

迎夏（yíng xià）：语出战国·楚辞赋作家宋玉《登徒子好色赋》："出咸阳，熙邯郸，从容郑、卫、溱、洧之间。是时，向春之末，迎夏之阳，（仓鸟）（庚鸟）喈喈，群女出桑。"

云合（yún hé）：语出西汉哲学家、文学家、语言学家扬雄《解嘲》："天下之士，雷动云合，鱼鳞杂袭，咸营于八区。"

云梦（yún mèng）：语出西汉著名文学家司马相如《子虚赋》："云梦者，方九百里，其中有山焉。其山则盘纡岪郁，隆崇嵂崒，岑崟参差，日月蔽亏。交错纠纷，上干青云。"相关语词：青云。

云墨（yún mò）：语出南北朝著名军事家、政治家、文学江淹《别赋》："虽渊、云之墨妙，严、乐之笔精。"

自欣（zì xīn）：语出东晋诗人、辞赋家陶渊明《闲情赋》："褰朱帏而正坐，泛清瑟以自欣。"意为她揭开红色的幔帐端端正坐，弹奏起清幽的琴曲自娱自乐。自欣：自娱自乐。

第三节　来源于儒法道墨的候选专名

在我国悠久的历史长河中，前辈先哲们为了各自的理想、理念，奔走于朝堂之上、江湖之中，特别是春秋战国时期，产生了多种学术派别。诸子百家主要有儒家、道家、阴阳家、法家、名家、墨家、杂家、农家、小说家、纵横家等。其中的代表人物有孔子、孟子、墨子、荀子、老子、庄子、列子、韩非子、商鞅、申不害、许行、告子、杨子、公孙龙、惠子、孙武、孙膑、张仪、苏秦、田骈、慎子、尹文、邹衍、晏子、吕不韦、管子、鬼谷子等。而且，诸子百家的许多思想不仅成为华夏民族的宝贵文化遗产，并且还给后代留下了深刻的启示，甚至直接或者间接地影响了今日中国的发展进程。在诸子百家中，儒家、道家、法家、墨家等更是绵延至今，其思想、文化的烙印深深地刻入我们今天的社会生活中。因此，在各地开展地名规划实践之际，必然能够将这些中华民族的国粹文化植入其中。为此，我们选取部分儒家、道家、法家、墨家等经典的文化语词，列为规划地名的备选专名。不过，由于是选取各家言论中的个别语汇、语句、语词，因而并不能代表诸家之全貌，甚至彼此之间有一定的兼容和交叉，但可以起到纪念、记录的作用，也算是为中华传统文化的集成与发扬尽了绵薄之力。

一、来源于儒家文化的候选专名

当今社会，提倡学习国学、研究国学、弘扬国学、运用国学。而儒家创立的传统文化就是国学中的重要内容。儒家是先秦诸子百家之一，其创始人是孔子。谨记：儒学作为一种学说，儒家作为一个阶层，儒教作为一种信仰。基本教义是忠恕、中庸、德治、仁政等；代表人物为孔子、孟子、荀子、颜子、朱熹等；代表作品有《四书》《五经》《十三经》；思想核心系仁、义、忠信、孝悌、中庸等。对此，我们有理由将儒家文化中的优秀文化及其构成的关键词语收录于此，作为未来可资利用的备用专名。例如：

白沙（bái shā）：语出《荀子·劝学》：“蓬生麻中，不扶而直；白沙在涅，与之俱黑”。白色的细沙混在黑土中，也会跟它一起变黑，比喻生活在好的环境里，得到健康成长。好的人或物处在污秽环境里，也会随着污秽环境而变坏。

博文（bó wén）：语出《论语·雍也》：“君子博学于文，德行仁孝，为时所重。”博文：博览群书之意。相关语词：德行、仁孝。

成美（chéng měi）：语出三国·蜀汉诸葛亮《诫子书》：“非学无以广才，非志无以成美。”释义：不学就不能增加才智，无志向就不能成学业。相关语词：广才。

复礼（fù lǐ）：语出《论语·颜渊》：“克己复礼为仁。”意为约束自己，使自己的言行合乎礼，这就是仁。

公明（gōng míng）：语出《荀子·不苟》：公生明，偏生暗。公正就政治清明，偏私则政治黑暗。

观澜（guān lán）：语出《孟子·尽心·上》：“观水有术，必观其澜。”

贯之（guàn zhī）：语出《荀子》：“君子知夫不全、不粹之不足以为美也，故诵数以贯之，思索以通之，为其人以处之，除其害者以持养之。”相关语词：通之。

浩然（hào rán）：语出《孟子》卷三《公孙丑上》：“我知言，我善养吾浩然之气。”意为我能理解别人言辞中表现出来的情志趋向，我也善于培养我的浩然正气。

恒敬（héng jìng）：语出《孟子·离娄下》：“爱人者，人恒爱之；敬人者，人恒敬之。”恒敬：永远尊重。相关语词：恒爱。

会友（huì yǒu）：语出《论语·颜渊》：曾子曰：“君子以文会友，以友辅仁。”释义：真正的君子用道义去交朋友，通过交友辅助仁德。和：融洽相处。不同：保持思想独立，保持个性独立。以文会友：“文”包括了文化思想。以文会友实际上是以道义而结交朋友。相关语词：文友、辅仁。

景福（jǐng fú）：语出《荀子》。《诗》曰：“嗟尔君子，无恒安息。靖共尔位，好是正直。神之听之，介尔景福 。”神莫大于化道，福莫长于无祸。介：给予。景：大。相关语词：恒安、正直。

君志（jūn zhì）：语出《申鉴·杂言上》：“为世忧乐者，君子之志也；不为世忧乐者，小人之志也。”君志：君子的志向。

乐水（lè shuǐ）：语出《论语》雍也篇。子曰：“智者乐水，仁者乐山；智者动，仁者静；智者乐，仁者寿。”释义：明智的人喜欢水，仁慈的人喜欢山；明智的人好动，仁慈的人好静；明智的人快乐，仁慈的人长寿。相关语词：乐山、智动、仁静、智乐、仁寿。

临溪（lín xī）：语出《荀子·劝学》：“不登高山，不知天之高也；不临深溪，不知地之厚也。”没登过高山 ，就看不见天的高远；不站在山涧边上，不知道地的深厚。是说山外有山，人外有人。相关语词：登高。

敏学（mǐn xué）：语出《论语·公长治》：“敏而好学，不耻下问。”释义：天资聪明而又好学，不以向地位、学问比自己低的人请教为羞耻，形容虚心好学，不自以为是。相关语词：好学。

明诚（míng chéng）：语出《中庸》："自诚明，谓之性；自明诚，谓之教。诚则明矣，明则诚矣。"相关语词：诚明。

明德（míng dé）：语出《大学》："大学之道，在明明德，在亲民，在止于至善。"明德：高尚的品德。相关语词：至善、亲民。

齐明（qí míng）：语出《荀子》："好法而行，士也；笃志而体，君子也；齐明而不竭，圣人也。"齐明：无所不明。相关语词：笃志。

日章（rì zhāng）：语出《中庸》："君子之道，暗然而日章。"日章：美德日见彰显。

岁寒（suì hán）：语出《论语·子罕第九》："岁寒，然后知松柏之后凋也。"岁寒，是每年天气最寒冷的时候。凋，是指树木落叶。到了每年天气最冷的时候，就知道其他植物多都凋零，只有松柏挺拔、不落。比喻有修养的人有坚忍的力量，耐得住困苦，受得了折磨，不至于改变初心。

心逸（xīn yì）：语出《尚书·周官》："作德，心逸日休；作伪，心劳日拙。"心逸：心安理得。相关语词：作德。

燕居（yàn jū）：语出《论语·述而》："子之燕居，申申如也；夭夭如也。"燕居：安居、家居、闲居。申申：衣冠整洁。夭夭：行动迟缓、斯文和舒和的样子。孔子闲居在家里的时候，衣冠楚楚，仪态温和舒畅，悠闲自在。

于归（yú guī）：语出《大学》："桃之夭夭，其叶蓁蓁。之子于归，宜其家人。"之子：指出嫁的姑娘。归：古时称女子出嫁为"于归"，或单称"归"，是往归夫家的意思。

余庆（yú qìng）：语出《周易·坤》："积善之家必有余庆，积不善之家必有余殃。"释义：做好事的家庭必给后代留下幸福，贯做恶事的家庭必给后代留下祸殃。相关语词：积善。

于言（yú yán）：语出孔子《论语》：子曰："君子食无求饱，居无求安，敏于事而慎于言，就有道而正焉，可谓好学也已。"释义：孔子说：君子吃不追求饱足，住不追求安逸，做事灵敏，言谈谨慎，时时改正自己的错误，就算好学了。相关语词：居安、敏事、慎言、道正、好学。

于义（yú yì）：语出《论语·里仁》：子曰："君子喻于义，小人喻于利。"释义：君子看重的是道义，小人看重的是利益。

悦极（yuè jí）：语出《荀子》："凡礼始乎诵，成乎文，终乎悦极。"

至善（zhì shàn）：语出《礼记》中的《大学》："大学之道，在明明德，在亲民，在止于至善。"大学的目的，在于显明高尚的品德，在于使人们革除旧习，在于达到善的最高境界。相关语词：明德、亲民。

知新（zhī xīn）：语出《论语·为政篇（二）》：子曰："温故而知新，可以为师矣。"注释：温故而知新：故，已经过去的（指已经学习过或已经掌握的知识）；新，刚刚学到的知识。

中节（zhōng jié）：语出《中庸》："喜怒哀乐之未发，谓之中，发而皆中节，谓之和。"中节：合乎法度。

二、来源于道家文化的候选专名

道家与儒家一样，在先秦时期已经形成了一个思想派别。道家以老子、庄子为主要代表，思想崇尚自然，有辩证法的因素和无神论的倾向，同时主张清静无为，反对斗争。代表人物为老子、庄子、列子、慎到、管子；代表作品有《道德经》《庄子》《管子》；基本主张系道法自然、无为自化、应物变化。而且随着道家文化的发展，逐渐衍化为中国本土产生的重要宗教。道教之所以广受信众的喜爱，与其自然造化、清净修为、无为而治的思想和境界有着直接的关系。在这其中，有许多警句、名言、箴语值得记取，进而运用于实际生活之中。我想，汲取部分蕴含"养分"的语词，用于后备的专名是不错的选择。例如：

扶摇（fú yáo）：语出庄子《逍遥游》："鹏之徙于南冥也，水击三千里，抟扶摇而上者九万里。"扶摇而上：指乘着风势快速上升。也比喻仕途得志或飞快上升。扶摇：迅猛盘旋而上的旋风。

观复（guān fù）：语出老子《道德经》第十六章："致虚极，守静笃。万物并作，吾以观复。"相关语词：守静。

观妙（guān miào）：语出老子《道德经》："故常无，欲以观其妙；常有，欲以观其徼。"意为从虚无的角度，可以揣摩道的奥妙。从实有的角度，可以看到道的踪迹。

可名（kě míng）：语出老子《道德经》："道可道，非常道。名可名，非常名。无名天地之始；有名万物之母"。

坚白（jiān bái）：语出庄子《齐物论》："唯其好之也，以异于彼；其好之也，欲以明之。彼非所明而明之，故以坚白之昧终"。坚白：指石的颜色白而质地坚。

泠风（líng fēng）：语出庄子《齐物论》："泠风则小和，飘风则大和，厉风济则众窍为虚"。泠风：小风；清风。

秋豪（qiū háo）：语出《庄子·知北游》："六合为巨，未离其内；秋豪为小，待之成体。天下莫不沈浮，终身不故；阴阳四时运行，各得其序"。秋毫：秋天的毫毛。相关语词：六合、成体、时运。

荣华（róng huá）：语出庄子《齐物论》："道隐于小成，言隐于荣华"。释义：真伪和是非等观念的产生意味着"道"的完整性遭到破坏；只有持有局部见解（"小成"）的人才看不见"道"而谈论真伪；只有喜好争辩（"荣华"）的人才不理解素朴之言而谈论是非。相关语词：小成。

如梦（rú mèng）：语出《庄子》："浮生若梦，若梦非梦。浮生何如？如梦之梦"。

若存（ruò cún）：语出老子《道德经》："谷神不死，是谓玄牝。玄牝之门，是谓天地根。绵绵若存，用之不勤"。释义：幽悠无形之神，永生不死，是宇宙最深远的母体。这个母体的门户，便是天地的根源。冥冥之中，似非而是，延绵不绝，用之不尽。相关语词：用勤。

若清（ruò qīng）：语出《庄子·天下》："芴乎若亡，寂乎若清"。

若始（ruò shǐ）：语出《老子》："慎重若始，则无败事"。释义：谨慎地做到最终，就像开始时一样，就不会有失败和差错。

若水（ruò shuǐ）：语出老子《道德经》："上善若水。水善利万物而不争，处众人之所恶，故几于道"。相关语词：上善。

善仁（shàn rén）：语出老子《道德经》第八章："心善渊，与善仁，言善信，正善治"。相关语词：善信、善治。

尚贤（shàng xián）：语出老子《道德经》："不尚贤，使民不争；不贵难得之货，使民不为盗；不见可欲，使民心不乱"。释义：不崇尚贤能之辈，方能使世人停止争斗。不看重珍奇财宝，方能使世人不去偷窃。不诱发邪情私欲，方能使世人平静安稳。相关语词：民心。

生影（shēng yǐng）：语出《列子·天瑞第一》："形动不生形而生影，声动不生声而生响，无动不生无而生有"。

守中（shǒu zhōng）：语出老子《道德经》第五章："多言数穷，不如守中"。意为话多有失，词不达意，还是适可而止为妙。

相盈（xiāng yíng）：语出老子《道德经》："故有无相生，难易相成，长短相形，高下相盈，音声相和，前后相随"。相盈：互相包含。相关语词：相成、相和、相形。

星辰（xīng chén）：语出《庄子·列御寇》："吾以天地为棺椁，以日月为连璧，星辰为珠玑，万物为送賫。吾葬具岂不备邪？"相关语词：连璧、珠玑。

形影（xíng yǐng）：语出《庄子·天下》："惜乎！惠施之才，骀荡而不得，逐万物而不反，是穷响以声，形与影竞走也，悲夫！"相关语词：惠施。

徐清（xú qīng）：语出老子《道德经》："孰能浊以静之徐清？孰能安以动之徐生？保此道者，不欲盈。夫唯不盈，故能蔽而新成"。徐清：慢慢地澄清。相关语词：徐生、新成。

玄通（xuán tōng）：语出《道德经》第十五章："古之善为道者，微妙玄通，深不可识。夫不唯不可识，故强为之容"。玄通：通达。

晏闲（yàn xián）：语出《庄子·知北游》：孔子问于老聃曰："今日晏闲，敢问至道。"晏闲：安居闲暇。

以明（yǐ míng）：语出庄子《齐物论》："故有儒墨之是非，以是其所非而非其所是。欲是其所非而非其所是，则莫如以明"。以明：以本然之明照之。

以清（yǐ qīng）：语出老子《道德经》第三十九章："昔之得一者：天得一以清；地得一以宁；神得一以灵；谷得一以生；侯得一以为天下正"。天得一以清：天得到这个"一"而清明。相关语词：以宁、以灵。

盈之（yíng zhī）：语出老子《道德经》："持而盈之，不如其已；揣而锐之，不可长保"。释义：抓在手里冒尖儿流，自满自溢，不如罢了吧。千锤百炼的锋芒，也长不了的。

云气（yún qì）：语出庄子《逍遥游》："肌肤若冰雪，绰约若处子，不食五谷，吸风饮露，乘云气，御飞龙，而游乎四海之外"。相关语词：飞龙。

正阳（zhèng yáng）：语出道家经典语录：清者天也，正阳之无上腾为天，浊者地也，正阴之无下结为地。

知善（zhī shàn）：语出老子《道德经》："天下皆知美之为美，斯恶已。皆知善之为善，斯不善已"。释义：天下的人都知道以美为美，这就是丑了。都知道以善为善，这就是恶了。相关语词：知美。

致柔（zhì róu）：语出老子《道德经》第十章："专气致柔，能如婴儿乎？"释义：谁能使血气变得柔顺，像婴儿一样呢？

众妙（zhòng miào）：语出老子《道德经》："玄之又玄，众妙之门"。释义：言道幽深微妙，玄奥而又玄奥，它是众多奇异奥妙的宇宙万物生成的根源。相关语词：又玄。

忠信（zhōng xìn）：语出老子名言："夫礼者，忠信之薄，而乱之首"。

三、来源于法家文化的候选专名

法家是中国历史上研究国家治理方式的学派，提出了以法治国。法是通过具体的刑名赏罚来实现的。与其他诸子百家主要研究的哲学及宗教不同，法家的研究范围属于社会科学。法家主要代表人物有管仲、士匄、子产、李悝、吴起、申不害、慎到、商鞅、韩非、李斯、桑弘羊、王叔文、王安石、张璁、张居正、严复、梁启超、陈天一等。其中，先驱者为管仲，集大成者为韩非。商鞅、王安石、张居正等也将法家思想用于社会实践之中。代表作品有《商君书》《韩非子》等。鉴于法家学说涉及法律、经济、行政、组织、管理等，因此与现今的社会生活具有现实的关联关系，从而更容易将其融入到行政管理之中。这样，可以尝试将法家的言论、名句等与地名规划结合起来，选择部分具有现实意义的词汇作为备选的专名。例如：

安利（ān lì）：语出韩非《韩非子》："安利者就之，危害者去之，此人之情也"。意为能够安逸或得利，人们就会接近；有危害和祸患，人们就会远离。这是人之常情。

常静（cháng jìng）：语出申不害《申子》："地道不作，是以常静；地道常静，是以正方"。相关语词：正方。

方百里（fāng bǎi lǐ）：语出商鞅《商君书·徕民第十五》："地，方百里者：山陵处什一，薮泽处什一，溪谷流水处什一，都市蹊道处什一，恶田处什二，良田处什四，以此食作夫五万"。

恒正（héng zhèng）：语出申不害《申子》："天道无私，是以恒正；天道常正，是以清明"。相关语词：常正、清明。

见素（jiàn sù）：语出韩非《韩非子》："去好去恶，臣乃见素；去旧去智，臣乃自备"。释义：君主隐藏自己的好恶，才会得见臣下的本来面目；抛去旧有的成见，不显露自己的智慧，才会让臣下各守其职。相关语词：自备。

任贤（rèn xián）：语出韩非《韩非子》："任贤，则臣将乘于贤，以劫其君；妄举，则事沮不胜"。释义：任用贤明，那么臣下就会凭借自己的才干来要挟君主；随意用人，那么行事就不会成功。相关语词：乘贤。

思安（sī ān）：语出《韩非子·解老》："凡德者，以无为集，以无欲成，以不思安，以不用固"。

未萌（weì méng）：语出商鞅《商君书·更法》："愚者暗于成事，知者见于未萌"。愚昧的人对于已成功的事情也不知是怎么成功的，明智的人在事情没有发生时就已预见到了。

五采（wǔ cǎi）：语出韩非《韩非子》："和氏之璧，不饰以五采"。像和氏璧那样的美玉，不必用五色饰物来装饰。相关语词：和氏璧。

兴怀（xīng huái）：语出晋朝王羲之《兰亭序》："悲夫！故列序时人，录其所述，虽世殊事异，所以兴怀，其致一也。后之览者，亦将有感于斯文"。兴怀：触发情怀。

虚静（xū jìng）：语出《韩非子·主道》："虚静无事，以暗见疵"。释义：保持虚静无为的状态，往往会从隐蔽的角度得知他人的行为漏洞。

摇木（yáo mù）：语出韩非《韩非子》："摇木者一一摄其叶，则劳而不遍；左右拊其本，而叶遍摇矣"。意为摇动树木的人如果一一拨动树上的叶子，即使劳累也不能全部让叶子动起来；而左右摇晃树干，那么所有的叶子都会摇动起来。强调以法律作为主杆，体现法之重要性。

易和（yì hé）：语出韩非《韩非子》："人行事施予，以利之为心，则越人易和；以害之为心，则父子离且怨"。易和：容易合作。

于安（yú ān）：语出韩非《韩非子》："利莫长于简，福莫久于安"。释义：最大的利益莫过于简朴，最大的福泽莫过于安稳。相关语词：于简。

争水（zhēng shuǐ）：语出慎到《慎子·逸文》："谚云：不聪不明，不能为王；不瞽不聋，不能为公。海与山争水，海必得之"。

争远（zhēng yuǎn）：语出法家名言：诱道争远，非先则后也，而先后心皆在于臣，上何以调于马？

执清（zhí qīng）：语出韩非《韩非子》："镜执清而无事，美恶从而比焉；衡执正而无事，轻重从而载焉"。释义：明镜清净而无为，好与坏因此而明辨出来；秤杆端正而无所作为，轻与重会因此而称量出来。相关语词：执正。

自胜（zì shèng）：语出韩非《韩非子》："志之难也，不在胜人，在自胜"。释义：立志的境界，不在于胜过别人，而在于胜过自己。

四、来源于墨家文化的候选专名

墨家约产生于战国时期。创始人为墨翟（墨子）。墨家是一个纪律严密的学术团体，其首领称“巨子”，其成员到各国为官必须推行墨家主张，所得俸禄亦须向团体奉献。墨家学派有前期后期之分：前期思想主要涉及社会政治、伦理及认识论问题，关注现世战乱；后期墨家在逻辑学方面有重要贡献，开始向科学研究领域靠拢。墨家的主要思想主张是：人与人之间平等的相爱（兼爱），反对侵略战争（非攻），推崇节约、反对铺张浪费（节用），重视继承前人的文化财富（明鬼），掌握自然规律（天志）等。主要代表人物有墨翟、禽滑厘、田鸠、孟胜等；主要作品有《墨子》《胡非子》等。其思想、意识、主张等可以用某些语句、语词来概括。于是而然，我们能够将它们罗列于此。例如：

百工（bǎi gōng）：语出墨翟《墨子·修身》：“虽至百工从事者，亦皆有法”。百工：各行各业。相关语词：有法。

毕强（bì qiáng）：语出墨翟《墨子》：“是以聪耳明目相与视听乎，是以股肱毕强，相为动宰乎，而有道肆相教诲，是以老而无妻子者，有所侍养而终其寿”。毕强：强悍有力。

博闻（bó wén）：语出墨翟《墨子·修身》：“举物而暗，无务博闻”。意为一种事物也不明白，就不要追求博闻强记。

达名（dá míng）：语出墨翟《墨子·亲士》：“三子之能达名成功于天下也，皆于其国抑而大丑也”。达名：扬名天下。

固本（gù běn）：语出墨翟《墨子·修身》：“故先民以时生财，固本而用财，则财足”。

惠忠（huì zhōng）：语出墨翟《墨子·兼爱》：“今若国之与国之相攻，家之与家之相篡，人之与人之相贼，君臣不惠忠，父子不慈孝，兄弟不和调，此则天下之害也”。相关语词：慈孝、和调。

来远（lái yuǎn）：语出墨翟《墨子·修身》：“是故先王之治天下也，必察迩来远，君子察迩而迩修者也”。来远：招徕远方。来，同“徕”。相关语词：察远。

列德（liè dé）：语出墨翟《墨子·修身》：“故古者圣王之为政，列德而尚贤”。列德：为德者安排职位。相关语词：尚贤。

宁乐（níng lè）：语出墨翟《墨子》：是以美善在上，而所怨谤在下；宁乐在君，忧戚在臣。故古者圣王之为政若此。宁乐：安宁高兴。相关语词：美善。

若明（ruò míng）：语出墨翟《墨子·经说》：“知也者，所以知也，而必知，若明”。若明：眼睛能看见景象。

守城（shǒu chéng）：语出墨翟《墨子·修身》：“以七患居国，必无社稷；以七患守城，敌至国倾”。

同忧（tóng yōu）：语出墨翟《墨子·非攻》：“今若有能信效先利天下诸侯者，大国之不义也，则同忧之；大国之攻小国也，则同救之”。相关语词：同救。

献贤（xiàn xián）：语出墨翟《墨子·亲士》：“故曰：归国宝，不若献贤而进士”。献贤：举荐贤能。

兴利（xīng lì）：语出墨翟《墨子·兼爱》：“兴天下之利，除天下之害”。凡是于天下人有利的事就去干，帮助它兴办起来；凡是对天下人有害的事，就把它除掉。

易之（yì zhī）：语出墨翟《墨子·兼爱》：“既以非之，何以易之”。

元圣（yuán shèng）：语出墨翟《墨子·修身》：《汤誓》曰：“聿求元圣，与之戮力同心，以治天下”。元圣：大圣人。相关语词：同心。

招木（zhāo mù）：语出墨翟《墨子·亲士》：“是以甘井近竭，招木近伐，灵龟近灼，神蛇近暴”。招木：高大的树木。

智达（zhì dá）：语出墨翟《墨子·修身》：“志不强者智不达，言不信者行不果”。意志不坚强的，智慧一定不高；说话不讲信用的，行动一定不果敢。相关语词：志强、言信。

知来（zhī lái）：语出墨翟《墨子·非攻》：“谋而不得，则以往知来，以见知隐。谋若此，可得而知矣”。释义：如果谋虑不到，那么就根据过去推知未来，根据明显的事推知隐微的事。像这样谋虑，那么所谋必得。相关语词：知隐。

第四节　来源于民俗文化的候选专名

应当承认，所有的民俗文化都有渊源。但是，由于历史、语言、战争、迁徙等原因，某些文化的表现形式及内容已经不可考证。令人欣慰的是，有些民俗文化留存在古典文献中，有些民俗文化存在于民谚俗语里。所以，我们将记录在案和民间流传的民俗文化展布于此，并精练出部分内涵丰富的语词，充任地名规划后备专名之需。

一、来源于典籍的民俗文化候选专名

在中国的古代典籍中，除了那些思想深邃宏远、博大精深的经史子集外，也有一些记录民间风俗、风情的古籍，如西晋周处的《风俗记》、明朝道士洪应明的《菜根谭》等，或者在相关著作中记述了一些风情、风貌、风物，使今人可以从中一窥古人的民风、民俗、民情。而且，在这些书中记载的平民生活画谱，有些已经点点滴滴地流传至今，被保留在今日的社会生活里。所以，为了展示这些传统的风土人情，有必要将它们抽取出来，然后记录在地名的专名之上。不过，稍显遗憾的是，虽然下述语词由上述选中，但并非每一个词汇都能够直接或全部反映出原有的民间场景。例如：

爱育（ài yù）：语出宋朝王安石《风俗》：“夫天之所爱育者民也，民之所系仰者君也”。相关语词：爱民、民仰。

安俗（ān sú）：语出西汉伟大的史学家、文学家，思想家司马迁《史记·商君列传》：“常人安于故俗，学者溺于旧闻”。常人：普通的人。溺：沉迷。意为普通的人安于旧有的习俗，学者则沉溺于旧闻之中若想开拓创新，必须彻底抛弃这种守旧意识。

碧霄（bì xiāo）：语出唐朝诗人林杰笔下的民俗：“七夕今宵看碧霄，牵牛织女渡河桥。家家乞巧望秋月，穿尽红丝几万条”。相关语词：乞巧、牵牛、织女。

初月（chū yuè）：语出唐朝笔记小说集《朝野佥载》：“初月出云，长虹饮涧”。相关语词：出云、长虹。

淳化（chún huà）：语出唐朝王勃《刘石相书》：“浇风品渐，淳化难归”。浇风：浮群的风气。淳化：淳厚的风俗。意为轻薄浮靡的风气很容易蔓延，淳厚质朴的习尚很难于回复。可用以说明应努力培养良好的风尚，批判、制止轻靡的风气。

纯心（chún xīn）：语出明朝道士洪应明《菜根谭》：“义侠交友，纯心作人”。意为交友须带三分侠气，做人要存一点素心。相关语词：交友。

飞琼（fēi qióng）：语出清朝董舜民《元夜踏灯》：“飞琼结伴试灯来，忍把檀郎轻别”。“飞琼”泛指仙女。相关语词：结伴。

飞宇（fēi yǔ）：语出西晋左思《咏史八首》其五：“列宅紫宫里，飞宇若云浮”。飞宇：房屋的飞檐。指京城里王侯的宅第飞檐如浮云。

甘棠（gān táng）：语出《诗经·风篇》：“蔽芾甘棠，勿剪勿伐，召伯所茏”。甘棠：棠梨树。

干云（gān yún）：语出宋朝王安石《风俗》：“坏崖破岩之水，原自涓涓；干云蔽日之木，起于青葱”。坏崖破岩：毁坏崖岸冲破岩石。涓涓：细小的水流。干云：触及云彩。木：树。青葱：指幼嫩的树苗。可用于说明防微杜渐、免遭不测的道理。

谷风（gǔ fēng）：语出《诗经·风篇》：“习习谷风，以阴以雨”。谷风：东风，或从山谷吹来的风。

化民（huà mín）：语出西汉学者戴圣《礼记》：“化民成俗，其必由学”。意为民俗的，才是最雅的。相关语词：由学。

嘉木（jiā mù）：语出唐朝茶学家陆羽《茶经》：“南方有嘉木，北方有相思。嘉木风可催，相思不可断”。

教化（jiào huà）：语出宋朝王安石《明州慈溪县学记》：“教化可以美风俗”。意为道德教化可以使风俗更为淳厚朴实。可以此说明教化与风俗的关系。相关语词：美风。

进达（jìn dá）：语出儒家名篇《礼记儒行》：“程功积事，推贤而进达之，不望其报”。相关语词：推贤。

京华（jīng huá）：语出宋朝诗人、词人陆游《病起书怀》：“天地神灵扶庙社，京华父老望和銮”。京华：京城之美称。相关语词：扶社、和銮。

景清（jǐng qīng）：语出唐朝刘禹锡《八月十五夜玩月》：“天将今夜月，一遍洗寰瀛。暑退九霄净，秋澄万景清”。相关语词：寰瀛、秋澄、万景。

静思（jìng sī）：语出《诗经·风篇·国风·邶风》：“静言思之，寤辟有摽”。

静正（jìng zhèng）：语出儒家经典《礼记儒行》：“儒有澡身而浴德，陈言而伏，静而正之，上弗知也”。静正：安静不躁而谨守正道。相关语词：浴德。

可亲（kě qīn）：语出儒家典籍《礼记儒行》：“儒有可亲而不可劫也，可近而不可迫也”。

良相（liáng xiàng）：语出西汉史学家司马迁《史记》：“家贫则思良妻，国乱则思良相”。意为只有言行一致、表里如一的人才能担起理乱兴治的重任。相关语词：思良。

茂行（mào xíng）：语出唐朝韩愈《祭薛中丞文》：“懿德茂行，可以励俗”。懿（谊）德：高尚的品德。茂行：美好的行为。相关语词：德茂。

萌动（méng dòng）：语出东汉政治家崔寔《四民月令》：“百卉萌动，蛰虫启户”。相关语词：百卉。

民齐（mín qí）：语出《淮南子·修务训》：“公正无私，一言而万民齐”。相关语词：公正。

民志（mín zhì）：语出宋朝王安石《风俗》：故风俗之变，迁染民志，关之盛衰，不可不慎也。

民生（mín shēng）：语出楚国屈原《离骚》：“长太息以掩涕兮，哀民生之多艰”。民生是人民的生活命运，意思为我常常长声叹息，还掩面哭泣，哀伤人民生活命运的艰难。

明志（míng zhì）：语出唐朝陆羽《茶经》：“茶香宁静却可以致远，茶人淡泊却可以明志”。相关语词：茶香、宁静、致远。

清辉（qīng huī）：语出清朝唐顺之《元夕影永冰灯》：“正怜火树千春妍，忽见清辉映月阑。出海鲛珠犹带水，满堂罗袖欲生寒”。相关语词：映月。

如归（rú guī）：语出三国·魏曹植《白马篇》：“捐躯赴国难，视死忽如归”。

闰岁（rùn suì）：语出北魏杰出农业科学家贾思勰《齐民要术》：“有闰之岁，节气近后，宜晚田”。

始晴（shǐ qíng）：语出南北朝·宋临川王刘义庆《世说新语》：“值积雪始晴，听事前除雪后犹湿”。碰上接连下雪，刚天晴，在大堂前看见台阶上雪化后仍然湿漉漉的。

守岁（shǒu suì）：语出西晋周处《风土记》：“蜀之风俗，晚岁相与馈问，谓之馈岁。酒食相邀为别岁。至除夕，达旦不眠，谓之守岁”。

同方（tóng fāng）：语出儒家经典《礼记儒行》：“儒有合志同方，营道同术”。相关语词：合志、志同。

同风（tóng fēng）：语出《汉书·王吉传》：“百里不同风，千里不同俗”。

万木春（wàn mù chūn）：语出唐朝文学家、哲学家、政治家刘禹锡《酬乐天扬州初逢席上见赠》：“沉舟侧畔千帆过，病树前头万木春”。

忘忧（wàng yōu）：语出宋朝大诗人陆游《病起书怀》：“位卑未敢忘忧国，事定犹须待阖棺”。忘忧：忘却忧虑。相关语词：忧国。

闻喜（wén xǐ）：语出南宋著名理学家和教育家陆九渊《与傅全美》：“闻过则喜，知过不讳，改过不惮”。

文雅（wén yǎ）：语出西汉史学家司马迁《史记·儒林外史》：“文章尔雅，训辞深厚”。相关语词：文章。

夕替（xī tì）：语出楚国屈原《离骚》：“余虽好修姱以鞿羁兮，謇朝谇而夕替”。释义：我只不过是洁身自好却因此遭殃受累，早晨去进谏，到傍晚就遭毁弃！

新晴（xīn qíng）：语出北魏农学家贾思勰《齐民要术》："天气新晴，是夜必霜"。相关语词：必霜。

行洁（xíng jié）：语出东汉哲学家王充《论衡·卷一·逢遇篇》："才高行洁，不可保以必尊贵"。相关语词：才高。

星桥（xīng qiáo）：语出唐朝苏道味《正月十五夜》："火树银花合，星桥铁锁开，灯树千光照。明月逐人来"。相关语词：灯树、银花、光照。

星言（xīng yán）：语出《诗经·风篇》："灵雨既零，命彼倌人，星言夙驾，说于桑田"。星言：晴焉。相关语词：灵雨。

秀寒（xiù hán）：语出宋朝范成大《夏日田园杂兴》诗之二："五月江吴麦秀寒，移秧披絮尚衣单。"稻秀暖、麦秀寒。谓麦秀时节天气犹冷。相关语词：秀暖。

巡守（xún shǒu）：语出西汉礼学家戴德和戴圣《礼记·王制》："岁二月，东巡守。至于岱宗，柴而望祀山川"。意为国君深入民间，对乡村社会的民情风俗进行一番调查研究。

燕雀（yàn què）：语出西汉史学家司马迁《史记·陈涉世家》："燕雀安知鸿鹄之志哉！"比喻平凡的人哪里知道英雄人物的志向。相关语词：鸿志。

依仿（yī fǎng）：语出北宋政治家、文学家王安石《风俗》："是以京师者风俗之枢机也，四方之所面内而依仿也"。相关语词：枢机、四方。

以礼（yǐ lǐ）：语出王安石。在王安石看来，治士之风，需从"饶之以财""约之以礼""裁之以法"三方面入手。

英奇（yīng qí）：语出明朝道士洪应明《菜根谭》："淡中知真味，常里识英奇"。释义：真正的美味只是那些粗茶淡饭，真正的伟人只是那些平凡无奇的人。相关语词：知真、识英。

忧劳（yōu láo）：语出北宋政治家、文学家欧阳修《新五代史·伶官传序》："忧劳可以兴国，逸豫可以亡身"。相关语词：兴国。

优游（yōu yóu）：语出儒家教义：礼之以和为贵，忠信之美，优游之法，慕贤而容众，毁方而瓦合。相关语词：慕贤、忠信。

允怀（yǔn huái）：语出《尚书·周官》："以公灭私，民其允怀"。意为以公心灭私情，民众才会心悦诚服。相关语词：民怀。

于心（yú xīn）：语出西汉礼学家戴德和戴圣《礼记·祭法》："夫祭者，非自外至者也，自中出生于心也。"

云间（yún jiān）：语出唐李朴《中秋》："皓魄当空宝镜升，云间仙籁寂无声"。相关语词：当空。

正我（zhèng wǒ）：语出西汉思想家、哲学家、政治家、教育家董仲舒

《春秋繁露·仁义法》："义之法在正我，不在正人"。相关语词：正人。

志高（zhì gāo）：语出三国·蜀汉诸葛亮《诫外生书》："志当存高远"。相关语词：高远。

知画（zhī huà）：语出游艺民俗名言。农非知画，乃识真牛。此则故事最早出现在苏轼的《东坡题跋·卷五》。

志满（zhì mǎn）：语出西汉礼学家戴德和戴圣《礼记·曲礼上》："傲不可长，欲不可纵，志不可满，乐不可极"。释义：骄傲不可滋长，欲望不可以放纵，不能让自己志得意满，不应该使自己乐到极端。

忠节（zhōng jié）：语出明末清初著名思想家、史学家、语言学家顾炎武《日知录》："及宋之亡，忠节相望"。

卓群（zhuó qún）：语出西晋左思《咏史八首》其三："功成耻受赏，高节卓不群"。相关语词：功成、高节。

自厚（zì hòu）：语出清朝钱泳：官能清则冤柳渐消，吏能廉则风俗自厚。提倡为官清廉之风。相关语词：官清、吏廉。

自敬（zì jìng）：语出汉朝扬雄《法言·君子》："人必其自爱也，而后人爱诸。人必其自敬也，而后人敬诸"。相关语词：自爱。

自立（zì lì）：语出儒家典籍《礼记儒行》："怀忠信以待举，力行以待取，其自立有如此者"。相关语词：忠信、力行。

紫衣（zǐ yī）：语出东汉泰山太守应劭《风俗通义·卷九》："齐公出于泽，见衣紫衣，大如毂，长如辕，拱手而立"。

二、来源于民谚的民俗文化候选专名

在民间的社会生活和生活实践中，有许多朗朗上口的俗语、谚语，这些贴近生活、通俗易懂、口口相传的民谚，来源于民众、应用于民间，是千百年来劳动人民的总结和结晶，时时处处闪烁着科学的意识、智慧的光芒。为此，可以让其再进一步，步入规划地名的领域，成为地名专名的"后备军"。例如：

安步（ān bù）：出自十堰民间谚语：一人修路，万人安步。意思是前人为后人作出了巨大的贡献。

百岁（bǎi suì）：语出今人石成金《传家宝·俗谚牧民》：有志不在年高，无志空长百岁。相关语词：有志。

插柳（chā liǔ）：语出端午谚语：清明插柳，端午插艾。体现我国传统节日活动。相关语词：插艾。

成器（chéng qì）：语出谚语：自古英豪成大器，须知都从苦中来。

聚宝（jù bǎo）：语出民谚：商是通财路，市是聚宝盆。

果结（guǒ jié）：语出小暑谚语：小暑热，果定结；小暑不热，五谷不结。

和谐（hé xié）：语出现代谚语：文明带来和谐，亲善产生幸福。相关语词：幸福。

客来（kè lái）：语出谚语：一声叫卖，十里客来。

明镜（míng jìng）：语出民谚：清水见底，明镜照心。

理直（lǐ zhí）：语出谚语：理直气壮。

良书（liáng shū）：语出谚语：良书即良友。相关语词：良友。

人为（rén wéi）：语出民间谚语：事在人为。

三思（sān sī）：语出谚语：三思而后行。

善用（shàn yòng）：语出谚语：善于利用时间的人，永远找得到充裕的时间。相关语词：充裕。

上智（shàng zhì）：语出谚语：下下人有上上智。

圣贤（shèng xián）：语出谚语：人非圣贤，孰能无过。

实行（shí xíng）：语出谚语：空谈，水之泡沫；实行，金之点滴。

水中花（shuǐ zhōng huā）：语出民间俗语：摘不着的是镜中月，捞不着的是水中花。相关语词：镜中月。

天工（tiān gōng）：语出谚语：人巧夺天工。

天平（tiān píng）：语出俗语：群众心里有天平。

望亲（wàng qīn）：语出谚语：亲望亲好，邻望邻好。相关语词：邻好。

我师（wǒ shī）：语出谚语：三人行必有我师。

乡风（xiāng fēng）：语出乡间民谚：离家三里远，别是一乡风。体现游子思乡心切之情。

行方（xíng fāng）：语出谚语：智圆行方。

幸福（xìng fú）：爱情不是强扭的，幸福不是天赐的。相关语词：天赐。

易晴（yì qíng）：语出湖北省十堰市民间谚语：急雨易晴，慢雨不开。相关语词：慢雨。

忆月（yì yuè）：语出台湾民谣《中秋旅思》：故乡秋忆月，异国夜惊潮。相关语词：故乡。

有道（yǒu dào）：语出谚语：有道之财方可取，无道之钱莫强求。

真知（zhēn zhī）：语出谚语：勤奋出天才，实践出真知。相关语词：勤奋、天才、实践。

正路（zhèng lù）：语出民间俗语：聪明用于正路，愈聪明愈好；聪明用于邪路，愈聪明愈糟。

正气（zhèng qì）：语出谚语：正气高，邪气消。

直道（zhí dào）：语出谚语：巧言不如直道。

知松（zhī sōng）：语出谚语：岁寒知松柏，患难见交情。

在地名的“大家族”中，如果单纯地从文化的角度分类，除了上述各种文化的“准地名”外，还有众所周知的红色文化地名等。红色文化地名大体上可以分为两类：一类是表现社会主义核心价值观的地名，例如：可以将其基本的 24 个字、12 个词汇置于祖国的山水之间。它们分为三个层面：从国家层面看，是富强、民主、文明、和谐；从社会层面看，是自由、平等、公正、法治；从公民个人层面看，是爱国、敬业、诚信、友善。另一类是表现红色革命和社会主义建设事业的地名，例如：在革命圣地（革命老区）规划地名，可以使用红旗、号角、前进等语词作为规划地名的专名；如果单单表现现代化建设，可以用建设、实践、改革、开放等语词用于规划地名的专名。事实上，据某个机构的初步统计，我国以“建设”为专名的地名最多，达千条以上。

参考文献

一、书籍

1. 北京市公安局编：《北京市街巷名称录汇编》，铅印本，1986年8月；

2. 牛汝辰、魏燕云编：《源于地名的中国姓氏》，电子工业出版社，1988年9月；

3. 曾世英著：《曾世英论文集》，中国地图出版社，1989年5月；

4. 王际桐主编：《实用地名学》，中国社会出版社，1994年7月；

5. 王际桐主编：《地名学概论》，中国社会出版社，1994年7月；

6. 储亚平、尹钧科、孙冬虎著：《地名学基础教程》（修订本），测绘出版社，1994年10月；

7. 语文出版社编：《语言文字规范手册》（1997年重排本），语文出版社，1997年9月；

8. 牛汝辰著：《地名命名理论及其应用研究——命名成败探析》，文津出版社，1998年4月；

9. 民政部地名研究所编译：《联合国地名标准化文件选粹》，铅印本，1999年；

10. 全国人大科教文卫委员会教育室、教育部语言文字应用管理司编写：《中华人民共和国国家通用语言文字法学习读本》，语文出版社，2001年1月；

11. 中央文明办、国家语委编：《国家通用语言文字规范知识读本》，学习出版社，2001年11月；

12. 异形词研究课题组编：《第一批异形词整理表说明》，语文出版社，2002年1月；

13. 华林甫著：《中国地名学源流》，湖南人民出版社，2002年6月；

14. 谢前明著：《地名规划原理》，湖南地图出版社，2003年6月；

15. 董保军编：《起名的艺术》，民族出版社，2005年3月；

16. 牛汝辰、赵静著：《商业命名策划》，中国文史出版社，2005年5月；

17. 藤枝晃著、李运博译：《汉字的文化史》，新星出版社，2005年5月；

18. 陈平原、王德威编：《北京都市相像与文化记忆》，北京大学出版社，2005年5月；

19. 周明甫、金星华主编：《中国少数民族文化简论》，民族出版社，2006年4月；

20. 高桂莲、施连芳编著：《细说北京街巷地名》，九州出版社，2007年1月；

21. 李炳尧、刘保全著：《地名管理学概论》，中国社会出版社，2008年1月；

22. 孙冬虎著：《地名史源学概论》，中国社会出版社，2008年1月；

23. 刘保全主编：《北京胡同》，中国旅游出版社，2008年7月；

24. 刘保全、杨光浴、谢前明、李炳尧编著：《地名调查学概论》，中国社会出版社，2008年10月；

25. 尹钧科、孙冬虎著：《北京地名研究》，北京燕山出版社，2009年3月；

26. 褚亚平、尹钧科、孙冬虎著：《地名学基础教程》（修订本），测绘出版社，2009年8月；

27. 王萌著：《守望吾土吾乡：国家历史文化名城阆中》，黄河出版传媒集团、宁夏人民出版社，2010年4月；

28. 庞森权、刘静、田硕著：《地名标准编制概论》，中国社会出版社，2010年10月；

29. 刘保全、李炳尧、宋久成、张清华编著：《地名文化遗产概论》，中国社会出版社，2011年7月；

30. 付长良、范晨芳、吴坚、蒲章霞著：《地名规划概论》，中国社会出版社，2011年8月；

31. 宋久成、张清华、汪太明、教明铭著：《地名标志标准化概论》，中国社会出版社，2011年8月；

32. 颜廷真、孙鲁健著：《中国风水文化理论演变和实践》，陕西师范大学出版总社有限公司，2011年9月；

33. 杨立权、张清华著：《中国少数民族语地名概说》，中国社会出版社，2011年9月；

34. 中国地名研究所编著：《中国地名研究论文集》（第一辑），中国社会出版社，2011 年 10 月；

35. 杨光浴、刘保全编著：《基础地名学概论》，中国社会出版社，2012 年 10 月；

36. 中国地名研究所编著：《中国少数民族语地名汉字译写标准化基础研究》，中国社会出版社，2013 年 1 月；

37. 教育部语言文字信息管理司组编：《〈汉语拼音正词法基本规则〉解读》，语文出版社，2013 年 1 月；

38. 王宁主编：《〈通用规范汉字表〉解读》，商务印书馆，2013 年 7 月；

39. 宋久成主编：《地名文化研究——概念、少数民族语地名研究及其他》，法律出版社，2013 年 7 月；

40. 语文出版社编：《通用规范汉字表》，语文出版社，2013 年 8 月；

41. 民政部区划地名司编：《行政区划与地名文件选编（1949-2015）》，铅印本，2015 年 6 月；

42. 宋久成主编：《地域文化视角下的地名规划——以新郑市地名规划为例》，中国社会出版社；2015 年 7 月；

43. 商伟凡著：《天地经纬——地名纵横谈》，社会科学文献出版社，2015 年 8 月；

44. 牛汝辰著：《名实新学：地名学理论思辨》，中国社会出版社，2015 年 10 月；

45. 民政部地名研究所、中国地名学会编：《方舆：行政区划与地名 1601》，中国社会出版社，2016 年 6 月；

46. 庞森权、刘静、田硕编著：《地名标准化工作实务手册》，中国社会出版社，2016 年 8 月；

47. 民政部地名研究所、中国地名学会编：《方舆：行政区划与地名 1602》，中国社会出版社，2016 年 12 月；

48. 民政部地名研究所编制：《地名规划通则》（草案），2017 年 1 月。

二、地名规划

1. 重庆市万州区民政局编制：《城市规划地名命名及规划》，2000 年 2 月；

2. 丽江市古城区城市地名规划编制委员会编制：《云南省丽江市古城区城市地名规划（2004—2020）》，2005 年 10 月；

3. 民政部地名研究所编制：《郑州市郑东新区地名规划》，2006 年 6 月；

4. 成都市民政局、成都市兴东投资有限公司编制：《成都市东部新区三圣洪河片区地名规划方案》，2006年7月；

5. 民政部地名研究所编制：《合肥市政务文化新区地名规划》，2006年9月；

6. 魏县民政局编制：《魏县城区地名规划方案》，2006年10月；

7. 嘉兴市民政局编制：《嘉兴市市区地名总体规划（2005—2020年）》，2006年10月；

8. 温州市民政局编制：《浙江省温州市区地名总体规划（2006—2020）》，2006年11月；

9. 赤壁市民政局编制：《赤壁市城市地名总体规划（2006—2020）》（草案），2006年12月；

10. 信阳市民政局编制：《信阳市城区地名规划（2005—2020年）》，2006年12月；

11. 武穴市地名公共服务工程领导小组编制：《武穴市城市地名总体规划（2007—2020）》（草案），2007年6月；

12. 德阳市旌阳区地名办公室、德阳市旌阳区规划建设局编制：《德阳市黄河片区地名规划方案》，2007年8月；

13. 舟山市民政局编制：《舟山市区地名总体规划（2007—2020）》，2007年10月；

14. 西宁市民政局编制：《西宁市地名总体规划》，2007年11月；

15. 厦门市城市规划设计研究院编制：《西客站片区道路命名规划》，2007年；

16. 玉门市民政局编制：《玉门市地名规划方案》，2007年；

17. 宁波市民政局、宁波市地名委员会办公室、宁波市规划设计研究院编制：《宁波市城市地名总体规划》；2008年3月；

18. 孝义市民政局编制：《孝义市城乡地名总体规划（2008—2020年）》，2008年5月；

19. 运城市民政局编制：《运城市地名总体规划（2008—2020）》，2008年6月；

20. 南京市民政局编制：《南京城市地名总体规划（2007—2020）》，2008年6月；

21. 平湖市民政局、浙江大学城市与区域发展研究所编制：《平湖市区地名总体规划（2008—2020）》（初稿），2008年10月；

22. 镇江市民政局、镇江市城市规划协会、镇江市规划设计研究院、镇江市地名办公室编制:《3 镇江市城市地名总体规划（2007—2020）》，2008 年 10 月；

23. 北京市规划委员会顺义分局、首都经济贸易大学城市学院编制：《北京市顺义新城地名规划（2008—2020）》，2009 年 5 月；

24. 蓟县规划局编制：《天津市蓟县地名总体规划（2008—2020）》，2009 年 6 月；

25. 厦门市城市规划设计研究院编制：《福建省厦门市城市地名专项规划（2008—2020）》，2009 年 7 月；

26. 安徽省马鞍山市民政局编制：《马鞍山市城区地名规划（2007—2020 年）》（送审稿），2009 年 7 月；

27. 仁怀市民政局编制：《仁怀市地名总体规划》，2009 年 8 月；

28. 保定市民政局地名办公室编制:《保定城区地名规划》，2009 年 10 月；

29. 秦皇岛市规划局、秦皇岛市民政局、秦皇岛市地名办公室、秦皇岛市地名学会、山海关区民政局、北戴河区民政局编制：《秦皇岛市城区地名总体规划（2009—2020 年）》，2009 年 11 月；

30. 通辽市科尔沁区民政局编制：《通辽市科尔沁区城区地名总体规划》，2009 年 12 月；

31. 开鲁县地名总体规划编写组编制：《开鲁县城区地名规划（2010—2020）》，2009 年 12 月；

32. 慈溪市民政局编制：《慈溪市城区地名规划（2008—2020）》，2009 年 12 月；

33. 长沙市民政局编制：《湖南省长沙市城市地名总体规划（2010—2020 年）》，2009 年；

34. 西安市民政局编制：《西安市城市地名总体规划（2009—2020 年）》，2009 年；

35. 民政部地名研究所编制：《抚顺经济开发区地名规划》，2010 年 3 月；

36. 科尔沁左翼后旗民政局编制：《科尔沁左翼后旗甘旗卡镇地名总体规划（2010—2020）》，2010 年 4 月；

37. 长春市民政局、东北师范大学编制：《长春市城区地名总体规划（2010—2020）》，2010 年 5 月；

38. 钦州市民政局编制：《钦州市市区地名总体规划》，2010 年 5 月；

39. 庆阳市民政局编制：《庆阳市区街路巷命名规划方案》，2010 年 7 月；

40. 克拉玛依市民政局、新疆石油管理局工程咨询中心编制：《克拉玛依市城市地名总体规划（2008—2020 年）》，2010 年 7 月；

41. 潍坊市民政局编制：《山东省潍坊市城市地名总体规划（2010—2020）》，2010年8月；

42. 横县民政局编制：《横县县城地名总体规划（2009—2020年）》，2010年8月；

43. 重庆市合川区民政局编制：《重庆市合川区主城区及城区组团地名规划编制工作方案》，2010年8月；

44. 琼海市民政局编制：《海南省琼海市博鳌镇地名规划（2010-2020）》，2010年9月；

45. 烟台市地名委员会办公室编制：《烟台市城区地名总体规划（2010-2020）》，2010年9月；

46. 佛山市南海区民政局、中山大学编制：《佛山市南海区地名规划（2008—2020）》，2010年9月；

47. 中国城市设计规划研究院厦门分院编制：《厦门市海沧区道路名称规划》，2010年10月；

48. 丽江市民政局编制：《丽江市古城区城市地名规划》，2010年10月；

49. 琼海市民政局编制：《琼海市博鳌镇地名规划方案》，2010年12月；

50. 南宁市民政局编制：《南宁市城区地名规划（2010—2020）》，2011年1月；

51. 沈阳市民政局、沈阳市规划设计研究院编制：《辽宁省沈阳市地名总体规划（2011—2020）》，2011年3月；

52. 昆山市民政局编制：《昆山城市地名总体规划（2007—2020）》，2011年4月；

53. 滁州市民政局编制：《滁州市城区地名总体规划（2011—2020）》，2011年8月；

54. 柳州市民政局编制：《柳州城市地名总体规划》，2011年8月；

55. 德令哈市民政局编制：《德令哈市城市地名2010—2025年规划方案》，2011年10月；

56. 民政干部管理学院编制：《晋城市地名事业发展规划（2012—2015）》，2012年5月；

57. 北京市规划委员会延庆分局、首都经济贸易大学城市经济与公共管理学院编制：《北京市延庆新城地名规划（2008—2020）》，2012年8月；

58. 民政部地名研究所编制：《珲春市城区地名规划（2012—2020）》，2012年8月；

59. 淮滨县民政局、河南省地名档案室编制：《淮滨县城区道路名称规划》，2012 年 9 月；

60. 朝阳市民政局、朝阳市规划局编制：《朝阳市城市地名规划》，2012 年 10 月；

61. 天津市规划局编制:《天津市中心城区道路地名规划》，2012 年 11 月；

62. 铜陵市民政局、南京大学地名规划编制课题组编制：《安徽省铜陵市地名规划（2011—2030 年）》，2012 年 12 月；

63. 天津市规划局编制：《天津市环城四区环外道路地名规划》，2013 年 3 月；

64. 珲春市城区地名规划编制组编制:《珲春市城区地名规划（2012—2030）》（评审稿），2013 年 7 月；

65. 桂阳县地名委员会办公室编制:《桂阳县地名规划（2013—2018 年）》，2013 年 8 月；

66. 黎平县民政局编制：《黎平县城区地名规划（2013—2030）》，2013 年 9 月；

67. 永州市地名委员会、州市民政局编制：《永州市中心城区地名规划（2013—2020）》（草案），2013 年 11 月；

68. 红谷滩新区九龙湖新城地名规划课题组编制：《南昌市红谷滩新区九龙湖新城地名规划编制方案（2013—2020）》，2013 年；

69. 重庆市江北区民政局编制：《重庆两江新区鱼复工业园地名规划方案》，2014 年 1 月；

70. 聊城市城乡规划设计研究院编制：《临清市城市地名总体规划（2013—2030）》，2014 年 1 月；

71. 民政部地名研究所编制:《新郑市地名总体规划》，2014 年 2 月；

72. 北京市规划委员会房山分局、首都经济贸易大学编制：《房山区窦店镇中心区和北京高端制造业基地地名规划（2013—2020 年）》，2014 年 5 月；

73. 北京市规划委员会房山分局、首都经济贸易大学编制：《房山区龙湖镇中心区地名规划（2013—2020 年）》，2014 年 5 月；

74. 北京市规划委员会房山分局、首都经济贸易大学编制：《房山区长阳镇中心区地名规划（2013—2020 年）》，2014 年 5 月；

75. 合肥市地名规划编制领导小组办公室、合肥市规划局、合肥市民政局编制:《合肥市城市地名总体规划》，2014 年 6 月；

76. 包头市民政局编制：《包头市城市地名总体规划（2014—2020）》，2014 年 7 月；

77. 淮南市人民政府编制：《淮南市城区地名总体规划（2013—2020）》，

2014 年 7 月；

78. 泾源县民政局、宁夏大学资源环境学院编制：《泾源县地名总体规划（2013—2020）》，2014 年 7 月；

79. 盐池县民政局、宁夏大学资源环境学院编制《宁夏回族自治区盐池县域地名总体规划（2013—2030 年）》，2014 年 7 月；

80. 南昌高新区管委会、江西师范大学编制：《南昌高新区地名规划（2013—2020 年）》，2014 年 9 月；

81. 南昌经济技术开发区社会发展局、南昌中小微企业工业园管委会办公室、江西师范大学编制：《南昌经济技术开发区中小微企业工业园（2013—2020）》，2014 年 10 月；

82. 首都经济贸易大学城市经济与公共管理学院编制：《北京市通州区西集镇地名规划（2010—2020）》，2014 年 11 月；

83. 淮北市规划设计研究院编制：《淮北市主城区地名总体规划（2014—2020 年）》（征求意见稿），2014 年 11 月；

84. 贺兰县民政局、宁夏大学资源环境学院编制：《贺兰县地名总体规划（2013—2020）》，2015 年 3 月；

85. 乌海市民政局、乌海市规划局编制：《乌海市城市地名规划》，2015 年 3 月；

86. 《郑州二七新区道路名称规划》课题组编制：《郑州二七新区道路名称规划》，2015 年 5 月；

87. 拉萨市地名委员会办公室、拉萨市民政局编制：《拉萨市城市道路地名规划（2014—2020）》，2015 年 6 月；

88. 哈尔滨市松北区民政局编制：《黑龙江省哈尔滨市松北区地名规划》，2015 年 7 月；

89. 民政部地名研究所编制：《武夷新区地名专项规划（2015—2020）》，2015 年 9 月。

后　记

为了地名规划工作的有序开展，作者以实证研究的方式撰写本书，不仅是一次大胆的有益尝试，更是一份科研工作者的责任和付出。

虽然我们编制过一些地名规划方案，也参与评审了部分地名规划成果，但要立体、完整、综合地叙述地名规划的整体工作，却并非心中所想之易事。因为，它涉及招标与投标、合约与协作、经济与学术、科研与行政、制度与规范、运营与成果、保障与落实、管理与文化等，对于吾侪来说大部分呈懵懂、陌生的状态。还好，在同人们的共同努力下，经过近十年的辛勤耕耘，这些难点、难题、难事均被一一化解。

从全国各地地名管理的角度看，尽管地名规划工作的开展业已多年，但全面、系统地总结地名规划的方方面面，而且是在实证研究的层面进行综合性阐述，在本书面世之前还呈空白的状态。因此，当这部沉甸甸的科研著作映入眼帘、捧在手心的时候，我们与读者都会由衷地感到高兴。

稍显遗憾的是，如果地名规划的国家标准业已出台，我们就可以将其附录于本书之末。那样的话，读者就能够对照该标准阅读本书，其收获或许更大一些。所以，我们与读者一样，期待着该标准的发布、实施。

我们相信，出版这本理论与实践并重的书籍，必将受到地名规划工作者的普遍欢迎。于此，吾侪甚慰！

作　者

二〇一七年三月二十八日